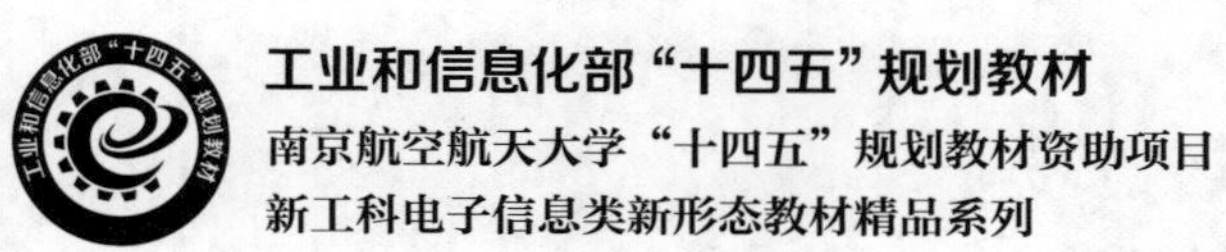

工业和信息化部“十四五”规划教材

南京航空航天大学“十四五”规划教材资助项目

新工科电子信息类新形态教材精品系列

DSP控制器原理与应用技术

第2版

姚睿 周翟和 付大丰 储剑波 崔江◎编著

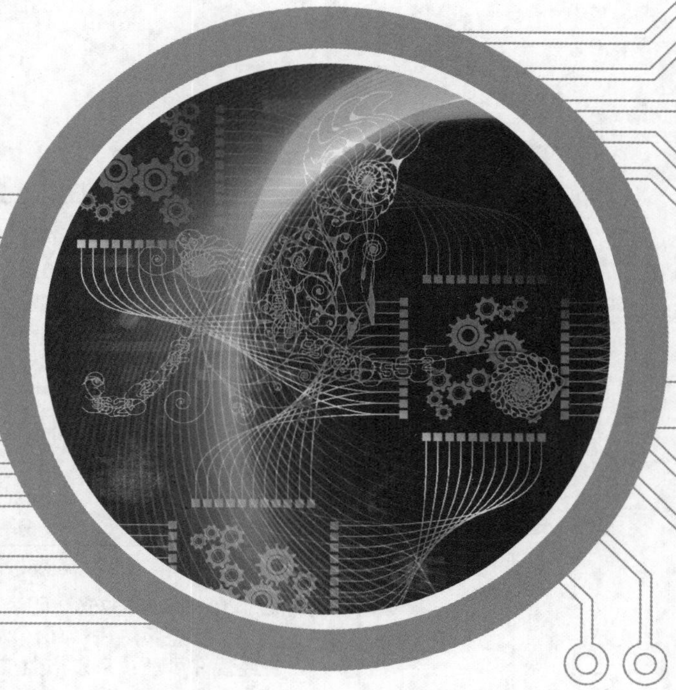

人民邮电出版社

北京

图书在版编目（CIP）数据

DSP 控制器原理与应用技术 / 姚睿等编著. -- 2 版.
北京 ： 人民邮电出版社, 2024. --（新工科电子信息类新形态教材精品系列）. -- ISBN 978-7-115-65630-8

Ⅰ. TN911.72

中国国家版本馆 CIP 数据核字第 2024K20N21 号

内容提要

本书选择 TI C2000 中的 32 位浮点处理器 TMS320F28335，全面介绍 DSP 控制器的原理与应用技术。本书共 8 章，主要内容包括绪论、硬件基础、软件开发基础、基本外设及其应用开发、控制类外设及其应用开发、通信类外设及其应用开发、DSP 应用系统设计、基于建模仿真的 DSP 应用系统设计。每章均配有学习要求，并附有习题与思考题，便于教学与自学。本书内容较为全面，章节安排符合 DSP 开发流程，结构合理、重点突出、通俗易懂，应用示例丰富，能够帮助读者由浅入深地掌握 DSP 控制器的原理与应用技术。

本书可作为高等学校相关专业学生的 DSP 控制器原理与应用技术相关课程的教材，也可供相关领域科研人员自学参考。

◆ 编　著　姚　睿　周翟和　付大丰　储剑波　崔　江
责任编辑　徐柏杨
责任印制　陈　犇

◆ 人民邮电出版社出版发行　　北京市丰台区成寿寺路 11 号
邮编　100164　　电子邮件　315@ptpress.com.cn
网址　https://www.ptpress.com.cn
三河市中晟雅豪印务有限公司印刷

◆ 开本：787×1092　1/16
印张：18.5　　2024 年 12 月第 2 版
字数：524 千字　　2024 年 12 月河北第 1 次印刷

定价：69.80 元

读者服务热线：(010)81055256　印装质量热线：(010)81055316
反盗版热线：(010)81055315
广告经营许可证：京东市监广登字 20170147 号

第 2 版前言

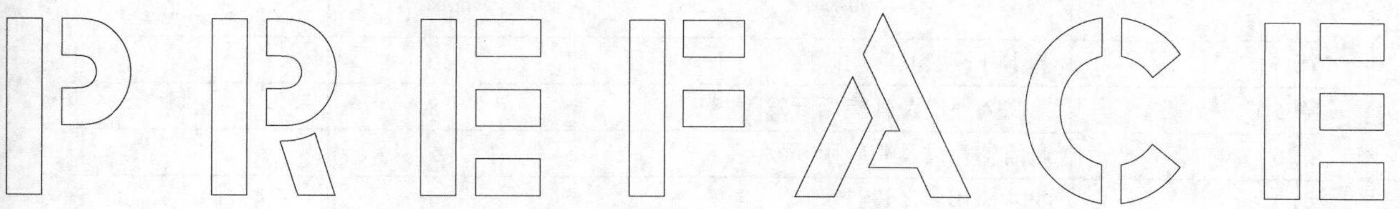

本书在第 1 版的基础上，引入了学科前沿技术，同时针对国家教育数字化和创新驱动发展的战略需求，结合高年级大学生和研究生的学习需求，重组并优化了内容，结合领域产学研现状设计了更多工程应用示例。此外，本书融入了拓展阅读和视频等内容，同步建设了纸质教材和数字教材。与第 1 版相比，本书的特色和主要修改之处如下。

（1）以研究性和创新性为宗旨，重新组织和设计内容。首先，本书跟随学科前沿技术进展，更新了部分内容（例如使用 CCS 12.6.0 替换 CCS 3.3，使用 16 位 ADC 芯片 AD7606 替换 12 位 ADC 芯片 ADS8364 等），删除了部分不常用的内容（如不常用的混合编程方法，GPIO 模块的汇编程序开发等）。其次，本书重组并优化部分知识，对第 4～6 章片内外设应用开发示例进行了重新设计，使其与实际应用结合更为紧密，并增加了编程思路分析和系统设计方法启迪思考，方便读者进行研究性学习，启发创新思维。

（2）以研究性教学为目标，设计典型工程应用示例。本书结合产业应用背景和编者团队科研成果，设计了更多工程应用示例，引导读者接触前沿技术，进行开放性的实践与思考，以便实施研究性教学模式。例如，第 4～5 章增加了更多工程应用示例，增加了 7.6 节——基于 DSP 的故障诊断系统设计。同时，本书整合、压缩了习题与思考题中的常识性题目，增加了更多系统设计和程序开发类题目，以便读者更好地将理论与实践融合。

（3）以开放式实践教学为目标，突出基于建模仿真的 DSP 应用系统设计方法。首先，本书将第 8 章中基于 Proteus 的系统设计和仿真方法整合为一节，并设计和开发了更多基于 Proteus 的虚拟实验案例。其次，本书增加了使用 MATLAB Simulink 进行 DSP 应用系统模型设计与代码自动生成的方法，以及 Simulink 和 Proteus 联合仿真方法，方便读者进行系统建模设计和虚拟仿真，并且方便实施线上和线上/线下混合式实践教学。

本书相关课程的参考教学时长为 40～56 学时，建议采用理论与实践融合的教学模式，各章的参考教学学时见以下的学时分配表。

学时分配表

章节	课程内容	学时分配	
		理 论	实 验
第 1 章	绪论	2	
第 2 章	硬件基础	6	
第 3 章	软件开发基础	6	2

续表

章节	课程内容	学时分配	
		理　论	实　验
第 4 章	基本外设及其应用开发	6	2
第 5 章	控制类外设及其应用开发	8	4
第 6 章	通信类外设及其应用开发	5	2
第 7 章	DSP 应用系统设计	4	4
第 8 章	基于建模仿真的 DSP 应用系统设计	3	2
学 时 总 计		40	16

本书由姚睿组织编写。第 1～5 章、6.1 节、6.2 节、7.1 节、7.2.1 小节、7.2.3 小节、8.1.4 小节部分内容及对应习题和全书的拓展阅读、附录由姚睿编写；7.3～7.4 节、8.2 节和对应习题由周翟和编写；6.3～6.5 节、8.1.1～8.1.3 小节和对应习题由付大丰编写；7.5 节和对应习题由储剑波编写，7.2.2 小节、7.6 节和对应习题由崔江编写。研究生梁家伟、王凯、李雨蔓、张旭峰等参与了书中文稿录入、插图绘制和程序开发与整理工作，在此一并致谢。

由于编者水平和能力有限，书中难免存在疏漏和不当之处，敬请各位读者批评指正。

编　者

2024 年 5 月

目录

CONTENTS

第1章

绪论

1.1 概述 1

1.1.1 数字信号处理及其实现方法 1

1.1.2 DSP 的主要特点 2

1.2 DSP 的发展及应用 3

1.2.1 DSP 的发展 3

1.2.2 DSP 的应用 3

1.3 DSP 应用系统及其设计 4

1.3.1 DSP 应用系统的构成 4

1.3.2 DSP 应用系统的设计过程 4

1.4 典型 DSP 简介 5

1.4.1 市场上 DSP 的概况 5

1.4.2 TI 公司的 DSP 概况 6

1.4.3 TMS320C2000 系列 DSP 控制器 6

1.5 TMS320F28335 DSP 控制器简介 8

1.5.1 TMS320F28335 芯片封装和引脚 8

1.5.2 TMS320F28335 DSP 控制器性能概述 9

1.6 DSP 控制器的基本原理和学习方法 9

习题与思考题 10

第2章

硬件基础

2.1 内部功能结构 12

2.1.1 总体结构及功能模块概述 12

2.1.2 存储器总线结构与流水线 13

2.2 中央处理单元 15

2.2.1 C28x CPU 执行单元 16

2.2.2 C28x CPU 兼容模式 17

2.2.3 C28x CPU 寄存器组 18

2.2.4 FPU 及其寄存器组 20

2.3 存储器与存储空间 20

2.3.1 存储空间映射 21

2.3.2 片内存储器配置 21

2.3.3 外部存储器接口 23

2.4 时钟源模块 23

2.4.1 概述 23

2.4.2 各子模块及其控制 24

2.5 电源与系统复位 29

2.5.1 供电电源 29

2.5.2 系统复位 29

习题与思考题 29

第3章

软件开发基础

3.1 DSP 软件开发流程 31

3.2 汇编程序开发基础 32

3.2.1 寻址方式与指令系统 33

3.2.2 通用对象文件格式 35

3.2.3 汇编程序开发 38

3.3 C/C++程序开发基础 40

3.3.1 C/C++编译器 41

3.3.2 C/C++编程基础 42

3.4 C/C++和汇编语言混合编程 46
3.4.1 C/C++编译器运行环境 46
3.4.2 混合编程规则 49
3.4.3 混合编程方法 50
3.5 集成开发环境及其应用 53
3.5.1 集成开发环境简介 53
3.5.2 DSP 应用程序开发调试示例 55
3.5.3 程序烧写 58
3.6 基于示例模板的驱动程序开发 59
3.6.1 驱动程序开发包简介 59
3.6.2 外设寄存器访问的硬件抽象层描述方法 59
3.6.3 片内外设驱动程序示例文件 62
3.6.4 驱动程序设计方法 63
习题与思考题 64

第 4 章 基本外设及其应用开发

4.1 通用输入输出模块 66
4.1.1 GPIO 模块的结构与工作原理 66
4.1.2 GPIO 模块的寄存器 67
4.1.3 GPIO 模块应用示例 71
4.2 中断管理系统 74
4.2.1 中断管理系统概述 74
4.2.2 各级中断及其管理 75
4.2.3 中断响应过程 78
4.2.4 中断向量表及其映射与描述 80
4.3 CPU 定时器 84
4.3.1 CPU 定时器的结构与工作原理 84
4.3.2 CPU 定时器的寄存器 85
4.3.3 CPU 定时器中断示例 85
习题与思考题 87

第 5 章 控制类外设及其应用开发

5.1 增强脉宽调制模块 89
5.1.1 ePWM 模块的结构及工作原理 90
5.1.2 ePWM 模块的各子模块及其控制 91
5.1.3 ePWM 模块的应用示例 103
5.1.4 高精度脉宽调制模块 105
5.2 增强捕获模块 107
5.2.1 捕获模式下 eCAP 通道的结构及工作原理 107
5.2.2 APWM 模式下 eCAP 通道的结构及工作原理 108
5.2.3 eCAP 模块中断控制 109
5.2.4 eCAP 模块的寄存器 109
5.2.5 eCAP 模块应用示例 111
5.3 增强正交编码脉冲模块 113
5.3.1 光电编码器工作原理 113
5.3.2 eQEP 模块的结构及工作原理 114
5.3.3 eQEP 模块的子模块及其控制 114
5.3.4 eQEP 模块中断控制 122
5.3.5 eQEP 模块应用示例 123
5.4 模/数转换模块 128
5.4.1 ADC 模块的结构及工作原理 128
5.4.2 ADC 模块的寄存器 134
5.4.3 ADC 模块应用示例 136
习题与思考题 138

第 6 章 通信类外设及其应用开发

6.1 串行通信接口模块 140
6.1.1 SCI 模块的结构与工作原理 140
6.1.2 SCI 模块的寄存器 146
6.1.3 SCI 模块应用示例 150
6.2 串行外设接口模块 152
6.2.1 SPI 模块的结构与工作原理 152
6.2.2 SPI 模块的寄存器 156
6.2.3 SPI 模块应用示例 159
6.3 增强控制器局域网模块 160
6.3.1 eCAN 模块的结构与工作原理 161

6.3.2 CAN 帧格式及邮箱配置 162
6.3.3 eCAN 模块的操作控制 163
6.3.4 eCAN 模块的寄存器 167
6.3.5 eCAN 模块应用示例 174
6.4 多通道缓冲串口模块 177
6.4.1 McBSP 模块的结构与工作原理 177
6.4.2 McBSP 模块的寄存器 180
6.4.3 McBSP 模块应用示例 185
6.5 I^2C 总线模块 188
6.5.1 I^2C 总线的构成及信号类型 188
6.5.2 I^2C 总线模块的结构与工作原理 188
6.5.3 I^2C 总线模块的寄存器 189
6.5.4 I^2C 总线模块应用示例 193
习题与思考题 195

第 7 章

DSP 应用系统设计 197

7.1 DSP 最小系统设计 197
7.1.1 电源电路设计 197
7.1.2 复位电路设计 200
7.1.3 时钟电路设计 200
7.1.4 JTAG 接口电路设计 201
7.1.5 3.3V 和 5V 混合逻辑系统接口设计 201
7.1.6 外部存储器扩展 202
7.2 模/数接口电路设计 203
7.2.1 片内 ADC 模块输入保护电路设计 203
7.2.2 并行 ADC 接口电路设计和访问 204
7.2.3 并行 DAC 接口电路设计和访问 206
7.3 串行数据通信接口电路设计 208
7.3.1 串行通信接口 208
7.3.2 串行外设接口 209
7.3.3 CAN 总线控制器接口 210
7.3.4 I^2C 日历时钟电路设计 210
7.4 人机接口及显示电路设计 214
7.4.1 键盘接口电路 214
7.4.2 LED 显示电路 215
7.4.3 LCD 及其接口电路 219
7.5 永磁同步电机 DSP 控制系统设计 222
7.5.1 永磁同步电机的数学模型 222
7.5.2 基于 DSP 的永磁同步电机矢量控制系统设计 224
7.6 基于 DSP 的故障诊断系统设计 234
7.6.1 基于 FFT 与 DSP 的旋转整流器故障检测系统设计 234
7.6.2 基于 DSP 与信号处理的逆变器故障诊断系统设计 238
习题与思考题 242

第 8 章

基于建模仿真的 DSP 应用系统设计 244

8.1 基于 Proteus 的系统设计与仿真 244
8.1.1 Proteus 开发环境简介 244
8.1.2 Proteus ISIS 原理图设计 247
8.1.3 DSP 系统设计与仿真 251
8.1.4 其他虚拟仿真示例 256
8.2 基于 Simulink 的系统建模与代码自动生成 264
8.2.1 Simulink 建模环境简介 265
8.2.2 TMS320C2000 嵌入式代码产生支持库 266
8.2.3 系统建模与代码快速生成方法 274
习题与思考题 278

附录 176 引脚 LQFP TMS320F28335 引脚功能分配和描述 280

参考文献 287

第 1 章 绪论

学习要求

（1）理解 DSP 的概念，掌握 DSP 的主要特点。

（2）了解 DSP 的发展和典型应用，熟悉 DSP 应用系统的设计方法。

（3）了解 TI 公司的主要产品，熟悉 TMS320F28335 DSP 控制器的主要特性。

数字信号处理系统可以将接收到的模拟信号转换成数字信号，进行实时的数字信号处理。本章对 DSP 的含义、特点、应用系统的设计过程等进行简要讲述，重点说明 DSP 为什么特别适合进行数字信号处理，DSP 应用系统的构成和设计过程，TI 高性能浮点系列 DSP 控制器 TMS320F28335 的概况，以及 DSP 控制器的基本原理和学习方法。

1.1 概述

1.1.1 数字信号处理及其实现方法

数字信号处理（Digital Signal Processing，DSP）是指利用计算机或专用信号处理设备，对信号进行数字处理（包括采集、变换、滤波、估值、增强、压缩、识别等）。它以数学、计算机、微电子学等众多学科的知识为理论基础，广泛应用于通信、控制、图像处理、语音识别、生物医学、消费电子、军事和航空航天等诸多领域。

数字信号处理的实现方法很多，总体上可分为软件实现和硬件实现。软件实现主要利用在通用计算机［如个人计算机（PC）］上的各类工具（如 C/C++或 MATLAB），其缺点是速度较慢，故主要用于数字信号处理算法的模拟与仿真。

硬件实现的方法较多，如使用单片机（如 MCS-51）、可编程器件［如现场可编程门阵列（Field Programmable Gate Array，FPGA）或复杂可编程逻辑器件（Complex Programmable Logic Device，CPLD）］、专用集成电路（Application Specific Integrated Circuit，ASIC），以及数字信号处理器（Digital Signal Processor，DSP）。其中单片机主要用于完成不太复杂的数字信号处理任务，如简单的数字控制；可编程器件主要用于实现计算密集型的高性能、固定数字信号处理功能，或用于实现数字信号处理算法的原型设计；ASIC 是专门针对特定应用需求设计的，应用范围有限，且开发周期较长；DSP 作为通用的数字信号处理器，可通过编程满足不同的应用需求，为数字信号处理的应用打开了新的局面。

综上所述，DSP 包含两种含义：一是代表 Digital Signal Processing，指数字信号处理技术，包括相关理论、实现和应用；二是代表 Digital Signal Processor，指数字信号处理器，即用于实现数字信号处理的微处理器。本书中若无特别说明，DSP 均指数字信号处理器。

1.1.2 DSP 的主要特点

与通用微处理器或微控制器相比，DSP 在数字信号处理领域具有无可比拟的优势，原因在于其采取了许多措施来提高数据处理速度与可靠性。DSP 的主要特点如下。

1. 改进的哈佛结构

DSP 的主要特点

通用微处理器大多采用冯·诺依曼结构，将程序空间和数据空间作为整体统一编址，共享地址总线和数据总线，如图 1.1（a）所示。因而通用微处理器不能同时取指令和读/写操作数，执行一条指令需要几个甚至几十个机器周期。DSP 采用改进的哈佛结构，程序空间（程序存储器）和数据空间（数据存储器）各自拥有独立的地址总线和数据总线，如图 1.1（b）所示。因此 DSP 不仅可以同时取指令和读/写操作数，而且可以在程序空间和数据空间之间相互传递数据，从而提高指令的执行速度。

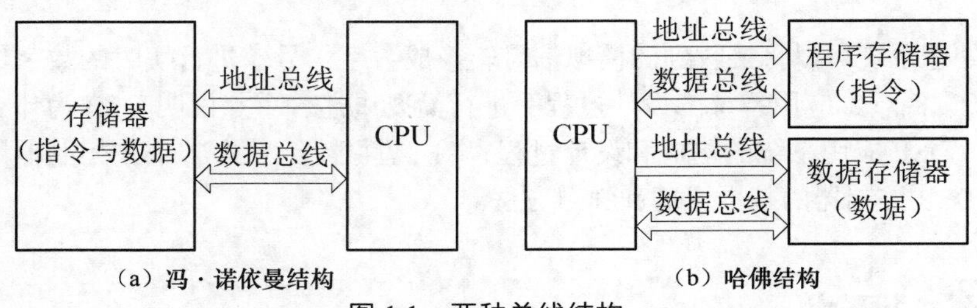

图 1.1 两种总线结构

2. 流水线技术

为突破存储器访问速度对中央处理器（Central Processing Unit，CPU）处理速度的限制，DSP 采用流水线技术提高其处理速度。例如，美国德州仪器（TI）公司的 C28x DSP 采用 8 级流水线，即将每条指令的执行过程分为 8 个阶段，每个阶段需要 1 个机器周期，故 1 条指令的执行需要 8 个周期。但每个周期同时有 8 条指令激活，分别处于流水线的不同阶段。这样流水线启动后，每个周期均有指令执行，仿佛 1 个周期完成 1 条指令。采用流水线技术不仅提高了处理速度，而且可以使 CPU 工作在较低频率下，以降低功耗。

3. 专用的硬件乘法器和乘积累加操作

数字信号处理的基本算法中需要进行大量的乘法和乘积累加操作。通用微控制器中乘法运算通过移位和加法运算实现，速度较慢。DSP 芯片中具有专用的硬件乘法器，以实现乘法运算；并可将乘积提供给累加器（Accumulator，ACC），与其配合完成乘积累加的操作。流水线启动后，DSP 的乘累加（Multiply Accumulate，MAC）指令可以在单周期实现乘积累加的功能。

4. 并行工作的多处理单元

DSP 具有可并行工作的多处理单元。除了算术逻辑单元（Arithmetic and Logic Unit，ALU）和硬件乘法器，DSP 芯片内还设置了用于数据定标的硬件移位器，以及用于间接寻址的辅助寄存器及其算术单元。寻址单元支持循环寻址、位倒序寻址，故快速傅里叶变换（Fast Fourier Transform，FFT）、卷积等运算的寻址、排序与计算能力大大提高。多处理单元的并行操作使 DSP 能在相同时间内完成更多操作，从而提高执行速度。

5．片内存储器和强大的硬件配置

DSP 片内集成了大量多种类型的程序存储器和数据存储器，对指令和数据的访问速度更快，缓解了外部存储器访问的总线竞争和速度不匹配问题。同时，DSP 片内还集成了多个串行或并行 I/O（输入/输出）接口，以及一些特殊功能接口，用于完成特殊数据处理或控制任务，以提高性能和降低成本。

6．特殊指令和不断提高的运算精度

为了更好地满足数字信号处理需求，DSP 设置了很多特殊指令，如单周期乘累加指令，可减少单条指令循环操作对 CPU 开销的重复指令、可实现程序/数据存储器中数据块移动的指令。很多指令具有丰富的变址寻址能力和基于 2 的 FFT 位倒序变址能力。

另外，DSP 的运算精度也在不断提高。其定点处理器的运算精度已从早期的 8 位逐步提高到 16 位、24 位、32 位。浮点处理器的出现提供了更大的动态范围和更高的运算精度。

1.2 DSP 的发展及应用

1.2.1 DSP 的发展

在 DSP 出现之前，数字信号处理只能在微处理器上完成，无法满足高速、实时的处理需求。20 世纪 70 年代，出现了早期 DSP 解决方案，即用分立元件组成的体积庞大的数字信号处理系统。但其价格昂贵，且需要高压供电，故其应用仅限于军事和航空航天领域。

1978 年 AMI 公司 S2811 的出现标志着第一片 DSP 芯片的诞生。1979 年 Intel 公司推出的 2920 是第一片脱离了通用微处理器架构的商用可编程 DSP 芯片，成为 DSP 发展过程的一个重要里程碑。S2811 和 Intel 2920 片内尚无单周期硬件乘法器。1980 年日本 NEC 公司推出的 μPD7720 是第一片具有硬件乘法器的商用 DSP 芯片。1982 年美国 TI 公司推出的 TMS32010 则是第一片现代 DSP 芯片，它成本低廉、应用简单、功能强大，标志着实时数字信号处理领域的重大突破。

随着 CMOS（互补金属氧化物半导体）技术的进步与发展，第二代基于 CMOS 技术的 DSP 应运而生。1982 年日本 Hitachi 公司率先采用 CMOS 工艺生产浮点 DSP 芯片。1984 年 AT&T 公司推出了第一片高性能浮点 DSP 芯片，即 DSP32。

自 1980 年以来，DSP 芯片得到了突飞猛进的发展。目前，DSP 芯片的应用越来越广泛，并逐渐成为电子产品更新换代的决定性因素。DSP 的功能越来越强，甚至超过了微控制器的功能，其应用越来越广泛，且价格越来越便宜。未来 DSP 面临的挑战是处理速度更高、功能更多、功耗更低，同时朝向系统级集成、多核、与微处理器和 FPGA 融合等方向发展。

1.2.2 DSP 的应用

DSP 芯片发展迅速，已在信号处理、通信、语音、图形图像、军事、仪器仪表、自动控制、医疗、家用电器等诸多领域得到广泛应用。目前，其价格越来越低，性价比日益提高，具有巨大的应用潜力。无线应用和嵌入式应用为 DSP 市场提供了广阔舞台。

目前，DSP 主要应用于计算机、通信和消费电子产品等领域。此外，原本基于单片机的家电、

系统控制等领域目前也越来越多地采用 DSP，以增强产品的功能和性能。在家电领域中，从洗衣机到冰箱，电动机的转速直接影响着设备的能量消耗。基于 DSP 的电机控制系统可提供快速、准确的脉宽调制和多种电机参数（如电流、电压、速度、温度等）的快速、精确反馈，从而促进了先进电机驱动系统的发展。例如，采用低成本 DSP 控制变速压缩机，可显著提高制冷压缩机的能效。洗衣机采用 DSP 实现变速控制，可减少对机械传动装置的需求。DSP 还为这些设备提供无传感器控制方案，不需要速度和电流传感器，以实现更高的转速、更小的噪声和振动。在加热、通风和空气调节系统的送风机和导风叶轮的变速控制中采用 DSP，则可提高效率和舒适度。

1.3 DSP 应用系统及其设计

1.3.1 DSP 应用系统的构成

典型 DSP 应用系统的构成如图 1.2 所示，主要包括输入信号源、模拟信号处理（ASP）、模/数转换（ADC）模块、数字信号处理器（DSP）、数/模转换（DAC）模块、输出执行机构等部分。

DSP 应用系统的构成

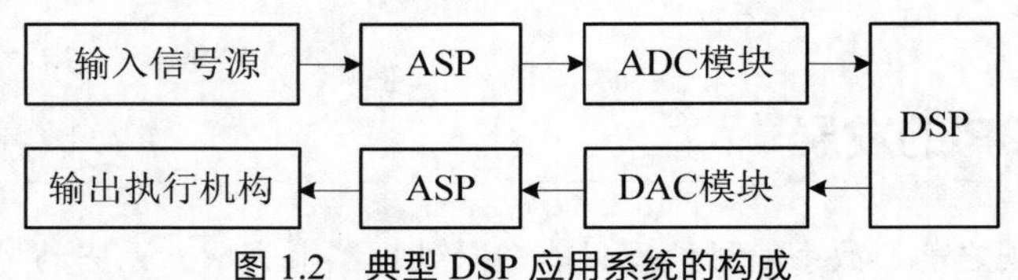

图 1.2 典型 DSP 应用系统的构成

注：图 1.2 所示为典型 DSP 应用系统的构成，并非所有 DSP 应用系统均需具备所有部分。

图 1.2 中，输入信号源是产生信号的物体，如麦克风、传感器等，其信号可为温度、压力、湿度、位置、速度、流量、声、光等各种形式。ASP 用于对某些原始信号进行放大或滤波等处理。原始信号经 ASP 进行放大、带限滤波和抽样后送至 ADC 模块。ADC 模块将 ASP 处理后的模拟信号转换成数字信号，由 DSP 按实际需求进行各种数字信号处理。处理后的数字信号再经 DAC 模块转换成模拟信号，由 ASP 进行内插和平滑滤波等处理后，将模拟信号送至执行机构。

1.3.2 DSP 应用系统的设计过程

DSP 应用系统的设计过程如图 1.3 所示，一般包括需求分析、系统结构设计、软/硬件设计、系统集成及测试等阶段。

在需求分析阶段，按用户对应用系统的要求，提出系统级技术要求和相关说明，写出任务说明书，确定要实现的技术指标。同时要解决信号处理（如输入/输出特性的分析，数字信号处理算法的确定，以及使用快速原型和硬件开发系统对性能指标的仿真和验证）和非信号处理（如确定应用环境、设备的可靠性、可维护性、功耗、体积、质量、成本、性价比等指标）两方面的问题。

在系统结构设计阶段，确定信号处理单元和信号交互单元的架构，然后根据系统指标要求选择 DSP 芯片，并为之设计相关外围电路和其他电路。另外，还要进行系统的软/硬件分工，确定哪些功能由硬件实现，哪些功能由软件实现。

软/硬件设计主要包括硬件设计和软件设计阶段。其中，硬件设计首先完成硬件方案的确定和器件选型，并给出硬件设计说明书；然后完成原理图设计、印制电路板（PCB）设计、硬件制作和调试等。

软件设计可采用 DSP 汇编或 C/C++编程，然后调用代码产生工具生成可执行代码，进行仿真与调试。

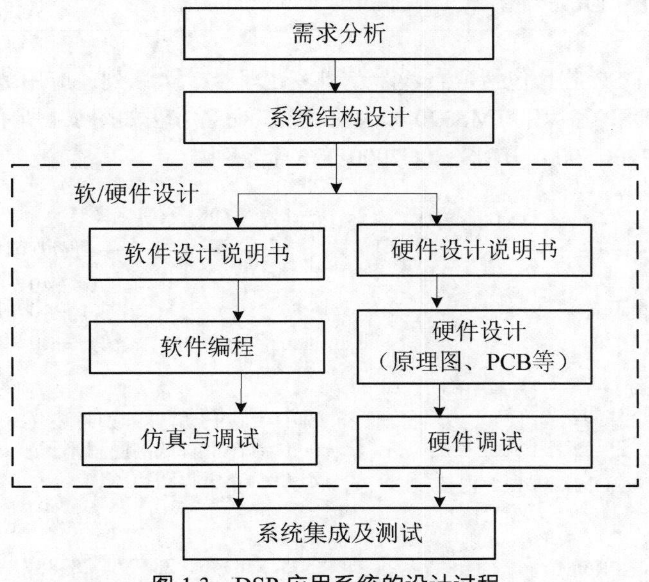

图 1.3　DSP 应用系统的设计过程

在系统集成及测试阶段，把系统的各部分集成为一个整体，进行运行测试。若不能满足需求，需要对软件和硬件进行修改。

1.4 典型 DSP 简介

1.4.1 市场上 DSP 的概况

目前市场上 DSP 芯片的主要厂商有 TI、亚德诺半导体（ADI）、恩智浦（NXP）、意法半导体（STM）、凌云逻辑（Cirrus Logic）等公司，其中 TI 的市场份额占比最高。TI 公司的 TMS320 系列 DSP 包括用于控制领域的 TMS320C2000 系列、用于移动通信领域的 TMS320C5000 系列，以及应用于网络、多媒体和图像处理等领域的 TMS320C6000 系列。

目前，我国的 DSP 芯片在军工等特殊领域已经取得了较高的国产化率，但在民用领域依然主要依靠进口。我国 DSP 芯片的主要厂商有中国电子科技集团公司第十四研究所、中国电子科技集团公司第三十八研究所、湖南进芯电子科技有限公司、北京中星微电子有限公司等。中国电子科技集团公司第十四研究所成功研制了具有国际先进水平的“华睿 1 号”DSP 芯片；随后推出的“华睿 2 号”DSP 芯片集成了 4 个通用 DSP 核和 4 个可重构核，可实现每秒 4 000 亿次运算。

拓展阅读

集成电路芯片作为电子产品的核心部件，关乎我国的科技进步、国民经济发展和国家安全。近年来，经历了中兴、华为等公司的“卡脖子”事件后，我国的民族企业迎难而上，奋发图强，坚持自主创新，在众多领域纷纷推出了国产芯片产品，推动了我国集成电路产业的进一步发展。

1.4.2 TI 公司的 DSP 概况

目前，TI 公司的 DSP 芯片包括定点、浮点和多处理器 3 个系列，应用范围涵盖低端到高端的各个领域。TI 公司的 DSP 芯片以 TMS320 作为前缀，其命名方法如图 1.4 所示。目前应用广泛的有 TMS320C6000、TMS320C5000、TMS320C2000 这 3 个系列。

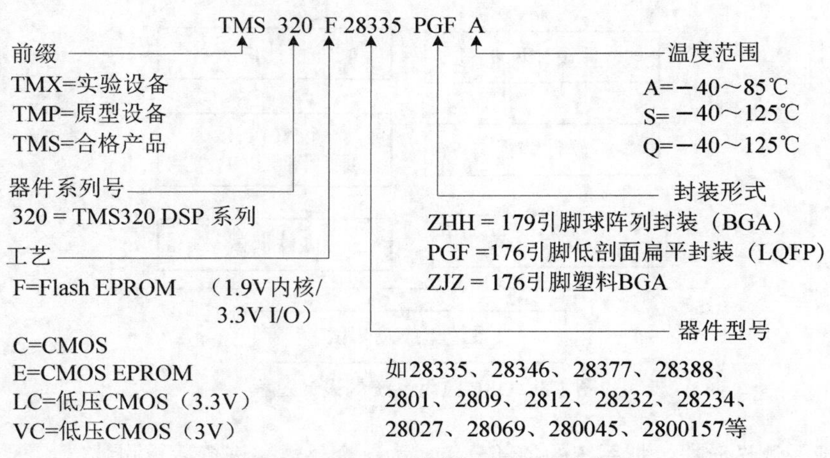

图 1.4 TMS320 系列产品的命名方法

TMS320C6000 系列是 32 位高性能 DSP，面向高性能、多功能、复杂的高端应用领域，主要包括 TMS320C62xx、TMS320C64xx、TMS320C67xx 等。TMS320C5000 系列是 16 位定点、低功耗 DSP，面向低功耗、手持设备、无线终端应用等消费类数字市场，具有超低功耗（待机功率可低至 0.15mW），主要包括 TMS320C54x、TMS320C54xx、TMS320C55x、TMS320C55xx 等。TMS320C2000 系列面向数字控制、运动控制，目前应用的是其第二代和第三代产品，片内增加了经过优化的、用于数字控制系统的外设电路，可大幅提高效率和降低功耗，是最佳控制平台，TI 公司也称其为 DSP 控制器或实时微控制器。

1.4.3 TMS320C2000 系列 DSP 控制器

TMS320C2000 系列 DSP 控制器集 DSP 内核和控制外设于一体，既具有数字信号处理能力，又具备强大的嵌入式控制功能，非常适合用于数字电源［如开关电源、不间断电源、AC/DC（交流/直流）整流器、DC/DC（直流/直流）模块等］、数字电机（如变速驱动器、伺服驱动器、家电用电机、压缩机、鼓风机、工业用泵等）控制、可再生能源（如太阳能逆变器、风力发电逆变器、深循环电池管理、水力发电、大型电网等）、电力线通信（如太阳能、计量、镇流器、安全门检/安全监控系统等）、照明（如工业及商业照明、建筑照明、街道照明、舞台照明、汽车照明、大型基础设施照明、智能照明等）等领域。

目前 TMS320C2000 的主流芯片是 32 位的，总体可分为 4 个系列：定点系列、Delfino 高性能浮点系列、Piccolo 小封装系列，以及集连接与控制于一身的 Concerto 系列。

1. 32 位定点系列 DSP 控制器

32 位定点系列 DSP 控制器主要包括 TMS320x280x、TMS320x281x 和 TMS320F282xx 这 3 个系

列。TMS320x281x 是在 TMS320x240x 的基础上升级、增强而来的 32 位微控制器，具有高达 128KW 的闪存（Flash Memory）和 150MIPS（每秒百万条指令）的性能。例如，其典型芯片 TMS320F2812 的片内外设和部分功能与 TMS320LF2407 的兼容。TMS320F282xx 在 TMS320F281x 的基础上增加了更多的外设和存储器资源［如增加了直接存储器访问（DMA）、高精度脉宽调制（PWM）等外设，随机存储器（RAM）、定时器，通用输入输出接口（GPIO），并增加了通信接口数量］。与 TMS320x281x 相比，TMS320x280x 系列外设功能更强且更具价格优势，具有 100MIPS 的性能。其所有产品引脚兼容，采用 100 引脚封装。本书在描述存储器和存储空间大小时，使用字（W）为单位，1 个字为 16 位（即 1W=16bit），符号 KW、MW 和 GW 分别指 2^{10}W、2^{20}W 和 2^{30}W。

2．Delfino 高性能浮点系列 DSP 控制器

TMS320x283xx 在 32 位定点 CPU 内核（C28x）的基础上，增加了 IEEE 754 单精度 32 位浮点处理单元（FPU32），部分器件集成了 IEEE 754 双精度 64 位浮点处理单元（FPU64）。该系列可分为 TMS320F2833x（332/334/335）、TMS320C2834x（341/342/343/344/345/346）、TMS320F2837x（374/375/376/377/379）S/D、TMS320F2838x（384/386/388）S/D 等子系列。Delfino 高性能浮点系列 DSP 控制器为高性能的实时控制应用提供了浮点性能与高集成度，大大提高了高端实时控制应用实现方案的智能化水平与效率。

TMS320F2833x 的工作频率可达 150MHz，片内具有高达 256KW 的闪存。TMS320C2834x 的工作频率可达 300MHz，但是无闪存，取而代之的是数量相当的 RAM。TMS320F2837xS/D 的工作频率可达 200MHz，片内增加了控制律加速器（CLA）、三角函数加速器（TMU）和 Viterbi/复杂数学单元（VCU），具有高达 256KW 的闪存；其中 S 版本为单核架构，D 版本为双核架构。TMS320F2838xS/D 将 TMS320F2837xS/D 的 FPU32 升级为 FPU64，性能更为强大。CLA 可独立访问反馈与前馈外设，能够提供并行控制环路，以强化主 CPU；TMU 和 VCU 可以进一步提高复数的数学处理速度。

3．Piccolo 小封装系列 DSP 控制器

TMS320F2802x/2803x/2806x/2807x/28002x/28003x/28004x/280013x/280015x Piccolo 小封装系列体现了小封装与高性能的最佳结合，提供了低成本的高集成度解决方案。该系列支持高达 120MHz 的工作频率和高达 512KB（256KW）的闪存，部分器件提供浮点支持。另外，该系列可提供多种封装版本和外设选项，实现了高性能、高集成度、小尺寸以及低成本的完美组合。

4．Concerto 系列 DSP 控制器

Concerto F28M35x/36x 系列将 ARM Cortex-M3 内核与 TMS320C2000 的 C28x 内核整合在一个器件中，使其在太阳能逆变器和工业控制等应用场景下能够在保持单芯片解决方案的同时，使得通信和控制处理彼此隔离。Concerto 系列支持高达 150MHz 的工作频率（在面向控制的 C28x 内核中）和高达 125MHz 的工作频率（在面向通信的 ARM Cortex-M3 内核上）。内存选项包括高达 1MB（512KW）的闪存和 128KB（56KW）的 RAM。该系列可降低系统成本，获得安全性认证，并实现实时控制与通信的完美结合。

在 TMS320C2000 的 32 位 DSP 控制器中，Delfino 高性能浮点系列能够执行复杂的浮点运算，节省存储空间和代码执行时间，具有精度高、成本和功耗低、外设集成度高等优点，为嵌入式工业控制提供了优秀的性能和简单的软件设计。因此，本书以该系列应用较广的典型芯片 TMS320F28335 为对象，介绍 DSP 控制器的原理与应用技术。

1.5 TMS320F28335 DSP 控制器简介

1.5.1 TMS320F28335 芯片封装和引脚

TMS320F28335 芯片有 3 种封装形式：176 引脚的 PGF/PTP 低剖面扁平封装（LQFP）、179 引脚的 ZHH 球阵列封装（BGA）和 176 引脚的 ZJZ 塑料球阵列封装（PBGA）。其中 176 引脚的 LQFP 的俯视图如图 1.5 所示。将芯片上的下凹圆点放置在左下方位置，正对下面一列的第 1 个引脚为 1 号引脚，其他引脚按逆时针方向排列。芯片外围引脚主要包括电源接口、地址总线接口、数据总线接口、JTAG 接口及各种片内外设的通信接口。附录详细描述了各引脚功能分配。其中所有数字输入引脚的电平均与 3.3V TTL 电平（晶体管-晶体管逻辑电平）兼容，不能承受 5V 电压；所有引脚的输出均为 3.3V 的 CMOS 电平，输出缓冲器驱动能力典型值为 4mA，而外部存储器接口（XINTF）相关引脚的输出驱动能力典型值则可达 8mA。

图 1.5　TMS320F28335 的 176 引脚 LQFP 封装顶视图

1.5.2 TMS320F28335 DSP 控制器性能概述

TMS320F28335DSP 控制器的主要性能如下。

（1）采用高性能的 32 位 CPU：具有 IEEE 754 单精度浮点单元、可指行 32 位×32 位或 16 位×16 位 MAC 指令、可指行双 16 位×16 位 MAC 操作、改进的哈佛结构、统一的寄存器编程模式，能够快速实现中断响应和处理，代码效率更高。

（2）采用高性能的静态 CMOS 工艺。工作频率高达 150MHz（指令周期为 6.67ns），内核电压为 1.9/1.8V（工作频率低于 135MHz 时可采用 1.8V），I/O 电压为 3.3V。另外还有 3 个 32 位的 CPU 定时器，可实现长时间的定时。

（3）具有 16 或 32 位的 XINTF，地址空间超过 2MW。

（4）具有片上存储器：256KW 的闪存、34KW 的 SARAM、1KW 的 OTP ROM。另外，还有 8KW 的 Boot ROM（引导 ROM），具有软件引导模式（经 SCI、SPI）和标准的数据表。

（5）支持时钟控制：支持动态改变锁相环倍频系数，具有片上振荡器和看门狗（Watch Dog，WD）模块。

（6）支持 128 位的安全密钥：可保护闪存/OTP ROM/SARAM 等存储器，防止系统固件被盗。

（7）具有多达 88 个可独立编程的 GPIO 引脚。其中 GPIO0～GPIO63 可进行内部滤波并连接 8 个外部中断。

（8）外设中断扩展（PIE）模块，支持所有 58 个外设的中断。

（9）采用增强的控制外设：6 个增强脉宽调制（ePWM）模块、6 个增强捕获（eCAP）模块、2 个增强正交编码器脉冲（eQEP）模块，可输出 18 路 PWM 波、6 路 HRPWM 波。

（10）采用 16 通道 12 位 ADC 模块：具有 80ns 的快速转换时间、2×8 通道的输入多路器和 2 个采样/保持器，可进行单转换/连续转换，可选用内部或外部参考电压。

（11）串行通信外设：2 个增强型控制器局域网（eCAN）模块、3 个串行通信接口（SCI）模块、1 个串行外设接口（SPI）模块、2 个多通道缓冲串口（McBSP）模块、1 个集成电路总线（I^2C）接口模块。

（12）采用 6 通道 DMA 控制器（可用于访问 ADC、McBSP、ePWM 模块、XINTF 和 SARAM 等）。

（13）支持 JTAG 边界扫描，具有先进的仿真功能：具有分析和设置断点功能，可进行实时硬件调试。

（14）开发工具丰富：包括 ANSI C/C++编译器/汇编器/连接器、代码编辑集成开发环境、DSP/BIOS、数字电机控制和数字功率软件库等。

（15）支持低功耗模式和节能模式：具有空闲（IDLE）、等待（STANDBY）和暂停（HALT）3 种模式，可独立控制各片内外设时钟。

（16）工作温度范围较大。A：−40～85°C（PGF、ZHH、ZJZ 等）。S：−40～125°C（PTP、ZJZ）。Q：−40～125°C（PTP、ZJZ）。

1.6 DSP 控制器的基本原理和学习方法

DSP 控制器的基本原理与微处理器、单片机基本一致，即从存储器、I/O 接口等处取数，运算后再将结果存放起来，故其工作过程中占主导地位的是程序流和数据流，需要采用数据总线和地址总线来实现数据流和地址流的有序管理和控制。CPU、程序存储器、数据存储器和片内外设等均挂接在总线上。程序存储器用于存放程序员根据实际应用需求编写的程序代码；CPU 作为控制中心，根据程序代码决定当前时刻数据总线和地址总线由谁占用，并进行相关的运算；数据存储器用于记录 CPU 工作过程的原始数据、中间结果和最终结果；片内外设用来与外界进行信息交互，其引脚与 GPIO 引脚复用；数据总线和地址总线一般延伸至片外引脚，如图 1.6 所示。

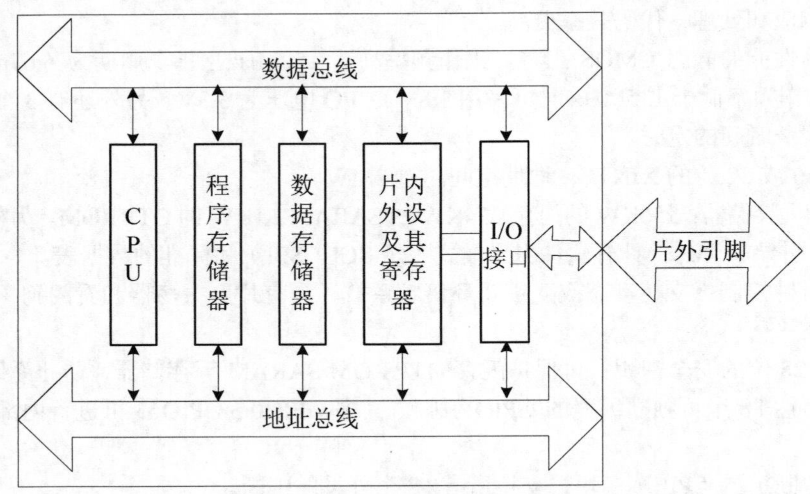

图 1.6 DSP 控制器的基本原理

传统微处理器一般采用单总线结构，相当于一辆车运行于一条高速车道上，分时提供不同的服务。DSP 控制器采用多总线结构，相当于多辆车同时运行于多条高速车道上，分别提供不同的服务，故其运行速度和处理能力大大提高。而且，现代 DSP 控制器，如 TMS320F28335 还具有 DMA 总线，其 CPU 能够以 DMA 形式访问特定外设。

在 DSP 控制器中，地址是非常重要的概念。每个存储器、寄存器，包括所有的片内和片外可编程模块，均有自己的地址。事实上，DSP 对片内可编程模块的操作，是通过对其寄存器（包括控制类、数据类和状态类等）进行编程实现的。这些寄存器各自具有厂家事先设定好的唯一地址。而片外可编程模块则需要由 DSP 应用系统设计者在设计硬件时为其分配地址。地址确定后，接下来的任务就是确定如何组织数据、采取什么算法、通过何种流程来实现等。

学习 DSP 控制器，一般可遵循以下方法：首先，了解其结构框架和性能概述，掌握其特点；其次学习其硬件基础，包括其 CPU 结构、寄存器组、存储器及最小系统支撑模块等；接下来要掌握其软件开发方法，熟悉其仿真软件和开发环境；然后，学习所需片内外设的原理和编程方法；最后，按 DSP 应用系统设计方法，进行软、硬件设计和系统仿真与调试。

《习题与思考题》

1.1 解释 DSP 的含义。

1.2 数字信号处理的一般实现方法有哪些？各自有什么优缺点？

1.3 为什么 DSP 特别适合用于进行数字信号处理？简述其主要特点。

1.4 简述哈佛结构和传统冯·诺依曼结构的不同。DSP 采用哪种结构?

1.5 简述流水线技术的基本原理和好处。

1.6 简述典型 DSP 应用系统的构成。是否所有的 DSP 应用系统均须具备所有部分?

1.7 简述 DSP 应用系统的一般设计过程。

1.8 TI 公司目前应用较广的 3 个 DSP 系列是什么?各自适用于什么领域?

1.9 TMS320C2000 中 32 位 DSP 控制器主要包括哪些子系列?各自有什么特点?

1.10 简述 TMS320F28335 的主要性能。

1.11 对照附录了解 TMS320F28335 的引脚信息。

第 2 章 硬件基础

学习要求

（1）熟悉 TMS320F28335 内部功能结构，掌握其存储器总线结构与流水线。

（2）掌握 TMS320F28335 C28x CPU 执行单元及寄存器组，了解浮点处理单元（FPU）。

（3）掌握 TMS320F28335 的存储空间映射、片内存储器配置和外部存储器扩展接口等。

（4）掌握 TMS320F28335 时钟源模块的组成和编程、配置方法，熟悉其供电电源与系统复位。

使用 DSP 控制器构成最小应用系统，进而执行数字信号处理算法，需要基本的支撑硬件，包括 CPU、存储器、时钟源、电源与系统复位电路等。本章讲述 DSP 控制器的硬件基础，包括其内部功能结构、CPU、存储器与存储空间、时钟源模块、电源与系统复位等内容。

2.1 内部功能结构

2.1.1 总体结构及功能模块概述

总体结构及功能模块概述

TMS320F28335 具有丰富的片内资源和强大的功能，其总体结构和主要功能模块如图 2.1 所示。其片内含 CPU、各种类型的存储器以及外设等，它们均挂接在总线（包括程序总线、数据总线、DMA 总线等）上。

1．CPU

TMS320F28335 的 CPU 具有 32 位架构，包括 C28x 32 位定点 CPU 和一个 IEEE 754 单精度 FPU32。C28x 包含 32 位乘法器和单周期可读/修改/写算术逻辑部件（R-M-W ALU），数据总线和程序总线独立（即改进型哈佛结构），数据空间和程序空间地址统一。

2．片内存储器

TMS320F28335 包括 512KB（256KW）的片内闪存、68KB（34KW）的单口 RAM（SARAM）、Boot ROM；其闪存中包含 128 位的代码安全模块（Code Security Module，CSM），可保护程序代码免受非法用户窃取。闪存用于存放用户程序代码或数据表，可通过 JTAG 接口烧写或擦除，CPU 对其进行访问需要等待一段时间。SARAM 每个周期只能被访问 1 次，但是 CPU 对其进行访问无须等待。TI 在 Boot ROM 中固化了引导程序，芯片上电后可根据几个 GPIO 引脚状态组合选择不同的程序加载方式。

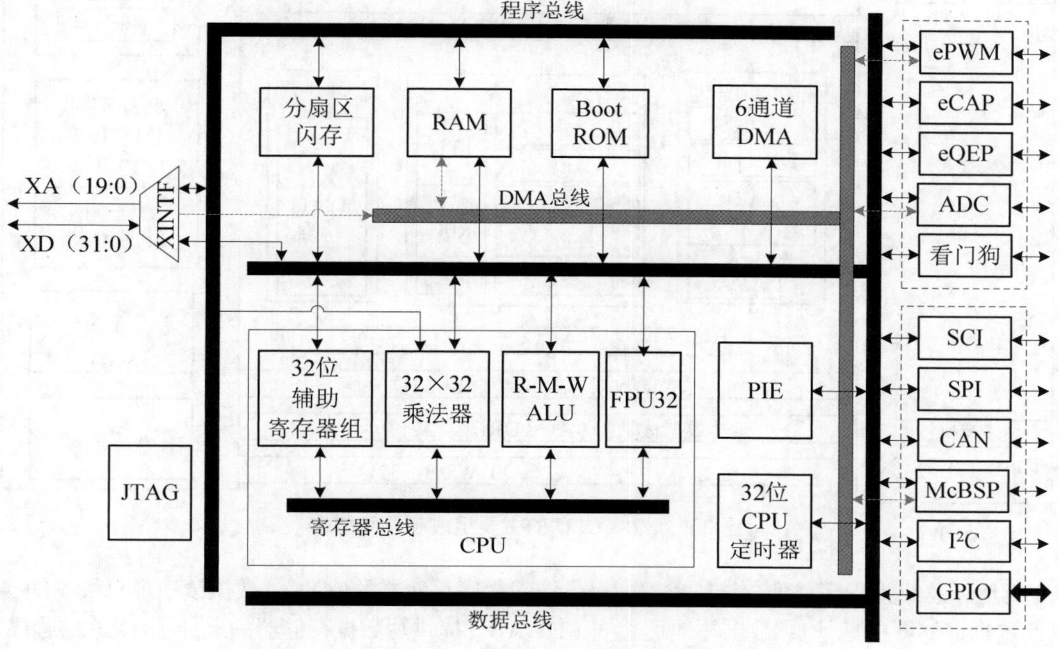

图 2.1　TMS320F28335 的总体结构和主要功能模块

3．片内外设

TMS320F28335 的片内外设主要包括 6 个 ePWM 模块、6 个 eCAP 模块、两个 eQEP 模块、1 个 12 位 ADC 模块、1 个看门狗、3 个 SCI、1 个 SPI、两个现场总线通信接口（CAN）、两个 McBSP、1 个 I^2C 模块和 88 个 GPIO 引脚。另外，还包括 PIE、32 位 CPU 定时器（3 个）、6 通道 DMA、16/32 位的 XINTF 和 JTAG 接口等。

4．片内总线

TMS320F28335 的片内总线包括存储器总线、外设总线和 DMA 总线等。其存储器总线采用哈佛结构即多总线结构，外设总线采用 TI 统一标准激活片内外设的连接，外设总线由 16 位地址总线、16/32 位数据总线和一些控制信号接口组成。TMS320F28335 支持 3 种不同的外设：外设 1 支持 32/16 位访问，外设 2 支持 16 位访问，外设 3 可通过 DMA 总线支持 16/32 位 DMA 访问。

2.1.2　存储器总线结构与流水线

存储器总线结构的性能很大程度上决定了处理器的性能。为了提高处理速度，一方面可通过提高 CPU 时钟频率以提高响应速度，另一方面可加大数据总线宽度以进行更高位的复杂运算。此外还有一种方案就是采用并行多级流水线。C28x CPU 的主要组成及总线结构如图 2.2 所示。由图 2.2 可见，其片内存储器总线共有 6 组，地址总线和数据总线各有 3 组。

总线结构

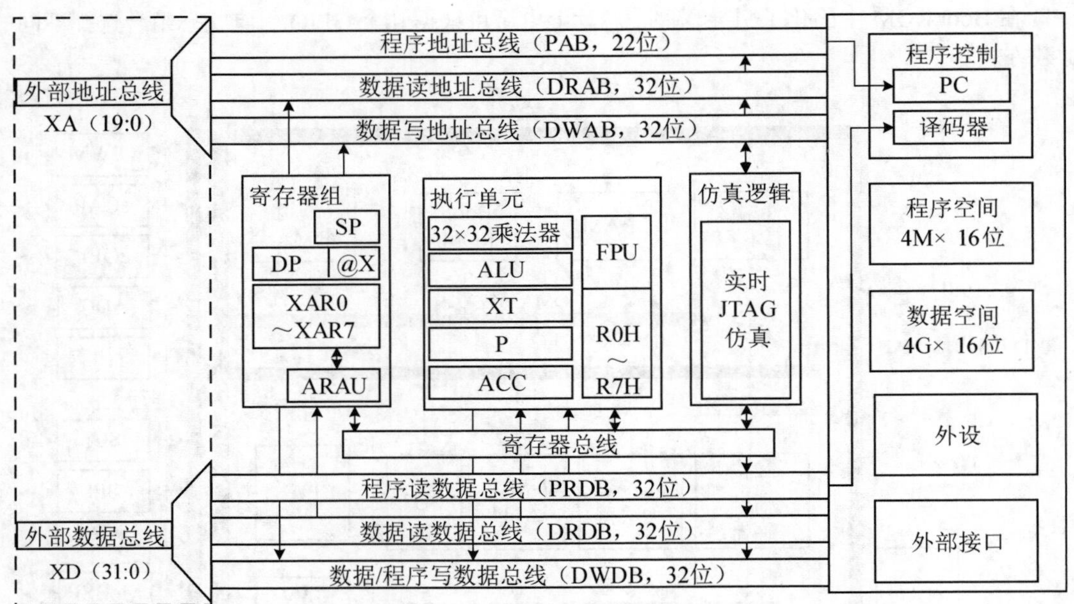

图 2.2　C28x CPU 的主要组成及总线结构

3 组地址总线为程序地址总线（PAB，提供访问程序存储器的地址）、数据读地址总线（DRAB，提供读数据存储器的地址）、数据写地址总线（DWAB，提供写数据存储器的地址）。DSP 的程序存储器和数据存储器中，一个存储单元的宽度为 16 位，称为 1 个字（W），PAB 的宽度为 22 位，故程序空间最多可寻址 $2^{22}=4$MW；DRAB 和 DWAB 的宽度均为 32 位，故数据空间最多可寻址 $2^{32}=4$GW。

3 组数据总线为程序读数据总线（PRDB，传送来自程序空间的指令或数据）、数据读数据总线（DRDB，传送来自数据空间的数据）和数据/程序写数据总线（DWDB，将 CPU 处理后的数据传送到数据/程序存储器）。这 3 组数据总线的宽度均为 32 位，可传输 32 位的数据。

由图 2.2 可见，DSP 控制器不仅程序空间和数据空间的总线独立（拥有独立的地址总线和数据总线），而且数据空间用于读和写的总线也独立。这意味着 DSP 不仅可同时访问程序空间和数据空间，而且可同时对数据空间进行读操作和写操作。因此它可以通过采用多级并行流水线，提高处理能力。

注意：由于对程序空间的读和写操作均需要用到 PAB，故不能同时对程序空间进行读和写；同理，由于对程序空间和数据空间的写操作均需要用到 DWDB，故也不能同时对程序空间和数据空间进行写操作。

DSP 控制器的外部地址总线和数据总线仍为单一形式，以便与外围芯片兼容。TMS320F28335 的外部地址总线为 20 位，数据总线为 32 位。

DSP 控制器采用图 2.3 所示的 8 级流水线，即把每条指令的执行过程分为取指 1（F1）、取指 2（F2）、译码 1（D1）、译码 2（D2）、读 1（R1）、读 2（R2）、执行（E）和写（W）等 8 个阶段，每个阶段分别完成不同的任务。

F1 阶段：CPU 将指令地址送至 PAB。

F2 阶段：CPU 从 PRDB 上将指令取出，放入指令队列。指令队列可以容纳 4 条 32 位指令（DSP 控制器支持 32 位指令和 16 位指令）。

D1 阶段：CPU 识别指令队列中下一条待处理指令的边界和长度。

D2 阶段：CPU 从指令队列中取出指令，并将其放入指令寄存器。

R1 阶段：CPU 将操作数地址送至 DRAB。

R2 阶段：CPU 从 DRDB 上读取操作数。

E 阶段：CPU 执行所有的乘法、移位和算术、逻辑运算等。

W 阶段：CPU 通过 DWDB 将执行结果写入存储器。

F1	N	N+1	N+2	N+3	N+4	N+5	N+6	N+7
F2	N−1	N	N+1	N+2	N+3	N+4	N+5	N+6
D1	N−2	N−1	N	N+1	N+2	N+3	N+4	N+5
D2	N−3	N−2	N−1	N	N+1	N+2	N+3	N+4
R1	N−4	N−3	N−2	N−1	N	N+1	N+2	N+3
R2	N−5	N−4	N−3	N−2	N−1	N	N+1	N+2
E	N−6	N−5	N−4	N−3	N−2	N−1	N	N+1
W	N−7	N−6	N−5	N−4	N−3	N−2	N−1	N

8 级流水线

图 2.3　8 级流水线

由于执行指令的每个阶段需要 1 个机器周期，故一条指令的执行需要 8 个周期。但每个周期同时启动 8 条流水线，每条流水线处理 1 条指令。任一时刻，第一条流水线对某指令进行 F1 操作的同时，其他 7 条流水线分别对其前面 7 条指令进行 F2～W 的操作。由于这 8 条指令同一时刻分别使用片内的 6 条总线，故不会发生冲突。这种并行机制使得流水线启动后，每个周期均有 8 条指令同时激活，分别处于流水线的不同阶段。而且在任一周期均有指令执行，仿佛一个周期完成一条指令。

注意：（1）虽然每条指令的执行均需经过 8 个阶段，但并非每个阶段均有效，比如有些指令在 D2 阶段即完成，还有一些指令在 E 阶段后即完成。

（2）由于流水线中的不同指令会在不同阶段对存储器和寄存器进行访问，为了防止不按指令预定顺序对同一位置进行读/写，C28x CPU 会自动增加无效周期对流水线进行保护，以确保操作顺序与编程顺序一致，FPU 无流水线保护机制，故执行某些浮点操作（如将整型数转换成浮点型数）时，需要通过插入 NOP 指令或其他无流水线冲突的指令进行延时，以保证操作顺序的正确性。

（3）F1～D1 独立于 D2～W，凡是达到流水线 D2 阶段的指令均不能从流水线中清除。

2.2 中央处理单元

TMS320F28335 DSP 控制器的 CPU 采用 C28x+FPU 的架构，它与定点系列 DSP 控制器具有相同的定点 CPU 内核 C28x，仅多了一个 IEEE 754 单精度 FPU32。它不仅支持使用 C/C++完成控制程序的设计，而且可实现复杂的定点、浮点运算。TMS320F28335 作为一款高效的处理器，可以满足许多应用系统中对多处理器的需求。

C28x CPU 的执行单元可以完成 32 位的定点算术逻辑运算和乘法运算，具有 3 种兼容模式，并包含相关寄存器组。FPU 也具有寄存器组。

2.2.1 C28x CPU 执行单元

C28x CPU 的执行单元包括 3 个组成部分，即输入定标部分、乘法部分和算术逻辑部分，其结构示意如图 2.4 所示。

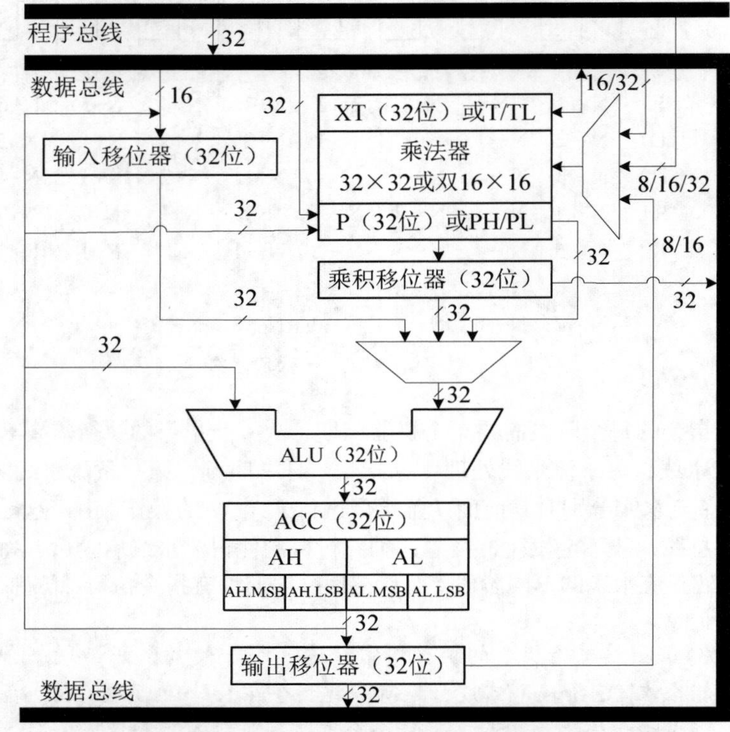

图 2.4　C28x CPU 的执行单元的结构示意

1．输入定标部分

输入定标部分即图 2.4 中的输入移位器，它是一个 32 位的移位寄存器。其作用是将来自总线的 16 位数据定标为 32 位后送至 32 位的 ALU。其操作不占用 CPU 时钟开销。另外，输入移位器对数据进行定标时，也可进行符号扩展。是否需要进行符号扩展由 CPU 状态寄存器 ST0 中的符号扩展位（SXM）控制。

2．乘法部分

C28x CPU 具有一个 32 位×32 位的硬件乘法器，可以完成 32 位×32 位或 16 位×16 位的乘法运算。流水线启动后，可在单周期内能实现 32 位×32 位的乘积累加（MAC 操作）或双 16 位×16 位的 MAC 操作。乘法部分包括：

① 32 位的临时寄存器（XT），用于存放被乘数，也可作为两个独立的 16 位寄存器即 T（高 16 位）和 TL（低 16 位）使用；

② 32 位×32 位的乘法器，用于实现乘法运算，可实现 32 位×32 位的乘法运算或两个 16 位×16 位的乘法运算；

③ 32 位的乘积寄存器（P），用于存放乘法运算的结果，可作为两个独立的 16 位寄存器即 PH

（高 16 位）和 PL（低 16 位）使用；

④ 32 位的乘积移位器，可将乘积左移或右移后送入 ALU 或存储器。

实现 32 位×32 位的乘法运算时，乘法器可将来自 XT 或程序存储单元的 32 位数据和指令中给出的另一个 32 位数据相乘，并将 64 位乘积的高 32 位或低 32 位放入 P。实现 16 位×16 位的乘法运算时，乘法器可将来自 T 的 16 位数据与指令中给出的另一个 16 位数据相乘，并将 32 位乘积存放于 P 或 ACC。

3．算术逻辑部分

算术逻辑部分用于执行二进制补码算术运算和逻辑运算，包括 32 位的 ALU、32 位的 ACC 和 32 位的输出移位器。其中 ALU 有两个输入，一个来自 ACC，另一个来自输入移位器、乘积移位器的输出或者直接来自乘积寄存器。ACC 接收 ALU 的输出，可在进位位 C 的辅助下进行移位操作，也可作为两个独立的 16 位寄存器 AH（高 16 位）和 AL（低 16 位）使用，或者作为 4 个 8 位寄存器 AH.MSB、AH.LSB、AL.MSB、AL.SLB 使用。输出移位器可把 ACC 中的内容复制出来，移位后送至存储器。

拓展阅读

在 C28x CPU 中，输入定标部分负责对来自总线的数据定标，乘法部分完成乘法运算和对乘积的定标，算术逻辑部分完成算术逻辑运算和对运算结果的定标。它们分工合作，结合多总线结构和流水线技术，使得 C28x CPU 具有非常强大的数字信号处理能力，能够在单个机器周期内完成 32 位的乘积累加操作。

“滴水不成海，独木难成林。”随着科技的发展，社会分工越来越细，单靠个人力量很难完成复杂任务和工程。只有凝聚众人的力量，才能成就大事。

2.2.2 C28x CPU 兼容模式

TI 公司的 DSP 控制器具有代码向上兼容性。C28x CPU 具有 3 种操作模式：C28x 模式、C27x 目标-兼容模式和 C2xLP 源-兼容模式。在 C28x 模式下，可使用 C28x 的所有特性、寻址方式和指令系统等。在 C27x 目标-兼容模式下，目标码与 C27xCPU 完全兼容。在 C2xLP 源-兼容模式下，允许用户使用 C28x 代码产生工具编译 C2xLP 的源代码。

复位时，C28x DSP 控制器工作于 C27x 目标-兼容模式。可通过对状态寄存器 ST1 的控制位 OBJMODE 和 AMODE 的组合进行编程，使其工作于所需模式，如表 2.1 所示。

表 2.1　C28x CPU 兼容模式

模式	模式位	
	OBJMODE	AMODE
C28x 模式	1	0
C27x 目标-兼容模式	0	0
C2xLP 源-兼容模式	1	1
保留	0	1

2.2.3 C28x CPU 寄存器组

C28x CPU 寄存器组

C28x CPU 的寄存器组除乘法部分的两个 32 位寄存器——临时寄存器 XT 和乘积寄存器 P、算术逻辑部分的 32 位 ACC 外，还包括两个 22 位的程序控制寄存器——程序计数器（PC）和返回程序计数器（RPC），8 个 32 位的辅助寄存器（XAR0～XAR7）、22 位的数据页面指针（DP）、16 位的堆栈指针（SP），两个 16 位的状态寄存器（ST0、ST1），3 个 16 位的中断控制寄存器——中断使能寄存器（IER）、中断标志寄存器（IFR）和调试中断寄存器（DBGIER）。其中 PC 和 RPC 用于程序控制（产生程序地址），前者用于存放达到流水线 D2 阶段的指令的地址，后者用于执行长调用（LCR）指令时存放返回地址；XAR0～XAR7、DP 和 SP 主要用于对存储器空间进行寻址；ST0 和 ST1 包含系统状态位和控制位；IER、IFR 和 DBGIER 用于 CPU 中断控制（详见 4.2 节）。

1．辅助寄存器及其算术单元

XAR0～XAR7 均为 32 位，其基本作用是间接寻址时存放操作数地址，作为指针指向存储器；此外，也可作为通用寄存器使用。使用辅助寄存器对数据空间进行间接寻址时，地址总线宽度为 32 位，故最大寻址范围可达 $2^{32} = 4$GW。此时，操作数地址直接存放于 XAR0～XAR7 中。辅助寄存器由辅助寄存器算术单元（ARAU）管理。ARAU 可对 XAR0～XAR7 中的地址进行运算，如地址加/减 1、地址加/减某一常数、地址加/减 AR0 的值、将工作寄存器与 AR0 的值比较以实现程序控制等。ARAU 与 ALU 并行工作，故对地址的运算不需要 ALU 参与。另外，AR0～AR7 分别为 XAR0～XAR7 的低 16 位，可以被用户独立访问用于实现循环控制和 16 位比较。

2．DP

DSP 控制器数据空间的低 4MW 也可进行直接寻址。即将该空间每 64W 作为一页（距离页面起始地址的偏移量为 0～63，占用低 6 位地址），分为 65536 页（页面编号为 0～65535，占用高 16 位地址），如图 2.5 所示。其中高 16 位的页面编号由 16 位的 DP 指示，低 6 位的偏移量由指令给出，因此直接寻址时数据空间的最大寻址范围为 $2^{16}\times2^{6} = 2^{22} = 4$MW。

DP 值	偏移量	数据存储器
0000 0000 0000 0000 ⋮ 0000 0000 0000 0000	00 0000 ⋮ 11 1111	第 0 页：0000 0000H～0000 003FH
0000 0000 0000 0001 ⋮ 0000 0000 0000 0001	00 0000 ⋮ 11 1111	第 1 页：0000 0040H～0000 007FH
0000 0000 0000 0010 ⋮ 0000 0000 0000 0010	00 0000 ⋮ 11 1111	第 2 页：0000 0080H～0000 00BFH
⋮	⋮	⋮
1111 1111 1111 1111 ⋮ 1111 1111 1111 1111	00 0000 ⋮ 11 1111	第 65535 页：003F FFC0H～003F FFFFH

图 2.5 数据空间的低 4MW 的分页

3．SP

SP 是一个 16 位的寄存器，故使用堆栈寻址的最大寻址范围为 $2^{16}=64\text{KW}$，即其可以对数据空间的低 64KW 进行寻址。正常情况下堆栈由低地址向高地址方向增长，使用过程中 SP 总是指向下一个可用的字。对堆栈进行 32 位访问时，一般从偶地址开始。将 32 位数存入堆栈时，先存放低 16 位，后存放高 16 位。

另外，当 SP 值增加到超过 0xFFFF 时，将自动从 0x0000 开始向高地址循环；当 SP 值减小到小于 0x0000 时会自动从 0xFFFF 向低地址循环。

4．ST0 和 ST1

DSP 控制器有两个状态寄存器，即 ST0 和 ST1。它们均为 16 位的寄存器，其中包含不同的状态位和控制位。ST0 的位分布如下，其位描述如表 2.2 所示。

15～10	9～7	6	5	4	3	2	1	0
OVC/OVCU	PM	V	N	Z	C	TC	OVM	SXM
R/W-000000	R/W-000	R/W-0	R/W-0	R/W-0	R/W-0	R/W-0	R/W-0	R/W-0

注：其中“R”表示该位可读，“W”表示该位可写，“-”之后的数字表示 DSP 复位后的值，全书含义均一致。

表 2.2　ST0 的位描述

位	名称	说明
15～10	OVC/OVCU	溢出计数器。有符号运算时为 OVC，用以保存 ACC 的溢出信息；无符号运算时为 OVCU，加法运算时有进位则加，减法运算时有借位则减
9～7	PM	乘积移位模式，决定乘积在输出前如何移位
6	V	溢出标志，反映操作结果是否会引起保存结果的寄存器溢出
5	N	负标志，反映某些操作中运算结果是否为负
4	Z	零标志，反映操作结果是否为零
3	C	进位标志，反映加法运算是否产生进位，或者减法运算是否产生借位
2	TC	测试/控制位，反映位测试（TBIT）或归一化（NORM）指令的测试结果
1	OVM	溢出模式位，规定是否需要对 ACC 溢出结果进行调整
0	SXM	符号扩展位，决定输入移位器对数据进行移位时是否需要进行符号扩展

ST1 的位分布如下，其位描述如表 2.3 所示。

15～13	12	11	10	9	8
ARP	保留	M0M1MAP	保留	OBJMODE	AMODE
R/W-000	R-0	R-1	R-0	R/W-0	R/W-0

7	6	5	4	3	2	1	0
IDLESTAT	EALLOW	LOOP	SPA	VMAP	PAGE0	DBGM	INTM
R-0	R-0	R/W-0	R/W-0	R/W-1	R/W-0	R/W-1	R/W-1

表 2.3　ST1 的位描述

位	名称	说明
15～13	ARP	辅助寄存器指针，指示当前时刻的工作寄存器
11	MM1MAP	M0 和 M1 映射位。C28x 模式下为 1，C27x 目标-兼容模式下为 0（仅供 TI 公司测试用）
9	OBJMODE	目标-兼容模式位，用于在 C28x 模式（该位为 1）和 C27x 目标-兼容模式（该位为 0）间选择
8	AMODE	寻址模式位，用于在 C28x 模式（该位为 0）和 C2xLP 寻址模式（该位为 1）间选择
7	IDLESTAT	空闲状态位，只读。执行 IDLE 指令时置 1，下列情况复位：执行中断、CPU 退出 IDLE 状态、无效指令进入指令寄存器或某个外设复位后
6	EALLOW	受保护寄存器访问使能位，对仿真寄存器或受保护寄存器进行访问前要将该位置 1
5	LOOP	循环指令状态位，CPU 执行循环指令时将该位置 1
4	SPA	队列指针定位指示位，反映 CPU 是否已把 SP 定位到偶地址
3	VMAP	向量映射位，用于确定将 CPU 的中断向量表映射到最低地址（该位为 0）还是最高地址（该位为 1）
2	PAGE0	寻址模式位，用于在直接寻址（该位为 1）和堆栈寻址（该位为 0）间选择
1	DBGM	调试功能屏蔽位，该位置 1 时，仿真器不能实时访问存储器和寄存器
0	INTM	中断屏蔽位，即可屏蔽中断的总开关，该位为 1 时所有可屏蔽中断被禁止

2.2.4 FPU 及其寄存器组

FPU 作为 C28x CPU 的协处理器，二者间直接进行数据交换，以及实现整型与浮点型格式转换时，需要插入 1 个延迟槽（Delay Slot）；且浮点运算无流水线保护机制。故针对此类指令，用汇编语言编程实现浮点运算时，需要在其后插入若干空操作（NOP）指令；用 C/C++编程时，C/C++编译器将自动处理该问题。

FPU 在 C28x CPU 的基础上增加了支持 IEEE 754 单精度浮点操作的寄存器组和指令集。增加的浮点寄存器组包括：浮点结果寄存器 RnH（其中 n=0～7）、浮点状态寄存器 STF 和块重复寄存器 RB，它们均为 32 位。除 RB 外，其他寄存器均具有映射寄存器，可在处理高优先级中断时对浮点寄存器的值进行快速保护和恢复。STF 反映了浮点操作的结果。块重复指令 RPTB 是 FPU 新增的指令，允许重复执行一块代码。执行 RPTB 指令时，FPU 使用 RB 寄存器辅助实现块重复操作。

2.3 存储器与存储空间

TMS320F28335 DSP 控制器为改进的哈佛结构处理器，具有哈佛结构的基本特点，如其存储空间划分为数据空间和程序空间，各自有独立的地址总线和数据总线；但其数据空间和程序空间本身是重合的，没有独立的 I/O 空间，外部引脚中也无用以区分程序、数据、I/O 空间的使能信号。这种改进的哈佛结构既保留了哈佛结构的优点，如程序空间和数据空间访问独立，不会冲突；同时又可以用于冯·诺依曼模式，即可把程序和数据存放于统一的存储空间中，因此可在其上运行嵌入式操作系统。

2.3.1　存储空间映射

图 2.6 为 TMS320F28335 DSP 控制器的存储器映射，可见其数据空间和程序空间是统一的。

图 2.6　TMS320F28335 DSP 控制器的存储器映射

TMS320F28335 程序地址总线为 22 位，因此其最大寻址范围为 $2^{22}=4\text{MW}$（地址范围为 0x000000～0x3FFFFF）。注意：对于数据空间，尽管图 2.6 中仅画出了与程序空间地址重合的区域，但由于片内数据地址总线的宽度为 32 位，故最多可寻址 $2^{32}=4\text{GW}$。

存储空间映射

2.3.2　片内存储器配置

由图 2.6 可见，TMS320F28335 片内配置了各种类型的存储器：闪存（256KW）、SARAM（34KW）、OTP ROM（1KW）、Boot ROM（8KW）、外设帧等；另外还预留了 3 个 XINTF 区域可用于外扩存储器或外围设备。

1．闪存和代码安全模块

TMS320F28335 包括 256KW 的闪存，地址范围为 0x300000～0x33FFFF。闪存同时映射到程序空间和数据空间，可以存放程序代码或掉电后需要保护的用户数据。256KW 的闪存又分为 8 个 32KW

的扇区。每个扇区可以通过 JTAG 接口和 CCS 中外挂的烧写程序独立进行擦写。另外，闪存最高地址位的 8W（0x33FFF8～0x33FFFF）用于 CSM，可写入 128 位的密码，以保护产品的知识产权。闪存本身也受 CSM 保护。另外，地址 0x33FFF0～0x33FFF5 是保留给数据变量的，不能存放用户代码。

2．SARAM

SARAM 是单口随机存储器，每个机器周期仅能被访问一次。TMS320F28335 共有 34KW 的 SARAM，分为两块 1KW 的（M0 和 M1）和 8 块 4KW 的（L0～L7）。每块可独立访问，以使流水线拥堵最小化。

（1）M0 和 M1

每块的大小均为 1KW，地址范围分别为 0x00000～0x0003FF 和 0x000400～0x0007FF。它们同时映射到数据空间和程序空间，故既可存放用户数据，又可存放程序代码。

（2）L0～L7

每块的大小均为 4KW，它们与 M0 和 M1 类似，同时映射到数据空间和程序空间，可以存放用户数据和程序代码。其中 L0～L3 是双映射的，既可映射到 0x008000～0x00BFFF，又可映射到 0x3F8000～0x3FBFFF，且其内容受 CSM 保护。L4～L7 是单映射的，映射地址范围为 0x00C000～0x00FFFF，可以进行 DMA。

3．OTP ROM

TMS320F28335 片内包含 2KW 的 OTP ROM。其中 1KW 为 TI 公司保留的，用于 ADC 校准和系统测试；另外 1KW（地址范围为 0x380400～0x3807FF）提供给用户使用。OTP ROM 同时映射到数据空间和程序空间，可用于存放用户数据或程序代码。OTP ROM 受 CSM 模块保护，但是由于其空间较小，而且采用一次性编程，因此除非特殊需要，用户一般不使用 OTP ROM。

4．Boot ROM

TMS320F28335 片内包含 8KW 的 Boot ROM，地址范围为 0x3FE000～0x3FFFFF。Boot ROM 在出厂时固化了引导加载程序、定点/浮点数据表，以及产品版本号和校验信息等；另外还包含一个 CPU 中断向量表（地址为 0x3FFFC0～0x3FFFFF）。该 CPU 中断向量表主要供 TI 公司测试使用，但是其第一个向量（地址为 0x3FFFC0）为复位向量，该向量在出厂时被烧写为直接指向 Boot ROM 的上电引导程序（BootLoader）。DSP 上电复位后会读取复位向量，将程序流程转向 BootLoader 程序入口；然后根据 3 个 GPIO 引脚（GPIO85～GPIO87）的状态选择引导模式，完成用户程序的加载和引导。

5．外设寄存器帧与 EALLOW 保护寄存器

外设寄存器帧（PF）比较特殊，仅映射到数据空间，但非常重要。除了个别 CPU 寄存器之外，所有片内外设及其中断向量表和闪存的寄存器（包括控制、数据和状态寄存器等）均映射在该区域。

根据 C28x CPU 流水线，对不同存储区域进行写操作后立即进行读操作，实际在存储器总线上表现为相反的顺序（即先读后写），在期望先写后读的特定外设应用中，将导致执行顺序错误。为解决该问题，C28x CPU 支持保护模式，其代价是加入额外的时钟周期。因而，TMS320F28335 中一些外设的配置寄存器是受保护的，无法直接对其进行写操作。对这些寄存器进行修改之前，需要先去掉保护功能。保护状态由 ST1 的 EALLOW 位指示。复位时，EALLOW 位为 0，禁止对受保护寄存器进行修改。通过汇编指令 EALLOW 可将该标志位置 1，允许修改受保护的寄存器。编辑使能指令 EALLOW（Edit Allow）一般和编辑禁止指令 EDIS（Edit Disable）配套使用，在对受保护的寄存器进行修改之后，用 EDIS 恢复对寄存器的保护。

TMS320F28335 的外设帧分为 4 部分即 PF0、PF1、PF2 和 PF3，其映射情况如表 2.4 所示，PF3 还可以进行 DMA。

表 2.4 4 个外设帧的映射情况

外设帧	映射情况	是否受保护
PF0	PIE（包括 PIE 向量表）、闪存、XINTF、DMA、CPU 定时器、CSM 和 ADC（双映射）模块的寄存器	否
PF1	GPIO 接口、eCAN 模块、ePWM 模块、eCAP 模块和 eQEP 模块的寄存器	是
PF2	时钟源模块、外部中断、 SCI、SPI、ADC 模块和 I²C 模块的寄存器	是
PF3	McBSP 模块的寄存器	是

2.3.3 外部存储器接口

TMS320F28335 可通过 XINTF 扩展片外程序/数据存储器和外围设备。XINTF 的接口信号包括 20 位的地址线（XA0～XA19）、32 位的数据线（XD0～XD31）和 3 个片选信号（$\overline{XZCS0}$、$\overline{XZCS6}$ 和 $\overline{XZCS7}$）构成。由图 2.6 可见，TMS320F28335 有 3 个地址范围可用以外扩存储器，并可通过 3 个外部片选信号区分，分别是区域 0（Zone0）、区域 6（Zone6）和区域 7（Zone7），其大小、地址范围和片选信号分别如表 2.5 所示。

表 2.5 3 个外部存储器扩展区域

区域	大小	地址范围	片选信号
Zone0	4KW	0x004000～0x004FFF	$\overline{XZCS0}$
Zone6	1MW	0x0100000～0x01FFFFF	$\overline{XZCS6}$
Zone7	1MW	0x200000～0x2FFFFF	$\overline{XZCS7}$

2.4 时钟源模块

2.4.1 概述

时钟电路是 DSP 应用系统的重要组成部分，是系统运行的基准。DSP 控制器的时钟源模块集成了振荡器、锁相环（PLL）、看门狗、片内外设时钟控制、片外外设时钟控制等模块，如图 2.7 所示。其中振荡器模块用于产生外部时钟 OSCCLK；PLL 模块用于对外部时钟进行倍频，也为 CPU 提供稳定的可编程时钟；看门狗模块可以监控系统运行状态，提高系统可靠性；片内外设时钟控制模块用于为各片内外设提供可独立控制的频率合适的时钟；片外外设时钟控制模块用于输出合适频率的外部时钟 XCLOCKOUT，供片外外设使用。此外，时钟源模块中还包含低功耗模式控制模块（图中未标出），可在 DSP 空闲时将某些时钟源停止，以降低功耗。

由图 2.7 可见，与时钟源模块相关的外部输入引脚有 3 个，即 XCLKIN、X1、X2，用于产生外部时钟 OSCCLK。OSCCLK 经 PLL 模块定标后，得到 CPU 输入时钟 CLKIN。CLKIN 经 CPU 输出后成为系统时钟 SYSCLKOUT（$f_{SYSCLKOUT}=f_{CLKIN}$），为所有片内外设提供全局时钟，并通过 XCLKOUT 引脚对外输出时钟。XCLKOUT 的时钟频率可与 SYSCLKOUT 的频率相等，或者为其 1/2 或 1/4。

复位时，$f_{XCLKOUT} = f_{SYSCLKOUT}/4$，以方便所有外围设备同步。

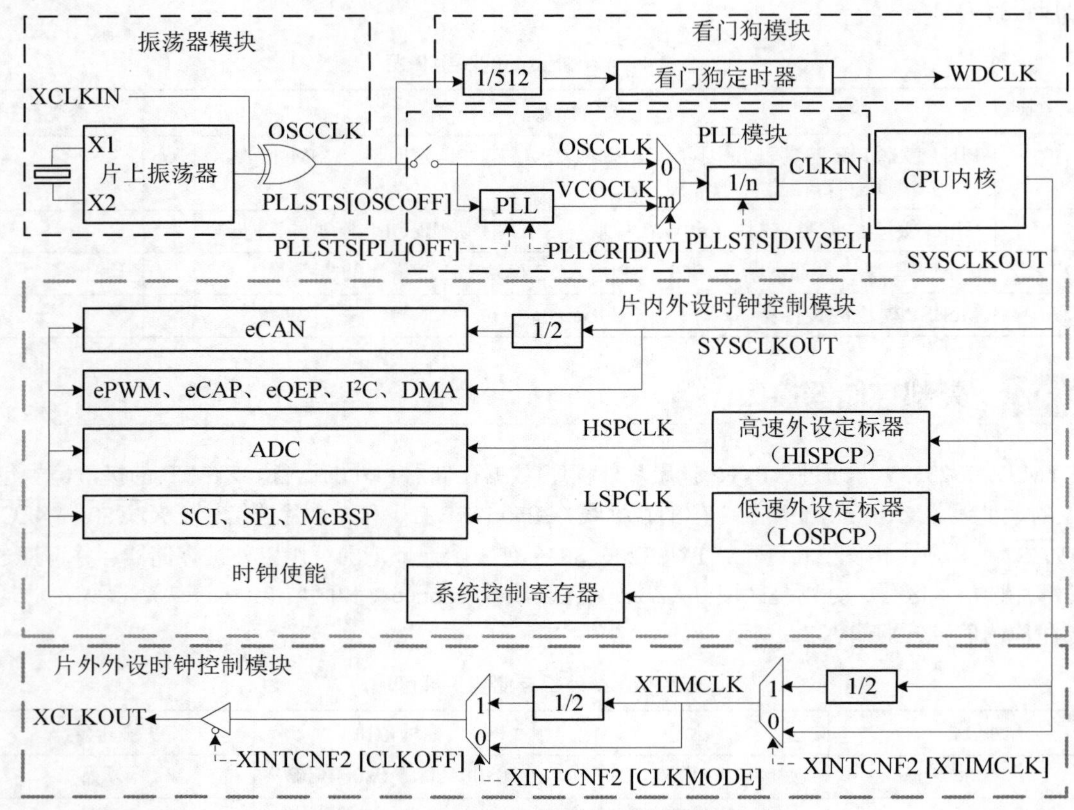

图 2.7 TMS320S28335 时钟源模块结构示意

时钟源模块结构

SYSCLKOUT 可直接为 ePWM、eCAP、eQEP、I²C、DMA 等片内外设服务，或者 2 分频后为 eCAN 模块提供时钟。另外，为满足不同片内外设对时钟频率的不同要求，SYSCLKOUT 又经过定标得到高速外设时钟 HSPCLK 和低速外设时钟 LSPCLK。HSPCLK 为 ADC 模块服务，LSPCLK 为 SPI、SCI、McBSP 等片内外设提供时钟。

时钟源模块中主要有 6 种类型的时钟信号：外部时钟 OSCCLK 是振荡器模块输出的时钟；看门狗时钟 WDCLK 是 OSCCLK 经 512 分频后再经看门狗定时器后得到的时钟，主要供看门狗模块和系统监控使用；CPU 的输入时钟 CLKIN 是 OSCCLK 直接或经过 PLL 模块送往 CPU 的时钟；CPU 的输出时钟 SYSCLKOUT 是 CPU 输出的时钟信号；高速外设时钟 HSPCLK 和低速外设时钟 LSPCLK 均是通过对 SYSCLKOUT 分频后得到的供片内外设使用的时钟。

2.4.2 各子模块及其控制

1. 振荡器模块

振荡器模块用于产生外部时钟 OSCCLK。外部时钟的产生方案有两种。第一种方案是在引脚 X1 和 X2 之间外接晶体，使用片内振荡器产生外部时钟，如图 2.8（a）所示，其中晶振频率的典型值可取 30MHz，两引脚的接地电容可取 24pF。

第二种方案是将片内振荡器旁路，直接通过外部有源振荡器为芯片提供时间基准，此时外部时钟的输入也有两种方法：一是直接从 XCLKIN 引脚输入 3.3V 的外部时钟，此时 X1 引脚接地，X2 引脚悬空，如图 2.8（b）所示；二是直接从 X1 引脚输入 1.9V 的外部时钟，如图 2.8（c）所示，此时 XCLKIN 引脚接地，X2 引脚悬空。

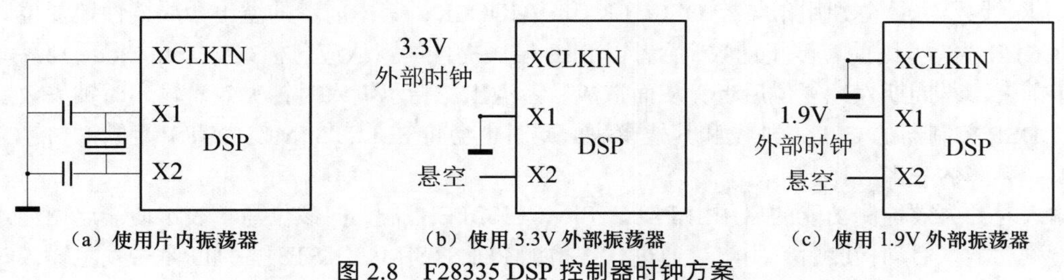

（a）使用片内振荡器　（b）使用 3.3V 外部振荡器　（c）使用 1.9V 外部振荡器

图 2.8　F28335 DSP 控制器时钟方案

2. PLL 模块

（1）PLL 模块的功能

DSP 控制器的 PLL 模块不仅可使晶振相对于参考信号保持恒定相位，而且允许通过软件实时配置片上时钟，提高系统的灵活性和可靠性。同时，PLL 可将较低的外部时钟频率倍频后为系统提供较高的工作频率，以减少系统对外部时钟的依赖和电磁干扰，降低系统对硬件设计的要求。

PLL 模块可把 OSCCLK 直接分频或经过 PLL 倍频后再分频，得到 CLKIN，作为 CPU 的输入时钟。分频系数由 PLLSTS 寄存器的 DIVSEL 位域（记为 PLLSTS[DIVSEL]，后文表示方法与此相同）配置为 2 分频、4 分频或不分频。PLL 的倍频系数由 PLLCR[DIV]决定。CLKIN 和 SYSCLKOUT 的频率与 PLL 模块的配置关系如表 2.6 所示。

表 2.6　CLKIN 和 SYSCLKOUT 的频率与 PLL 模块的配置关系

PLLCR[DIV]	CLKIN 和 SYSCLKOUT		
	PLLSTS[DIVSEL]=0 或 1	PLLSTS[DIVSEL]=2	PLLSTS[DIVSEL]=3
0000（PLL 旁路）	OSCCLK/4	OSCCLK/2	OSCCLK
0001	(OSCCLK×1)/4	(OSCCLK×1)/2	OSCCLK×1
0010	(OSCCLK×2)/4	(OSCCLK×2)/2	OSCCLK×2
0011	(OSCCLK×3)/4	(OSCCLK×3)/2	OSCCLK×3
0100	(OSCCLK×4)/4	(OSCCLK×4)/2	OSCCLK×4
0101	(OSCCLK×5)/4	(OSCCLK×5)/2	OSCCLK×5
0110	(OSCCLK×6)/4	(OSCCLK×6)/2	OSCCLK×6
0111	(OSCCLK×7)/4	(OSCCLK×7)/2	OSCCLK×7
1000	(OSCCLK×8)/4	(OSCCLK×8)/2	OSCCLK×8
1001	(OSCCLK×9)/4	(OSCCLK×9)/2	OSCCLK×9
1010	(OSCCLK×10)/4	(OSCCLK×10)/2	OSCCLK×10
1011～1111	保留	保留	保留

PLL 模块有 3 种配置方式：PLL 关闭、PLL 旁路和 PLL 使能。若设置 PLLSTS[PLLOFF]=1，则 PLL 关闭，以减少系统噪声或进行低功耗操作，此时直接将 OSCCLK 分频后送至 CPU 作为时钟。若 PLLSTS[PLLOFF]=0，则 PLL 开启。此时若设置 PLLCR[DIV]=0000，则 PLL 旁路；若向 PLLCR[DIV] 写入允许的非零值（见表 2.6），则 PLL 使能。

系统上电或复位后，PLL 模块处于旁路状态。使能 PLL 或改变 PLL 倍频系数之前，首先要禁用看门狗模块；待 PLL 稳定后（131072 个 OSCCLK 周期后），再使能看门狗模块。

（2）输入时钟失效检测

DSP 控制器的外部时钟可能因振动等而失效。DSP 控制器的时钟源模块具有主振荡器失效检测电路，可检测 PLL 模块的不稳定状态。它的核心是两个计数器（7 位的 OSCCLK 计数器和 13 位的 VCOCLK 计数器），分别用于监控 OSCCLK 和 VCOCLK，其中前者的溢出会周期性地复位后者。若 OSCCLK 失效，则前者停止计数，后者以 PLL 模块提供的默认应急模式（Limp Mode）频率计数；且由于前者不再周期性地复位后者，从而造成后者溢出，指示输入时钟失效。输入时钟失效后，将会复位 DSP 控制器的 CPU、外设和其他模块，同时也会将 PLLSTS [MCLKSTS]置 1，并使 CPU 以应急模式频率的一半工作。

输入时钟失效检测功能的启用由 PLLSTS[MCLKOFF]控制，向该位写 1 表示使能启用输入时钟失效检测功能。启动检测后，用户可通过软件检测 PLLSTS[MCLKSTS]，判断是否发生输入时钟失效。若失效可采取相应动作（如关闭器件）；或者向 PLLSTS[MCLKCLR]写 1，清除 MCLKSTS 标志，重新复位失效检测电路。

（3）PLL 模块的寄存器

PLL 模块的寄存器包括 PLL 控制寄存器（PLLCR）和 PLL 状态寄存器（PLLSTS），以及外部时钟输出控制寄存器（XINTCNF2）等。其中 XINTCNF2 用于配置 XCLKOUT 与 SYSCLKOUT 的关系，PLLCR 和 PLLSTS 用于振荡器和 PLL 模块的配置，以产生 CPU 的输入时钟 CLKIN。PLLCR 和 PLLSTS 的位分布如下。

	15～4	3～0
PLLCR	保留	DIV
	R-0	R/W-0

	15～9	8
PLLSTS	保留	DIVSEL
	R-0	R/W-0

7	6	5	4	3	2	1	0
DIVSEL	MCLKOFF	OSCOFF	MCLKCLR	MCLKSTS	PLLOFF	保留	PLLLOCKS
R/W-0	R/W-0	R/W-0	R/W-0	R -0	R/W-0	R-0	R/W-0

其中 PLLCR[DIV]和 PLLSTS[DIVSEL]位域的功能描述如表 2.6 所示。PLLSTS 其他位域的功能描述如下：OSCOFF 和 PLLOFF 分别用于振荡器时钟和 PLL 时钟的使能（1 表示禁止，0 表示使能），PLLLOCKS 为 PLL 锁定状态标志（0 表示 PLL 正在锁相，1 表示 PLL 完成锁相），MCLKOFF、MCLKCLR 和 MCLKSTS 用于输入时钟失效检测。

例 2.1 某 TMS320F28335 DSP 系统采用图 2.8（a）所示的时钟产生方案，且片外晶振频率为 15MHz。如果希望将 TMS320F28335 的 CPU 输入时钟 CLKIN 的频率初始化为 120MHz，应如何设置时钟源模块的寄存器？

解： 因为片外晶振频率为 15MHz，故 OSCCLK 的频率为 15MHz；若希望将 TMS320F28335 的 CPU 输入时钟 CLKIN 的频率初始化为 120MHz，则需将 OSCCLK 倍频 120/15=8 倍。

故编程时，首先应设置 PLLSTS[OSCOFF]=0，将 OSCCLK 送至 PLL 模块；并设置 PLLSTS [PLLOFF]=0，开启 PLL。然后，设置 PLLCR[DIV]=0x8，设置倍频系数为 8；并设置 PLLSTS[PLLSTS]= 0x3，不分频。

3．片内外设时钟控制模块

可将 CPU 输出的时钟 SYSCLKOUT 直接送片内外设（如 ePWM、eCAP、eQEP、I^2C、DMA 等模块）使用，或 2 分频后送片内外设（如 eCAN 模块）使用；另外，还可经高速外设定标器（HISPCP）

定标后得到高速外设时钟 HSPCLK 以供 ADC 模块使用，或经低速外设定标器（LOSPCP）定标后得到低速外设时钟 LSPCLK 以供 SPI、SCI、McBSP 等片内外设使用。

HISPCP 和 LOSPCP 均为 16 位寄存器，高 13 位保留，低 3 位为有效位，位域名称分别为 HSPCLK 和 LSPCLK。设 HSPCLK 或 LSPCLK 的设定值对应的十进制数为 K，则输出的高速外设时钟或低速外设时钟的频率与 SYSCLKOUT 的关系为：

$$f=\begin{cases} f_{\text{SYSCLKOUT}} & K=0 \\ f_{\text{SYSCLKOUT}}/(2\times K) & K\neq 0 \end{cases}$$

复位时，HSPCLK 的默认频率为 $f_{\text{SYSCLKOUT}}/2$，而 LSPCLK 的默认频率为 $f_{\text{SYSCLKOUT}}/4$。

另外，各片内外设的时钟可通过外设时钟控制寄存器 PCLKCR0、PCLKCR1 和 PCLKCR3 独立使能。在 DSP 应用系统中，可将未使用外设的时钟关掉，以降低功耗。PCLKCR0、PCLKCR1 和 PCLKCR3 的位分布如下。

PCLKCR0

15	14	13	12	11	10	9	8
ECANBENCLK	ECANAENCLK	MBENCLK	MAENCLK	SCIBENCLK	SCIAENCLK	保留	SPIAENCLK
R/W-0	R/W-0	R/W-0	R/W-0	R/W-0	R/W-0	R-0	R/W-0

7	6	5	4	3	2	1	0
保留		SCICENCLK	I2CAENCLK	ADCENCLK	TBCLKSYNC	保留	
R-0		R/W-0	R/W-0	R/W-0	R/W-0	R-0	

PCLKCR1

15	14	13	12	11	10	9	8
EQEP2 ENCLK	EQEP1 ENCLK	ECAP6 ENCLK	ECAP5 ENCLK	ECAP4 ENCLK	ECAP3 ENCLK	ECAP2 ENCLK	ECAP1 ENCLK
R/W-0	R/W-0	R/W-0	R/W-0	R/W-0	R/W-0	R/W-0	R/W-0

7	6	5	4	3	2	1	0
保留		EPWM6 ENCLK	EPWM5 ENCLK	EPWM4 ENCLK	EPWM3 ENCLK	EPWM2 ENCLK	EPWM1 ENCLK
R-0		R/W-0	R/W-0	R/W-0	R/W-0	R/W-0	R/W-0

PCLKCR3

15 14	13	12	11	10	9
保留	GPIOINENCLK	XINTFENCLK	DMAENCLK	CPUTIMER2ENCLK	CPUTIMER1ENCLK
R-0	R/W-0	R/W-0	R/W-0	R/W-0	R/W-0

7	6	0
CPUTIMER0ENCLK	保留	
R/W-0	R-0	

在 PCLKCR0、PCLKCR1 和 PCLKCR3 中，xxENCLK 为各片内外设时钟的使能位：1 表示使能对应外设的时钟，0 表示禁止该外设的时钟。

4．看门狗模块

看门狗模块主要用于监控程序的运行。若程序运行正常，则会通过周期性地向看门狗复位控制寄存器中写入 0x55+0xAA 进行“喂狗”以复位看门狗计数器，防止因其溢出而产生中断或使 DSP 控制器复位。反之，若因程序运行不正常未定时“喂狗”，则看门狗定时器溢出后会产生中断或直接使 DSP 控制器复位。

5．低功耗模式控制模块

为满足环保和节能需求，可在 DSP 应用系统空闲时将某些时钟源模块停止，以降低功耗；需要时再将其唤醒。TMS320F28335 DSP 控制器有 3 种低功耗模式，由 LPMCR0[LPM]设置，如表 2.7 所示。CPU 执行 IDLE 指令后，系统进入 LPMCR0[LPM]规定的低功耗模式，直到符合规定的条件后才会退出。

表 2.7　DSP 控制器的低功耗模式

低功耗模式	LPMCR0 [LPM]	OSCCLK	CLKIN	SYSCLKOUT	从相应模式退出条件
IDLE	00	开	开	开	复位中断 $\overline{\text{XRS}}$、看门狗中断 $\overline{\text{WDINT}}$、任何使能的中断
STANDBY	01	开（看门狗模块仍运行）	关	关	$\overline{\text{XRS}}$、$\overline{\text{WDINT}}$、GPIO 端口 A 信号，调试器
HALT	1x	关（振荡器模块和 PLL 模块关闭，看门狗模块不起作用）	关	关	$\overline{\text{XRS}}$、GPIO 端口 A 信号，调试器

若 LPMCR0[LPM]=00，则 CPU 执行 IDLE 指令后，系统进入 IDLE 模式。在该模式下，非屏蔽中断和任何使能的中断均可使其退出，且退出过程无须执行任何操作。

若 LPMCR0[LPM]=01，则 CPU 执行 IDLE 指令后，系统进入 STANDBY 模式。在该模式下，被选中的 GPIO 信号、复位中断、看门狗中断均可使其退出。为保证 STANDBY 模式的正确退出，进入该模式前，首先要使能 PIE 的 WAKEINT 中断（该中断连接看门狗中断和低功耗模式模块中断）；然后在 GPIOLPMSEL（见 4.1.2 小节）中指定 GPIO 端口 A 的唤醒信号，并在 LPMCR0 中指定该信号的有效电平（低电平）需要保持的时间。

若 LPMCR0[LPM]=1x，则 CPU 执行 IDLE 指令后，系统进入 HALT 模式。在该模式下，被选中的 GPIO 信号和复位中断均可使其退出。进入 HALT 模式前，需要的准备工作与 STANDBY 模式的相同。

低功耗模式由 LPMCR0 配置，其位分布如下，位描述如表 2.8 所示。

15	14～8	7～2	1～0
WDINTE	保留	QUALSTDBY	LPM
R/W-0	R-0	R/W-1	R/W-0

表 2.8　LPMCR0 的位描述

位	名称	说明
15	WDINTE	看门狗中断唤醒使能位，反映是否允许看门狗中断将 DSP 从 STANDBY 模式唤醒。1 表示使能，0 表示禁止
7～2	QUALSTDBY	STANDBY 模式唤醒所需 GPIO 信号有效电平保持时间（以 OSCCLK 周期数来衡量）。设 QUALSTDBY 位段设定值对应的十进制数为 K，则要求有效电平保持时间为$(K+2)$个 OSCCLK 周期。默认值为两个 OSCCLK
1～0	LPM	低功耗模式选择位，决定 CPU 执行 IDLE 指令后，进入哪种低功耗模式：00 表示 IDLE 模式（默认值）；01 表示 STANDBY 模式，1x 表示 HALT 模式

2.5 电源与系统复位

2.5.1 供电电源

为降低功耗，同时便于 DSP 芯片与外围设备兼容，TMS320F28335 DSP 控制器采用内核和 I/O 分开供电的双电源供电机制，且模拟电路和数字电路分开供电。因此在 DSP 系统中一般需要提供 4 种电源：数字内核电源 VDD、数字 I/O 电源 VDDIO、模拟内核电源 VDDA 和模拟 I/O 电源 VDDAIO。

（1）数字内核电源 VDD。用于为 CPU、时钟源模块和大部分片内外设等的内部逻辑电路提供电源。TMS320F28335 的数字内核电源为 1.8V 或 1.9V。若 CPU 工作频率低于 135MHz，可采用 1.8V 供电，否则必须采用 1.9V 供电。

（2）数字 I/O 电源 VDDIO。为便于与外围设备兼容，DSP 控制器采用 3.3V 供电电源与外部接口。所有数字量输入引脚电平与 3.3V TTL 电平兼容，所有数字量输出引脚与 3.3V CMOS 电平兼容。因而 DSP 控制器与同种逻辑系统的外围设备连接时，无须额外的电平转换电路；但是与不同逻辑系统的外围设备连接时，要考虑电平兼容问题。

（3）模拟内核电源 VDDA 和模拟 I/O 电源 VDDAIO，分别为 1.9V 和 3.3V。用于为片内 ADC 模块的模拟电路提供电源。

TMS320F28335 应用系统上电时，一般要求 1.9V 内核电源先上电，3.3V I/O 电源后上电；或者内核电源与 I/O 电源同时上电。这样 I/O 引脚将不会产生不稳定状态。若 I/O 电源先于内核电源上电，可能会因内核电源未工作而 I/O 电源缓冲器打开，引起引脚产生不稳定状态，从而对整个系统造成影响。

2.5.2 系统复位

DSP 控制器在运行过程中，可能会出现程序跑飞或跳转等情况，此时可通过手动或自动方式通知特定硬件接口，使程序恢复至特定程序段或从头开始运行，该过程称为系统复位，发给特定硬件接口的信号为复位信号。

TMS320F28335 DSP 控制器的复位信号有两个：外部引脚 $\overline{\text{XRS}}$ 的输入信号和看门狗定时器复位信号。其中 $\overline{\text{XRS}}$ 是全局复位引脚，当向该引脚输入低电平触发信号时将引起 CPU 和所有片内外设复位。

看门狗定时器复位信号是来自看门狗模块的复位信号。当看门狗定时器溢出时，可输出看门狗定时器复位信号 $\overline{\text{WDRST}}$，控制 $\overline{\text{XRS}}$ 信号与片内的“地”（Ground）信号相连，从而引起芯片复位。另外，$\overline{\text{XRS}}$ 引脚是双向的，看门狗模块也可通过该引脚向外输出复位信号，以实现其他外围设备的同步复位。

系统复位后，DSP 控制器芯片内部各功能模块均收到系统复位模块发送的复位信号，从而将 CPU 寄存器及其他片内外设的寄存器设置为复位时的默认值。

《习题与思考题》

2.1 TMS320F28335 的总体结构如何，其片内主要有哪些硬件资源？

2.2 TMS320F28335 的 C28x CPU 主要包括哪几个组成部分，各部分的作用是什么？

2.3 简述 TMS320F28335 存储器总线结构的特点。

2.4 简述 TMS320F28335 各存储器总线（PAB、DRAB、DWAB、PRDB、DRDB、DWDB 等）的作用。

2.5 TMS320F28335 采用了几级流水线？完成一条指令需要经过哪几个阶段？每个阶段完成什么任务？

2.6 C28x CPU 的执行单元包括哪 3 个组成部分，各部分的作用是什么？

2.7 简述 C28x CPU 内部 ACC、XT、P、DP、SP 和 XAR0～XAR7 等寄存器的作用。

2.8 简述 C28x CPU 状态寄存器中状态位 C、PM、SXM、EALLOW、DBGM 和 INTM 等的作用。

2.9 TMS320F28335 为改进的哈佛结构处理器，它与传统哈佛结构处理器相比有哪些异同点和优点？

2.10 TMS320F28335 片内程序空间和数据空间的地址总线各为多少位？最大寻址范围为多少？

2.11 TMS320F28335 片内 256KW 的闪存一共有几个扇区，每个扇区的存储深度为多少？

2.12 TMS320F28335 片内 34KW 的 SARAM 分为几块？每块包含多少字？

2.13 TMS320F28335 数据空间中外设寄存器帧的作用是什么？

2.14 TMS320F28335 的 XINTF 有什么作用？可以分为几个区域？其各自的大小、地址范围和片选信号是什么？

2.15 TMS320F28335 主要有哪几种类型的时钟信号？各自的作用是什么？

2.16 某 TMS320F28335 DSP 系统采用图 2.8（a）所示的时钟产生方案，且片外晶振频率为 30MHz。如果希望将其 CPU 输入时钟 CLKIN 的频率初始化为 150MHz，应如何设置时钟源模块的寄存器？

2.17 看门狗模块和低功耗模式控制模块的作用分别是什么？

2.18 DSP 系统中一般需要提供哪几种电源，其各自的作用是什么？

2.19 系统复位的作用是什么？TMS320F28335 的复位信号有哪些？

第 3 章 软件开发基础

学习要求

（1）熟悉 DSP 软件开发流程，掌握常用代码产生工具的作用。

（2）熟悉 DSP 的主要寻址方式和混合编程中的常用指令、汇编器产生的段及汇编器和连接器对段的处理等，能够使用连接器命令文件实现存储空间分区和段定位。

（3）了解 C/C++优化编译器，熟悉 C 语言数据类型、常用关键词和#pragma 指令。

（4）熟悉 C/C++编译器运行环境及 C/C++和汇编接口，掌握混合编程方法。

（5）掌握 CCS 12.6.0 的安装与使用方法，理解驱动程序开发包中外设寄存器访问的硬件抽象层方法，掌握驱动程序设计方法。

对 DSP 控制器进行软件开发，需要根据需求编制源程序，并使用集成开发环境（CCS）产生可执行代码进行调试；另外，若需对片内外设进行编程开发，还要熟悉 TI 提供的驱动程序开发包。本章讲述 DSP 控制器的软件开发基础，包括软件开发流程，汇编程序、C/C++程序开发基础和混合编程方法，CCS 的应用，以及基于示例模板的驱动程序开发等内容。

3.1 DSP 软件开发流程

DSP 应用系统的硬件设计完成后，需要选择适当的开发工具和开发环境进行软件开发。实际上，系统开发过程中多达 80%的开发工作均集中于对系统软件的分析、设计、实现和整合等方面。目前，DSP 应用系统的软件开发一般借助 JTAG 仿真器和 TI 提供的集成开发环境（Code Composer Studio，CCS）两个工具进行。基于 CCS 的 DSP 软件开发流程如图 3.1 所示。

DSP 软件开发流程

整个开发流程可分为 4 个步骤。

（1）编制源程序

源程序的编制可采用汇编语言，也可采用高级语言（主要是 C/C++）。其中汇编程序运行速度快，效率高，能充分利用 DSP 芯片的所有硬件特性，并能直接控制硬件资源，因此在数学运算、信号处理和高速测控等场合下特别有效。但是由于不同 DSP 芯片采用的汇编语言不同，因此采用汇编语言编程比较繁杂，开发周期长，且程序的通用性、可移植性相对较差。采用高级语言可大大提高开发速度，以及程序的通用性和可移植性；但是某些情况下（如实现 FFT）C/C++程序的效率无法与汇编程序相比，不能最大限度利用 DSP 内部的硬件资源，对某些硬件的控制也不如汇编程序方便，甚至无法实现。因此很多情况下，DSP 应用程序开发往往需要 C/C++和汇编语言混合编程来实现。

早期 DSP 的软件开发一般使用汇编语言实现高效的算法，该开发方式对于小型系统的实现非常有效。然而，随着 DSP 应用系统规模和复杂程度的提高，软件开发需要的工作量越来越大。在开发时间和成本的限制下，开发方式逐渐向采用高级语言转变。因此 TMS320F28335 一般采用 C/C++或混合编程的方法进行软件开发。

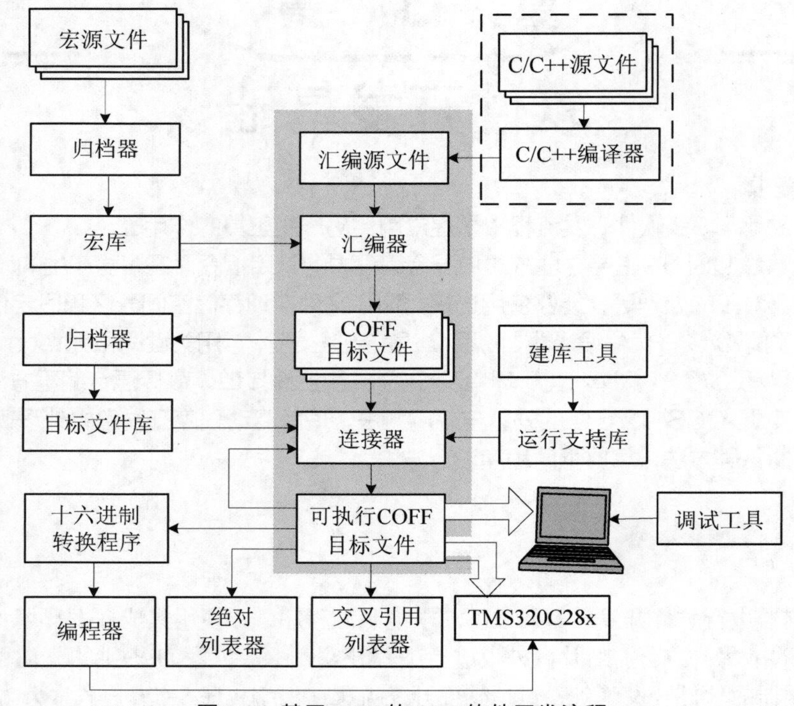

图 3.1 基于 CCS 的 DSP 软件开发流程

（2）通过代码产生工具产生可执行代码

代码产生工具包括汇编语言工具和 C/C++工具。汇编语言工具的功能是将汇编程序转化为通用对象文件格式（Common Object File Format，COFF）的可执行代码。TMS320C2000 系列 DSP 的汇编语言工具主要包括汇编器、连接器、归档器、十六进制转换程序等。由汇编器（Assembler）将汇编文件转化为 COFF 目标文件（扩展名为.obj）；由连接器（Linker）将 COFF 目标文件连接起来产生一个可执行模块（扩展名为.out）；由归档器（Archiver）将一组文件归入一个归档库，以建立目标文件库；由十六进制转换程序将 COFF 目标文件转换成可被编程器接收的目标文件格式。C/C++工具使用 C/C++优化编译器，将 C/C++程序转换成相应的汇编语言源程序输出。

（3）调试代码

除了生成代码，CCS 的另一个非常重要的功能是在线调试——可通过各种调试和观察手段验证代码的逻辑正确性，也可验证系统是否达到时限或实时目标。

（4）固化代码

代码调试无误后，可以将其烧写至片内 ROM 或闪存，使系统脱离仿真环境独立运行。

3.2 汇编程序开发基础

DSP 控制器基本的软件开发方式是采用 DSP 专用的汇编指令编程。采用汇编语言编程能充分利用 DSP 的硬件特性；设计出的程序的代码短、效率高、占用存储空间小。

3.2.1 寻址方式与指令系统

DSP 控制器的汇编指令包括汇编语言指令、汇编伪指令和宏伪指令等。其中汇编语言指令是 DSP 本身提供的，每条指令对应着 DSP 的相应操作。汇编伪指令也称汇编器指令，用于为程序提供数据并控制汇编过程，是在汇编期间由汇编器处理的操作。宏伪指令是用户在源程序中编写的一段有独立功能的代码。本节仅简要介绍汇编语言指令，说明其格式，以及为取得操作数地址所采用的寻址方式。由于 C28x 的汇编语言指令比较复杂，且一般采用 C/C++或混合编程方式开发，因此这里仅介绍混合编程中的常用的汇编语言指令。

1．寻址方式

DSP 的基本任务是从源地址取数（源操作数），经过运算后将结果存放于目的地址，故表达数据地址的寻址方式是整个指令系统的核心。C28x CPU 具有 4 种基本的寻址方式：直接寻址、堆栈寻址、间接寻址和寄存器寻址。另外，还有少数指令使用数据、程序、I/O 空间立即寻址方式或程序空间间接寻址方式。

寻址方式

（1）直接寻址

直接寻址方式可以访问数据空间的低 4MW。此时 32 位操作数地址的高 10 位（31:22）为 0，22 位有效物理地址被分为两部分：DP 的值作为页面编号（高 16 位地址），指令中给出 6 位偏移量。其语法如表 3.1 所示。

表 3.1　直接寻址方式的语法

语法	操作数地址说明
@6bit	(31:22)=0；(21:6)=DP；(5:0)=6bit

例如：

```
MOVW   DP,  #VarA        ;VarA 所在页面装载到 DP
ADD    AL,  @VarA        ;将 VarA 的值加至 AL
```

（2）堆栈寻址

DSP 控制器的数据空间的低 64KW 可作为软件堆栈，采用堆栈寻址方式对其进行访问。此时 32 位操作数地址的高 16 位（31:16）为 0，16 位有效物理地址由 SP 给出。软件堆栈由低地址向高地址方向增长，SP 总是指向下一个可用的字。

堆栈寻址有 3 种方式：*−SP[6bit]、*SP++和*SP−−。例如：

```
ADD    AL,  *−SP[5]      ;将（SP−5）堆栈单元的 16 位内容加到 AL 中
MOV    *SP++,  AL        ;将 16 位 AL 的内容压入堆栈，且 SP=SP+1
ADD    AL,  *SP−−        ;将 16 位内容弹出并加至 AL 中，且 SP=SP−1
```

（3）间接寻址

间接寻址方式可以访问整个 4GW 的数据空间。此时 32 位操作数地址存放在 32 位的辅助寄存器 XAR0～XAR7 中。在 C28x 的间接寻址中，直接在指令中给出当前工作寄存器；在 C2xLP 的间接寻址中，由 ARP 指定当前工作寄存器。

C28x 的间接寻址有 5 种方式：*XARn++、*−−XARn、*+XARn[AR0]、*+XARn[AR1]和*+XARn[3bit]。例如：

```
MOVL  ACC,  *XAR2++          ;将 XAR2 所指向存储单元的内容装入 ACC，之后 XAR2+2
MOVL  ACC,  *--XAR2          ;将 XAR2-2，然后将 XAR2 所指向存储单元的内容装入 ACC
MOVL  ACC,  *+XAR2[AR0]      ;将（XAR2+AR0）所指向存储单元的内容装入 ACC
MOVL  ACC,  *+XAR2[AR1]      ;将（XAR2+AR1）所指向存储单元的内容装入 ACC
MOVL  ACC,  *+XAR2[5]        ;将（XAR2+5）所指向存储单元的内容装入 ACC
```

（4）寄存器寻址

寄存器寻址方式的操作数直接放在 CPU 寄存器中，可分为 32 位寄存器寻址和 16 位寄存器寻址。32 位寄存器寻址可使用 ACC、P、XT、XARn 等 32 位的 CPU 寄存器存放操作数。16 位寄存器寻址可使用 AL、AH、PL、PH、TL、T 和 ARn 等 16 位寄存器存放操作数。例如：

```
MOVL  @ACC,  XT     ;32 位寄存器寻址，将 XT 寄存器的内容装入 ACC
ADD   @AH,   AL     ;16 位寄存器寻址，AH=AH+AL
```

其中@为可选项。

（5）数据、程序、I/O 空间立即寻址方式与程序空间间接寻址方式

数据、程序、I/O 空间立即寻址方式有 4 种方式，即*（0:16bit）、*（PA）、0：PA 和*（pma），其语法如表 3.2 所示。程序空间间接寻址方式有 3 种方式，即*AL、*XAR7 和*XAR7++，其语法如表 3.3 所示。但这几种寻址方式应用较少，此处不再举例说明。

表 3.2 数据、程序、I/O 空间立即寻址方式的语法

语法	访问空间	操作数地址说明
*(0:16bit)	数据空间	32 位地址(31:16)=0、(15:0)=16bit 给出的 16 位立即数
*(PA)	I/O 空间	32 位地址(31:16)=0、(15:0)=PA 给出的 16 位立即数
0:PA	程序空间	22 位地址(21:16)=0、(15:0)=PA 给出的 16 位立即数
*(pma)	程序空间	22 位地址(21:16)=0、(15:0)=pma 给出的 16 位立即数

表 3.3 程序空间间接寻址方式的语法

语法	操作数地址说明
*AL	22 位地址(21:16)=0、(15:0)=AL
*XAR7	22 位地址(21:0)=XAR7
*XAR7++	22 位地址(21:0)=XAR7。若是 loc16，则 XAR7=XAR7+1；若是 loc32，则 XAR7=XAR7+2

2. 汇编语言指令

C28x CPU 的汇编语言指令包括寄存器操作指令、乘法指令、直接存储器操作指令、I/O 空间操作指令、程序空间操作指令、转移/调用/返回指令等。汇编语言指令的一般格式如下。

```
操作码 目的操作数,源操作数
```

其中操作码字段指示 CPU 所要执行的操作，操作数字段指示指令执行过程中所需要的数据（或地址）。例如：

```
ADD   ACC,  #16 位常数{<<0-16}    ;将 16 位常数移位后加至 ACC
ADDB  ACC,  #8 位常数             ;将 8 位常数加至 ACC
ADDL  ACC,  loc32                 ;将 loc32 指定单元的 32 位数加至 ACC
```

C28x CPU 的汇编语言指令比较复杂，掌握起来有一定难度。相对于复杂、庞大的汇编语言，C/C++具有不可比拟的优势。同时随着 C/C++编译器技术的发展，利用 C/C++编译器和 C/C++源文件所生成的目标程序的效率已经十分接近汇编程序的。因此，大多数应用场合下，一般使用 C/C++开发软件程序。这里仅给出在 C/C++程序开发或混合编程中可能用到的对各状态位进行操作的汇编语言指令，如表 3.4 所示。

表 3.4　C/C++程序开发或混合编程时常用的汇编语言指令

指令	语法	功能
CLRC	CLRC 控制位	控制位复位
SETC	SETC 控制位	控制位置位
DINT	DINT	禁止可屏蔽中断
EINT	EINT	使能可屏蔽中断
EALLOW	EALLOW	使能访问保护空间
EDIS	EDIS	禁止访问保护空间
ESTOP0	ESTOP0	仿真停止 0
ESTOP1	ESTOP1	仿真停止 1
IDLE	IDLE	使 CPU 进入空闲状态
NOP	NOP	空操作

3.2.2 通用对象文件格式

为便于模块化编程，TI 公司的汇编器和连接器所创建的目标文件为 COFF 文件。基于此，可以灵活地管理代码段和目标存储器，方便程序的编写和移植。采用 COFF 文件不仅允许在连接时自定义系统的存储器映射，而且还支持源文件级的调试。

1．段

COFF 格式要求在编程时基于代码块和数据块，而不是单独考虑一条指令、一个数据，从而大大提高了程序的可读性和可移植性。在 COFF 文件中，这种块被称为段（Section），汇编器和连接器通过伪指令创建和管理这些段。

段是目标文件的最小单位，它最终在存储器映射中占据连续的存储单元。目标文件中每个段均相对独立。COFF 目标文件一般包括 3 个默认的段。

.text 段：通常包含可执行代码。

.data 段：通常包含已初始化的数据。

.bss 段：通常用于为未初始化的变量预留存储空间。

此外，用户还可以利用.sect 和.usect 伪指令自定义段。

段可分为两大类：初始化段和未初始化段。前者包含程序代码和数据，.text 段和.data 段以及用.sect 伪指令所创建的自定义段均属于这一类；后者则用于为未初始化的变量预留存储空间，.bss 段和用.usect 伪指令所创建的段均属于这一类。

汇编器在汇编过程中将各部分代码或数据汇编至相应段内，构成图 3.2 所示的目标文件；连接器可以组合这些段并将它们定位到目标存储器中，从而使目标存储器得到更有效的利用。

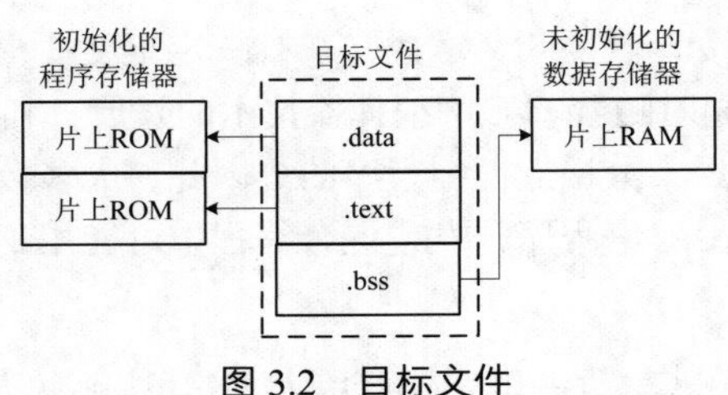

图 3.2 目标文件

2. 汇编器对段的处理

汇编器对段的处理

汇编器根据.bss、.usect、.text、.data、.sect 等伪指令识别汇编程序的各部分。若不使用任何伪指令，则将所有内容汇编至.text 段。

.bss 和.usect 伪指令创建未初始化段，用于在存储器中预留空间，通常将其定位到 RAM 中。未初始化段在目标文件中无实质内容，在程序运行时，可用于创建和存储变量。其中.bss 用于在.bss 段内预留空间，.usect 用于在自定义段中预留空间。

.text、.data、.sect 等伪指令建立初始化段，用于存放可执行代码或初始化数据，其内容放在目标文件中，加载程序时再被装入存储器中。初始化段可重新定位，也可引用其他段中定义的符号。连接器在连接时会自动处理段间的相互引用。

汇编器遇到初始化段伪指令（.text、.data 或.sect）时，将停止对当前段的汇编，然后将其后的代码或数据汇编至指定段中，直到再遇上另一条上述伪指令。汇编器遇到未初始化段伪指令（.bss 或.usect）时，并不结束对当前段的汇编，只是暂时脱离当前段，并开始汇编新段。未初始化段伪指令可以出现在一个已初始化段的任何位置，而不会影响其内容。

段的构成是一个反复的过程。例如，汇编器第一次遇到.data 指令时，将其后的数据汇编至原本为空的.data 段，直到遇到一条.text 或.sect 伪指令。若汇编器再次遇到.data 伪指令，则将其后的数据汇编至已经存在的.data 段中。这样就建立了单一的.data 段，段内数据均连续存放于存储器中。

3. 连接器对段的处理

连接器对段的处理

连接器对段进行两方面的处理：建立可执行的 COFF 输出模块，并为输出模块选择存储器地址（定位）。连接器使用 MEMORY 和 SECTIONS 两条伪指令实现上述功能。前者用于定义目标存储器映射，后者用于指示连接器怎样组合输入段及如何将输出段定位到存储器中。

MEMORY 伪指令描述了目标系统可使用的物理存储器地址范围及类型，其语法如下：

```
MEMORY
{
PAGE 0: name[attr]: origin=const, length=const
PAGE 1: name [attr]: origin=const, length=const
}
```

关键语句说明如下。

PAGE——用于标志存储器空间，通常 PAGE 0 表示程序存储器，PAGE 1 表示数据存储器。若未规定，则按 PAGE 0 处理。

name——存储区名称，由 1～8 个字符构成。注意不同存储空间的存储区名可以相同，但是同一存储空间的存储区名不能相同。

attr——存储区属性（为可选项）：R 表示可读，W 表示可写，X 表示包含可执行代码，I 表示可初始化。

origin——存储区起始地址。该值为 32 位二进制数，可用十进制数、八进制数或十六进制数表示。

length——存储区长度。

SECTIONS 伪指令用于将 COFF 目标文件中的各个段定位至 MEMORY 伪指令定义的存储区，其语法如下：

```
SECTIONS
{
name: [property, property,…]
name: [property, property,…]
}
```

其中 name 表示需要定位的段的名称，其后的字段表示特性列表，主要有两种：装载位置和运行位置。装载位置定义段在存储器中加载的位置，其语法如下：

```
load = allocation
或        load > allocation
或              allocation
```

运行位置定义段在存储器中运行的位置，其语法如下：

```
run = allocation
或      run > allocation
```

为方便连接，可编写一个通用的连接器命令文件模板，利用 MEMORY 伪指令统一定义系统中包含的各种形式的存储器及其占据的存储区地址范围，利用 SECTIONS 伪指令将可能用到的各输出段定位到相应存储区。TMS320F28335 的连接器命令文件 F28335.cmd 如例 3.1 所示。

例 3.1　F28335 的连接器命令文件 F28335.cmd。

```
MEMORY
{ PAGE 0:                                                      /* 程序空间*/
ZONE0         : origin = 0x004000, length = 0x001000          /* XINTF Zone 0 */
RAML0         : origin = 0x008000, length = 0x001000          /* L0   SARAM*/
RAML1         : origin = 0x009000, length = 0x001000          /* L1   SARAM*/
RAML2         : origin = 0x00A000, length = 0x001000          /* L2   SARAM */
RAML3         : origin = 0x00B000, length = 0x001000          /* L3   SARAM */
ZONE6         : origin = 0x100000, length = 0x100000          /* XINTF Zone 6 */
ZONE7A        : origin = 0x200000, length = 0x00FC00          /* XINTF Zone 7  程序空间 */
FLASHH        : origin = 0x300000, length = 0x008000          /* 闪存  扇区 H*/
…
FLASHC        : origin = 0x328000, length = 0x008000          /* 闪存  扇区 C*/
FLASHA        : origin = 0x338000, length = 0x007F80          /* 闪存  扇区 A*/
CSM_RSVD      : origin = 0x33FF80, length = 0x000076          /*扇区 A 的一部分，使用 CSM 编程为 0 */
BEGIN         : origin = 0x33FFF6, length = 0x000002          /*扇区 A 的一部分，用于引导至闪存 */
CSM_PWL       : origin = 0x33FFF8, length = 0x000008          /*扇区 A 的一部分，CSM 密钥区位置 */
OTP           : origin = 0x380400, length = 0x000400          /* 片上 OTP ROM */
ADC_CAL       : origin = 0x380080, length = 0x000009          /*位于保留存储区的 ADC_CAL 功能*/
IQTABLES      : origin = 0x3FE000, length = 0x000b50          /* Boot ROM 中的 IQ Math 表 */
IQTABLES2     : origin = 0x3FEB50, length = 0x00008c          /* Boot ROM 中的 IQ Math 表*/
FPUTABLES     : origin = 0x3FEBDC, length = 0x0006A0          /* Boot ROM 中的 FPU 表*/
ROM           : origin = 0x3FF27C, length = 0x000D44          /* Boot ROM */
RESET         : origin = 0x3FFFC0, length = 0x000002          /* Boot ROM 中的复位向量区 */
VECTORS       : origin = 0x3FFFC2, length = 0x00003E          /* Boot ROM 中的 CPU 中断向量区 */
PAGE 1 :                                                       /* 数据空间 */
BOOT_RSVD     : origin = 0x000000, length = 0x000050          /* M0 的一部分，Boot ROM 用作堆栈 */
```

```
RAMM0        : origin = 0x000050, length = 0x0003B0     /* M0   SARAM*/
RAMM1        : origin = 0x000400, length = 0x000400     /* M1 SARAM */
RAML4        : origin = 0x00C000, length = 0x001000     /* L4   SARAM */
RAML5        : origin = 0x00D000, length = 0x001000     /* L5   SARAM */
RAML6        : origin = 0x00E000, length = 0x001000     /* L6   SARAM */
RAML7        : origin = 0x00F000, length = 0x001000     /* L7   SARAM */
ZONE7B       : origin = 0x20FC00, length = 0x000400     /* XINTF Zone 7  数据空间  */
FLASHB       : origin = 0x330000, length = 0x008000     /*  片上闪存  */
}
SECTIONS
{    /*  分配程序区  */
.cinit          : > FLASHA        PAGE = 0
.pinit          : > FLASHA        PAGE = 0
.text           : > FLASHA        PAGE = 0
codestart       : > BEGIN         PAGE = 0
ramfuncs        : LOAD = FLASHD, RUN = RAML0, LOAD_START(_RamfuncsLoadStart),
LOAD_END(_RamfuncsLoadEnd), RUN_START(_RamfuncsRunStart), PAGE = 0
csmpasswds          : > CSM_PWL        PAGE = 0
csm_rsvd            : > CSM_RSVD       PAGE = 0
    /*分配数据区*/
.stack              : > RAMM1          PAGE = 1
.ebss               : > RAML4          PAGE = 1
.esysmem            : > RAMM1          PAGE = 1
    /*  初始化段分配于闪存，这些段必须被分配在程序空间  */
.econst             : > FLASHA         PAGE = 0
.switch             : > FLASHA         PAGE = 0
    /*  分配  IQ math 区域  */
IQmath              : > FLASHC         PAGE = 0                /* Math Code */
IQmathTables        : > IQTABLES, PAGE = 0, TYPE = NOLOAD
FPUmathTables       : > FPUTABLES, PAGE = 0, TYPE = NOLOAD
    /*  分配可通过 DMA 的 RAM 区域  */
DMARAML4            : > RAML4,         PAGE = 1
DMARAML5            : > RAML5,         PAGE = 1
DMARAML6            : > RAML6,         PAGE = 1
DMARAML7            : > RAML7,         PAGE = 1
    /*  分配 XINTF Zone 7 的 0x400 用于存储数据  */
ZONE7DATA           : > ZONE7B,        PAGE = 1
    /*  .reset 是编译器使用的标准段，它包含 C 语言代码的_c_int00 的起始地址。使用 Boot ROM 时，不需要本
段和 CPU 中断向量表，因此在这里将默认类型配置为 DSECT */
    .reset          : > RESET,         PAGE = 0, TYPE = DSECT
    .vectors        : > VECTORS        PAGE = 0, TYPE = DSECT
   .adc_cal      : load = ADC_CAL,    PAGE = 0, TYPE = NOLOAD   /*  分配  ADC_CAL 功能*/
}
```

3.2.3 汇编程序开发

1. 汇编语言格式

TMS320C2000 汇编语言由源语句组成，每行语句不能超过 200 个字符，包含标号、指令（助记符）、操作数列表、注释 4 个部分，各部分之间用空格隔开，其格式如下：

[标号][：] 助记符[操作数列表][;注释]

其中标号为可选项，指示段程序计数器的当前值，用于供其他程序调用，标号从第一列开始写起，区分大小写。助记符指示 DSP 执行什么操作，它可以是指令、汇编伪指令、宏伪指令或者宏调用。操作数列表指示指令执行过程中所需要的操作数，各操作数之间用逗号（,）隔开。注释为可选项，用于说明源语句的功能，以便对程序的阅读。

2．汇编伪指令

汇编伪指令用于在汇编过程中为程序提供数据并控制汇编过程。常用的汇编伪指令根据其功能的不同，可以分为定义段的伪指令、初始化常数的伪指令、引用其他文件的伪指令、汇编时符号伪指令等。这里仅给出常用的伪指令及其语法。

（1）定义段的伪指令

定义段的伪指令包括.text、.data、.sect、.bss 和.usect 等，其语法及功能如表 3.5 所示。

表 3.5　定义段的伪指令的语法及功能

伪指令	语法	功能
.text	.text	将其后的源语句汇编至.text（代码）段
.data	.data	将其后的源语句汇编至.data（数据）段
.sect	.sect "段名"	将其后的源语句汇编至段名规定的段内
.bss	.bss　符号,字长	在.bss（未初始化的数据）段内保留字长（字数）
.usect	符号 .usect "段名" ,字长	在未初始化自定义段段名中保留字长

例如：

```
st1: .bss x,6 ;在.bss 段内为符号 x 分配 6 字
var2 .usect "newvars",7 ;在自定义段"newvars"中为变量 var2 保留 7 字
```

（2）初始化常数的伪指令

初始化常数的伪指令的语法及功能如表 3.6 所示。

表 3.6　初始化常数的伪指令的语法及功能

伪指令	语法	功能
.space/.bes	.space 位长 .bes　位长	在当前段内保留位长（位数），并用 0 填充。 .space 指向保留位的第一个字，.bes 指向保留位的最后一个字
.int/.word	.int　数值列表 .word　数值列表	将一个或者多个 16 位初始化数值存放在当前段内的连续存储单元中
.byte/.string	.byte　数值列表 .string 数值列表	将来自数值/字符串中的 8 位数值/字符放入当前段
.long/.blong	.long　数值列表 .blong　数值列表	将一个或多个 32 位数值存放于当前段内的连续字中，先存放低位，后存放高位。.blong 可保证目标不跨越边界
.float/.bfloat	.float　数值 .bfloat 数值	将一个单精度浮点常数存放于当前段内。.bfloat 可保证目标不跨越边界
.field	.field 数值[,位长]	将数值放入位长规定的位中

例如：

```
res_1   .space 17         ;在当前段内保留 17 位，res_1 指向保留位的第一个字
res_2   .bes    20×16   ;在当前段内保留 20 字，res_2 指向保留位的最后一个字
wordx:   .word 1,2, 'A',1+ 'B' ;在从标号 wordx 开始的连续 4 个单元中存放数值 1、2、'A'和 1 + 'B'
```

（3）引用其他文件的伪指令

引用其他文件的伪指令包括.copy/.include、.def/.ref/.global 等 5 条指令，其语法和功能分别如下。

①.copy/.include 的语法： .copy   "文件名"（复制文件）
                                         .include   "文件名"（包含文件）

.copy/.include 的功能：通知汇编器从文件名规定的文件中读取源语句。其中.copy 规定的文件的源语句保存在汇编列表中；而.include 规定的文件的源语句不保存在汇编列表中。

②.def/.ref/.global 的语法：.def/.ref/.global 符号名列表

.def/.ref/.global 的功能：这 3 条指令定义全局符号。其中.def 指示在当前模块中定义而在别的模块中引用的符号；.ref 指示在当前模块中引用而在别的模块中定义的符号；.global 定义的符号可以是上述任一情况。

（4）汇编时符号伪指令

汇编时符号伪指令中较常用的是.set、.equ，其语法及功能如下。

```
语法：  符号  .set  数值
        符号  .equ  数值
```

功能：将数值赋予符号，从而可以将汇编语句中的数值用有意义的符号代替。注意符号必须出现在标号域。

3．汇编语言程序设计示例

汇编语言程序以.asm 为扩展名。编写汇编源程序时，首先要根据实际要求确定算法，其次还要注意基于段考虑：将可执行代码放入.text 段，初始化数据放入.data 段，变量在.bss 段内预留空间。此外，还可以用.sect 伪指令自定义初始化段，用.usect 伪指令自定义未初始化段。

编写汇编程序时，首先要熟悉常用汇编语言指令和伪指令，在此基础上还要了解一些基本运算以及循环、子程序等的实现方法；若需用汇编语言开发 DSP 的硬件资源，特别是设计 DSP 应用系统，还必须深入了解其硬件结构、片内外设及接口等。以实现数学运算（10+2）为例，说明汇编程序结构和编写方法，其程序的代码如例 3.2 所示。

例 3.2 (10+2)的汇编程序的代码。

```
    .def    _c_int00 ;定义外部符号_c_int00
    .global    _main
;建立复位向量表
    .sect ".vectors"
RESET:     .long    _c_int00  ; 复位时跳转到_c_int00 处执行
;将可执行代码放入.text 段
           .text
 _main:    MOV AL,#10    ;10→AL
           MOV T,#2         ;2→T
           ADD AL,T      ;(T)+(AL)→AL
```

3.3 C/C++程序开发基础

TMS320C2000 DSP 的 C/C++编译器是一个功能全面的优化编译器，它能够将标准 C/C++程序转换成汇编程序输出。

3.3.1 C/C++编译器

1. C/C++编译器概述

C/C++编译器能够将 C/C++源程序转换成汇编程序并输出，以便于查看或编辑。TMS320C2000 DSP 的 C/C++编译器支持美国国家标准学会（ANSI）颁布的标准 C 语言和 ISO/IEC 14882-2020 定义的 C++。

C/C++编译器为各种处理器提供完整的运行支持库，库中包括字符串操作、动态存储器分配、数据转换、时间记录及三角、指数和双曲等各种函数，但不包括 I/O 和信号处理函数。

注意： 运行支持库中包含 C/C++程序的入口函数_c_int00，它以目标文件的形式提供，能完成 C/C++程序运行的基本初始化工作，并让系统从 main()函数开始执行。因此，C/C++工程中，需要添加运行支持库（.lib 文件）。

C/C++编译器具有灵活的汇编程序接口。利用函数调用规范，易于编写可相互调用的 C/C++和汇编语言函数。使用集成在解析器（Parser）中的集成预处理器（Integrated Preprocessor），可以进行快速编译。通过激活优化器，可以采用优化编译生成效率更高的汇编程序。

2. 代码的优化

优化器可通过诸如简化循环、采用软件流水线操作、重组语句或简化表达式，以及将变量重新定位至寄存器等优化操作，提高程序执行速度，缩减程序代码。优化器是 C/C++编译器中一个独立的可选模块，其优化等级分为 0、1、2、3、4 这 5 个，数字越大，优化等级越高。

使用-o0 选项可完成以下优化操作：简化控制流图、为变量分配寄存器、完成循环旋转、简化表达式和语句、删除未使用的代码、展开 inline 函数等。

使用-o1 选项，可在-o0 基础上进行局部优化，如执行局部复制/常数传递、删除未使用的赋值语句、删除局部公共表达式等。

使用-o2 选项，在-o1 基础上进行全局优化，如完成循环优化、删除全局公共表达式、删除全局未使用的赋值语句等。-o2 是默认的优化等级。

使用-o3 选项，在-o2 基础上进行文件级优化，如删除未使用的函数、简化返回值未使用的函数的返回形式、调用内联函数、记录函数声明以优化调用、优化参数传递、识别文件级变量特征等。

使用-o4 选项，在-o3 基础上进行连接时优化，如允许各源文件独立编译、可从汇编程序中引用 C/C++符号、允许第三方目标文件参与优化、允许不同源文件采用不同的优化等级。

3. C/C++编译器产生的段

TMS320C28x C/C++编译器产生的段亦可分为初始化段和未初始化段两种类型。常用的初始化段包括以下 5 种。

.text 段：存放可执行代码和实型常量。

.cinit 段：存放初始化变量表和常量表。

.const 段：存放字符串常量、全局变量和静态变量的定义及初始化内容。

.econst 段：存放被显示初始化或包含字符串的常量、变量。

.switch 段：存放 switch 语句建立的跳转表。

未初始化段有以下 5 种。

.bss 段和.ebss 段：为全局变量和静态变量预留空间。程序运行时，C 引导程序将.cinit 段（可以在 ROM 中）内的数据复制至.bss 段，完成变量的初始化工作。大内存模式下，在.ebss 段内为远内存中定义的变量预留空间。

.stack 段：为 C 系统堆栈预留存储区，用于函数参数传递、为局部变量分配空间。

.sysmem 段和.esysmem 段：为动态存储器分配预留空间，供 calloc()、malloc()和 realloc()函数使用。若程序未使用上述函数，则不建立.sysmem 段。大内存模式下，若使用 far malloc()函数，则在.esysmem 段内为其预留空间。

C/C++源程序可通过 CODE_SECTION 和 DATA_SECTION 等#pragma 指令完成自定义初始化段或未初始化段的创建，并通过连接器命令文件实现段的定位。各种段的用途及在存储器中的配置情况如表 3.7 所示。

表 3.7　各种段的用途及在存储器中的配置情况

段名	段类型	用途	存储器类型	页
.text	初始化段	可执行代码和实型常量	ROM/RAM	0（程序存储器）
.cinit	初始化段	全局和静态变量表	ROM/RAM	0
.switch	初始化段	switch 语句表格	ROM/RAM	0
.const/.econst	初始化段	字符串常量	ROM/RAM	1（数据存储器）
.bss/.ebss	未初始化段	全局、静态变量空间	RAM	1
.stack	未初始化段	系统堆栈空间	RAM	1
.sysmem/.esysmem	未初始化段	动态分配存储器空间	RAM	1

一般情况下，将初始化段定位至 RAM 或 ROM，未初始化段定位至 RAM。注意：尽管可将.const 段定位至 ROM，但必须配置到数据空间。

3.3.2 C/C++编程基础

1. C/C++数据类型

（1）标识符

标识符可以由字母、数字和下画线等组成，但首字母不能为数字。标识符长度不超过 100 个字符，区分大小写。标识符的符号集为 ASCII 字符，不支持多字节符号（如汉字）。对于多字符的字符串，仅最后一个字符有效，如‘abc’为‘c’。

（2）数据类型

各种变量的数据类型如表 3.8 所示。

表 3.8　各种变量的数据类型

类型	位	说明	取值范围	
			最小值	最大值
char，signed char	16	有符号字符（ASCII）	–32768	32767
unsigned char	16	无符号字符（ASCII）	0	65535
short	16	有符号短整型数（二进制）	–32768	32767

续表

类型	位	说明	取值范围	
			最小值	最大值
unsigned short	16	无符号短整型数（二进制）	0	65535
int, signed int	16	有符号整型数（二进制）	–32768	32767
unsigned int	16	无符号整型数（二进制）	0	65535
long, signed long	32	有符号长整型数（二进制）	–2147483648	2147483647
unsigned long	32	无符号长整型数（二进制）	0	4294967295
long long, signed long long	64	有符号 64 位整型数（二进制）	–9223372036854775808	9223372036854775807
unsigned long long long	64	无符号 64 位整型数（二进制）	0	18446744073709551615
enum	可变	枚举型（二进制）	可变	可变
float	32	浮点型数	1.19209290e–38	3.4028235e+38
double	32	双精度浮点型数	1.19209290e–38	3.4028235e+38
long double	64	长双精度浮点型数	2.22507385e–308	1.7976931e+308
pointers	32	指针型（二进制）	0	0xFFFFFFFF

由表 3.8 可见，数据单元的基础是字（16 位），所有的 char、short、int 类型均为 16 位。枚举型（enum）的位数是可变的，在 C 语言中等效为 int，为 16 位有符号整型数；在 C++中最多可达 64 位。所有长整型数（long）为 32 位。浮点型数（float）和双精度型数（double）完全等效，均为 32 位的单精度浮点型数。编译器支持的默认指针型为 32 位，但编译器通常假设全局变量和函数的存储空间地址在 22 位以内。另外，也可用 typedef 定义新的类型名称，例如：

```
typedef int BYTE ;将 BYTE 定义为 int 型，从而可以将 BYTE 作为数据类型用于声明变量
```

2．C 语言关键词

C/C++编译器支持 const、register、volatile 等标准关键词和 cregister、interrupt、inline 等扩展关键词，下面简要介绍其功能和使用方法。

C 语言关键词

（1）interrupt 关键词

作用：定义中断服务函数。

语法：

```
interrupt void 函数名( ){}
```

中断服务函数遵循专用的寄存器保存规则和特定的返回机制。interrupt 关键词告知编译器生成寄存器保存和函数返回的相关代码。中断服务函数的返回值为 void，且无形式参数。

例如：

```
interrupt void nothing()
 {return;}
```

（2）volatile 关键词

作用：避免变量被优化。为提高代码效率，编译器访问普通变量时可能将其暂存于 CPU 寄存器中，下次访问时直接从寄存器中读取。若访问期间该变量已被其他程序修改，可能出现读取值与实际值不一致的现象。因此，对于特殊变量（如片内外设的寄存器变量或某些控制变量），可用 volatile

关键词声明，通知编译器每次访问该变量时均须从其地址读取。

例如：

```
volatile short flag; /*通知编译器每次访问变量 flag 时均从其地址读取*/
```

（3）register 关键词

作用：定义寄存器变量，以加快访问速度。

例如：

```
register int count;/*将整型变量 count 设置为寄存器变量*/
```

（4）cregister 关键词

作用：允许在 C/C++中直接访问 CPU 的中断控制寄存器 IER 和 IFR。

例如：

```
extern cregister volatile unsigned int IER;
main()
{…
IER|=0x0100;
…}
```

（5）inline 关键词

作用：定义可直接扩展到被调用处的 inline 函数。调用 inline 函数时，直接将其源代码插入调用位置，该过程称为 inline 扩展。一般情况下，可将一些源代码较短的函数定义为 inline 函数，以减小函数调用所产生的时间开销。

例如：

```
inline int volume_sphere(float r)
{retrurn 4.0/3.0*PI*r*r*r;}
main()
{…
volume=volume_sphere(radius); /*编译器编译后代码为 volume=4.0/3.0*PI* radius * radius * radius;*/
…}
```

优化器可根据上、下文代码情况对 inine 函数进行自由优化。但使用 inline 函数会增大源代码长度。

（6）const 关键词

作用：保护变量或数组的值不被改变。其典型应用是保护函数传递的参数不被改变。若不希望一个函数修改传递给它的参数，则可使用 const 关键词声明该函数的形式参数，这样在函数体内对该形式参数的任何形式的修改均被编译器视为非法。

例如：

```
int * const p=&x;
*p=10;                  /*合法，表示给变量 x 赋值 10*/
*p++;                   /*非法，指针 p 是常量指针，不能修改其内容*/
```

3．#pragma 指令

#pragma 指令

预编译器指令由 C/C++编译器在对代码进行正式处理前调用预编译函数解释和执行。#pragma 预编译器指令告诉预处理器怎样对待函数。C28x C/C++ 编译器支持 CODE_SECTION、DATA_SECTION、CODE_ALIGN、FAST_FUNC_CALL、INTERRUPT 等#pragma 指令，下面简要介绍常用#pragma 指令的功能和用法。

（1）CODE_SECTION

作用：为某一段程序指定特定的程序存储段，以便单独为其分配存储空间。

语法：

```
#pragma CODE_SECTION (func, " section_name");    /*C 语言语法*/
#pragma CODE_SECTION (" section_name ");         /*C++语法*/
```

为 C 语言中的函数 func 或 C++中的下一个函数在"section_name"段内分配空间，以便将其定位至.text 以外的代码段。例如，下列代码自定义了一个名为 my_sect 的代码段，并将函数 fn 的代码定位至该段。

```
#pragma CODE_SECTION(fn, "my_sect")
int fn(int x)
{return c;}
```

（2）DATA_SECTION

作用：为某一段数据指定特定的数据存储段，以便单独为其分配存储空间。

语法：

```
#pragma DATA_SECTION ( symbol , " section_name ");   /*C 语言语法*/
#pragma DATA_SECTION (" section_name ");             /*C++语法*/
```

为 C 语言变量 symbol 或 C++中的下一个变量在"section_name"段内分配空间，以便将其定位至.bss 以外的数据段。例如，下列代码自定义了一个名为 BufferB_sect 的数据段，用于为字符型变量 bufferB 预留空间。

```
#pragma DATA_SECTION(bufferB, "BufferB_sect");
char bufferB[512];
```

（3）CODE_ALIGN

作用：为某一段程序指定特定的代码存储边界，以保证某函数的代码存于特定位置。该指令在需要将函数定位至特定边界时特别有用。

语法：

```
#pragma CODE_ALIGN ( func, constant );        /*C 语言语法*/
#pragma CODE_ALIGN ( constant );              /*C++语法*/
```

注意： constant 必须是 2 的幂，以保证所有程序段或函数代码在内存中均从地址为 2 的幂的边界开始存储。

（4）FAST_FUNC_CALL

作用：允许在 C/C++中直接调用以汇编语言编写的函数。调用时采用快速函数调用（FFC）机制，将返回地址存放于 XAR7 中，而非压入堆栈。FFC 进栈、出栈及函数返回值与普通函数的有所不同，调用更快速。

语法：

```
#pragma FAST_FUNC_CALL (func);
```

由于调用时返回地址存放于 XAR7 中，故汇编函数返回时的 asm 代码是：LB *XAR7。具体用法见 3.4 节。

（5）INTERRUPT

作用：指明函数为中断函数，从而允许直接在 C/C++程序中处理中断。

语法：

```
#pragma INTERRUPT ( func );   /*C 语言语法*/
#pragma INTERRUPT ;           /*C++语法*/
```

声明 C 语言函数 func 或 C++中的下一个函数为中断服务函数。中断服务函数通过中断返回指针 IRP 返回。另外，在 FPU 中，中断可分为高优先级中断（HPI）和低优先级中断（LPI）。高优先级中断具有快速保护机制且不能嵌套；低优先级中断像正常的 C28x 中断一样可以嵌套。此时中断优先级可通过嵌套声明，其语法如下：

```
#pragma INTERRUPT ( func , {HPI|LPI} );    /*C 语言语法*/
#pragma INTERRUPT ( {HPI|LPI} );           /*C++语法*/
```

4. 中断处理方法

对 C/C++编译器的中断可用中断服务函数进行处理。中断服务函数可与其他函数一样访问全局变量、分配局部变量，以及调用其他子函数。在处理中断时，不能破坏 C 语言环境，因此必须遵循以下规则。

（1）总体规则

① 中断服务函数没有参数，即使声明了参数，也将被忽略。

② 中断服务函数理论上可由标准 C/C++代码调用，但由于所有寄存器均被保留，调用效率极低。

③ 中断服务函数可以处理单个中断或多重中断，但仅系统复位中断_c_int00 在编译器中具有特定代码。

④ 为某中断提供中断服务函数时，必须将其地址赋给相应的中断向量。

⑤ 若使用汇编语言编程，可通过使用汇编伪指令.sect 创建中断向量表，且要在中断服务函数名称前加下画线。例如，使用_c_int00 引用 c_int00。

（2）C/C++中断服务函数的使用

若 C/C++中断服务函数中未调用其他函数，只需要保护和恢复中断处理过程中用到的寄存器。若 C/C++中断服务函数调用了其他函数，因被调用的函数可能修改其他寄存器，故编译器会保护所有调用的寄存器。

C/C++中断服务函数可以像其他 C/C++函数一样具有局部变量和寄存器变量，但声明函数时不能有参数和返回值。

C/C++中断服务函数可采用 3 种方法定义。一是以 c_int*d*（*d* 为数字）为名称定义中断服务函数。以 c_int*d* 为名称定义的函数均被视为中断服务函数，其中 c_int00 为保留的中断服务函数。二是如前所述，利用关键词 interrupt 或#pragma 指令 INTERRUPT 定义中断服务函数。

3.4 C/C++和汇编语言混合编程

用 C/C++开发 DSP 软件，编程相对容易；但 C/C++程序的执行速度和效率在某些情况下尚不如汇编程序的。如 FFT 算法、中断处理和要求对硬件进行控制的场合，C/C++程序效率低，速度也慢。故开发 DSP 软件时，可将 C/C++和汇编语言结合起来，进行混合编程。混合编程时，一般程序主体由 C/C++控制，对实时性要求较高或需要对 DSP 底层资源进行操作的代码用汇编语言实现，然后将 C/C++程序和汇编程序连接起来。这样可取长补短，达到对 DSP 软硬件资源的最佳利用。

3.4.1 C/C++编译器运行环境

使用 C/C++和汇编语言混合编程时，必须遵循系统对 C/C++运行环境的约定，主要包括 C/C++系统堆栈管理规则、寄存器使用规则和函数调用规则 3 个方面。

1．C/C++系统堆栈管理规则

C/C++编译器利用内部软件堆栈存放局部变量，传递函数参数，保存处理器状态、函数返回地址、中间结果和寄存器变量的值等。运行时堆栈地址由低向高增长。

正常情况下，编译器使用 SP 管理 C/C++系统堆栈，SP 指向当前栈顶（下一个可用的字）。由于 SP 为 16 位的指针，故只能操作内存空间的低 64KW。SP 采用-*SP[6 位偏移量]的形式访问堆栈。每调用一次函数，均会在当前栈顶产生一个新的帧，用于存放局部变量和中间结果。当帧的大小超过 63W（SP 偏移地址的最大值）时，使用辅助寄存器 XAR2 作为帧指针（Frame Pointer，FP），指向当前帧的起始地址。使用 FP 可以访问 SP 无法直接访问的存储空间。

C/C++运行环境自动操作这两个寄存器。若汇编程序中可能用到堆栈，一定要正确使用这两个寄存器。

C/C++系统堆栈的默认大小是 1KW。系统初始化时，SP 指向.stack 段的首地址。

注意： 编译器不提供任何检查堆栈溢出的方法，故使用系统堆栈时一定要保证堆栈空间足够大，以防止因其溢出而破坏运行环境。堆栈大小的更改可在连接器选项-stack 后指定。

2．寄存器使用规则

C/C++编译器中规定了严格的寄存器使用规则，包括编译器如何使用寄存器和调用函数期间如何保存环境两方面的内容。用 C/C++和汇编语言编写接口时，一定要遵循这些规则，否则可能破坏 C/C++运行环境。寄存器变量有两种，一种用于保护调用环境，一种用于保护入口环境。调用函数时，保护调用环境的寄存器变量由调用者（父函数）保存，保护入口环境的寄存器变量由被调用者（子函数）保存。

表 3.9 列出了 C/C++编译器对寄存器的使用情况，并给出了函数调用期间需要保护的寄存器。另外，C/C++编译器要求状态寄存器中的 OVM、PAGE0 和 PM 这 3 个状态位在函数调用或者返回时均保持为 0。

表 3.9 寄存器的使用情况和保护规则

寄存器	使用情况	入口保护	调用保护
AL	表达式、传递参数、从函数返回 16 位结果	否	是
AH	表达式和传递参数	否	是
DP	数据页面指针（用于访问全局变量）	否	否
PH	乘法表达式、临时变量	否	是
PL	乘法表达式、临时变量	否	是
SP	堆栈指针	见注释	见注释
T	乘法和移位表达式	否	是
TL	乘法和移位表达式	否	是
XAR0	指针和表达式	否	是
XAR1	指针和表达式	是	否
XAR2	指针、表达式和 FP（需要时）	是	否
XAR3	指针和表达式	是	否
XAR4	指针和表达式、传递参数、从函数返回 16 位和 22 位的指针值	否	是

续表

寄存器	使用情况	入口保护	调用保护
XAR5	指针、表达式和传递参数	否	是
XAR6	指针和表达式	否	是
XAR7	指针和表达式、直接调用和分支（实现指向函数和 switch 声明的指针）	否	是

注：SP 在约定中保留，所有压入堆栈的内容在返回前均须弹出。

3. 函数调用规则

函数调用规则

C/C++编译器对函数的调用有一套严格的规则。除了特殊的运行支持函数外，任何调用 C/C++的函数和被 C/C++调用的函数均须遵循这些规则，否则可能破坏 C/C++运行环境，使程序无法运行。

典型的函数调用过程如图 3.3 所示，首先将不能通过寄存器传递的参数存放于系统堆栈中，接着保存返回地址（原 RPC），然后为被调用的函数分配局部变量和参数块。注意，图 3.3 描述的是如何利用系统堆栈为被调用的函数分配局部帧和参数块。若被调用的函数无参数，也未使用局部变量，则不需要为其分配局部帧。

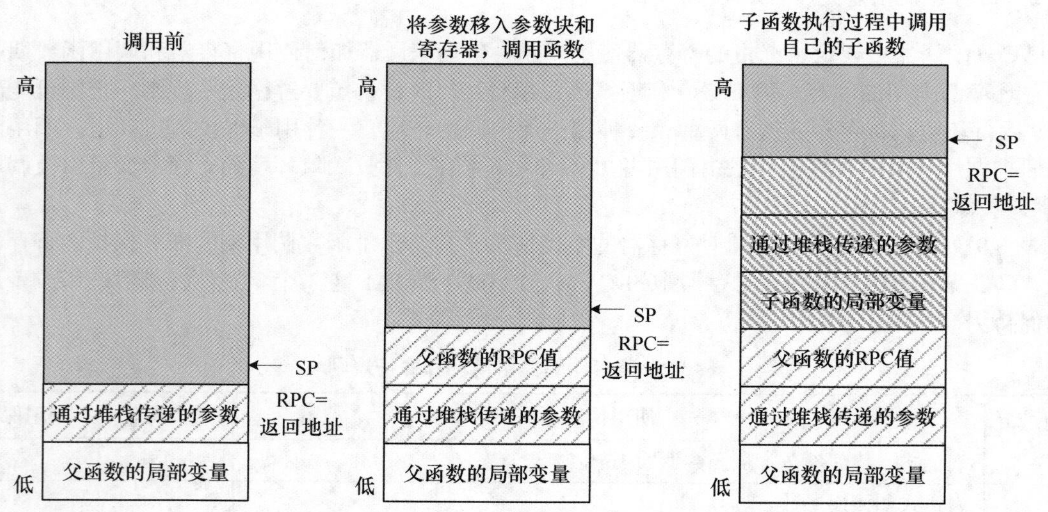

图 3.3 调用函数时堆栈使用情况

参数块是局部帧中为其他函数传递参数的部分。参数的传递是通过将其移入参数块而非将其压入堆栈实现的。函数调用过程中，局部帧和参数块同时分配。

（1）函数调用

父函数调用子函数时需要执行以下任务。

① 子函数无须保存，但函数返回后需要将用到的寄存器变量的值压入堆栈。

② 若子函数返回一个结构体，则父函数需要为该结构体分配空间，并将所分配空间的地址作为第一个参数传递给子函数。

③ 将传递给子函数的参数首先存放于寄存器中，必要时也可存放于堆栈中。参数传递时对寄存器的使用情况如下。

a. 若目标系统为 FPU，且需 32 位的浮点型参数，则前 4 个浮点型参数存放于寄存器 R0H～R3H。

b. 若存在 64 位的整型参数（long long），则第一个存放于 ACC 和 P（ACC 存放高 32 位，P 存放低 32 位）。

c. 若存在 32 位参数（long 或 float），则第一个参数存放于 ACC。

d. 前两个指针型参数存放于 XAR4 和 XAR5。

e. 前 4 个 16 位参数的存放顺序为：AL、AH、XAR4、XAR5。

④ 将未放入寄存器的其他参数以逆序压入堆栈（最左边的参数最后进栈），所有 32 位参数在堆栈中从偶地址开始存放。结构体变量进行参数传递时仅传递其地址。

⑤ 调用子函数前，父函数必须将 SP 对齐偶地址（可通过将 SP 增 1 实现）。

⑥ 父函数使用 LCR 指令调用子函数。首先将 RPC 值压入堆栈，然后将返回地址存放于 RPC。

⑦ 堆栈对齐函数边界。

（2）子函数的响应

子函数执行以下任务。

① 若子函数修改了 XAR1、XAR2 或 XAR3，必须对其进行保护（因父函数假定这些寄存器在返回前已经受到保护）。若目标系统为 FPU，则也需要对 R4H、R5H、R6H 或 R7H 进行同样处理。

② 子函数需要为局部变量及子函数调用的函数的参数传递分配足够的空间。空间分配可由在函数体的起始处对 SP 寄存器增加一个常数实现。

③ 堆栈与函数边界对齐。

④ 若子函数需要结构体参数，则将会收到一个指向该结构体的指针。若子函数需要对该结构体进行写操作，则必须在堆栈中为该结构体分配空间，并通过传递过来的指针将该结构体的内容复制进来。若子函数无须对该结构体进行写操作，则可通过指针间接引用该结构体。

⑤ 子函数执行函数代码。

⑥ 子函数遵循以下规则，通过寄存器传递返回值：将 16 位整型数存放于 AL，32 位整型数存放于 ACC，64 位整型数存放于 ACC/P，16 位或 22 位指针存放于 XAR4。若目标系统为 FPU，且需返回 32 位浮点型数，则返回值存放于 R0H。若函数返回一个结构体，则父函数首先为结构体分配空间，并将返回空间的地址存放于 XAR4 中传递给子函数；子函数将该结构体复制至该结构体指针指向的存储空间。

⑦ 子函数通过从 SP 减去先前加进去的常数撤销局部帧。

⑧ 子函数恢复先前保存的寄存器的值。

⑨ 子函数使用 LRETR 指令返回。PC 指向 RPC 值规定的地址，原 RPC 值从堆栈弹出至 RPC。

（3）子函数需要大存储空间的特殊情况

若子函数需要分配的帧空间超过 63W，则须使用 FP（XAR2）在局部帧内访问局部变量。分配空间之前，FP 指向堆栈中传递过来的第一个参数；若无参数传递到堆栈，则 FP 指向父函数的返回地址。函数调用过程中尽可能避免分配大量局部数据（例如，不要在子函数内声明大数组）。

（4）访问参数和局部变量

子函数通过 SP 或 FP 访问局部变量和堆栈中的参数。由于 SP 指向栈顶，且堆栈总是向高地址方向增长，因此对于所有 SP 能访问到的参数，使用*-SP[6 位偏移量]寻址方式进行访问。*-SP[6 位偏移量]的最大偏移量为 63，故当帧空间大于 63W 时，编译器使用 FP（XAR2）对其进行访问。由于 FP 指向当前帧的底部，因此可使用*+FP[偏移量]或*+FP[AR0/AR1]寻址方式进行访问。

3.4.2 混合编程规则

在使用 C/C++和汇编语言混合编程时，必须注意以下规则。

（1）无论是 C/C++函数还是汇编函数，编写时均须遵循寄存器规则。必须保护被子函数修改的专用寄存器 XAR1、XAR2、XAR3 和 SP 等。对于 FPU，还需要对 R4H、R5H、R6H 和 R7H 等进行同样的处理。中断服务函数必须保护所有用到的寄存器。非专用寄存器可自由使用。

注意：若正常使用 SP，则不需要对其进行明确保护。汇编子程序可以自由使用堆栈，但要保证子程序返回之前，所有压入堆栈的内容均已弹出。

（2）调用子函数之前，父函数必须将 SP 偶对齐，并且将堆栈与函数边界对齐。

（3）在汇编程序模块中调用 C/C++函数时，需要使用指定的寄存器传递参数或将参数压入堆栈。长整型数和浮点型数均为 32 位，存储时高 16 位存于高地址，低 16 位存于低地址。结构体的返回方法如前文所述。

（4）汇编程序模块不能使用.cinit 段。C/C++引导程序假定.cinit 段中仅仅存放了变量初始化表。若将其他信息装入该段，将会引起不可预测的后果。

（5）汇编程序模块中被 C/C++程序访问的标识符前要加下画线。C/C++编译器在所有 C/C++标识符前加下画线，故汇编程序模块中被 C/C++程序访问的汇编标识符前也必须加下画线。例如，若变量 x 要被 C/C++程序访问，必须用_x 表示。汇编程序模块中其他标识符前则不需加下画线；且只要不加下划线，即使与 C/C++程序中变量名相同，也不会发生冲突。

（6）对于汇编程序模块中被 C/C++程序模块引用的变量或函数，需用伪指令.def 或.global 声明；同样，对于 C/C++程序模块中需要被汇编程序模块引用的变量或者函数，在汇编程序模块中也必须用伪指令.global 声明。

3.4.3 混合编程方法

常用的以 C/C++语言和汇编语言进行混合编程的方法有以下 4 种：C/C++程序使用普通函数调用机制调用汇编程序模块、C/C++程序使用快速函数调用机制调用汇编程序模块、在 C/C++程序中嵌入汇编语句、在 C/C++程序中访问汇编变量。下面对各种方法进行简要介绍。

1. C/C++程序使用普通函数调用机制调用汇编程序模块

C/C++程序使用普通函数调用机制调用汇编程序模块的基本思想为：独立编写 C/C++程序模块和汇编程序模块，将汇编程序模块编写为子程序的形式，作为 C/C++程序的函数被调用。编写汇编子程序时要遵循 C/C++与汇编接口的约定。

该方法代码产生过程为：C/C++程序经编译、汇编后生成目标文件（.obj），汇编程序经汇编后生成目标文件；然后由连接器将所有目标文件连接成一个完整的文件。下面举例说明 C/C++程序如何使用普通函数调用机制调用汇编程序模块。

例 3.3 C 语言主程序调用汇编子程序，汇编子程序接收 C 语言主程序传递的参数并将其加至 C 语言主程序全局变量 gvar，然后返回 gvar 的值。分别编写 C 语言主程序和汇编子程序如下。

C 语言主程序：

```
extern int asmfunc();                  /* 声明全局汇编函数 */
int gvar=100;                          /* 定义全局变量 gvar */
void main()
{
int k,;
int i = 5;
```

```
i = asmfunc(i);                              /* 正常调用汇编函数 */
while(1)
{k=0;}
}
```

汇编子程序：

```
.global _gvar
.global _asmfunc
_asmfunc:
        MOVW DP,#_gvar
        ADD    AL, @_gvar
        MOV @_gvar, AL
        LRETR
```

例 3.3 中，16 位参数 i 通过寄存器 AL 传递给汇编子程序。

2．C/C++程序使用快速函数调用机制调用汇编程序模块

使用 FAST_FUNC_CALL 预编译器指令 C/C++程序允许使用快速函数调用机制调用汇编函数。下面举例说明如何采用该方法进行混合编程。

例 3.4　C 语言主程序调用汇编子程序 add_long，汇编子程序接收 C 语言主程序传递的两个参数并将其累加后返回。

C 语言主程序：

```
#pragma FAST_FUNC_CALL(add_long); /*声明对 add_long 汇编函数采用快速调用机制*/
long add_long(long, long);
void f()
{long x=0, y=0;
int k;
  x=67000;
  y=76000;
  y=add_long(x, y);
while(1)
{k=0;}
```

两种函数调用方法的不同

汇编子程序：

```
.global _add_long
_add_long:    ADDL ACC, *-SP[2]
              LB *XAR7
```

由于例 3.4 采用快速调用机制，调用汇编子程序之前返回地址已存放于辅助寄存器 XAR7 中，故返回时使用指令 LB *XAR7 取代正常返回指令 LRETR。

3．在 C/C++程序中嵌入汇编语句

在 C/C++程序中也可直接嵌入汇编语句，实现对 DSP 硬件资源的控制，优化 C/C++程序。嵌入汇编语句时，只需要将汇编语句用双引号引起来后放入圆括号，然后在圆括号前加上 asm 标识符即可。格式如下：

```
asm ( "汇编语句" )
```

注意：（1）圆括号中双引号后第一列为标号位置，若嵌入的汇编语句中无标号，则用空格代替。
（2）编译器在编译过程中并不对输入的汇编语句进行编译，而只是将内嵌指令照搬到编译生成的汇编程序的相应位置。
（3）不要将转移指令或带标号的汇编语句嵌入 C/C++程序。
（4）不要通过嵌入汇编语句来改变任何 C/C++程序变量的值。
（5）不要嵌入任何可能会改变汇编环境的汇编语句。

采用直接嵌入汇编语句的方法进行混合编程具有以下优点。

（1）程序编写方便，由于出、入口都要 C/C++管理，不必手动编程实现。

（2）保留 C/C++程序结构，结构清晰，可读性好。

（3）程序调试方便，程序中变量由 C/C++程序定义，可采用 C/C++源程序调试器方便地观察 C/C++程序变量。

4．在 C/C++程序中访问汇编变量

在 C/C++程序中可以访问汇编程序模块中定义的变量。C/C++程序访问汇编程序模块中在.bss 段中的变量和不在.bss 段中的变量时，方法稍有不同。

（1）访问在.bss 段中的变量

访问在.bss 段中的变量比较方便，可以采用如下方法实现。

① 用.bss 汇编伪指令定义被访问的变量。

② 用.global 伪指令将该变量声明为外部变量。

③ 在变量名的前面加下画线。

④ 在 C 语言程序中将该变量声明为全局变量。

这样即可在 C 语言程序中直接引用该变量，如例 3.5 所示。

例 3.5 在 C 语言程序中引用.bss 段中的中变量。

（1）C 语言程序

```
extern int var;     /*声明 var 为全局变量*/
var=1;                    /*引用 var*/
```

（2）汇编程序

```
.bss _var,1          ;定义变量_var
.global _var         ;声明_var 为全局变量
```

（3）访问不在.bss 段中的变量

若需要访问的变量不在.bss 段中，比如要访问汇编程序中定义的查找表，又不希望将其放入 RAM 中（即放在.bss 段中），这时可以首先定义该表，然后定义一个指向该表的标号，如例 3.6 所示。

例 3.6 访问不在.bss 段中的变量。

（1）C 语言程序

```
extern float sine[ ];        /* 说明 sine 为全局变量*/
f = sine[2];                 /* 将 sine 视作正常数组*/
```

（2）汇编程序

```
.global _sine                ; 说明 sine 为全局变量
.sect"sine_tab"              ; 定义一个独立的段
```

```
_sine:                          ; 查找表的初始地址
        .float 0.0
        .float 0.015987
        .float 0.022145
        …
```

方法论

使用C/C++和汇编语言混合编程方法开发DSP软件时，程序主体由C/C++控制，对实时性要求较高或需要对DSP底层资源进行操作的代码由汇编语言实现。这样可充分发挥C/C++编程容易、代码可移植性好的优势，以及汇编程序执行速度和效率高、便于对底层硬件资源进行控制的优点，取长补短，达到对DSP软硬件资源的最佳利用。

“金无足赤，人无完人。”世间万事万物，都有自己的缺陷，无法避免。但是，我们可以把博采众长、取长补短作为弥补之道。做人如此，治学亦如此。只有博采众长，才能通古达今，厚积薄发；只有取长补短，“择其善者而从之，其不善者而改之”，才能不断超越自我，取得进步和突破。

3.5　集成开发环境及其应用

3.5.1　集成开发环境简介

1．CCS简介

CCS是目前使用广泛的DSP集成开发环境。CCS具有可视化的代码编辑界面，集成了汇编器、连接器、C/C++编译器等代码生成工具，提供了强大的程序调试、跟踪与分析功能，可以帮助用户快速、有效地在软件环境下完成代码编辑、编译、连接、调试和数据分析等工作。本小节以CCS 12.6.0为例，说明集成开发环境及其应用。

2．CCS的安装与配置

（1）CCS的安装

CCS 12.6.0的安装过程与一般Windows应用程序的安装过程类似：从TI网站下载该软件，解压缩后运行根目录下的 ccs_setup.exe，根据向导提示完成安装。安装过程中，选择完全安装方式，同时安装仿真器驱动。安装完毕，会在桌面创建Code Composer Studio 12.6.0快捷方式图标。

（2）设置工作区路径

CCS 12.6.0需要设置一个工作区，用于保存开发过程中用到的所有元素，包括工程及其源代码。工作区路径的设置方法如下。

首先直接双击 Code Composer Studio 12.6.0快捷方式图标，进入图3.4所示的CCS工作区设置对话框。接着，根据图3.4中标号所示顺序和方法设置工作区路径（其中步骤②是可选的），登录图3.5所示的CCS 12.6.0的编辑视图界面。注意工作区路径中不能包含中文。设置工作区的默认路径后，可在图3.5中，通过单击File→Switch Workspace→Others 进行更改。

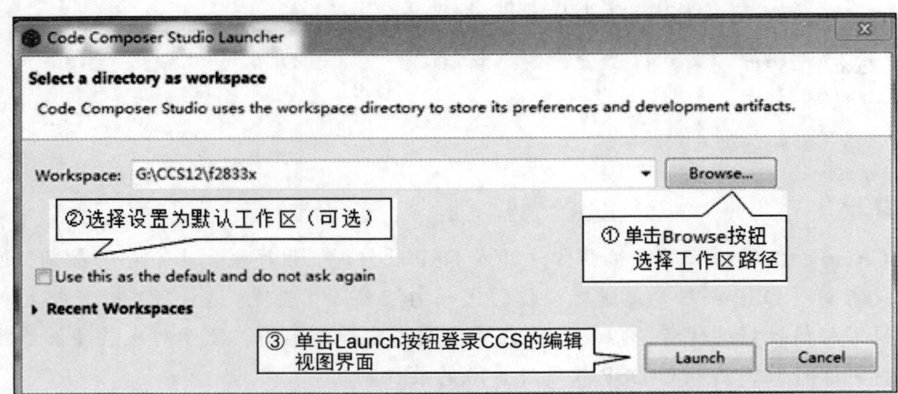

图 3.4 CCS 工作区设置对话框

在图 3.5 所示的 CCS 的编辑视图界面中，包含命令菜单和各种快捷工具。经常使用的菜单包括工程（Project）菜单、文件（File）菜单和运行（Run）菜单等。其中 Project 菜单用于对工程进行管理，包括新建（New）、打开（Open）、关闭（Close）、导入（Import）工程，向工程添加文件（Add Files），对工程进行构建（Build）等。File 菜单主要用于新建（New）工程、源文件、目标配置文件等。Run 菜单中主要包括装载（Load）和调试（Debug）功能。

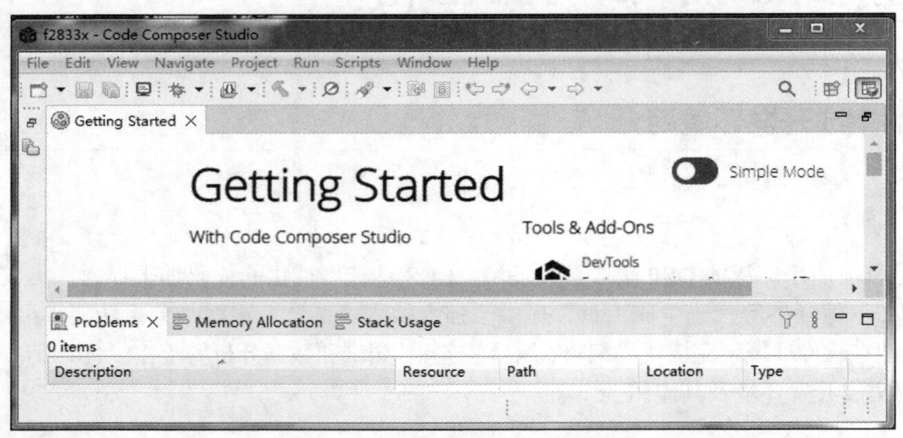

图 3.5 CCS 的编辑视图界面

（3）CCS 与目标硬件的连接与测试

CCS 12.6.0 基于 JTAG 仿真器和目标系统硬件进行在线仿真。下面以使用 USB 2.0 接口的 JTAG 仿真器（XDS100v3）连接 TMS320F28335 开发板为例，说明 CCS 与目标硬件的连接与测试方法。

第一步，新建目标配置文件。在图 3.5 所示的 CCS 的编辑视图界面中，单击 File→New→Object Configuration File，弹出图 3.6（a）所示的新建目标配置窗口。

第二步，设置目标配置信息。首先在图 3.6（a）中更改目标配置文件名称，然后单击 Finish 按钮，则弹出图 3.6（b）所示的仿真器类型和芯片型号选择窗口。根据图 3.6（b）中标号①～③所示顺序和方法设置仿真器类型和芯片型号，并单击 Save 按钮保存配置。

第三步，测试目标硬件连接。使用 XDS100v3 仿真器连接开发板和个人计算机，并根据图 3.6（b）中步骤④所示进行测试，测试成功后，将出现图 3.6（c）所示的测试结果信息。

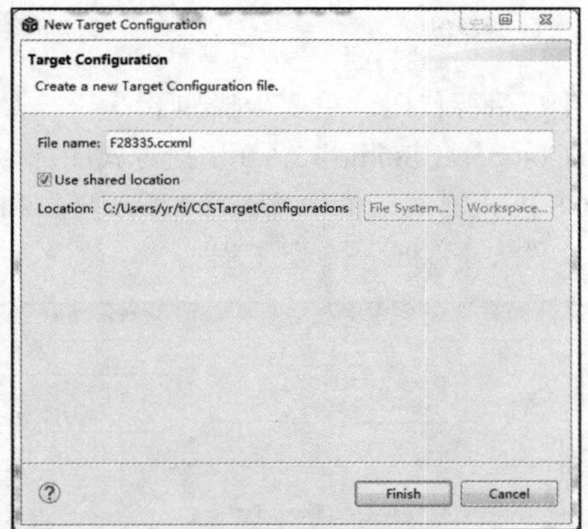

（a）新建目标配置窗口

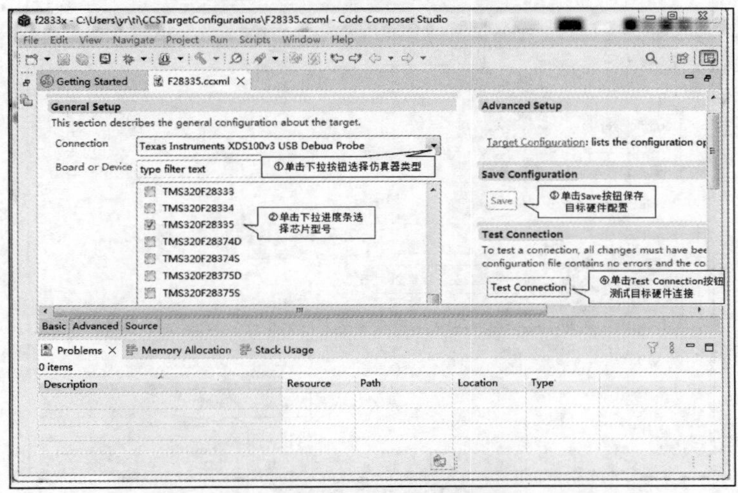

（b）仿真器类型与芯片型号选择窗口

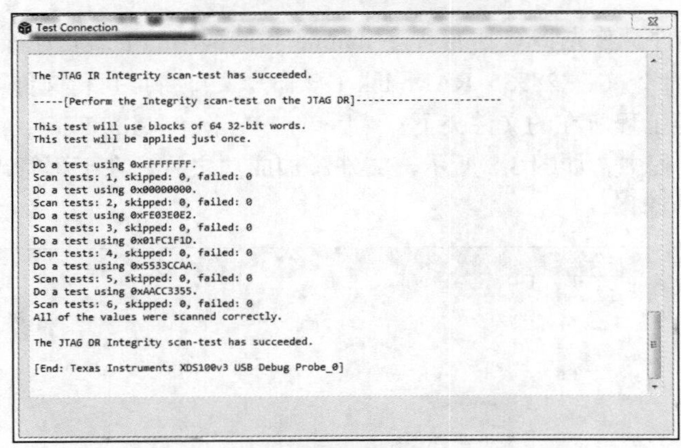

（c）测试结果信息

图 3.6　目标硬件的测试方法

3.5.2　DSP 应用程序开发调试示例

下面以例 3.3 中 C 语言主程序调用汇编子程序为例，说明如何创建工程和调试 DSP 应用程序。

1．目标代码的生成

假设所有文件已准备好，生成目标代码的主要步骤如下。

（1）新建工程。双击 Code Composer Studio 12.6.0 快捷方式图标，打开 CCS。单击 Project→New CCS Project，在弹出的 New CCS Project 对话框中按图 3.7 所示步骤和方法完成工程的创建，在工作区路径下创建的与工程同名的文件夹下生成一个空工程。

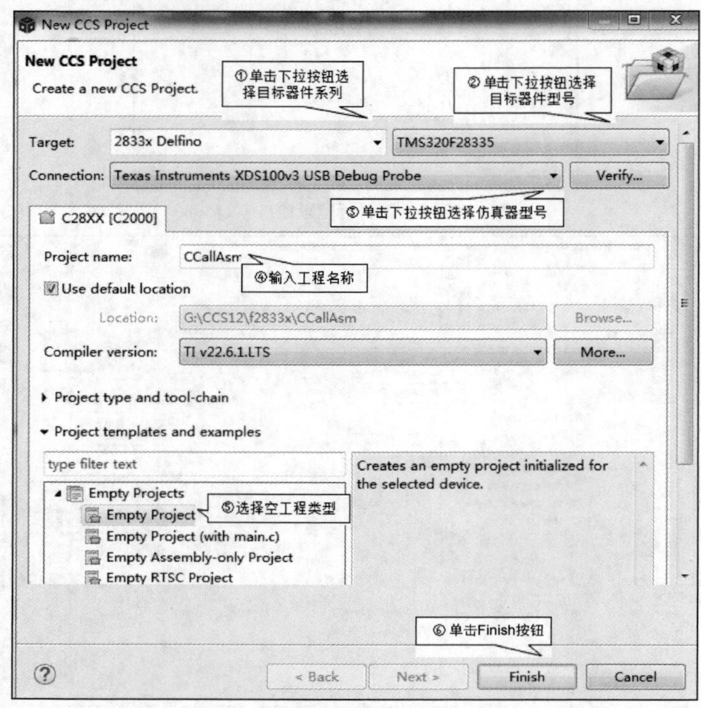

图 3.7 新建工程

（2）向工程添加文件。首先将 C 语言程序 main.c 和被调用的汇编程序 asmfunc.asm，以及库文件 rts2800_fpu32.lib 和命令文件 28335_RAM_lnk（该命令文件将可执行文件下载到 TMS320F28335 片内 SRAM 中）复制至工程所在的文件夹下；然后单击 Project→Add Files，在弹出的对话框中将复制过来的文件添加到工程中，如图 3.8 所示。文件添加成功之后，在工程管理窗口双击某文件，可将其打开以查看并进行编辑。

图 3.8 添加文件

（3）生成可执行代码。单击 Project→Build Project 或者快捷工具对整个工程进行编译、汇编和连接。在此过程中可从 CCS 的编辑视图界面左下方的编译状态窗口观察编译信息；若代码有错误，可根据给出的错误信息进行修改；若代码无误，则会在工程所在文件夹下的 Debug 文件夹下生成可执行文件 CCallAsm.out。

2．目标代码的加载和调试

生成可执行代码之后，单击 Run→Debug 或者快捷工具，将 CCallAsm.out 加载到 DSP 中进行调试。加载文件后，CCS 将自动进入调试视图，如图 3.9 所示，可使用各种观察方法和运行方法对代码进行调试。

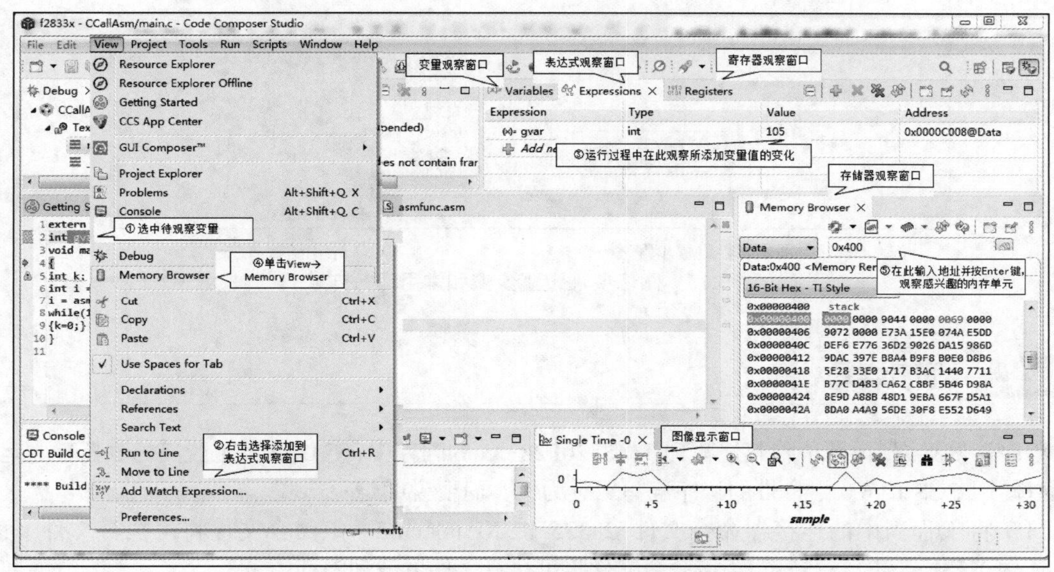

图 3.9　CCS 的调试视图

（1）常用观察方法

调试过程经常需要借助各种观察方法辅助进行。常用的观察方法包括观察 CPU 寄存器（Registers）、变量（Variables）和表达式（Expressions）、存储器（Memory Browser）等。这些观察方法均在 View 菜单中，且前 3 种为调试视图中默认启用的观察方法。若需要观察程序中的某个变量，可以按照图 3.9 中①～③所示步骤，将该变量添加到表达式观察窗口。若需要观察存储器，可以按照图④～⑤所示步骤打开存储器观察窗口观察感兴趣的内存单元。

另外，还可以观察图像（Graph）。以观察一维数组内容为例，其观察方法如下。

首先单击 Tools→Graph→SingleTimey 打开 Graph Properties 对话框；然后在该对话框中按照图 3.10（a）所示步骤设置图像数据存储的缓冲区大小（Acquisition Buffer Size）、显示数据类型（Dsp Data Type）、缓冲区起始地址（Start Address）和显示数据大小（Display Data Size），并单击 OK 按钮完成设置；设置完毕则弹出图 3.9 右下方所示的图形显示窗口。

（2）常用运行方法

根据需要确定使用何种观察方法后，接下来要选择相应的运行方法以调试程序并进行观察。Run 菜单中有各种运行方法，如图 3.10（b）所示。单击 Resume 选项（或快捷工具）可使代码全速运行；单击 Step Into 选项（或快捷工具）和 Step Over 选项（或快捷工具）可单步运行代码，同时观察各观察窗口中相应量的变化；单击 Go Main 选项可使程序运行至 C 语言程序 main 函数源代码处。

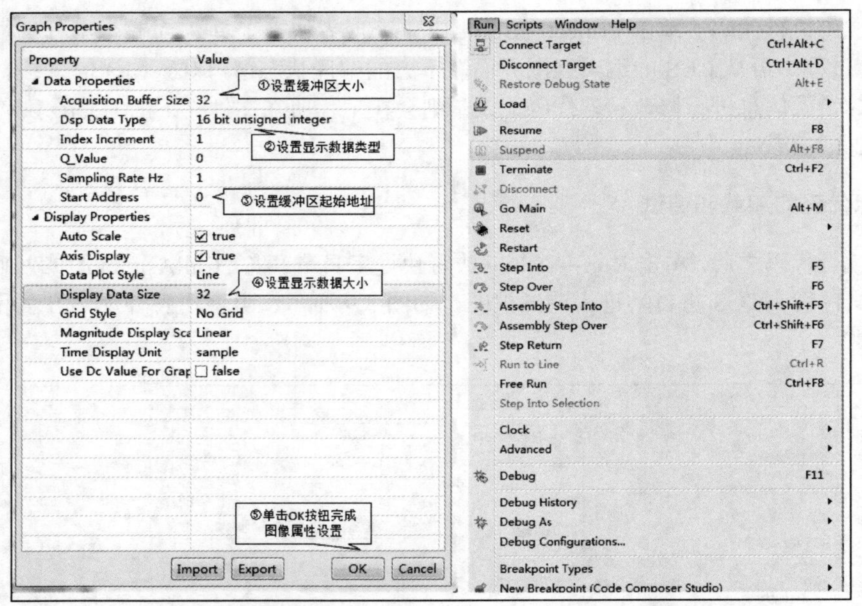

（a）图像属性设置步骤　　　　（b）常用运行方法

图 3.10　图像属性设置步骤和常用运行方法

3.5.3 程序烧写

程序调试无误后，即可将其烧写到 TMS320F28335 的闪存中，使 DSP 系统脱离仿真器独立运行。下面以使用 CCS 12.6.0 中自带的程序烧写工具为例，简要说明烧写步骤。

（1）将工程当中的连接器命令文件 28335_RAM_lnk.cmd（该命令文件将可执行文件下载到 SRAM 中）替换为 F28335.cmd（该命令文件将可执行文件下载到闪存中）。

（2）在工程名称上右击选择 Properties 选项，打开图 3.11 所示的工程属性设置界面。

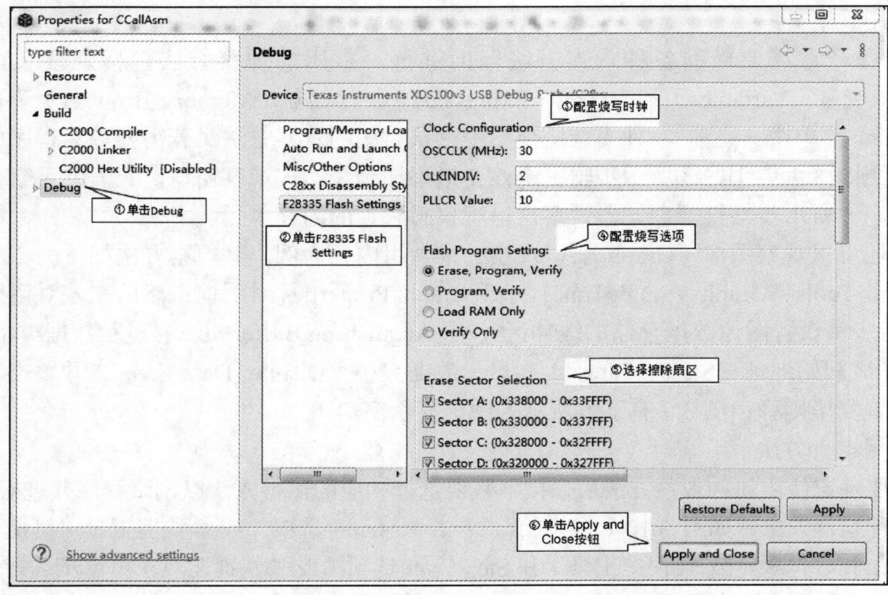

图 3.11　工程属性设置界面

（3）在图 3.11 所示的工程属性设置界面中，按照①～⑥所示步骤和方法对闪存烧写选项进行配置。

（4）保存并退出后，单击 Run→Debug 或者快捷工具，启动调试过程，将自动执行闪存查出、烧写和校验等过程。

3.6 基于示例模板的驱动程序开发

3.6.1 驱动程序开发包简介

为使 DSP 控制器的 CPU 控制片内各功能模块正常工作，必须对其进行编程驱动，使系统时钟、片内外设等硬件资源按照各自功能和系统需求运行，这就是驱动程序开发。驱动程序开发的基本思想为：首先通过代码描述片内硬件资源，然后编写程序对硬件资源进行设置。

为便于用户编程，TI 提供了各种驱动程序开发包，包括 C/C++头文件和外设示例（C/C++ Header Files and Peripheral Examples）、controlSUITE 和 C2000Ware 等。开发包所提供的示例程序具有代码质量高、内容全面，结构规范、易于掌握，开发周期短、便于实时硬件评测等优点。基于这些开发包，可以方便地进行驱动程序设计。

C/C++头文件和外设示例是 TI 公司早期提供的开发包，可根据 DSP 目标系统芯片的不同选择对应的开发包。例如，TMS320F2833x 和 TMS320F2823x 对应的开发包为 SPRC530，TMS320F2802x 对应的开发包为 SPRC832。controlSUITE 是面向 C2000 DSP 提供的一套全面的软件基础设施和软件工具集，其中包含特定于器件的驱动程序和支持软件，以及复杂系统应用的完整系统示例。C2000Ware 是一套比 controlSUITE 更全面的软件和文档集，它包括特定于器件的驱动程序、库和外设示例，具有超过 150 个控制器的代码示例和数字控制库，支持使用 MathWorks Simulink 进行系统建模。

下面以 TMS320F2833x 的开发包为例，说明 CCS 12.6.0 中的驱动程序开发方法。从 TI 网站下载 C2000Ware（或 controlSUITE、SPRC530），解压缩后安装，安装路径下跟 TMS320F2833x 有关的 3 个文件夹为 headers、common 和 examples。其中前两个文件夹分别提供了 TMS320F2833x 所有片内外设寄存器访问的硬件抽象层描述和各片内外设模块的初始化描述；第三个文件夹提供了所有片内外设的驱动程序示例文件。

3.6.2 外设寄存器访问的硬件抽象层描述方法

为方便用户开发，提高 C 语言程序运行效率，TI 公司为访问外设寄存器提供了硬件抽象层方法。其基本思路为：采用寄存器结构体和位定义形式定义各片内外设的寄存器，以方便访问寄存器及其位域；然后在编译时将其映射到 DSP 数据空间对应的地址。headers 文件夹中给出了外设寄存器访问的硬件抽象层描述，包括所有片内外设的寄存器结构体及其位定义和地址映射。该文件夹下有 3 个子文件夹：include、source 和 cmd。其中 include 文件夹下的各头文件（*.h）给出了所有片内外设的寄存器结构体及其位域定义，source 文件夹下的源文件 DSP2833x_GlobalVariableDefs.c 给出了各寄存器结构体变量的段分配，cmd 文件夹下的连接器命令文件给出了段映射情况。

1．寄存器结构体及其位定义

在 headers\include 文件夹下，给出了定义 TMS320F2833x 各片内外设的寄存器结构体及其位域的头文件，如图 3.12 所示。其中除了 DSP2833x_Device.h 和 DSP2833x_PieVect.h 这两个文件外，其他头文件分别用于定义各片内外设的寄存器结构体及其位域。DSP2833x_Device.h 中包含所有的头文件；用户在编程时，只需要用 include 语句包含该文件即可。DSP2833x_PieVect.h 定义了 PIE 中断向量表（详见 4.2 节）。

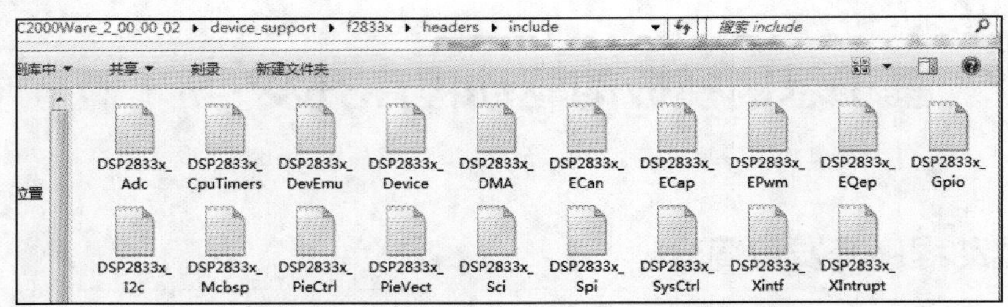

图 3.12 headers\include 文件夹下的头文件

下面以时钟源模块（头文件 DSP2833x_SysCtrl.h）为例，说明其片内外设寄存器访问的硬件抽象层方法，其寄存器如表 3.10 所示。

表 3.10 时钟源模块的寄存器

名称	地址	描述	名称	地址	描述
PLLSTS	0x7011	PLL 状态寄存器	PCLKCR3	0x7020	外设时钟控制寄存器 3
保留	0x7012 ～ 0x7018	保留	PLLCR	0x7021	PLL 控制寄存器
HISPCP	0x701A	高速外设时钟定标器	SCSR	0x7022	时钟源和状态寄存器
LOSPCP	0x701B	低速外设时钟定标器	WDCNTR	0x7023	看门狗计数器寄存器
PCLKCR0	0x701C	外设时钟控制寄存器 0	Reserved	0x7024	保留
PCLKCR1	0x701D	外设时钟控制寄存器 1	WDKEY	0x7025	看门狗复位密钥寄存器
LPMCR0	0x701E	低功耗模式控制寄存器 0	保留	0x7026 ～ 0x7028	保留
保留	0x701F	保留	WDCR	7029	看门狗控制寄存器

为方便编程，TI 公司为访问外设寄存器提供了硬件抽象层方法，以 DSP2833x_SysCtrl.h 中对时钟源模块寄存器的描述为例，其基本步骤如下。

（1）为每个需要进行位域访问的寄存器定义一个位定义结构体变量，为寄存器内各特定功能位段分配相关的名称和相应的宽度，以允许采用位域名直接操作寄存器中的某些位。例如，PLLCR 的位定义结构体为：

```
struct PLLCR_BITS {            //位定义
    Uint16 DIV:4;              //3:0   设置 PLL 模块的倍频系数
    Uint16 rsvd1:12;           //15:4  保留
};
```

PCLKCR0 的位定义结构体为：

```
struct PCLKCR0_BITS    {       //位描述
    Uint16 rsvd1:2;            //1:0   保留
    Uint16 TBCLKSYNC:1;        //2     ePWM 模块 TBCLK 同步使能
    Uint16 ADCENCLK:1;         //3     使能到 ADC 的高速外设时钟
    Uint16 I2CAENCLK:1;        //4     使能到 I2C-A 的 SYSCLKOUT
```

```
    Uint16 SCICENCLK:1;         //5     使能到 SCI-C 的低速外设时钟
    Uint16 rsvd2:2;             //7:6   保留
    Uint16 SPIAENCLK:1;         //8     使能到 SPI-A 的低速外设时钟
    Uint16 rsvd3:1;             //9     保留
    Uint16 SCIAENCLK:1;         //10    使能到 SCI-A 的低速外设时钟
    Uint16 SCIBENCLK:1;         //11    使能到 SCI-B 的低速外设时钟
    Uint16 MCBSPAENCLK:1;       //12    使能到 McBSP-A 的低速外设时钟
    Uint16 MCBSPBENCLK:1;       //13    使能到 McBSP-B 的低速外设时钟
    Uint16 ECANAENCLK:1;        //14    使能到 eCAN-A 的系统时钟
    Uint16 ECANBENCLK:1;        //15    使能到 eCAN-B 的系统时钟
};
```

（2）为方便同时对每个寄存器进行位域访问和整体访问，可为每个寄存器定义一个共同体。例如，PLLCR 的共同体为：

```
union PLLCR_REG {
    Uint16              all;
    struct PLLCR_BITS   bit;
};
```

PCLKCR0 的共同体为：

```
union PCLKCR0_REG {
    Uint16              all;
    struct PCLKCR0_BITS bit;
};
```

（3）将特定外设的所有寄存器定义为一个结构体变量。例如，时钟源模块的结构体为：

```
struct SYS_CTRL_REGS {
    Uint16                      rsvd1;          //0: 为从偶地址开始，保留一个单元
    union   PLLSTS_REG   PLLSTS;               //1: PLL 状态寄存器
    Uint16                      rsvd2[8];       //2～9: 保留
    union   HISPCP_REG   HISPCP;               //10: 高速外设时钟定标器
    union   LOSPCP_REG   LOSPCP;               //11: 低速外设时钟定标器
    union   PCLKCR0_REG PCLKCR0;               //12: 外设时钟控制寄存器 0
    union   PCLKCR1_REG PCLKCR1;               //13: 外设时钟控制寄存器 1
    union   LPMCR0_REG   LPMCR0;               //14: 低功耗模式控制寄存器 0
    Uint16                      rsvd3;          //15: 保留
    union   PCLKCR3_REG PCLKCR3;               //16: 外设时钟控制寄存器 3
    union   PLLCR_REG    PLLCR;                //17: PLL 控制寄存器
    Uint16                      SCSR;           //18: 时钟源和状态寄存器
    Uint16                      WDCNTR;         //19: 看门狗计数寄存器
    Uint16                      rsvd4;          //20: 保留
    Uint16                      WDKEY;          //21: 看门狗复位密钥寄存器
    Uint16                      rsvd5[3];       //22～24: 保留
    Uint16                      WDCR;           //25: 看门狗时钟控制寄存器
};
```

（4）对每个寄存器结构体变量进行实例化。例如：

```
extern volatile struct SYS_CTRL_REGS SysCtrlRegs;
```

这样，就实例化了一个时钟源模块寄存器变量 SysCtrlRegs，其中包含时钟源模块所有寄存器的

共同体，可以采用成员操作对结构体的每个成员进行操作：使用.all 操作整个寄存器，使用.bit 操作指定的位。例如：

```
SysCtrlRegs. PLLCR.all=0x0003;                    //对 PLLCR 进行整体访问
SysCtrlRegs. PLLCR.bit.DIV =0x003;                //对 PLLCR 进行位域访问
SysCtrlRegs. PCLKCR0.bit.ADCENCLK=1;              //使能到 ADC 模块的高速外设时钟
```

采用这种硬件抽象层描述方法，不仅代码编写方便、效率高、易于升级，而且可充分利用 CCS 自动代码输入功能，并可通过观察窗口方便地观察各寄存器变量及其位域。另外，各片内外设的寄存器结构体及其位域定义由 TI 公司提供，用户只需会使用即可。

2. 寄存器结构体变量的地址映射

在头文件中仅定义了结构体变量，而未定义其地址；因此在编译时还需要将外设寄存器直接映射到相应存储空间。实现存储空间映射有如下两个步骤。

（1）为各寄存器结构体变量分配自定义段。在 DSP2833x_GlobalVariableDefs.c 中，使用预编译器指令 DATA_SECTION 定义各片内外设寄存器结构体变量对应的段。例如，为 SysCtrlRegs 分配段的代码为：

```
#ifdef __cplusplus
#pragma DATA_SECTION("SysCtrlRegsFile");                //C++语法
#else
#pragma DATA_SECTION(SysCtrlRegs,"SysCtrlRegsFile");//C 语言语法
#endif
volatile struct SYS_CTRL_REGS SysCtrlRegs;
```

上述代码在自定义的段 SysCtrlRegsFile 中，为寄存器结构体变量 SysCtrlRegs 分配空间。即将 SysCtrlRegs 定位至自定义的段 SysCtrlRegsFile 中。

（2）使用连接器命令文件将各寄存器结构体变量对应的段定位到 DSP 数据空间的相应地址。以段 SysCtrlRegsFile 为例，在 DSP2833x_Headers_nonBIOS.cmd 中，首先使用 MEMORY 伪指令给出时钟源模块寄存器映射的存储区：

```
MEMORY
{…
 PAGE 1:      /* 数据空间 */
…
SYSTEM          : origin = 0x007010, length = 0x000020       /* 时钟源寄存器区*/
…}
```

然后使用 SECTIONS 伪指令将自定义段 SysCtrlRegsFile 定位至 SYSTEM 存储区：

```
SECTIONS
{…
SysCtrlRegsFile      : > SYSTEM,          PAGE = 1
…}
```

3.6.3 片内外设驱动程序示例文件

为方便用户开发，TI 公司为 DSP 各片内外设提供了驱动程序示例文件，存放在 examples 文件夹中，如图 3.13 所示。

各示例文件采用统一的模板，以其中的 cpu_timer 为例，在 CCS 12.6.0 中打开该文件夹下的工

程，其目录结构及源文件中各种文件的作用如图 3.14 所示。其中示例或自定义源文件是主文件，即 main()函数所在的文件。开发某片内外设驱动程序时，只需找到相应外设的示例文件，然后在主文件中对代码进行修改。

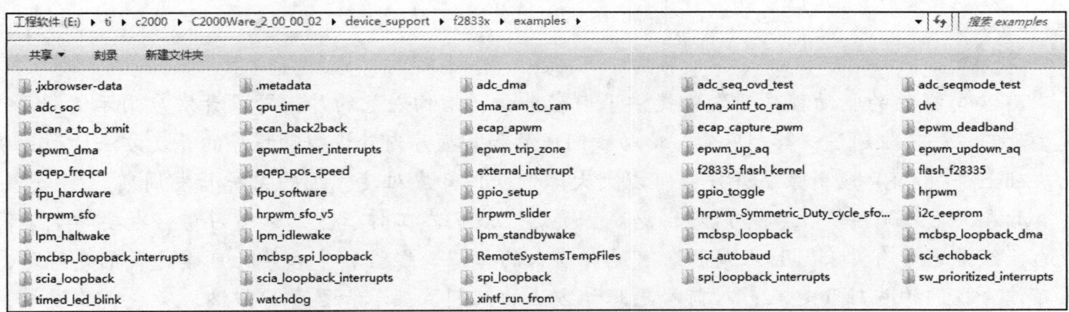

图 3.13　examples 文件夹下的外设驱动程序示例文件

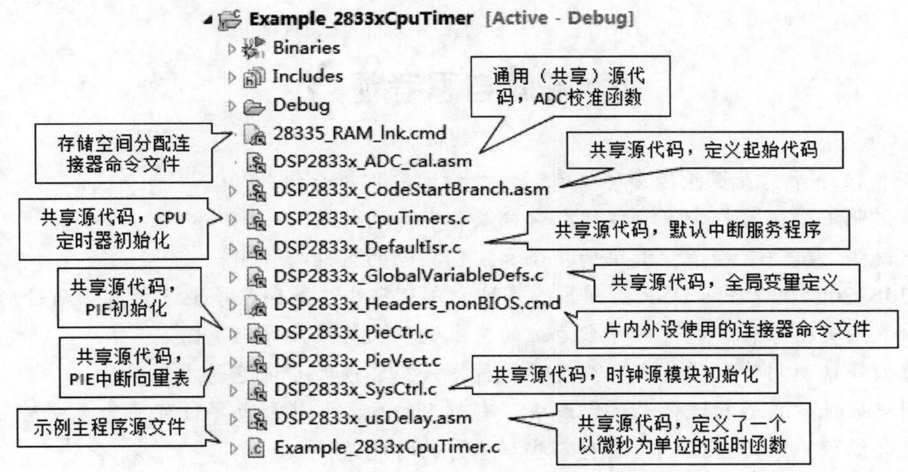

图 3.14　CPU 定时器外设驱动程序示例文件工程的目录结构及源文件中各种文件的作用

3.6.4 驱动程序设计方法

如 3.6.3 节所述，用户在开发某片内外设驱动时，只需在 TI 提供的驱动程序示例中修改用户程序（main()函数）。main()函数的一般程序结构如下。

（1）初始化时钟源模块。包括初始化 PLL、使能外设时钟及预分频、关闭看门狗等。

（2）初始化 GPIO。将数字量 I/O 引脚的功能配置为基本功能或 GPIO 功能。

（3）禁止和清除所有中断（IER=0、IFR=0），初始化 PIE 模块（初始化 PIE 控制器和 PIE 中断向量表），映射用户中断服务函数入口地址到相应的中断向量。

（4）初始化程序中用到的片内外设模块。

（5）用户特定代码。使能中断（使能 PIE 级中断和 CPU 内核级中断，使能全局中断），进行变量初始化。

（6）进入循环体，实现需求功能。

（7）定义其他功能函数或中断服务函数。

注意：以上步骤是main()函数的一般程序结构，在实际应用中可根据需要省去一些步骤。

方法论

TI公司提供的驱动程序开发包提供了内容全面、结构规范的片内外设开发应用示例程序。这些示例程序不仅通过“解剖麻雀”帮助我们理解和掌握片内外设驱动程序的开发方法，而且在此基础上进行DSP应用系统开发，可以大大降低软件开发难度，缩短系统开发周期。

站在“巨人肩膀”上，才能看得更高、更远。我们在工作、生活和学习中，也要学会登高望远，经常思考有没有“巨人肩膀”可站。前人的知识、经验和平台等既可避免我们走弯路，又可作为我们的基础和起点；对前人思想和方法的批判性继承和思考、归纳、集成、改进等，也是我们开拓创新的途径和源泉。

《习题与思考题》

3.1 DSP软件开发流程包括哪些步骤？每个步骤的作用是什么？

3.2 请说明汇编语言指令有哪些组成部分及各部分的作用。

3.3 试说明汇编语言指令、汇编伪指令和宏伪指令的区别与作用。

3.4 TMS320C2000系列DSP控制器的寻址方式有哪些？寄存器寻址方式有哪两种形式？

3.5 试说明直接寻址方式下操作数地址的生成过程及其最大寻址范围。

3.6 堆栈寻址使用什么硬件实现？有哪3种方式？其最大寻址范围为多少？

3.7 间接寻址方式的物理地址如何形成？有哪5种方式？其最大寻址范围为多少？

3.8 混合编程中常用的汇编指令有哪些？各自的功能是什么？

3.9 什么是COFF？采用这种格式有什么优点？

3.10 汇编器产生的默认段有哪些？各种段中主要包含什么内容？哪些是初始化段，哪些是未初始化段？如何自定义初始化段和未初始化段？

3.11 说明汇编器和连接器的作用，它们分别对段做哪些处理？

3.12 说明连接器命令文件（.cmd文件）的作用，其中包含哪些信息？如何使用MEMORY伪指令和SECTIONS伪指令实现段的定位和目标存储器分配？

3.13 常用的汇编伪指令有哪些？各自起什么作用？

3.14 简述采用C语言和汇编语言开发DSP软件的优缺点。

3.15 C/C++编译器的作用是什么？其中的优化器有什么作用？使用优化器时如何避免对某变量进行优化？

3.16 C/C++编译器产生的段有哪些？C/C++编译器产生的段与汇编器产生的段有何不同？

3.17 试说明DSP支持的C/C++数据类型有哪些，各自多少位。

3.18 #pragma预编译器指令的作用是什么？C/C++编译器支持哪些常用的#pragma指令？

3.19 使用 C/C++处理中断时需要遵循哪些规则？中断服务函数的声明和使用与普通函数的有什么不同？定义中断服务函数的方法有哪些？

3.20 试说明C/C++编译器如何管理C语言系统堆栈。在函数调用过程中，父函数需要执行哪些任务？子函数需要做出哪些响应？如何访问参数和局部变量？

3.21　为什么需要采用 C/C++和汇编语言进行混合编程？常用的混合编程方法有哪 4 种，如何实现？

3.22　分别采用普通函数调用和快速函数调用两种混合编程方法实现 a=|3|。要求主程序用 C 语言实现，求绝对值子程序用汇编语言编写；然后在 C 语言主程序中调用汇编子程序。

3.23　简述在 CCS 中创建工程和调试程序的操作步骤。

3.24　试说明在 CCS 中查看寄存器、存储器和变量的方法及具体操作步骤。如何使用观察图形的工具？

3.25　试说明 CCS 中有哪些常用的程序调试方法？如何实现单步运行、全速运行？

3.26　简述 TI 公司提供的外设驱动程序示例文件的工程管理窗口的目录结构中各文件的作用。

3.27　试说明外设驱动程序示例文件的用户程序中 main()函数的一般程序结构。

第 4 章 基本外设及其应用开发

学习要求

（1）熟悉 GPIO 模块的结构、工作原理和寄存器配置方法等，掌握 DSP 控制器片内外设的应用开发步骤和软件编程方法。

（2）熟悉 DSP 控制器的中断管理系统结构、原理及编程控制方法等，了解中断向量表的存储器映射方法。

（3）熟悉 CPU 定时器的结构、工作原理和寄存器配置方法等，掌握 DSP 控制器外设中断程序的编制方法。

DSP 控制器具有丰富的片内外设，可分为基本外设、控制类外设和通信类外设 3 类。对 DSP 控制器的片内外设资源进行开发时，需要掌握其硬件结构与工作原理，了解其寄存器的配置与编程方法，然后根据应用需求对其进行编程以实现期望的功能。本章以 3 个基本外设为例，讲述 DSP 控制器片内外设模块的开发方法。

4.1 通用输入输出模块

DSP 控制器的大部分引脚可作为通用数字输入输出（General Purpose Input/Output，GPIO）引脚。GPIO 作为 DSP 控制器与外部世界联系的基本接口，可实现基本的控制与数据传输任务。由于芯片上引脚资源十分有限，GPIO 引脚一般与某些片内外设的外部引脚复用。GPIO 模块是 DSP 控制器中较简单的外设，经常作为片内外设应用开发的入门性实践对象。

4.1.1 GPIO 模块的结构与工作原理

TMS320F28335 DSP 控制器的 GPIO 模块共有 88 个双向、复用的 GPIO 引脚，分为 A（32 个引脚）、B（32 个引脚）、C（24 个引脚）这 3 个 32 位端口进行管理。GPIO 引脚的内部结构示意如图 4.1 所示。由图 4.1 可见，每个引脚最多可复用 4 种功能即 GPIO 和外设 1、2、3，具体由复用控制寄存器 GPxMUX1 和 GPxMUX2 配置（其中 x 为 A、B、C，本节下文同）。当引脚配置为 GPIO 时，可由数据方向控制寄存器（GPxDIR）控制数据传输方向；任意时刻，引脚上的电平与相应数据寄存器（GPxDAT）中数据位一致（1 对应高电平，0 对应低电平）；当引脚作为输出时，可由数据置位寄存器（GPxSET）、清零寄存器（GPxCLEAR）和翻转寄存器（GPxTOGGLE）对输出数据进行设置。每个引脚内部配有上拉电阻，可通过上拉禁止寄存器（GPxPUD）禁止或使能上拉电阻。另外，A、B 两个端口的引脚还具有输入限定功能，可通过输入限定寄存器［量化选择寄存器

（GPxQSEL1、GPxQSEL2）和控制寄存器（GPxCTRL）］规定输入信号的最小脉冲宽度，以滤除引脚上的噪声。

GPIO 模块的结构与工作原理

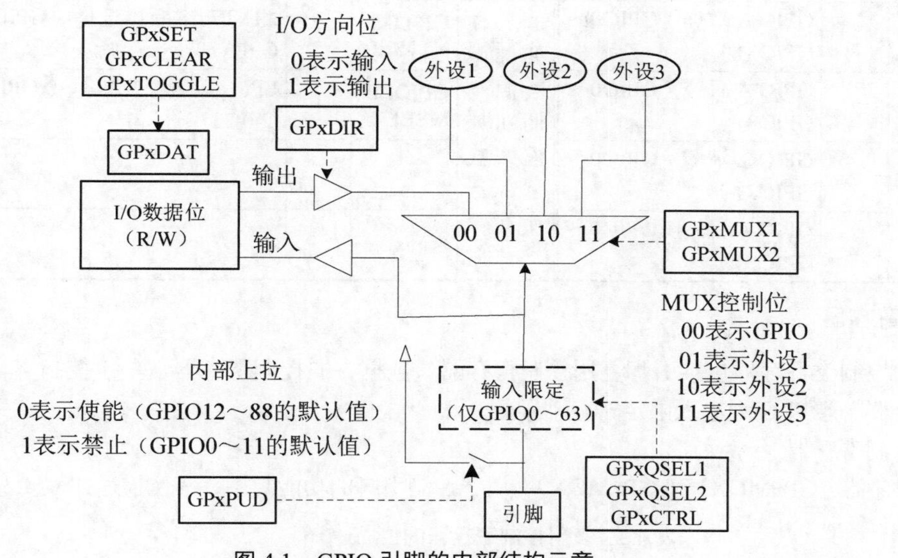

图 4.1　GPIO 引脚的内部结构示意

4.1.2　GPIO 模块的寄存器

GPIO 模块的寄存器分为 3 类，即控制类寄存器、数据类寄存器、外部中断源和低功耗模式唤醒源选择类寄存器，如表 4.1 所示。其中控制类和数据类中仅列出了端口 A 的寄存器，端口 B、C 的寄存器与端口 A 的类似，但端口 C 无输入限定寄存器。

表 4.1　GPIO 模块的寄存器

寄存器		字数	功能	寄存器		字数	功能
控制类	GPAMUX1	2	端口 A 复用 1（GPIO0～GPIO15）	外部中断源与低功耗模式唤醒源选择类	GPIOXINT1SEL	1	XINT1 中断源选择（GPIO0～GPIO31）
	GPAMUX2	2	端口 A 复用 2（GPIO16～GPIO31）		GPIOXINT2SEL	1	XINT2 中断源选择（GPIO0～GPIO31）
	GPADIR	2	端口 A 数据方向（GPIO0～GPIO31）		GPIOXNMISEL	1	XNMI 中断源选择（GPIO0～GPIO31）
	GPAPUD	2	端口 A 上拉禁止（GPIO0～GPIO31）		GPIOXINT3SEL	1	XINT3 中断源选择（GPIO32～GPIO 63）
	GPACTRL	2	端口 A 控制（GPIO0～GPIO31）		GPIOXINT4SEL	1	XINT4 中断源选择（GPIO32～GPIO 63）
	GPAQSEL1	2	端口 A 量化选择 1（GPIO0～GPIO15）		GPIOXINT5SEL	1	XINT5 中断源选择（GPIO32～GPIO 63）
	GPAQSEL2	2	端口 A 量化选择 2（GPIO16～GPIO31）		GPIOXINT6SEL	1	XINT6 中断源选择（GPIO32～GPIO 63）

续表

寄存器		字数	功能	寄存器		字数	功能
数据类	GPADAT	2	GPIO A 数据（GPIO0～GPIO31）	外部中断源与低功耗模式唤醒源选择类	GPIOXINT7SEL	1	XINT7 中断源选择（GPIO32～GPIO 63）
	GPASET	2	GPIO A 置位（GPIO0～GPIO31）		GPIOLPMSEL	1	LPM 唤醒源选择（GPIO0～GPIO31）
	GPACLEAR	2	GPIO A 清零（GPIO0～GPIO31）				
	GPATOGGLE	2	GPIO A 翻转（GPIO0～GPIO31）				

1．控制类寄存器

每个端口的控制类寄存器包括引脚复用控制寄存器、数据方向控制寄存器、上拉控制寄存器，及输入限定寄存器（端口 C 无输入限定寄存器）等。

（1）复用控制寄存器

复用控制寄存器（GPxMUX1 和 GPxMUX2）用于控制引脚的功能复用，其位描述如表 4.2 所示。

表 4.2 复用控制寄存器的位描述

复用控制		位描述				复用控制		位描述		
寄存器	位	00	01	10	11	寄存器	位	00	01	10/11
GPA MUX1	1,0	GPIO0	EPWM1A	保留	保留	GPB MUX1	25,24	GPIO44	保留	XA4
	3,2	GPIO1	EPWM1B	ECAP6	MFSRB		27,26	GPIO45		XA5
	5,4	GPIO2	EPWM2A	保留	保留		29,28	GPIO46		XA6
	7, 6	GPIO3	EPWM2B	ECAP5	MCLKRB		31,30	GPIO47		XA7
	9,8	GPIO4	EPWM3A	保留	保留	GPB MUX2	1,0	GPIO48	ECAP5	XD31
	11,10	GPIO5	EPWM3B	MFSRA	ECAP1		3,2	GPIO49	ECAP6	XD30
	13,12	GPIO6	EPWM4A	EPWMSYNCI	EPWMSYNCO		5,4	GPIO50	EQEP1A	XD29
	15,14	GPIO7	EPWM4B	MCLKRA	ECAP2		7, 6	GPIO51	EQEP1B	XD28
	17,16	GPIO8	EPWM5A	CANTXB	$\overline{\text{ADCSOCAO}}$		9,8	GPIO52	EQEP1S	XD27
	19,18	GPIO9	EPWM5B	SCITXDB	ECAP3		11,10	GPIO53	EQEP1I	XD26
	21,20	GPIO10	EPWM6A	CANRXB	$\overline{\text{ADCSOCBO}}$		13,12	GPIO54	SPISIMOA	XD25
	23,22	GPIO11	EPWM6B	SCIRXDB	ECAP4		15,14	GPIO55	SPISOMIA	XD24
	25,24	GPIO12	$\overline{\text{TZ1}}$	CANTXB	MDXB		17,16	GPIO56	SPICLKA	XD23
	27,26	GPIO13	$\overline{\text{TZ2}}$	CANRXB	MDRB		19,18	GPIO57	$\overline{\text{SPISTEA}}$	XD22
	29,28	GPIO14	$\overline{\text{TZ3}}$ / $\overline{\text{XHOLD}}$	SCITXDB	MCLKXB		21,20	GPIO58	MCLKRA	XD21
	31,30	GPIO15	$\overline{\text{TZ4}}$ / $\overline{\text{XHOLDA}}$	SCIRXDB	MFSXB		23,22	GPIO59	MFSRA	XD20
GPA MUX2	1,0	GPIO16	SPISIMOA	CANTXB	$\overline{\text{TZ5}}$		25,24	GPIO60	MCLKRB	XD19
	3,2	GPIO17	SPISOMIA	CANRXB	$\overline{\text{TZ6}}$		27,26	GPIO61	MFSRB	XD18
	5,4	GPIO18	SPICLKA	SCITXDB	CANRXA		29,28	GPIO62	SCIRXDC	XD17
	7, 6	GPIO19	$\overline{\text{SPISTEA}}$	SCIRXDB	CANTXA		31,30	GPIO63	SCITXDC	XD16

续表

复用控制		位描述				复用控制		位描述		
寄存器	位	00	01	10	11	寄存器	位	00	01	10/11
GPAMUX2	9,8	GPIO20	EQEP1A	MDXA	CANTXB	GPCMUX1	1,0	GPIO64		XD15
	11,10	GPIO21	EQEP1B	MDRA	CANRXB		3,2	GPIO65		XD14
	13,12	GPIO22	EQEP1S	MCLKXA	SCITXDB		5,4	GPIO66		XD13
	15,14	GPIO23	EQEP1I	MFSXA	SCIRXDB		7, 6	GPIO67		XD12
	17,16	GPIO24	ECAP1	EQEP2A	MDXB		9,8	GPIO68		XD11
	19,18	GPIO25	ECAP2	EQEP2B	MDRB		11,10	GPIO69		XD10
	21,20	GPIO26	ECAP3	EQEP2I	MCLKXB		13,12	GPIO70		XD9
	23,22	GPIO27	ECAP4	EQEP2S	MFSXB		15,14	GPIO71		XD8
	25,24	GPIO28	SCIRXDA	$\overline{XZCS6}$			17,16	GPIO72		XD7
	27,26	GPIO29	SCITXDA	XA19			19,18	GPIO73		XD6
	29,28	GPIO30	CANRXA	XA18			21,20	GPIO74		XD5
	31,30	GPIO31	CANTXA	XA17			23,22	GPIO75		XD4
GPBMUX1	1,0	GPIO32	SDAA	EPWMSYNCI	$\overline{ADCSOCAO}$		25,24	GPIO76		XD3
	3,2	GPIO33	SCLA	EPWMSYNCO	$\overline{ADCSOCBO}$		27,26	GPIO77		XD2
	5,4	GPIO34	ECAP1	XREADY			29,28	GPIO78		XD1
	7, 6	GPIO35	SCITXDA	XR/ $\overline{W}$			31,30	GPIO79		XD0
	9,8	GPIO36	SCIRXDA	$\overline{XZCS0}$		GPCMUX2	1,0	GPIO80		XA8
	11,10	GPIO37	ECAP2	$\overline{XZCS7}$			3,2	GPIO81		XA9
	13,12	GPIO38	保留	$\overline{XWE0}$			5,4	GPIO82		XA10
	15,14	GPIO39		XA16			7, 6	GPIO83		XA11
	17,16	GPIO40		XA0/ $\overline{XWE1}$			9,8	GPIO84		XA12
	19,18	GPIO41		XA1			11,10	GPIO85		XA13
	21,20	GPIO42		XA2			13,12	GPIO86		XA14
	23,22	GPIO43		XA3			15,14	GPIO87		XA15

由表 4.2 可见，每个 GPIO 端口对应两个 32 位的复用控制寄存器（GPxMUX1、GPxMUX2）；寄存器中每个 2 位字段控制一个引脚的功能复用，最多可复用 4 种功能。GPIO 寄存器的硬件抽象层描述在头文件 DSP2833x_Gpio.h 中定义，其中每个字段的位域名为 GPIOy（y=0～87，本节下文同），例如：

```
GpioCtrlRegs.GPAMUX1.bit.GPIO0 = 1;         //GPIO 引脚作为 PWM1A 输出引脚（外设 1 功能）
GpioCtrlRegs.GPCMUX2.bit.GPIO85 =0;         //GPIO85 引脚作为通用输入输出引脚 GPIO85
```

（2）数据方向控制寄存器

当引脚作为 GPIO 时，可通过数据方向控制寄存器（GPxDIR）设置引脚上的数据传输方向。GPxDIR 为 32 位，其每一位控制一个引脚的方向：该位为 1 表示设置相应引脚为输出，为 0 表示设置相应引脚为输入。复位时，各 GPIO 引脚的默认方向为输入。例如：

```
GpioCtrlRegs.GPADIR.bit.GPIO0 = 1;     //GPIO0 作为输出
GpioCtrlRegs.GPCDIR.bit.GPIO85 = 0;    //GPIO85 作为输入
```

（3）上拉禁止寄存器

无论引脚是作为GPIO还是外设使用，均可通过上拉禁止寄存器（GPxPUD）使能或禁止内部上拉电阻。GPxPUD为32位，对应位为1时表示禁止上拉电阻，为0时表示使能上拉电阻。复位时，可配置为禁止ePWM输出的引脚（GPIO0～GPIO11）内部上拉电阻，其他引脚使能上拉电阻。

（4）输入限定寄存器

端口A和B的引脚有输入限定功能，当引脚配置为输入时，可以滤除输入信号的噪声。使用输入限定功能时，首先通过对GPxQSEL1、GPxQSEL2编程，选择限定方式［不加限定（仅对外设功能有效）、与SYSCLKOUT同步、限定3个或6个采样周期］；若限定3/6个采样周期，还可进一步通过GPxCTRL设置采样周期。只有脉冲宽度大于限定时间的脉冲才视其为有效。端口C的引脚无输入限定功能，其所有引脚均与SYSCLKOUT同步。

GPxQSEL1和GPxQSEL2均为32位，其位分布如下：

	31　30	29　28	27　…　4	3　2	1　0
			…………		
	R/W-0	R/W-0	R/W-0	R/W-0	R/W-0
GPAQSEL1	GPIO15	GPIO14	…………	GPIO1	GPIO0
GPAQSEL2	GPIO31	GPIO30	…………	GPIO17	GPIO16
GPBQSEL1	GPIO47	GPIO46	…………	GPIO33	GPIO32
GPBQSEL2	GPIO63	GPIO62	…………	GPIO49	GPIO48

各字段功能描述：00表示与SYSCLKOUT同步，01表示限定3个采样周期，10表示限定6个采样周期，11表示无限定（仅对外设功能有效，对于GPIO，其作用同00）。

GPxCTRL为32位，其位分布如下：

	31　24	23　16	15　8	7　0
	QUALPRD3	QUALPRD2	QUALPRD1	QUALPRD0
	R/W-0	R/W-0	R/W-0	R/W-0
GPACTRL	GPIO31～GPIO24	GPIO23～GPIO16	GPIO15～GPIO8	GPIO7～GPIO0
GPBCTRL	GPIO63～GPIO56	GPIO55～GPIO48	GPIO47～GPIO40	GPIO39～GPIO32

可见GPxCTRL分为4个8位位段，各自控制8个引脚的采样周期。各字段功能描述：00表示无限定（仅与SYSCLKOUT同步），其他非零值z表示采样周期=$T_{\mathrm{SYSCLKOUT}}\times 2z$。

2. 数据类寄存器

GPIO模块各端口的数据类寄存器主要包括数据寄存器（GPxDAT）以及对输出数据进行操作的寄存器（GPxSET、GPxCLEAR和GPxTOGGLE），它们均为32位。当端口引脚配置为GPIO时，无论其作为输入还是输出引脚，GPxDAT各位的数据总是与相应引脚的电平对应（1对应高电平，0对应低电平）；当某引脚配置为输出时，还可通过其他3个寄存器对GPxDAT的相应位进行置位（置1）、清零（置0）和翻转操作，从而控制输出引脚上的电平。例如：

```
GpioDataRegs.GPADAT.all=0x0000;            //GPIO 端口 A 的所有引脚均输出低电平
GpioDataRegs.GPASET. bit.GPIO24= 1;        //GPIO24 输出高电平
GpioDataRegs.GPBCLEAR. bit.GPIO46= 1;      //GPIO46 输出低电平
GpioDataRegs.GPCTOGGLE. bit.GPIO80= 1;     //GPIO80 输出电平翻转
```

注意：GPIO 的位操作受“读—修改—写”的指令流水线保护，在进行一次“位写”操作之前，必须完成“位读”操作。因此，对 GPxDAT 不同位进行赋值时，一般需要进行整体操作；若需要进行位操作，建议使用数据类寄存器（GPxSET、GPxCLEAR 和 GPxTOGGLE），或者在赋值指令之间插入至少 4 个时钟周期的延时。

3．外部中断源和低功耗模式唤醒源选择类寄存器

TMS320F28335 DSP 控制器有 7 个外部中断 XINT1～XINT7 和一个非屏蔽中断 XNMI。它们均可由外部中断源选择寄存器［GPIOXINTnSEL（n=1～7）和 GPIOXNMISEL］选择一个 GPIO 引脚作为其中断源。另外，当 DSP 控制器处于低功耗模式时，也可由低功耗模式唤醒源选择寄存器（GPIOLPMSEL）指定的 GPIO 事件将其唤醒。外部中断源选择寄存器是 16 位寄存器，其位分布如下：

16　　　　　　5	4　　　　　　0
保留	GPIOSEL
R/W-0	R/W-0

其中，GPIOSEL 用于为 8 个外部中断选择中断源：对于 XINT1/2 和 XNMI，00000 ~ 11111 分别表示选择 GPIO0～GPIO31 作为相应中断源；对于 XINT3～XINT7，00000～11111 分别表示选择 GPIO32～GPIO63 作为相应中断源。

低功耗模式唤醒源选择寄存器为 32 位，从 LSB（最低有效位）到 MSB（最高有效位）分别为 GPIO0～GPIO31 的唤醒控制位。某位为 0 时，表示相应引脚上的信号对低功耗模式无影响；为 1 时，表示相应引脚上的信号能够将处理器从低功耗模式中唤醒。例如：

```
GpioIntRegs.XINT1SEL.bit.GPIOSEL=0x9; //将 GPIO9 作为 XINT1 中断引脚
GpioIntRegs.XINT3SEL.bit.GPIOSEL=0x9; //将 GPIO41 作为 XINT3 中断引脚
GpioIntRegs. GPIOLPMSEL.bit.GPIO8=0x1; //GPIO8 为低功耗模式唤醒引脚（高→低→高的负脉冲唤醒）
```

4.1.3　GPIO 模块应用示例

对 GPIO 模块进行开发应用时，除了扩展必需的硬件，还需要使用软件对其进行设置。无论引脚有何用途，首先设置相应的复用控制寄存器（GPxMUX1、GPxMUX2），选择引脚作为 GPIO 还是某一种外设使用。若作为 GPIO，还必须根据需要设置相应的数据方向控制寄存器（GPxDIR），确定数据传输方向（输入还是输出）。若引脚作为输入引脚，可通过数据寄存器（GPxDAT）读取引脚上的当前电平，并可通过输入量化寄存器对输入信号进行限定。若引脚作为输出引脚，可通过 GPxSET、GPxCLEAR 和 GPxTOGGLE 等寄存器进一步设置其输出电平。下面说明当数字 I/O 模块用作 GPIO 引脚时的 C 语言驱动程序设计方法。

1．GPIO 引脚作为输出引脚

下面以端口 A 的 GPIO0 控制发光二极管为例，说明 GPIO 引脚作为输出引脚时的初始化编程方法及片内外设的 C 语言驱动程序设计方法。

例 4.1　电子系统中经常采用发光二极管作为指示灯，其接口电路简单，且易于编程。如图 4.2 所示，TMS320F28335 的 GPIO0 引脚外接了一个发光二极管。请编写程序使得发光二极管闪烁。

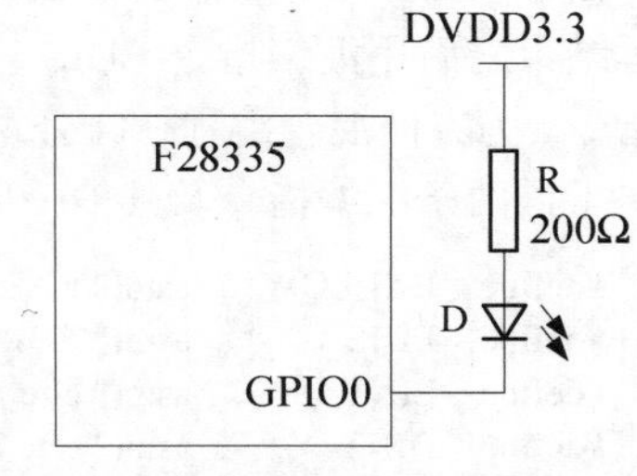

图 4.2　GPIO0 引脚外接发光二极管

GPIO 控制发光二极管

解：实现方案分析如下。

使用 GPIO0 控制发光二极管闪烁，初始化时需要把 GPIO0 作为 GPIO 引脚（设置 GPAMUX1[GPIO0]=0x0），且作为输出引脚（设置 GPADIR[GPIO0]=0x1）。

在控制发光二极管闪烁的过程中，根据外接电路，要使发光二极管点亮，只需编程设置 GPADAT[GPIO0]=0x0，使 GPIO0 引脚输出低电平；要使发光二极管熄灭，则需编程设置 GPADAT[GPIO0]=0x1，使其输出高电平。另外，要使发光二极管闪烁的频率可被肉眼观察到，在发光二极管点亮和熄灭两种状态的转换过程中，还需加入延时。

以对 GPATOGGLE 编程进行数据操作为例，其程序代码如代码 4.1 所示。

代码 4.1　GPIO0 控制发光二极管闪烁的参考 C 语言驱动程序代码。

```
#include "DSP2833x_Device.h"
#include "DSP2833x_Examples.h"
void main(void)
{ //步骤 1：初始化时钟源模块
   InitSysCtrl();
//步骤 2：初始化 GPIO，描述如何将 GPIO 设置为初始状态
  InitGpio ();
//步骤 3：禁止所有中断
   DINT;                                   //宏指令，禁止 CPU 中断
//步骤 4：初始化所用外设，本例中不需要
//步骤 5：编写用户特定程序，此处对 GPIO0 进行初始化
EALLOW;                                    //宏指令，使能访问受保护寄存器（GPIO 寄存器受 EALLOW 保护）
GpioCtrlRegs.GPAMUX1.bit.GPIO0=0x0;        //GPIO0 作为 GPIO 引脚
GpioCtrlRegs.GPADIR.bit.GPIO0=0x1;         //GPIO0 作为输出引脚
GpioDataRegs.GPADAT.bit.GPIO0=0x0;         //GPIO0 输出低电平，点亮发光二极管
EDIS;                                      //宏指令，恢复寄存器的保护状态
//步骤 6：进入循环，实现发光二极管闪烁
   while(1)
   {      EALLOW;                          //宏指令，使能访问受保护寄存器
          GpioDataRegs.GPATOGGLE.bit.GPIO0=0x1; //使 GPIO0 输出电平发生翻转
          EDIS;                            //宏指令，恢复寄存器的保护状态
          DELAY_US(1000);                  //延时 1ms，DELAY_US()为 TI 公司提供的以微秒为单位的延时函数
   }
}
```

注意：GPIO 的寄存器受 EALLOW 保护。

由于 GPIO 的寄存器受 EALLOW 保护，故对其进行编程之前要用汇编指令 EALLOW 解除保护，编程结束之后用汇编指令 EDIS 恢复保护。例 4.2 中，EALLOW 和 EDIS 是这两条汇编指令对应的宏指令。为方便混合编程，TI 公司在头文件 DSP2833x_Device.h（路径为 2833x_headers\include）中，给出了这两条汇编指令及其他一些常用汇编指令的宏定义，如下：

```
#define  EALLOW    asm(" EALLOW")
#define  EDIS      asm(" EDIS")
#define  EINT      asm(" clrc INTM")
#define  DINT      asm(" setc INTM")
#define  ERTM      asm(" clrc DBGM")
#define  DRTM      asm(" setc DBGM")
#define  ESTOP0    asm(" ESTOP0")
```

这样，在混合编程中需要解除或恢复 EALLOW 保护时，只需引用相应的宏指令即可。

思考： 代码 4.1 中，使用 GPATOGGLE 对 GPADAT 的数据进行操作，使 GPIO0 交替输出高、低电平，是否可以使用其他方法达到同样目标？若直接为 GPADAT 赋值，或者使用 GPASET 和 GPACLEAR 对 GPADAT 的数据进行操作，应该怎么编写程序？

2．GPIO 引脚作为输入引脚

下面以 GPIO32 作为输入引脚为例，说明其输入限定功能的使用方法。

例 4.2　按键是嵌入式系统中常见的输入设备。如图 4.3 所示，TMS320F28335 的 GPIO32 和 GPIO0 引脚分别外接了一个按键和一个发光二极管。请编写程序使得按下按键时，发光二极管点亮；松开按键时，发光二极管熄灭。

图 4.3　GPIO32 和 GPIO0 分别接按键和发光二极管

解： 实现方案分析如下。

初始化时需要把 GPIO32 作为输入引脚，根据其输入电平判断按键状态；同时把 GPIO0 作为输出引脚，输出相应电平控制发光二极管的亮灭。另外，为了实现按键消抖，可以启用 GPIO32 的输入限定功能。其程序代码如代码 4.2 所示。

代码 4.2　GPIO32 作为输入引脚的参考 C 语言驱动程序代码。

```
#include "DSP2833x_Device.h"
#include "DSP2833x_Examples.h"
void main(void)
{ //步骤 1：初始化时钟源模块
    InitSysCtrl();
//步骤 2：初始化 GPIO，描述如何将 GPIO 设置为初始状态
   InitGpio ();
//步骤 3：禁止所有中断
    DINT;                                          //宏指令，禁止 CPU 中断
//步骤 4：初始化所用外设，本例中不需要
//步骤 5：编写用户特定程序，此处对 GPIO0 进行初始化
EALLOW;                                            //宏指令，使能访问受保护寄存器（GPIO 寄存器受
                                                   //EALLOW 保护）
GpioCtrlRegs.GPAMUX1.bit.GPIO0=0x0;                //GPIO0 作为 GPIO 引脚
GpioCtrlRegs.GPADIR.bit.GPIO0=0x1;                 //GPIO0 作为输出引脚
GpioDataRegs.GPADAT.bit.GPIO0=0x0;                 //GPIO0 输出低电平，点亮发光二极管
GpioCtrlRegs.GPBMUX1.bit.GPIO32=0x0;               //GPIO32 作为 GPIO 引脚
GpioCtrlRegs.GPBDIR.bit.GPIO32=0x0;                //GPIO32 作为输入引脚
GpioDataRegs.GPBQSEL1.bit.GPIO32=0x1;              //限定 3 个采样周期
GpioDataRegs.GPBCTRL.bit. QUALPRD0=0xFF;           //设置采样周期为 2×255×TSYSCLKOUT
EDIS;                                              //宏指令，恢复寄存器的保护状态
//步骤 6：进入循环，实现发光二极管闪烁
    while(1)
    {     if(GpioDataRegs.GPBDAT.bit.GPIO32==0x0) //开关闭合
               GpioDataRegs.GPADAT.bit.GPIO0==0x0; //发光二极管灯点亮
```

```
        else
            GpioDataRegs.GPADAT.bit.GPIO0==0x0; //发光二极管灯熄灭
    }
}
```

4.2 中断管理系统

4.2.1 中断管理系统概述

与其他微处理器类似，DSP 的中断可分为两类：软件中断和硬件中断。前者主要由指令 INTR、OR IFR 和 TRAP 引起；后者则由物理器件产生的请求信号触发。硬件中断源可分为外部中断源和内部中断源，如图 4.4 所示。前者由外部中断引脚上的信号触发，如复位信号 $\overline{XRS}$、非屏蔽中断信号 $\overline{XNMI\_XINT13}$、控制系统出错中断信号 $\overline{TZ1}$ ~ $\overline{TZ6}$，及外部中断信号 $\overline{XINT1}$ ~ $\overline{XINT7}$ 等；后者则由来自片内外设的信号触发，如 3 个 CPU 定时器的中断 TINT2/1/0，及其他片内外设模块（见图 4.4 左侧方框）的中断。

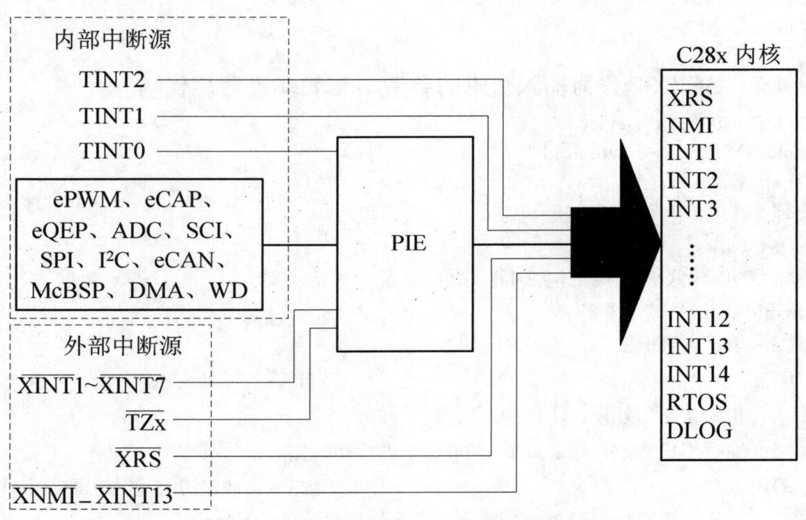

图 4.4　硬件中断源及中断管理示意

CPU 对中断请求并非有求必应。对于有的中断请求，CPU 必须无条件响应，这样的中断称为非屏蔽中断，如图 4.4 中的 $\overline{XRS}$ 和 $\overline{XNMI\_XINT13}$。对于有的中断请求 CPU 可使用软件禁止或使能对其进行响应，这样的中断称为可屏蔽中断。

由于 DSP 控制器的 CPU 能直接响应的中断请求数量有限，而其外设众多，每一个外设均可产生一个或多个外设级中断请求，所以需要一个 PIE 模块，对中断进行集中化扩展，使每一级 CPU 中断均可响应多个中断源，如图 4.4 所示，因此 DSP 控制器的中断管理可分为 3 个层次：外设级、PIE 级和 CPU 内核级。其中外设级中断管理负责具体外设中断源的使能与禁止，PIE 级中断管理负责对外设级中断进行分组并按照优先级管理，CPU 内核级中断管理则负责处理直接向 CPU 申请的中断请求。

4.2.2 各级中断及其管理

1. CPU 内核级中断及其管理

DSP 控制器的 CPU 直接支持 17 个 CPU 内核级中断——1 个非屏蔽中断 NMI 和 16 个可屏蔽中断（INT1～INT14、RTOSINT 和 DLOGINT）。其中 RTOSINT 和 DLOGINT 是两个特殊中断请求，前者为实时操作系统中断请求，仅在运行实时操作系统时使用；后者为数据日志中断请求，保留给 TI 公司测试使用。

由于 CPU 对非屏蔽中断的响应是无条件的，下面重点讨论对可屏蔽中断的管理。DSP 控制器通过 IFR 和 IER 对 16 个可屏蔽中断进行管理。IFR 和 IER 的位分布如下：

15	14	13	12	11	10	9	8
RTOSINT	DLOGINT	INT14	INT13	INT12	INT11	INT10	INT9
R/W-0	R/W-0	R/W-0	R/W-0	R/W-0	R/W-0	R/W-0	R/W-0

7	6	5	4	3	2	1	0
INT8	INT7	INT6	INT5	INT4	INT3	INT2	INT1
R/W-0	R/W-0	R/W-0	R/W-0	R/W-0	R/W-0	R/W-0	R/W-0

IFR 包含所有可屏蔽中断的标志位。当有中断请求到达 CPU 时，IFR 中的相应标志位置 1，表示中断挂起或等待响应。若使能该中断，CPU 对其进行响应后，标志位将自动清除；但若 CPU 未对其进行响应，则该标志位将一直保持。

对 IER 的写入可使能或禁止各级中断。若使能某中断，可将 IER 中的相应位置 1；若禁止某中断，可将 IER 中的相应位置 0，例如：

```
IER   |= 0x0008;          //在 IER 中使能 INT4 中断
IER &= 0xFFF7;            //在 IER 中禁止 INT4 中断
```

复位时，IER 中所有位均清零，故禁止所有可屏蔽中断。另外，可屏蔽中断还有一个全局屏蔽位 INTM（状态寄存器 ST1 的 LSB），用于可屏蔽中断的全局禁止/使能。但 INTM 只能通过汇编语言修改，例如：

```
asm("   CLRC   INTM");              //使能可屏蔽中断
asm("   SETC   INTM");              //禁止可屏蔽中断
```

或者引用相应宏指令 EINT、DINT。

2. PIE 级中断及其管理

PIE 级中断管理

为了使用有限的 CPU 内核级中断响应多个中断源，以满足众多外设的中断请求，DSP 控制器采用集中化的 PIE 模块设计。利用 PIE 模块实现中断管理的示意如图 4.5 所示。可见在 CPU 内核级中断 INT1～INT14 中，INT13 由 CPU 定时器 1 和外部中断 XINT13 复用；INT14 由 CPU 定时器 2 独占，INT1～INT12 被 PIE 模块用来进行中断扩展。TMS320F28335 DSP 控制器的 PIE 模块采用统一的标准化扩展和管理方法。PIE 模块内部有 12 个八选一数据选择器，可将 96 个中断源分为每 8 个一组，通过数据选择器共享 CPU 可屏蔽中断的 INT1～INT12。表 4.3 列出了所有 96 个中断请求信号在 PIE 内部的分组情况及对应的 CPU 中断请求信号。

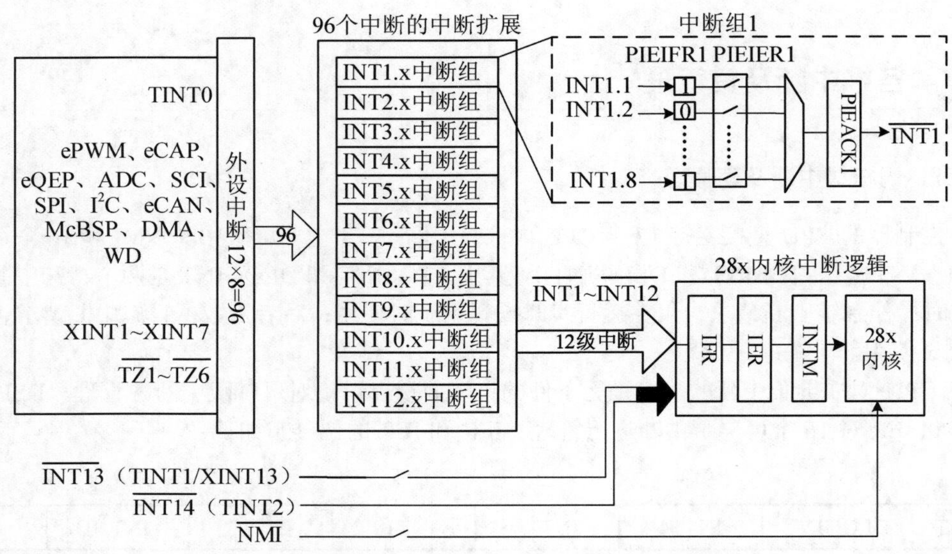

图 4.5 利用 PIE 模块实现中断管理的示意

表 4.3 PIE 外设中断源及对应的 CPU 中断请求信号

CPU中断请求信号	PIE 外设中断源							
	INTx.8	INTx.7	INTx.6	INTx.5	INTx.4	INTx.3	INTx.2	INTx.1
INT1	WAKEINT	TINT0	ADCINT	XINT2	XINT1	保留	SEQ2INT	SEQ1INT
INT2	保留	保留	EPWM6_TZINT	EPWM5_TZINT	EPWM4_TZINT	EPWM3_TZINT	EPWM2_TZINT	EPWM1_TZINT
INT3	保留	保留	EPWM6_INT	EPWM5_INT	EPWM4_INT	EPWM3_INT	EPWM2_INT	EPWM1_INT
INT4	保留	保留	ECAP6_INT	ECAP5_INT	ECAP4_INT	ECAP3_INT	ECAP2_INT	ECAP1_INT
INT5	保留	保留	保留	保留	保留	保留	EQEP2_INT	EQEP1_INT
INT6	保留	保留	MXINTA	MRINTA	MXINTB	MRINTB	SPITXINTA	SPIRXINTA
INT7	保留	保留	DINTCH6	DINTCH5	DINTCH4	DINTCH3	DINTCH2	DINTCH1
INT8	保留	保留	SCITXINTC	SCIRXINTC	保留	保留	I2CINT2A	I2CINT1A
INT9	ECAN1_INTB	ECAN0_INTB	ECAN1_INTA	ECAN0_INTA	SCITXINTB	SCIRXINTB	SCITXINTA	SCIRXINTA
INT10	保留	保留	保留	保留	保留	保留	保留	保留
INT11	保留	保留	保留	保留	保留	保留	保留	保留
INT12	LUF	LVF	保留	XINT7	XINT6	XINT5	XINT4	XINT3

表 4.3 中各中断的优先级自上而下、由右到左逐步降低，即：总体优先级为 INT1 最高，INT12 最低；每组中断中 INTx.1 最高，INTx.8 最低。

与对 CPU 内核级中断的管理类似，PIE 级中断的每一组均有独立的中断标志寄存器 PIEIFRx（x 为 1～12，本节下文同）和中断使能寄存器 PIEIERx，它们均为 16 位，映射到数据空间。PIEIFRx 和 PIEIERx 的位分布如下：

15　8	7	6	5	4	3	2	1	0
保留	INTx.8	INTx.7	INTx.6	INTx.5	INTx.4	INTx.3	INTx.2	INTx.1
R -0	R/W-0	R/W-0	R/W-0	R/W-0	R/W-0	R/W-0	R/W-0	R/W-0

与 CPU 内核级中断管理的寄存器类似，PIEIFRx 某位为 1，表示有中断请求，为 0 表示无中断请求；向 PIEIERx 某位写 1 表示使能相应中断请求，写 0 表示禁止相应中断请求。例如：

```
PieCtrlRegs.PIEIER3.bit.INTx5 = 1;      //使能 PIE 级中断组 3 中的 EPWM5_INT 中断
```

另外，PIE 模块的每个 CPU 中断组（INT1～INT12）均有一个应答位 PIEACKx。当 PIE 模块接收到外设中断请求时，相应中断标志位 PIEIFRx.y（y 为 1～8，本节下文同）置 1；若其对应中断使能位 PIEIERx.y 也为 1，则由 PIEACKx 决定 CPU 是否响应该中断。若 PIEACKx 为 0，则将中断请求送入 CPU；若 PIEACKx 为 1，则必须等待该位为 0 后才能将中断请求送至 CPU。PIEACKx 位由 16 位的 PIE 中断应答寄存器（PIEACK）控制，其位分布如下：

15～12	11～0
保留	PIEACK
R-0	R/W1C-1

注：R/W1C -1=可读/写，置位后写 1 清除该位，复位后该位为 1，本书后文同。

PIEACK 的第 0～11 位分别作为 INT1～INT12 的应答位。读取某位可判断当前 CPU 是否已经响应过该组中断：为 0 表示未响应；为 1 表示已响应过，向其写 1 可将其清除。复位时 PIEACK 中所有位的默认值均为 1；CPU 每响应一次 PIE 级中断也会将其应答位置 1。故使用 PIE 级中断时，不仅需要在初始化 PIE 时向 PIEACK 所有位写 1 清除应答位，以便 CPU 能响应 PIE 级中断；而且每响应一次中断，均需在中断服务程序中向其应答位写 1 清除应答位，以便 CPU 再次响应该组中断。例如：

```
PieCtrlRegs.PIEACK.all = 0x0004;      //清除 PIE 级第 3 组中断的应答位以便 CPU 能再次响应该组中断
```

此外，PIE 模块还有一个控制寄存器 PIECTRL，其位分布如下：

15～2	0
PIEVECT	ENPIE
R-0	R/W-0

其中 PIEVECT 为只读的，反映 CPU 读取的中断向量在 PIE 中断向量表中的地址；ENPIE 为 PIE 中断向量表的使能位，只有向该位写 1，CPU 才能从 PIE 中断向量表中读取除复位向量之外的所有中断向量（复位向量必须从 BOOT ROM 中读取）。例如：

```
PieCtrlRegs.PIECTRL.bit.ENPIE = 1;     //允许从 PIE 中断向量表中读取中断向量
```

思考：PIE 模块中断扩展和管理的思想对我们进行系统设计和管理有什么启示？

3. 外设级中断及其管理

由 PIE 管理的外设产生中断事件时，如果有外设级中断标志位，则该标志位将会置位；若使能该中断（相应外设级使能位为 1），则向 PIE 控制器发出中断请求。

注意：①并非所有外设级中断都有中断标志位；②外设级中断的标志位一旦置位，无论响应与否均一直保持，必须在中断服务程序中手动编程将其清除。

下面以 DSP 控制器的外部中断为例，说明对外设级中断的管理。除众多的片内外设中断外，DSP 控制器还支持 7 个外部可屏蔽中断 $\overline{\text{XINT1}}$ ～ $\overline{\text{XINT7}}$，另有一个外部中断 $\overline{\text{XINT13}}$ 与非屏蔽中断 XNMI 复用。这些外部中断可选择不同的 GPIO 引脚作为触发源（见 4.1.2 节），可通过中断控制寄存器 XINTnCR（n 为 1～7，本节下文同）和 XNMICR 禁止或使能，并为其选择信号的上升沿或下降沿触发。XINTnCR 的位分布如下：

15～4	3～2	1	0
保留	POLARITY	保留	ENABLE
R-0	R/W-0	R-0	R/W-0

其中 POLARITY 用于确定中断是产生在引脚上信号的上升沿还是下降沿：x0（00 或 10）表示下降沿触发中断，01 表示上升沿触发段，11 表示上升沿和下降沿均触发中断。ENABLE 为中断使能位：0 表示禁止该中断，1 表示使能该中断。

XNMICR 的位分布如下：

15～4	3～2	1	0
保留	POLARITY	SELECT	ENABLE
R-0	R/W-0	R-0	R/W-0

其中 POLARITY 和 ENABLE 位的作用同 XINTnCR 寄存器的，而 SELECT 位用于为 INT13 选择中断源：0 表示将定时器 1 中断连接到 INT13；1 表示将 $\overline{\text{NMI}}$ _ $\overline{\text{XINT13}}$ 连接到 INT13。

例 4.3 若使用GPIO9作为外部中断XINT1的输入引脚，并利用引脚上信号的上升沿触发中断。试回答下列问题。

（1）从中断使能的角度考虑，编程时应该设置哪些寄存器的哪些位？如何设置？

（2）要实现 XINT1 输入引脚的选择，编程时应该设置哪些寄存器的哪些位？如何设置？

（3）要实现 XINT1 中断触发信号的极性选择，编程时应该设置哪些寄存器的哪些位？如何设置？

解：（1）需要从外设级、PIE 级和 CPU 内核级分别进行中断使能，且可屏蔽中断的屏蔽位需要清除，具体编程方法如下：

```
XINT1CR[ENABLE]=0x1;    //外设级中断使能
PIEIER1[INTx4]=0x1;     //PIE 级中断使能
IER[INT1]=0x1;          //CPU 内核级中断使能
ST1[INTM]=0x0;          //清除可屏蔽中断的屏蔽位
```

（2）输入引脚设置编程方法

```
GPIOXINT1SEL[GPIOSEL]=0x9; //使用 GPIO9 作为外部中断 XINT1 的输入引脚
GPAMUX1[GPIO9]=0x0;     //GPIO9 作为 GPIO 引脚
GPADIR[GPIO9]=0x0;      //GPIO9 作为输入引脚
```

（3）中断触发信号极性选择编程方法

```
XINT1CR[POLARITY]=0x1;//利用引脚上信号的上升沿触发中断
```

4.2.3 中断响应过程

对于由 PIE 模块管理的外设级中断，从中断事件发生直到 CPU 响应中断的过程如图 4.6 所示，大体可分为以下几个步骤。

（1）当 PIE 模块管理的任何中断事件发生时，若该中断在外设级是使能的，则将该中断请求送至 PIE 模块。

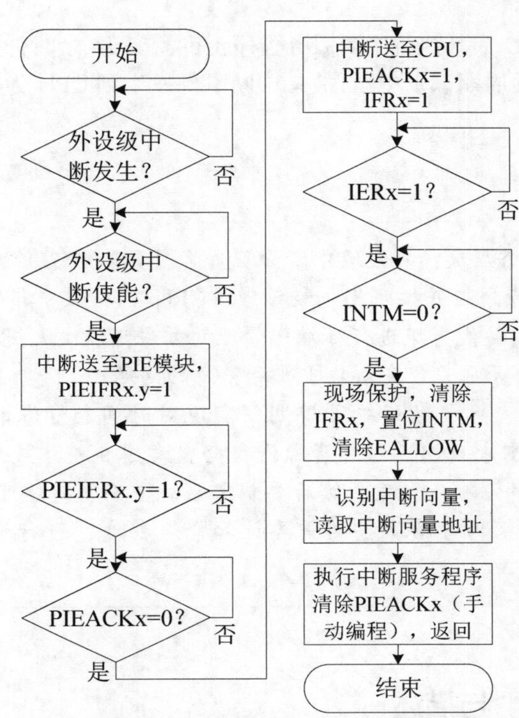

中断响应过程

图 4.6　PIE 模块管理的外设级中断的过程

（2）PIE 模块识别该中断，若该中断属于 PIE 第 x 组中断的第 y 个中断源，则相应标志位 PIEIFRx.y 置位。

（3）若该中断在 PIE 级是使能的（PIEIERx.y=1），且其应答位已清除（PIEACKx=0），则将该中断请求从 PIE 模块送至 CPU。

（4）将中断请求从 PIE 模块送至 CPU 后，相应应答位置位（PIEACKx=1），并一直保持。程序员必须在中断服务程序中使用软件将其清除，以确保 CPU 能再次响应该 PIE 级中断组的中断。

（5）CPU 中断标志位置位（IFRx=1），指示 CPU 第 x 级中断等待响应。

（6）若 CPU 第 x 级中断是使能的（IERx 为 1），且全局中断屏蔽位已清除（INTM=0），则 CPU 将响应 INTx。

（7）CPU 识别中断并进行自动现场保护工作，清除 IFR 和 PIEIFRx。现场保护工作包括保护 T、ST0、AH、AL、PH、PL、AR1、AR0、DP、ST1、DBSTAT、IER、PC、PC 等寄存器的内容。

（8）CPU 根据 PIECTL[PIEVECT]的值确定中断向量地址，并根据中断向量地址在中断向量表中找到中断服务程序入口。

（9）执行中断服务程序，手动编程清除 PIEACKx，然后返回。

例如，若 $\overline{\text{XINT1}}$ 中断事件产生，且该中断在外设级是使能的（XINT1CR[ENABLE]=1），则将该中断请求送至 PIE 模块。PIE 模块收到 $\overline{\text{XINT1}}$ 中断请求后，将置位 PIEIFR1.4。若 PIEIER1.4=1，且 PIEACK1=0，则将该中断请求从 PIE 模块送至内核级，向 CPU 申请 INT1 中断。CPU 收到中断请求后，将置位 PIEACK1；同时 IFR[INT1]置 1，指示 CPU 有 INT1 中断等待响应。若 IER[INT1]=1，且 INTM=0，则 CPU 将响应 INT1 中断。CPU 识别中断并进行自动现场保护工作，清除 IFR 和 PIEIFR1.4。然后根据 PIECTL[PIEVECT]的值找到 XINT1 的中断向量地址，并据此找到中断服务程序入口。中断服务程序执行完毕，返回之前，需要软件清除 PIEACKx，以便 CPU 能再次响应该组中断。

从片内外设中断事件发生到 CPU 为其执行中断服务程序至少需要 14 个时钟周期的延时。外部引脚上的中断事件需要额外两个时钟周期识别中断，故从中断事件发生到 CPU 为其执行中断服务程序至少需要 16 个时钟周期的延时。

方法论

DSP 控制器的中断管理分 3 个层次：外设级中断管理负责对具体外设中断源的管理，PIE 级中断管理负责对外设级中断进行分组并按照优先级管理，CPU 内核级中断管理负责处理向 CPU 发送的中断请求。这种分层级按优先级进行标准化管理的方法可以大大提高管理效率，加快响应速度，并且有利于抓住主要矛盾，优先解决重要和紧急的问题。

我们在学习、工作和生活中，也要做好统筹规划，实现对时间和资源的高效管理。处理各项事务前，首先要基于目标需求对内、外部资源进行全盘考虑和整体规划；其次要能够预见问题，并为各种可能的突发事件准备预案；然后要制定系统全面、高效可行的工作方案，并做好时间规划；最后还要能够根据各项事务的重要性和紧迫程度，进行资源优化和统筹协调。

4.2.4 中断向量表及其映射与描述

1. 中断向量表及其映射

中断向量表用于存放中断服务程序入口地址。每个中断向量需要 32 位（即两个存储单元）存放中断服务程序入口地址。TMS320F28335 DSP 控制器的中断向量表可映射至 4 个区域，具体由状态寄存器的 VMAP、M0M1MAP 及 PIE 控制寄存器的 ENPIE 这 3 位共同控制，如表 4.4 所示。其中 M0 向量和 M1 向量保留给 TI 公司测试用，因此可将 M0 和 M1 作为普通 SARAM 自由使用。

表 4.4 中断向量表映射

向量映射	向量获取位置	地址范围	VMAP	M0M1MAP	ENPIE
M1 向量	M1 SARAM	0x000000～0x00003F	0	0	x
M0 向量	M0 SARAM	0x000000～0x00003F	0	1	x
BROM 向量	BOOT ROM	0x3FFFC0～0x3FFFFF	1	x	0
PIE 向量	PIE	0x000D00～0x000DFF	1	x	1

系统复位时，中断向量表映射至 BROM 向量区。由于 BROM 向量区只能存放 32 个中断向量地址，故仅能存放 CPU 内核级中断向量表，如图 4.7 所示。

器件复位时，复位向量从 BROM 向量表中读取。复位完成后，PIE 向量表被屏蔽，无法访问。若要使用 PIE 模块支持的中断，需在主程序（main()函数）中调用 PieVectTableInit()函数重新初始化 PIE 向量表，允许从表 4.5 所示的 PIE 向量表中获取中断向量地址。TMS320F28335 的 PIE 向量表支持 96 个中断源，目前使用了 58 个，其他保留用于测试和升级。

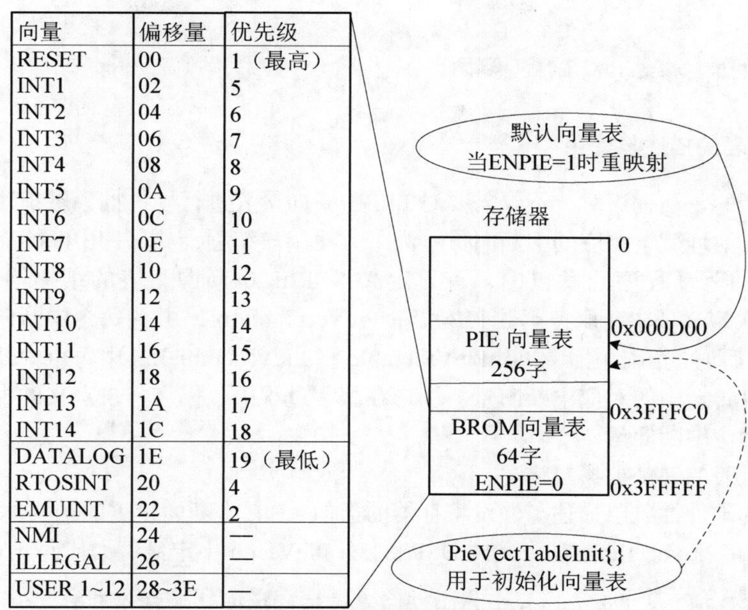

图 4.7　中断向量表及其地址映射

注：图 4.7 中“—”表示无意义，本书后文同理。

表 4.5　PIE 向量表映射关系

向量名称	向量 ID	字	PIE 向量地址	PIE 向量描述	CPU 优先级	PIE 优先级
未使用	0	2	0x000D00	复位向量（从 BROM 向量表读取）	1（最高）	—
未使用	1	2	0x000D02	INT1（重映射至 PIE 级中断组 1）	5	—
……	……	……	……	……	……	—
未使用	12	2	0x000D18	INT12（重映射至 PIE 级中断组 12）	16	—
INT13	13	2	0x000D1A	外部中断 13 或 CPU 定时器 1 使用	17	—
INT14	14	2	0x000D1C	CPU 定时器 2 使用	18	—
DATALOG	15	2	0x000D1E	数据日志中断	19（最低）	—
……	……	……	……	……	……	……
USER12	31	2	0x000D3E	用户定义的陷阱中断	—	—
INT1.1	32		0x000D40	PIEINT1.1 中断向量	5	1（最高）
……	……	……	……	……	……	……
INT1.8	39		0x000D4E	PIEINT1.8 中断向量	5	8
……	……	……	……	……	……	……
INT12.1	120		0x000DF0	PIEINT12.1 中断向量	15	1（最高）
……	……	……	……	……	……	……
INT12.8	127		0x000DFE	PIEINT12.8 中断向量	15	8

CPU 内核级中断 INT1～INT12 的优先级由 CPU 确定，从 INT1 到 INT12 优先级逐步降低，INT1 优先级最高，INT12 优先级最低。PIE 模块管理的每组 8 个中断的优先级由 PIE 模块控制：INTx.1 优先级最高，INTx.8 优先级最低。例如，若 INT1.1 和 INT12.1 同时产生，它们均会通过 PIE 模块向 CPU 申请中断；但 CPU 经优先级裁决，首先响应 INT1.1，再响应 INT12.1。若 INT1.1 和 INT1.8 中断同时产生，则 PIE 模块先将 INT1.1 中断请求送至 CPU，然后将 INT1.8 中断请求送至 CPU。

注意：中断向量表受 EALLOW 保护。

2．中断向量表的描述与使用

设计使用中断的驱动程序时，不仅需要对 PIE 中断向量表进行硬件抽象层描述，而且需要将中断服务函数的入口地址赋给相应的中断向量。为了方便用户编程，并保持中断响应过程的完整性，在 TI 公司提供的驱动程序开发包中，首先定义了 PIE 中断向量表的结构体变量及实体变量 PieVectTable；其次定义了中断服务函数实体变量 PieVectTableInit，并为每个中断向量定义了默认的中断服务函数；然后通过初始化函数 InitPieVectTable 将 PieVectTableInit 中每个中断服务函数的入口地址赋给 PieVectTable 中的对应中断向量。用户在编程过程中，仅需将自定义的中断服务函数的入口地址重新赋给相应中断向量。

（1）中断向量表的硬件抽象层描述

中断向量表的硬件抽象层描述与外设寄存器的类似，PIE 中断向量表的结构体变量 PIE_VECT_TABLE 及实体变量 PieVectTable 在头文件 DSP2833x_PieVect.h 中定义，如代码 4.3 所示。

代码 4.3　DSP2833x_PieVect.h 中对中断向量表结构体变量的定义及其实例化。

```
struct PIE_VECT_TABLE {
PINT   PIE1_RESERVED;      //0 复位向量，保留
PINT   PIE1_RESERVED;      //1 CPU 内核级中断 INT1，保留
…
PINT   PIE12_RESERVED;     //12 CPU 内核级中断 INT12，保留
PINT   XINT13;             //CPU 内核级中断 INT13，XINT13 和 CPU 定时器 1 复用
PINT   TINT2;              //CPU 内核级中断 INT14，定时器 2 专用
PINT    DATALOG;           //数据日志中断
…
PINT   USER12;             //用户定义陷阱 12
//PIE 级中断组 1 向量
PINT   SEQ1INT;            //INT1.1 ADC 双排序器 SEQ1 中断
…
PINT   WAKEINT;            //INT1.8   看门狗中断
…
//PIE 级中断组 12 向量
PINT   XINT3;              //INT12.1  外部中断 XINT3
…
PINT   LUF;                //INT12.8   浮点下溢中断
};
extern structPIE_VECT_TABLE PieVectTable;
```

（2）PIE 中断服务函数实体变量及其初始化函数

PIE 中断服务函数实体变量 PieVectTableInit 及其初始化函数 InitPieVectTable 在文件 DSP281x_PieVect.c 中定义，如代码 4.4 所示。

代码 4.4　DSP281x_PieVect.c 中对 PIE 中断服务函数结构体变量及其初始化函数的定义。

```
//PIE 中断服务函数结构体变量
const struct PIE_VECT_TABLE PieVectTableInit = {
PIE_RESERVED,                      //0 复位向量，保留
PIE_RESERVED,                      //1 CPU 内核级中断 INT1，保留
```

```
…
PIE_RESERVED,                          //12CPU 内核级中断 INT12，保留
INT13_ISR                              //XINT13 或 CPU 定时器 1 中断服务函数
INT14_ISR,                             //CPU 定时器 2 中断服务函数
DATALOG_ISR,                           //数据日志中断服务函数
…
USER12_ISR,                            //用户定义陷阱 12 中断服务函数
//PIE 级中断组 1 向量
SEQ1INT_ISR,                           //1.1 ADC 双排序器 SEQ1 中断服务函数
…
WAKEINT_ISR,                           //1.8 看门狗中断服务函数
…
//PIE 级中断组 12 向量
XINT3_ISR,                             //12.1 外部中断 XINT3 中断服务函数
…
LUF_ISR,                               //12.8 浮点下溢中断服务函数
}
//PIE 中断服务函数结构体变量的初始化函数
void InitPieVectTable(void)
{int16      i;
Uint32 *Source = (void *) &PieVectTableInit;   //指向 PIE 中断服务函数结构体变量
Uint32 *Dest = (void *) &PieVectTable;         //指向 PIE 中断向量表
EALLOW;
for(i=0; i < 128; i++)
    *Dest++ = *Source++;                       //将 PIE 中断服务函数地址赋给相应的 PIE 中断向量
EDIS;
PieCtrlRegs.PIECTRL.bit.ENPIE = 1;             //允许访问 PIE 中断向量表
}
```

（3）默认的中断服务函数

PIE 中断向量表中各中断向量默认的中断服务函数在文件 DSP2833x_DefaultIsr.c 中定义，如代码 4.5 所示。

代码 4.5　DSP2833x_DefaultLsr.c 中对 PIE 中断默认中断服务函数的定义。

```
interrupt void INT13_ISR(void)         //INT13 或 CPU 定时器 1 中断服务函数
{  asm ("       ESTOP0");
   for(;;);
}
…
interrupt void SEQ1INT_ISR(void)       //1.1   ADC 双排序器 SEQ1 中断服务函数
{  asm ("       ESTOP0");
   for(;;);
}
…
interrupt void LUF_ISR(void)           //12.8 浮点下溢中断服务函数
{  asm ("       ESTOP0");
   for(;;);
}
```

（4）重新映射中断服务函数入口地址

代码 4.5 给出的是默认的中断服务函数，仅用于仿真。若用户在编程时使用某中断，则需要用

具体的中断服务函数替换该中断源的默认中断服务函数。下面以 CPU 定时器 0 中断服务函数入口地址的重新映射为例进行简要说明。

```
//中断服务函数声明
interrupt void cpu_timer0_isr (void);
main()
{  …
   EALLOW;
   PieVectTable.TINT0 = &cpu_timer0_isr;        //重新映射本例中使用的中断向量，使其指向中断服务函数
   EDIS;
   …
}
```

思考：在代码 4.4 和 4.5 中，为什么需要为 PIE 向量表中的每个中断向量定义一个默认的中断服务函数，并将其入口地址赋给相应的中断向量？如果不这么做，会产生什么后果？

4.3 CPU 定时器

TMS320F28335 有 3 个 32 位的 CPU 定时器：定时器 0、定时器 1、定时器 2。其中定时器 2 用于实时操作系统，定时器 0 和定时器 1 留给用户使用。CPU 定时器具有定时、计时和计数等功能，可为 DSP 控制器提供时间基准，特别适合作为基准时钟实现用户软件各模块的同步。CPU 定时器输入为系统时钟 SYSCLKOUT，达到定时时间将产生相应的中断信号。CPU 定时器的结构简单，工作模式单一，一旦启动即可循环工作而不需要软件干预，使用非常方便。CPU 定时器不仅可实现长时间定时，而且可触发中断，配合其他功能单元可实现更复杂的功能，在 DSP 控制器中具有非常重要的作用。

4.3.1 CPU 定时器的结构与工作原理

CPU 定时器的结构与工作原理

CPU 定时器的结构如图 4.8（a）所示，其核心是一个 32 位计数器 TIMH:TIM 和一个 16 位预定标计数器 PSCH:PSC。它们均进行减计数，且有各自的周期寄存器。计数器和预定标计数器的周期寄存器分别为 32 位周期寄存器 PRDH:PRD 和 16 位定时器分频寄存器 TDDRH:TDDR。其中预定标计数器用于将系统时钟 SYSCLKOUT 分频后作为计数器的计数脉冲，分频系数为((TDDRH:TDDR+1)。计数器根据分频后的时钟计数，每计(PRDH:PRD+1)个脉冲中断一次，故定时器中断一次的时间为(PRDH:PRD+1)×(TDDRH:TDDR+1)×$T_{\text{SYSCLKOUT}}$。其中 $T_{\text{SYSCLKOUT}}$ 为系统时钟 SYSCLKOUT 的周期。

图 4.8（b）所示为 CPU 定时器中断与 CPU 中断的连接关系，其中 CPU 定时器 2 的中断 $\overline{\text{TINT2}}$ 独占 CPU 的 INT14 中断，CPU 定时器 1 的中断 $\overline{\text{TINT1}}$ 与外部中断 $\overline{\text{XINT13}}$ 复用 CPU 的 INT13 中断，CPU 定时器 0 的中断 $\overline{\text{TINT0}}$ 通过 PIE 模块与 CPU 中断相连。

思考：若系统时钟 SYSCLKOUT 的频率为 150MHz，希望 CPU 定时器每 100ms 中断一次，则每中断一次需要经过多少个 SYSCLKOUT 周期？如何设置周期寄存器和预定标计数器分频系数？设置的方案是否唯一？

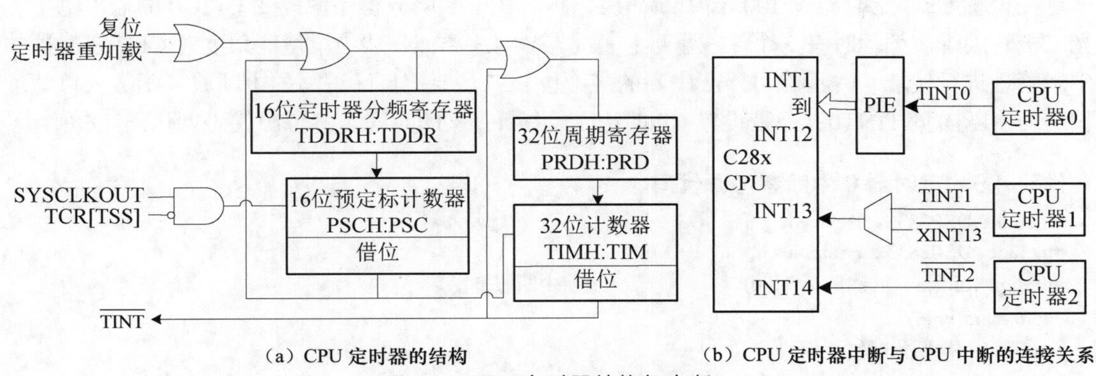

（a）CPU 定时器的结构　　（b）CPU 定时器中断与 CPU 中断的连接关系

图 4.8　CPU 定时器结构与中断

4.3.2 CPU 定时器的寄存器

每个 CPU 定时器均包含 7 个寄存器：控制寄存器（TCR）、32 计数器的低 16 位（TIM）和高 16 位（TIMH）、周期寄存器低 16 位（PRD）和高 16 位（PRDH）、预定标计数器低 16 位（TPR）和高 16 位（TPRH）。除 TCR 外，其他均为数据类寄存器，编程时只需向其写入期望值即可；注意 TPR 和 TPRH 的低 8 位分别用于实现预定标分频，高 8 位分别作为预定标计数器的计数值。TCR 的位分布如下，位描述如表 4.6 所示。

15	14	13　12	11	10	9　6	5	4	3　0
TIF	TIE	保留	FREE	SOFT	保留	TRB	TSS	保留
R/W-0	R/W-0	R-0	R/W-0	R/W-0	R-0	R/W-0	R/W-0	R-0

表 4.6　TCR 的位描述

位	名称	功能描述
15	TIF	中断标志位，计数器递减到 0 时置位。0 表示无中断事件，1 表示有中断事件（写 1 清除）
14	TIE	CPU 定时器中断使能位。0 表示禁止该中断，1 表示使能该中断
11	FREE	CPU 定时器仿真模式位，规定调试过程中遇到断点时定时器的状态。00 表示计数器完成下一次递减后停止；01 表示计数器减到 0 后停止；1x 表示定时器自由运行，不受断点影响
10	SOFT	
5	TRB	CPU 定时器重装载控制位。0 表示无影响，1 表示计数器和预定标计数器同时装载各自周期寄存器的值
4	TSS	CPU 定时器停止位。0 表示启动定时器工作，复位时为 0；1 表示停止定时器

4.3.3 CPU 定时器中断示例

3 个 CPU 定时器中，只有定时器 0 的中断由 PIE 模块管理，下面以该中断为例，说明 PIE 管理的外设级中断的驱动程序设计方法。

CPU 定时器中断示例

例 4.4　试使用 CPU 定时器 0 中断进行延时，控制例 4.1 中发光二极管的闪烁周期。要求发光二极管点亮、熄灭的时间间隔为 100ms。

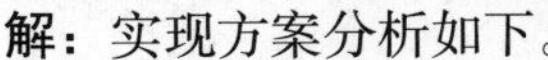

解：实现方案分析如下。

首先设置 CPU 定时器每 100ms 中断一次，然后在中断服务程序中改变 GPIO0 的输出电平，使发光二极管闪烁。编程时有 3 个注意事项：一是与例 4.3 类似，从中段使能角度对 CPU 定时器的三级中断管理进行使能，并清除可屏蔽中断的屏蔽位；二是要把自己编写的中断服务函数入口地址赋给相应的中断向量 TINT0；三是设置 CPU 定时器中断一次的时间。参考源代码如代码 4.6 所示。

代码 4.6　定时器 0 中断参考源代码。

```
#include "DSP2833x_Device.h"
#include "DSP2833x_Examples.h"
interrupt void cpu_timer0_isr(void);            //声明中断服务函数
 void main(void)
{//步骤 1：初始化时钟源模块
  InitSysCtrl();
//步骤 2：初始化 GPIO（描述如何将 GPIO 设置为初始状态）
  InitGpio();
//步骤 3：清除所有中断，初始化 PIE 向量表
  DINT;                                         //可屏蔽中断屏蔽位 INTM 置位，禁止可屏蔽中断
  InitPieCtrl();                                //初始化 PIE 控制寄存器（禁止所有中断，清除所有中断标志）
  IER = 0x0000;                                 //禁止 CPU 中断
  IFR = 0x0000;                                 //清除所有 CPU 中断标志
  InitPieVectTable();                           //初始化 PIE 向量表，使其指向默认中断服务程序
  EALLOW;
  PieVectTable.TINT0 = &cpu_timer0_isr;         //重新映射使用的中断向量，使其指向中断服务程序
  EDIS;
//步骤 4：初始化本例中使用的外设模块
  InitCpuTimers();                              //本例中仅初始化 CPU 定时器
//配置 CPU 定时器 0：150MHz 的 CPU 频率，周期为 100000μs（即 100ms）
  ConfigCpuTimer(&CpuTimer0, 150, 100000);
  CpuTimer0Regs.TCR.bit.TIE = 0x1;              //使能定时器中断
  CpuTimer0Regs.TCR.bit.TSS = 0x0;              //启动定时器
  EALLOW;                                       //宏指令，使能访问受保护寄存器
  GpioCtrlRegs.GPAMUX1.bit.GPIO0=0x0;           //GPIO0 作为 GPIO 引脚
  GpioCtrlRegs.GPADIR.bit.GPIO0=0x1;            //GPIO0 作为输出引脚
  GpioDataRegs.GPADAT.bit.GPIO0=0x0;            //GPIO0 输出低电平，点亮发光二极管
  EDIS;                                         //宏指令，恢复寄存器的保护状态
//步骤 5：用户特定代码
  IER |= M_INT1;                                //使能 CPU 的 INT1 中断，该中断连接至 TINT0
  PieCtrlRegs.PIEIER1.bit.INTx7 = 1;            //在 PIE 级中断组 1 中使能 TINT0 中断
  EINT;                                         //清除全局屏蔽位 INTM 以使能可屏蔽中断
  ERTM;                                         //清除调试屏蔽位 DBGM，允许调试
//步骤 6：空循环，等待中断
  for(;;);
}
//步骤 7：编写用户自定义程序
interrupt void cpu_timer0_isr(void)             //定义中断服务函数
{ CpuTimer0.InterruptCount++;
  EALLOW;                                       //宏指令，使能访问受保护寄存器
```

```
    GpioDataRegs.GPATOGGLE.bit.GPIO0=0x1;      //GPIO0 输出电平的状态改变
    EDIS;                                      //宏指令，恢复寄存器的保护状态
    PieCtrlRegs.PIEACK.all = PIEACK_GROUP1;    //清除 PIE 级中断组 1 的应答位，以便 CPU 再次响应
}
```

《习题与思考题》

4.1　TMS320F28335 共有多少个 GPIO 引脚，可分为几个多少位的端口进行管理？其寄存器映射至哪个存储空间？

4.2　TMS320F28335 的每个 GPIO 引脚最多可复用几种功能？其复用控制由什么寄存器编程？如何将芯片上的相关引脚配置为 GPIO 引脚？

4.3　若某引脚配置为 GPIO 引脚，如何设置其数据传输方向？当其作为输出引脚时，引脚上的电平由什么寄存器编程？有几种方法向外输出数字量 0 或 1？当其作为输入引脚时，从什么寄存器读取输入的数字量？

4.4　GPIO 模块的输入限定功能有什么作用？如何对输入进行限定？

4.5　外部中断源选择寄存器和低功耗模式唤醒源选择寄存器的作用是什么？

4.6　试编写初始化程序段，将 GPIO0 和 GPIO16 设置为 GPIO 引脚，并作为输出引脚，其中，GPIO0 输出低电平，GPIO16 输出高电平。

4.7　DSP 控制器的中断管理分为哪 3 个层次，各层次分别起什么作用？

4.8　CPU 内核级中断的可屏蔽中断有哪些？如何使能或禁止某中断？

4.9　为什么要使用 PIE 对 DSP 控制器的中断进行扩展？PIE 模块管理的中断源可分为几组，每组最多管理几个中断源？如何在 PIE 级使能某具体的中断源？PIE 级中断的优先级是如何规定的？

4.10　若使用 GPIO39 作为外部中断 XINT3 的输入引脚，并利用引脚上信号的上升沿触发中断。试回答下列问题。

（1）从中断使能的角度考虑，编程时应该设置哪些寄存器的哪些位，如何设置？

（2）要实现 XINT3 输入引脚的选择，编程时应该设置哪些寄存器的哪些位，如何设置？

（3）要实现 XINT3 中断触发信号的极性选择，编程时应该设置哪些寄存器的哪些位，如何设置？

4.11　TMS320F28335 支持哪些外部中断？PIE 管理的外设级中断的中断响应流程大概包括哪几个步骤？请以外部中断 XINT5 为例，简述从中断信号产生到 CPU 为其执行中断服务程序，及中断服务程序退出的整个过程。

4.12　什么是中断向量表？BROM 向量和 PIE 向量各自映射到哪个区域？分别起什么作用？

4.13　TMS320F28335 有哪些 CPU 定时器，它们可实现什么功能？如何计算其定时周期？CPU 定时器中断如何管理？哪些中断是通过 PIE 管理的？

4.14　CPU 定时器的寄存器有哪些？如何对定时器进行初始化？

4.15　试分别用 CPU 定时器 1 和 2 的中断进行延时，实现例 4.4 中的功能。

4.16　试编程实现如下功能。

（1）利用 GPIO0 作为普通的 I/O 引脚，输出周期为 10s、占空比为 40%的矩形波（用 CPU 定时器 0 中断实现延时）。

（2）将 GPIO1 作为外部中断 XINT1 的输入引脚，并利用引脚上信号的下降沿触发中断，编程

实现 XINT1 的中断；每进行一次中断，改变 GPIO7 引脚的输出电平（使与之连接的发光二极管闪烁）。

（3）将（1）中 GPIO0 输出的矩形波作为（2）中 GPIO1 的输入，实现程序的集成。

4.17 CPU 处于 HALT 模式，设置 GPIO7 为 CPU 从 HALT 模式唤醒引脚（唤醒信号要求为高→低→高），使用 GPIO8 外接发光二极管作为中断指示信号（每进行一次中断，发光二极管改变一次亮灭状态）。试回答下列问题。

（1）如何将 GPIO7 设置为低功耗模式唤醒引脚？（应设置哪些寄存器的哪些位，如何设置？）此时 GPIO7 应该为输入引脚还是输出引脚？

（2）若要使 CPU 进入 HALT 模式，应设置哪些寄存器的哪些位？如何设置？

（3）从中断使能的角度考虑，编程时应该设置哪些寄存器的哪些位？如何设置？

（4）如何编程实现题目要求的功能？

第 5 章 控制类外设及其应用开发

学习要求

（1）熟悉 ePWM 模块的结构、工作原理和寄存器配置方法等，掌握 PWM 波的产生原理与编程控制方法。

（2）熟悉 eCAP 模块的结构、工作原理和寄存器配置方法等，掌握利用 eCAP 模块进行脉冲测量的原理和编程方法。

（3）熟悉 eQEP 模块的结构、工作原理和寄存器配置方法等，掌握其测速原理与编程方法。

（4）熟悉 ADC 模块的结构、工作原理和寄存器配置方法等，掌握使用查询和中断方法读取 ADC 模块转换结果的编程方法及其优缺点。

在控制系统中，经常需要进行定时采样、定时显示、定时轮询等，或者输出各种控制波形。另外，被控制或测量的对象多为时间和幅度上连续的模拟量，使用嵌入式控制器对这些信号进行测量时，必须首先将其转换成数字信号。TMS320F28335 片内集成了大量控制类外设，包括 ePWM 模块、eCAP 模块和 eQEP 模块，以及 ADC 模块。其中 ePWM 模块可以输出脉宽调制信号控制电机，并可直接将 PWM 输出作为数/模转换器使用；eCAP 模块可通过边沿检测得到外部信号的时间差，从而确定电机转子的转速；eQEP 模块可根据增量编码器信号获取电机的方向和速度信息；ADC 模块可以将 0～3V 的模拟电压转换为数字信号。本章介绍这些控制类外设的结构、原理、控制方法与应用开发示例等。

5.1 增强脉宽调制模块

数字控制系统需要将数字信号转化为模拟信号以控制外部对象。目前大部分功率器件为开关型器件，故转化过程中的常用方法是采用 PWM 技术，其核心是产生周期不变但脉宽可变的波型——PWM 波。DSP 控制器的 ePWM 模块可以灵活地编程，采用极少的 CPU 资源产生复杂的 PWM 波。

ePWM 模块是电机数字控制系统、开关电源、不间断电源及其他形式功率转换系统等的电力电子电路的关键控制单元。它具有 DAC 功能，其有效脉冲宽度与 DAC 模块的模拟值等价，因此也称功率 DAC 模块。TMS320F28335 DSP 控制器的 ePWM 模块具有 6 个 ePWM 通道（ePWM1～6），能够输出 12 路 PWM 波（EPWMxA/B，x=1～6，本节下文同）。每个通道可独立使用，需要时也可通过同步机制使多个通道同步工作。为了高精度地控制 PWM，每个 ePWM 通道的 EPWMxA 还加入了硬件扩展模块——HRPWM 模块，可输出 6 路高精度 PWM 波。

5.1.1 ePWM 模块的结构及工作原理

ePWM 模块的结构

ePWM 模块的结构如图 5.1 所示，主要包括 7 个子模块：时间基准子模块 TB、计数比较子模块 CC、动作限定子模块 AQ、死区产生子模块 DB、PWM 斩波子模块 PC、错误控制子模块 TZ 和事件触发子模块 ET。各子模块的主要作用为：TB 子模块用于产生时间基准，CC 子模块用于确定 PWM 波占空比，AQ 子模块用于确定比较匹配时的动作，DB 子模块用于在互补 PWM 波间插入死区，PC 子模块用于产生高频 PWM 载波信号，TZ 子模块用于规定外部出错时的 PWM 波输出，ET 子模块用于中断和 ADC 模块的触发控制。可根据需要对各子模块进行选择，组成流水线。实际使用时，往往只要配置 TB、CC、AQ、DB、ET 这 5 个子模块。

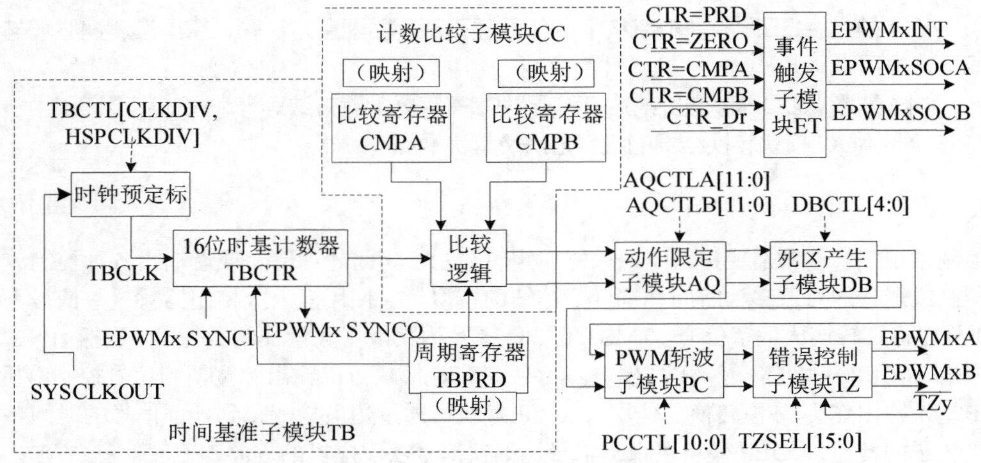

图 5.1 ePWM 模块的结构

由图 5.1 可见，每个 ePWM 通道的输入信号主要包括系统时钟 SYSCLKOUT、时基同步输入信号 EPWMxSYNCI 和错误触发信号 $\overline{\text{TZy}}$（y=1～6，本节下文同）等。其中 SYSCLKOUT 经分频后为 TB 子模块提供计数时钟，EPWMxSYNCI 用于实现各 ePWM 通道的同步，$\overline{\text{TZy}}$ 用于在外部被控单元产生错误时为 ePWM 通道提供错误标志。

每个 ePWM 通道的输出信号主要包括 PWM 输出信号 EPWMxA 和 EPWMxB、ADC 模块启动信号 EPWMxSOCA 和 EPWMxSOCB、时基同步输出信号 EPWMxSYNCO 等。其中 EPWMxA 和 EPWMxB 是通过 I/O 引脚输出的两路 PWM 信号，EPWMxSOCA 和 EPWMxSOCB 可分别作为 ADC 模块的启动信号，EPWMxSYNCO 可作为其他 ePWM 通道的同步输入信号（ePWM1 的同步输出信号也可作为 eCAP1 的同步信号）。

每个 ePWM 通道的基本工作原理为：TB 子模块将 SYSCLKOUT 预定标后，作为 16 位时基计数器（TBCTR）的计数时钟 TBCLK。在每个计数周期，TBCTR 根据预设计数模式对 TBCLK 进行计数，且一边计数一边与其周期寄存器（TBPRD）的值比较，并产生两种事件——周期匹配（CTR=PRD）和下溢（CTR=ZERO），送至 AQ 子模块和 ET 子模块。每个计数周期的时间由计数模式、TBCLK 周期和 TBPRD 的值共同决定。只要这 3 个量不变，每个周期的时间就不变。因而 TB 模块不仅可提供时间基准，而且可为 PWM 波提供载波周期。

同时，在每个计数周期，TBCTR 的值还要与 CC 子模块的两个比较寄存器 CMPA 和 CMPB 的值比较，从而产生两种比较匹配事件——CTR=CMPA 和 CTR=CMPB，并将这两种事件送至 AQ 子模块和 ET 子模块。每个周期比较匹配发生的时间直接关系到 PWM 波的有效脉冲宽度，故 CC 子模块用于确定 PWM 波的占空比。

AQ 子模块用于规定 TB 子模块和 CC 子模块的 4 种事件（CTR=PRD、CTR=ZERO、CTR=CMPA 和 CTR=CMPB）发生时，相应两个输出信号 ePWMxA 和 ePWMxB 的动作（置高、置低、翻转和无动作），从而输出两路原始的 PWM 信号给 DB 子模块。DB 子模块根据这两路信号产生两路具有可编程死区和极性关系的 PWM 波。

PC 子模块和 TZ 子模块是两个可选模块，其作用分别为产生高频 PWM 载波信号和规定外部出错时 PWM 输出的响应。ET 子模块用于规定哪些事件可以申请中断或作为 ADC 模块触发信号，以及多少个事件（1～3）中断或触发 ADC 模块一次。

5.1.2 ePWM 模块的各子模块及其控制

1. TB 子模块及其控制

如图 5.1 所示，TB 子模块的核心部件是 16 位 TBCTR，此外还包括一个双缓冲的 TBPRD。其基本作用是根据预先设定的计数模式对 TBCLK 进行计数，从而实现定时和为 PWM 波的产生提供载波周期；并可产生两种事件——周期匹配（CTR=PRD）和下溢（CTR=ZERO），送至 AQ 子模块和 ET 子模块。另外，TB 子模块可利用同步输入信号 EPWMxSYNCI，控制 TBCTR 装载相位寄存器（TBPHS）的值，以实现同步；也可选择一种事件作为同步输出信号 EPWMxSYNCO，将其送至其他 ePWM 通道，控制同步。

（1）TBCTR 的计数模式与 PWM 波的载波周期

TBCTR 有 4 种计数模式：停止、连续增、连续减和连续增/减。其中停止模式为复位时的默认模式，计数器保持当前值不变；其他 3 种计数模式如图 5.2 所示。在图 5.2（a）所示的连续增计数模式下，每个周期 TBCTR 据定标后的时钟 TBCLK 增计数，计至周期匹配（CTR=PRD）时，复位到 0（此时发生下溢事件 CTR=ZERO），然后重新开始下一周期。图 5.2（b）所示的连续减计数模式与连续增计数模式相反，每个周期 TBCTR 以 TBPRD 的值为起始值减计数，减至 0 后重新装载 TBPRD 的值，然后开始下一周期。在图 5.2（c）所示的连续增/减计数模式下，TBCTR 先从 0 开始增计数，计至周期匹配后改为减计数，计至 0 后再重新开始下一周期。

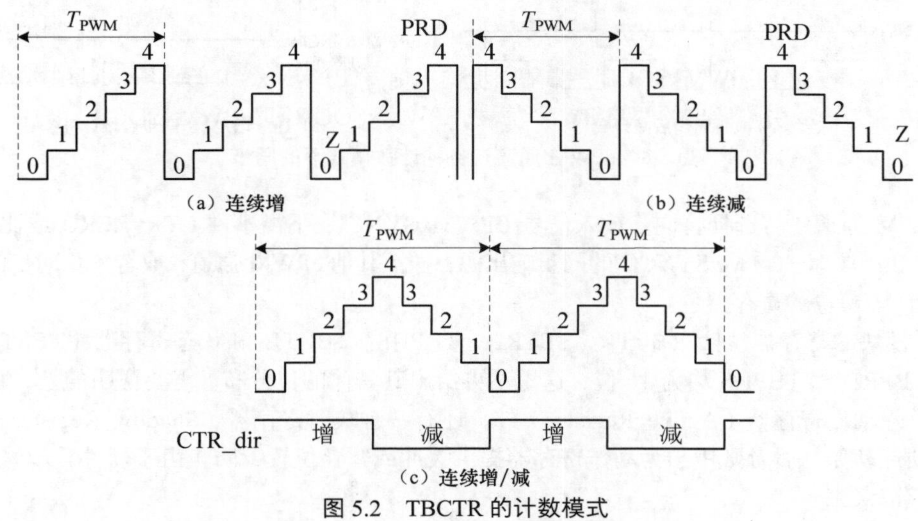

图 5.2　TBCTR 的计数模式

图 5.2（a）和图 5.2（b）中的图形是非对称的，每个周期包含（TBPRD+1）个 TBCLK 脉冲；而图 5.2（c）中的图形为对称的，每个周期包含（2×TBPRD）个 TBCLK 脉冲。故使用图 5.2（a）和图 5.2（b）所示的计数模式产生 PWM 波时，载波周期 T_{PWM}=(TBPRD+1)×T_{TBCLK}；使用图 5.2（c）所示的计数模式产生 PWM 波时，载波周期 T_{PWM}=2×TBPRD×T_{TBCLK}。载波频率 f_{PWM}=1/T_{PWM}。TBCLK 由 SYSCLKOUT 分频得到，其周期 T_{TBCLK}=(2HSPCLKDIV×2^{CLKDIV}) ×$T_{SYSCLKOUT}$（HSPCLKDIV≠0 时）。其中 HSPCLKDIV 和 CLKDIV 均为时基控制寄存器（TBCTL）中的控制位段。

（2）时基定时器的同步

每个 ePWM 模块均有一个同步输入 EPWMxSYNCI 和一个同步输出 EPWMxSYNCO，用于将多个 ePWM 通道连接起来使其同步工作。各 ePWM 通道的时基相位可通过硬件或软件同步。若使能同步（TBCTL[PHSEN]=1），则检测到 EPWMxSYNCI 上的同步输入脉冲，或向 TBCTL[SWFSYNC] 写 1 强制同步时，在下一个有效时钟沿，TBCTR 将自动装入 TBPHS 的内容，并在此基础上按原计数模式继续计数，如图 5.3 所示。图 5.3（a）和图 5.3（b）中，同步输入脉冲到来后，TBCTR 装载 TBPHS 的值并在此基础上按原计数模式继续计数。图 5.3（c）和图 5.3（d）所示均为连续增/减计数模式的同步，其中图 5.3（c）所示为减同步（TBCTL[PHSDIR]=0），图 5.3（d）所示为增同步（TBCTL[PHSDIR]=1）。同步信号到来时，TBCTR 装载 TBPHS 的值并在此基础上分别进行减计数和增计数。

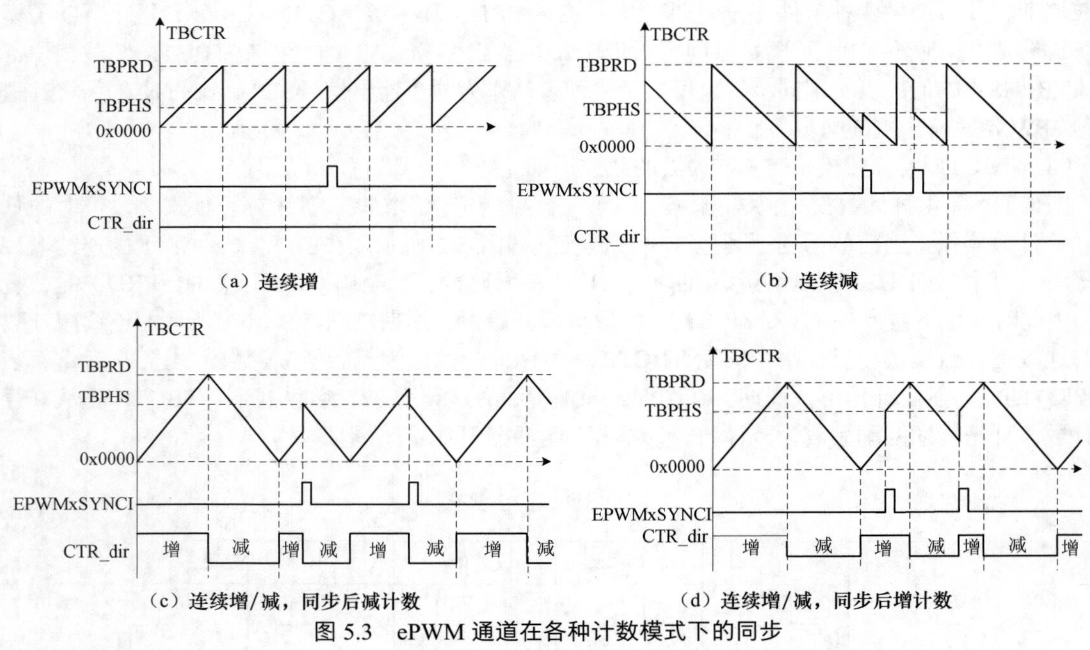

图 5.3 ePWM 通道在各种计数模式下的同步

各 ePWM 通道还可选择将同步输入信号 EPWMxSYNCI、下溢事件 CTR=ZERO 或比较匹配信号 CTR=CMPB 作为 EPWMxSYNCO 的同步输出源，送至其他 ePWM 通道；或者禁止同步信号输出。

（3）TB 子模块的寄存器

TB 子模块的寄存器包括 TBCTR、TBPRD、TBPHS、TBCTL 和状态寄存器（TBSTS）。其中 TBCTR、TBPRD 和 TBPHS 均为 16 位，这里不再给出其具体的位分布。需要说明的是，TBPRD 是双缓冲的，除动作寄存器（Active Register）外，还有一个映射寄存器（Shadow Register）。前者可直接控制硬件动作，后者则用于为动作寄存器提供缓冲或暂存位置，防止由于软件异步修改寄存器造成冲突或错误。

时基定时器的计数模式、时钟定标、同步等均由其 TBCTL 设置，其位分布如下，各位的功能描述如表 5.1 所示。

15　14	13	12　10	9　7	6	5　4	3	2	1　0
FREE_SOFT	PHSDIR	CLKDIV	HSPCLKDIV	SWFSYNC	SYNCOSEL	PRDLD	PHSEN	CTRMODE
R/W-0	R/W-0	R/W-0	R/W-0	R/W-0	R/W-0	R/W-0	R/W-0	R/W-0

表 5.1　TBCTL 的位描述

位	名称	说明
15～14	FREE_SOFT	仿真模式位，规定仿真挂起时时基定时器的动作。00 表示下一次递增或递减后停止，01 表示完成整个周期后停止，1x 表示自由运行
13	PHSDIR	相位方向位，规定同步后的计数方向（仅连续增/减模式有效）。0 表示减计数，1 表示增计数
12～10	CLKDIV	时间基准时钟预分频位。000 表示不分频（复位后为默认值），其他值 z 表示 2^z 分频。与 HSPCLKDIV 共同决定 TBCLK 频率。$f_{TBCLK}=f_{SYSCLKOUT}/(2HSPCLKDIV\times 2^{CLKDIV})$
9～7	HSPCLKDIV	高速时间基准时钟预分频位。000 表示不分频，001 表示 2 分频（复位后为默认值），其他值 z 表示 2z 分频。与 CLKDIV 共同决定 TBCLK 频率
6	SWFSYNC	软件强制产生同步脉冲位。0 表示无影响，1 表示产生一次同步脉冲
5～4	SYNCOSEL	同步输出选择位，为 EPWMxSYNCO 选择输入。00 表示选择 EPWMxSYNCI，01 表示选择 CTR=ZERO，10 表示选择 CTR=CMPB，11 表示禁止 EPWMxSYNCO 信号
3	PRDLD	动作寄存器从映射寄存器装载位。0 表示映射模式，TBCTR=0 时，TBPRD 从其映射寄存器加载（对 TBPRD 的读写将访问其映射寄存器）；1 表示直接模式，直接加载 TBPRD 的动作寄存器（对 TBPRD 的读写将访问其动作寄存器）
2	PHSEN	同步使能位，规定是否使能 TBCTR 从 TBPHS 加载。0 表示禁止，1 表示使能
1～0	CTRMODE	计数模式位。00 表示连续增，01 表示连续减，10 表示连续增/减，11 表示停止/保持（复位后为默认值）

TBSTS 反映了 TB 子模块工作过程中 TBCTR 的计数方向、是否达到最大值、是否有同步事件发生等信息，其位分布如下：

15　3	2	1	0
保留	CTRMAX	SYNCI	CTRDIR
R-0	R/W1C-0	R/W1C-0	R-0

其中 CTRMAX 反映计数器是否达到其最大值 0xFFFF（0 表示未达到；1 表示达到，写 1 清除）；SYNCI 反映是否有同步输入事件发生（0 表示无；1 表示有，写 1 清除）；CTRDIR 为只读位，反映了任意时刻计数器的计数方向（0 表示减计数，1 表示增计数）。

2. CC 子模块及其控制

由图 5.1 可见，CC 子模块有两个比较寄存器 CMPA 和 CMPB。TBCTR 在每个周期内，除了与其 TBPRD 比较外，还要与 CMPA 和 CMPB 比较，并产生两种比较匹配事件——CTR=CMPA 和 CTR=CMPB，将其送至 AQ 子模块和 ET 子模块。当 TBCTR 工作于连续增和连续减计数模式时，每个周期每种比较匹配事件最多发生 1 次；当 TBCTR 工作于连续增/减计数模式时，每个周期每种比较匹配事件最多发生两次。

CC 子模块的寄存器包括两个比较寄存器（CMPA 和 CMPB），以及一个控制寄存器（CMPCTL）。其中 CMPA 和 CMPB 为双缓冲的数据类寄存器，有动作寄存器和映射寄存器，且均为 16 位；CMPCTL 的位分布如下，各位的功能描述如表 5.2 所示。

15～10	9	8	7
保留	SHDWBFULL	SHDWAFULL	保留
R-0	R/W-0	R/W-0	R-0

6	5	4	3～2	1～0
SHDWBMODE	保留	SHDWAMODE	LOADBMODE	LOADAMODE
R/W-0	R-0	R/W-0	R/W-0	R/W-0

表 5.2　CMPCTL 的位描述

位	名称	说明
9	SHDWBFULL	CMPB 映射寄存器满标志。0 表示未满；1 表示满，再次写将覆盖当前映射值
8	SHDWAFULL	CMPA 映射寄存器满标志。0 表示未满；1 表示满，再次写将覆盖当前映射值
6	SHDWBMODE	CMPB 操作模式。0 表示映射模式（写操作访问映射寄存器），1 表示直接模式（写操作访问动作寄存器）
4	SHDWAMODE	CMPA 操作模式。配置方式同 SHDWBMODE
3～2	LOADBMODE	CMPB 从映射寄存器加载的时刻（映射模式下有效）。00 表示 CTR=0 时加载，01 表示 CTR=PRD 时加载，10 表示 CTR=0 或 CTR=PRD 时加载，11 表示冻结（无加载可能）
1～0	LOADAMODE	CMPA 从映射寄存器加载的时刻。配置方式同 LOADBMODE

3．AQ 子模块及其控制

（1）AQ 子模块的事件、动作及事件优先级

AQ 子模块接收 TB 和 CC 两个子模块送来的 4 种事件（CTR=PRD、CTR=ZERO、CTR=CMPA 和 CTR=CMPB），并决定哪个事件转换成何种动作类型（置高、置低、翻转或无动作），亦可通过软件强制发生各种动作，从而由 EPWMxA 和 EPWMxB 输出所需波形。各种事件对应的动作及其描述如表 5.3 所示。表中各种事件均可对 ePWMxA 和 ePWMxB 的输出独立进行配置，具体由动作限定控制寄存器 AQCTLA 和 AQCTLB 控制。

表 5.3　各种事件对应的动作及其描述

软件强制	TBCTR=				动作描述
	ZERO	CMPA	CMPB	PRD	
SW X	Z X	CA X	CB X	P X	无动作
SW ↓	Z ↓	CA ↓	CB ↓	P ↓	置低
SW ↑	Z ↑	CA ↑	CB ↑	P ↑	置高
SW T	Z T	CA T	CB T	P T	翻转

（2）AQ 子模块的寄存器

AQ 子模块的控制寄存器包括动作限定控制寄存器和软件强制寄存器。其中动作限定控制寄存器（AQCTLA 和 AQCTLB）分别用于规定各种事件发生时 ePWMxA 和 ePWMxB 的动作；软件强制寄存器（AQSFRC 和 AQCSFRC）分别用于为 ePWMxA 和 ePWMxB 的输出规定单次和连续性软件强制事件及相应动作。

AQCTLA 和 AQCTLB 的位分布如下：

15　　12	11　10	9　8	7　6	5　4	3　2	1　0
保留	CBD	CBU	CAD	CAU	PRD	ZRO
R-0	R/W-0	R/W-0	R/W-0	R/W-0	R/W-0	R/W-0

其中 CBD 和 CBU 分别用于规定减计数和增计数过程中 CTR=CMPB 时输出的动作；CAD 和 CAU 分别用于规定减计数和增计数过程中 CTR=CMPA 时输出的动作；PRD 和 ZRO 分别用于规定周期匹配和下溢事件发生时输出的动作。AQCTLA 和 AQCTLB 中各有效位域均为两位，其值与对应动作的关系为：00 表示无动作（复位后默认值），01 表示置低，10 表示置高，11 表示翻转。

单次软件强制寄存器（AQSFRC）的位分布如下，各位的功能描述如表 5.4 所示。

15　　8	7　6	5	4　3	2	1　0
保留	RLDCSF	OTSFB	ACTSFB	OTSFA	ACTSFA
R-0	R/W-0	R/W-0	R/W-0	R/W-0	R/W-0

表 5.4　AQSFRC 的位描述

位	名称	说明
7～6	RLDCSF	动作寄存器从映射寄存器加载方式。00 表示 CTR=0 时加载，01 表示 CTR=PRD 时加载，10 表示 CTR=0 或 CTR=PRD 时加载，11 表示直接加载（不使用映射寄存器）
5	OTSFB	对输出 ePWMxB 或 ePWMxA 进行一次软件强制事件。0 表示无动作，1 表示触发一次软件强制事件
2	OTSFA	
4～3	ACTSFB	单次强制事件发生时输出 ePWMxB 或 ePWMxA 的动作。00 表示无动作，01 表示置低，10 表示置高，11 表示翻转
1～0	ACTSFA	

连续软件强制寄存器（AQCSFRC）的位分布如下：

15　　4	3　2	1　0
保留	CSFB	CSFA
R-0	R/W-0	R/W-0

其中，CSFB 和 CSFA 均为两位位域，分别进行连续软件强制。直接模式下，强制信号在下一个 TBCLK 边沿发生作用。映射模式下，强制信号在映射寄存器加载到动作寄存器后的下一个 TBCLK 边沿发生作用。强制动作如下：00 表示无动作，01 表示强制连续低，10 表示强制连续高，11 表示禁用软件强制。

（3）利用 TB 子模块、CC 子模块和 AQ 子模块输出 PWM 波

PWM 波是一系列脉宽不断变化的脉冲，它们分布在定长的载波周期内，每个载波周期分布一个脉冲。PWM 脉冲宽度由调制信号确定。在电机控制系统中，经常使用 PWM 波来控制开关器件的开关时间，为电机绕组提供所需的能量。

产生 PWM 波时，需要一个定时器重复产生计数周期作为 PWM 载波周期，还需要一个比较寄存器装载调制值。比较寄存器的值不断与计数器的值进行比较，比较匹配时，输出发生跳变；发生

第二次匹配或者周期结束时，输出再次跳变，从而产生开关时间与比较寄存器的值成比例的脉冲输出。不断改变比较寄存器的值，即可生成脉宽不断变化的 PWM 波。利用 ePWM 通道的 TB 子模块、CC 子模块和 AQ 子模块可以方便地输出 PWM 波——TB 子模块的 TBCTR 重复载波周期，CC 子模块的比较寄存器 CMPA 和 CMPB 装载调制值，AQ 子模块规定各种事件发生时输出如何跳变。

每个 ePWM 通道的 AQ 子模块可以输出两路 PWM 波——EPWMxA 和 EPWMxB。下面以 EPWMxA 输出为例，说明 PWM 波的产生原理。当 TBCTR 工作于连续增或连续减计数模式时，将产生单边非对称 PWM 波，如图 5.4（a）所示。当 TBCTR 工作于连续增/减计数模式时，若增计数和减计数过程选择同一个比较匹配事件产生动作，将输出双边对称 PWM 波，如图 5.4（b）所示。

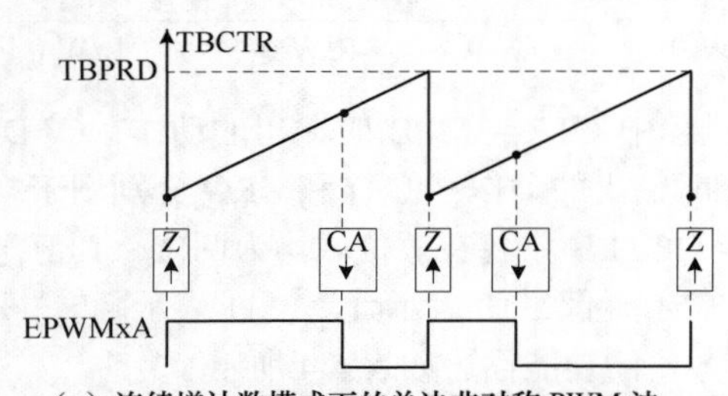

（a）连续增计数模式下的单边非对称 PWM 波

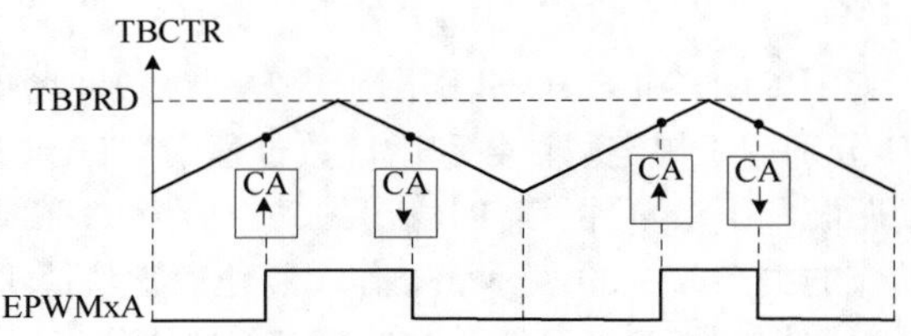

（b）连续增/减计数模式下的双边对称 PWM 波

图 5.4 PWM 波的产生原理

图 5.4（a）所示为低电平有效的单边非对称 PWM 波，TBCTR 工作于连续增计数模式，重复了定长的载波周期 T_{PWM}=(TBPRD+1)×T_{TBCLK}。若在 AQCTRA 中规定 ZRO=10、CAU=01（其他位保持默认值 00），则将由 EPWMxA 输出图 5.4（a）所示波形。即每个周期开始（CTR=ZERO）时，EPWMxA 置高，为无效电平；CTR=CMPA 时，EPWMxA 置低，变成有效电平。这样，有效脉冲的宽度就等于(TBPRD−CMPA)×T_{TBCLK}；只要每个周期改变 CMPA 的值，即可改变 EPWMxA 输出有效脉冲的宽度。

图 5.4（b）所示为高电平有效的双边对称 PWM 波，每个载波周期的有效脉冲关于周期的中垂线对称。TBCTR 工作于连续增/减计数模式，重复了定长的载波周期 T_{PWM}=2×TBPRD×T_{TBCLK}。若在 AQCTRA 中规定 CAU=10、CAD=01（其他位保持默认值 00），则将由 EPWMxA 输出图 5.4（b）所示波形。即每个周期开始（CTR=ZERO）时，EPWMxA 保持无效电平，增计数过程中 CTR=CMPA（CAU）置高，变成有效电平；减计数过程中 CTR=CMPA（CAD）时，EPWMxA 置低，变成无效电平，并一直保持到周期结束。这样，每个周期有效脉冲的宽度为 2×(TBPRD−CMPA)×T_{TBCLK}；只要每个周期改变 CMPA 的值，即可改变 EPWMxA 输出有效脉冲的宽度。

例 5.1 某控制系统中需要 TMS320F28335 ePWM3 的 AQ 子模块在 EPWM3A 输出图 5.4（b）所示 PWM 波，要求 PWM 波的载波频率为 1kHz，占空比 q 为 40%，$f_{SYSCLKOUT}$=150MHz。试回答下列问题。

ePWM 波形产生举例

（1）若分频系数 HSPCLKDIV=0x3，CLKDIV=0x4，试计算 TBCLK 的周期 T_{TBCLK}。

（2）TBCTR 应工作于哪种计数模式？TBPRD 的值应为多少？

（3）CMPA 的值应为多少？若希望在载波周期不变的前提下减小有效脉冲宽度，应调节哪个寄存器的值？如何调节（增大还是减小）？

（4）给出对 TB、CC 和 AQ 子模块的寄存器进行初始化的程序代码。

解：（1）$f_{TBCLK}=f_{SYSCLKOUT}/(2^{CLKDIV}\times 2\times HSPCLKDIV)=150M/(2^4\times 2\times 3)=50M/32$

$$T_{TBCLK}=32/(50M)=0.64(\mu s)$$

（2）TBCTR 工作在连续增/减模式。

$$TBPRD=T_{PWM}/(2\times T_{TBCLK})=1/(2\times f_{PWM}\times T_{TBCLK})\approx 781$$

（3）占空比：CMPA=$(1-q)\times$TBPRD≈469

在保持周期不变的前提下减小占空比，需要增大 CMPA 值。

（4）对 TB、CC 和 AQ 子模块的寄存器进行初始化的程序代码如下。

```
void InitEPwm3_1(void)
{
EALLOW;                                          //允许访问受保护寄存器
GpioCtrlRegs.GPAMUX1.bit.GPIO4= 0x1;             //设置 GPIO4 为 EPWM3A
GpioCtrlRegs.GPAMUX1.bit.GPIO5= 0x1;             //设置 GPIO5 为 EPWM3B，后文例中使用
EDIS;                                            //恢复寄存器的保护状态
EPwm3Regs.TBPRD =781;                            //TBPRD 为 781
EPwm3Regs.CMPA.half.CMPA =469;                   //CMPA 为 469
EPwm3Regs.TBPHS = 0;                             //相位寄存器值为 0
EPwm3Regs.TBCTR = 0;                             //TBCTR 被初始化为 0
EPwm3Regs.TBCTL.bit.CTRMODE =0x2;                //工作于连续增/减计数模式
EPwm3Regs.TBCTL.bit.PHSEN =0x1;                  //EPWMxSYNCI 有输入时 TBCTR 装载 TBPHS 值
EPwm3Regs.TBCTL.bit.PRDLD = 0;                   //TBPRD 工作于映射模式
EPwm3Regs.TBCTL.bit.SYNCOSEL = 0x3;              //禁止 PWMSYNCO 输出
EPwm3Regs.TBCTL.bit.HSPCLKDIV = 0x3;             //设置分频系数 HSPCLKDIV
EPwm3Regs.TBCTL.bit.CLKDIV =0x4;                 //设置分频系数 CLKDIV
EPwm3Regs.CMPCTL.bit.SHDWAMODE = 0x0;            //CMPA 工作于映射模式
EPwm3Regs.CMPCTL.bit.LOADAMODE =0x0;             //CTR=0 时加载映射寄存器的值
EPwm3Regs.AQCTLA.bit.CAU = 0x2;                  //增计数过程 CTR=CMPA 置高
EPwm3Regs.AQCTLA.bit.CAD =0x1;                   //减计数过程 CTR=CMPA 置低
}
```

注意： InitEPwm3_1() 中第 3 条语句 GpioCtrlRegs.GPAMUX1.bit.GPIO5= 0x1;在这里并不需要，添加上是为了方便后文例 5.2～例 5.4 中使用。

思考：（1）若使用 TMS320F28335 ePWM3 的 AQ 子模块，由 EPWM3A 输出图 5.4（a）所示 PWM 波，重新回答相应问题。

（2）若使用 TMS320F28335 ePWM3 的 AQ 子模块，由 EPWM3B 输出图 5.4（b）所示 PWM 波，应该对 InitEPwm3_1()中的代码做哪些修改？

4．DB 子模块及其控制

在电机控制和电力电子电路中，经常要将两个功率器件（一个导通，另一个截止）串联起来控制，如图 5.5 所示。利用 ePWM 模块输出一对互补的信号可以满足这一要求。但是，晶体管导通比截止快，在互补信号电平转换（边沿）时刻，可能存在上下两个器件同时导通的情形。为避免同时导通的瞬间器件短路而发生击穿，必须保证二者的开启时间不能重叠。因此，经常需要在一个器件关断与另一个器件导通之间插入一段无信号的死区用于延迟时间。利用 DB 子模块可在 AQ 子模块输出的一对 PWM 波中插入宽度可控的死区（即在波形上升沿或下降沿插入可编程的延迟时间）。

DB 子模块对 AQ 子模块的输出 PWMxA 和 PWMxB 进行配置，确定其是否需要上升沿或下降沿延时、延迟时间及输出是否需要反相，如图 5.6 所示。由图 5.6 可见，DB 子模块的核心部件是两个 10 位计数器：DBRED 和 DBFED，分别用于确定上升沿延迟和下降沿延迟时间。两个计数器的输入源均可在 PWMxA 和 PWMxB 中选择，具体由死区控制寄存器（DBCTL）的 IN_MODE 位域

确定。上升沿和下降沿延时后输出可直接或反相后作为 DB 子模块的输出源，是否反相由 DBCTL [POLSEL]确定。最后，由 DBCTL [OUT_MODE]确定如何为 DB 子模块选择输出 PWMxA 和 PWMxB。

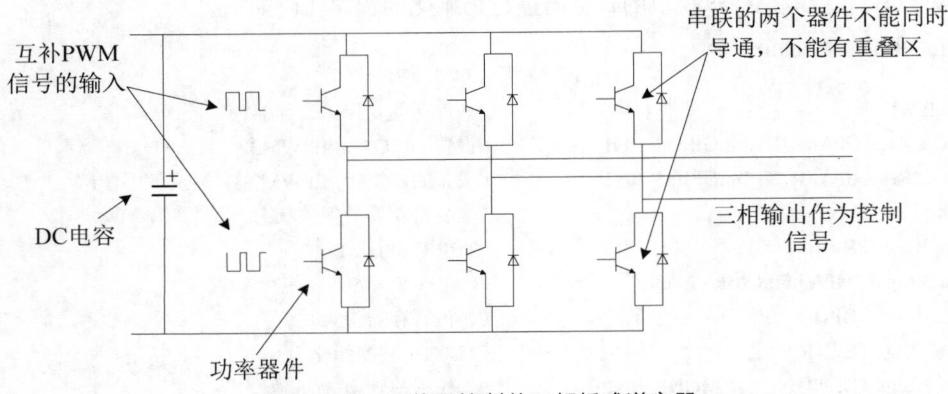

图 5.5　PWM 信号控制的三相桥式逆变器

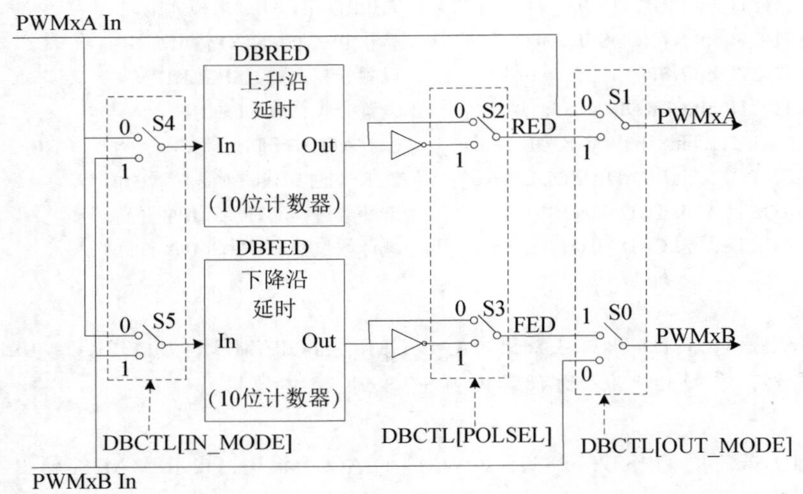

图 5.6　DB 子模块结构

DB 子模块的寄存器包括两个数据类寄存器（DBRED 和 DBFED），以及一个控制类寄存器（DBCTL）。DBRED 和 DBFED 均为 10 位，代表延时的 TBCLK 周期数。上升沿延迟和下降沿延迟时间分别为 RED=DBRED×T_{TBCLK}、FED=DBFED×T_{TBCLK}。

DBCTL 的位分布如下：

15～6	5～4	3～2	1～0
保留	IN_MODE	POLSEL	OUT_MODE
R-0	R/W-0	R/W-0	R/W-0

其中 IN_MODE 用于为 DBRED 和 DBFED 选择输入信号源：00 表示 AQ 子模块输出的 PWMxA 同时作为上升沿和下降沿延时的输入源；01 表示 PWMxB 作为上升沿延时输入源，PWMxA 作为下降沿延时输入源；10 表示 PWMxA 作为上升沿延时输入源，PWMxB 作为下降沿延时输入源；11 表示 PWMxB 同时作为上升沿和下降沿延时的输入源。

POLSEL 为极性选择位域，用于确定延时后输出是否需要反相：00 表示高有效（AH）模式，

PWMxA 和 PWMxB 输出均不反相；01 表示低有效互补（ALC）模式，仅 PWMxA 输出反相；10 表示高有效互补（AHC）模式，仅 PWMxB 输出反相；11 表示低有效（AL）模式，PWMxA 和 PWMxB 输出均反相。

OUT_MODE 用于确定输出模式：00 表示死区旁路模式，直接将 AQ 子模块的输出 PWMxA 和 PWMxB 送至斩波子模块 PC（POLSEL 和 IN_MODE 不起作用）；01 表示禁止上升沿延时，将 AQ 子模块的输出 PWMxA 直接送至 PC 子模块，下降沿延时输出信号送至 PWMxB；10 表示将 AQ 子模块的输出 PWMxB 直接送至 PC 子模块，上升沿延时输出信号送至 PWMxA；11 表示死区完全使能。

例 5.2　若需要在例 5.1 中 AQ 子模块 EPWM3A 输出波形的基础上，由 DB 子模块输出一对高电平有效的互补信号，驱动图 5.5 所示三相桥式逆变器件的单相，要求死区延迟时间为 64μs。试回答下列问题。

（1）说明图 5.6 中各开关应处于什么状态，并定性画出上升沿和下降沿延时后输出的波形及 DB 子模块最终输出的波形。

（2）DBRED 和 DBFED 的值分别应为多少？

（3）给出对 DB 子模块的寄存器进行初始化的程序代码。

解：（1）实现方案分析如下。

图 5.5 中器件导通需要高电平作为有效电平，因此，可使用 EPWM3A 同时作为上升沿和下降沿延时的输入，并将下降沿延时的输出反相，分别作为 DB 子模块 EPWM3A 和 EPWM3B 输出。各开关状态如下：

S4=0、S5=0，AQ 子模块的 PWMxA 同时作为上升沿和下降沿延时的输入源。

S2=0、S3=1，工作于高有效互补模式，仅 PWMxB 输出反相。

S0=1、S1=1，死区完全使能。

各关键节点的波形如图 5.7 所示。

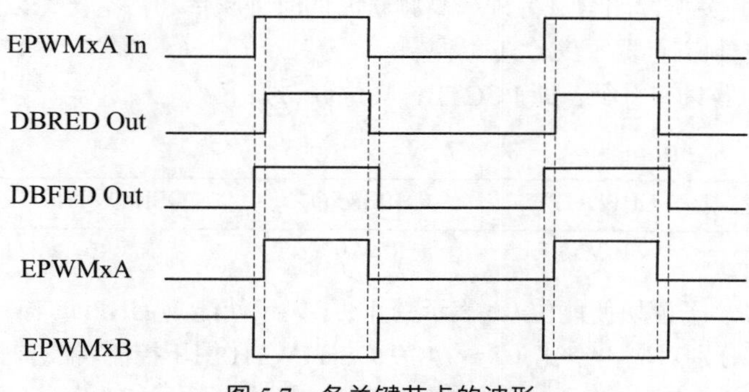

图 5.7　各关键节点的波形

（2）$DBRED=DBFED=T_{死区}/T_{TBCLK}=100$。

（3）可在 InitEPwm3_1()中加入如下代码，对 DB 子模块的寄存器进行初始化。

```
void InitEPwm3_2(void)
{ …
EPwm3Regs.DBRED = 100;                    //上升沿延时 64μs
EPwm3Regs.DBFED=100;                      //下降沿延时 64μs
EPwm3Regs.DBCTL.bit.IN_MODE = 0x0;        //PWMxA 同时作为上升沿和下降沿延时的输入源
EPwm3Regs.AQCTLA.bit.POLSEL =0x1;         //工作于高有效互补模式
EPwm3Regs.AQCTLA.bit.OUT_MODE =0x3;  //死区完全使能
}
```

5．PC 子模块及其控制

PC 子模块是可选模块，它允许高频载波信号对 DB 子模块输出的 PWM 信号进行调制，在基于脉冲变压器驱动的功率开关中非常有用。例如，当 PWM 波周期较长时，无法使用高频变压器作为驱动器。此时可使用 PC 子模块对 PWM 波进行“再调制”，使用调制后的高频波驱动，以解决该问题。下面以对 ePWMxA 的调制为例，说明 PC 子模块对 DB 子模块输出的信号进行斩波的原理，如图 5.8 所示。

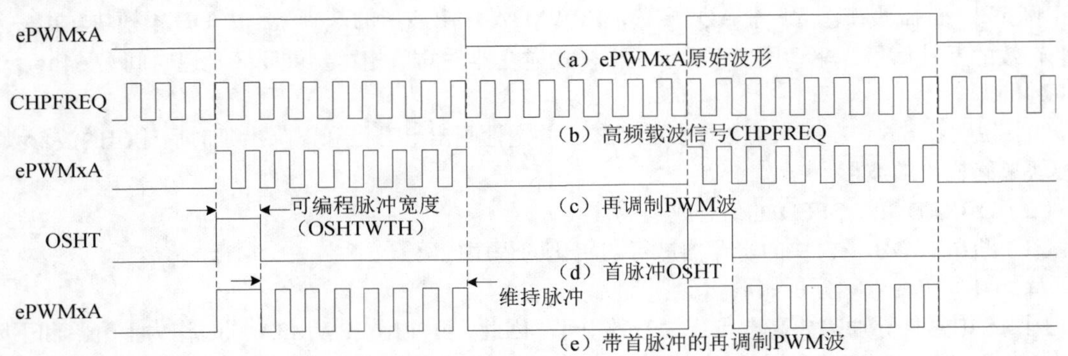

图 5.8　PC 子模块的斩波原理

图 5.8（a）所示为 DB 子模块输出的波形 ePWMxA（高电平有效），它与图 5.8（b）所示的高频斩波（载波）信号 CHPFREQ 相与后，形成了图 5.8（c）所示的不带首脉冲的再调制 PWM 波，该信号再与图 5.8（d）所示的首脉冲 OSHT 相或，就形成了图 5.8（e）所示的带首脉冲的完整的再调制 PWM 信号。图 5.8（e）中，首脉冲可提供能量较大的第一个脉冲，以确保功率开关可靠闭合；后续脉冲可用来维持开关持续闭合。另外，高频斩波的时钟频率和占空比，以及斩波首脉冲宽度等均可由 PC 子模块的控制寄存器（PCCTL）控制。

PC 子模块的寄存器只有一个，即 PCCTL，其位分布如下：

15　　11	10　　8	7　　5	4　　1	0
保留	CHPDUTY	CHPFREQ	OSHTWTH	CHPEN
R-0	R/W-0	R/W-0	R/W-0	R/W-0

其中 CHPEN 为 PC 子模块使能位（0 表示禁止，1 表示使能），CHPDUTY 为斩波占空比控制位（111 保留，000～110 分别对应占空比 1/8～7/8），OSHTWTH 用于控制斩波首脉冲宽度，CHPFREQ 用于控制斩波时钟频率。由于 PC 子模块将 SYSCLKOUT 八分频后作为时基，故斩波首脉冲宽度为 $8\times(\mathrm{OSHTWTH}+1)\times T_{\mathrm{SYSCLKOUT}}$，斩波时钟频率为 $f_{\mathrm{SYSCLKOUT}}/[8\times(\mathrm{CHPFREQ}+1)]$。

6．TZ 子模块及其控制

TZ 子模块是可选模块，但在大多数应用场合非常重要，因为它提供了一种安全的功率驱动保护机制。它可在系统出现问题或发出制动信号时，强制 ePWMxA 和 ePWMxB 输出高电平、低电平、高阻态或无响应，以满足系统需求。TMS320F28335 有 6 个外部错误触发信号（$\overline{\mathrm{TZ1}}$～$\overline{\mathrm{TZ6}}$，低电平有效），可以连接到任意 PWM 通道。当引脚上有错误触发信号产生时，它不仅可使 EPWMxA 和 EPWMxB 产生相应动作，而且可实现单次（One-Shot，OSHT）控制以应对短路或过流保护等单次错误，或者实现周期性（Cycle-by-Cycle，CBC）控制以应对当前限定操作的周期错误。另外，任意引脚出现错误触发信号均可引起中断，且可通过软件强制触发错误。

TZ 子模块的寄存器包括 TZ 选择寄存器（TZSEL）、TZ 控制寄存器（TZCTL）、TZ 中断使能寄存器（TZEINT）、错误标志寄存器（TZFLG）、错误清除寄存器（TZCLR）和错误强制寄存器（TZFRC）。其中 TZSEL 用于为每个 ePWM 通道选择 TZ 源，TZCTL 用于规定错误出现时 EPWMxA 和 EPWMxB 输出的响应信号，TZEINT 用于使能 OSHT 或 CBC 中断，TZFLG 用于指示相应错误事件是否发生，TZCLR 用于清除错误标志，TZFRC 用于软件强制错误事件。

TZSEL 的位分布如下：

15～14	13	12	11	10	9	8
保留	OSHT6	OSHT5	OSHT4	OSHT3	OSHT2	OSHT1
R-0	R/W-0	R/W-0	R/W-0	R/W-0	R/W-0	R/W-0

7～6	5	4	3	2	1	0
保留	CBC6	CBC5	CBC4	CBC3	CBC2	CBC1
R-0	R/W-0	R/W-0	R/W-0	R/W-0	R/W-0	R/W-0

其中 OSHT1～OSHT6 分别用于使能 $\overline{TZ1}$～$\overline{TZ6}$ 的单次错误，CBC1～CBC6 分别用于使能 $\overline{TZ1}$～$\overline{TZ6}$ 的周期性错误：0 表示禁止，1 表示使能。

TZCTL 的位分布如下：

15～4	3～2	1～0
保留	TZB	TZA
R-0	R/W-0	R/W-0

其中 TZB 和 TZA 分别用于规定错误事件发生时，EPWMxA 和 EPWMxB 输出的响应信号：00 表示高阻态，01 表示强制高，10 表示强制低，11 表示无响应。

TZEINT 和 TZFRC 的位分布如下：

15～3	2	1	0
保留	OST	CBC	保留
R-0	R/W-0	R/W-0	R/W-0

TZEINT 中，OST 和 CBC 分别用于使能单次错误中断和周期性错误中断：0 表示禁止，1 表示使能。TZFRC 中，OST 和 CBC 分别用于软件强制产生单次错误中断和周期性错误中断：0 表示无影响，1 表示软件强制产生相应中断。

TZFLG 和 TZCLR 的位分布如下：

15～3	2	1	0
保留	OST	CBC	INT
R-0	R/W-0	R/W-0	R/W-0

TZFLG 中，OST、CBC 和 INT 分别为单次错误事件、周期性错误事件和 EPWMx_TZINT 中断事件的标志位：0 表示无相应事件；1 表示发生相应事件。当单次错误事件发生时，其标志 OST 置位，可通过向 TZCLR 中的对应位写 1 清除之。当周期性错误事件发生使能 CBC 标志置位时，虽然也可通过向 TZCLR 中的对应位写 1 清除该标志，但是只要引脚上该事件未消失，仍然会再次置位 CBC 位。引脚上的指定事件在 TBCTR=0 时才会自动清除。另外，OST 或 CBC 置位，均会引起 INT 位置位，且 INT 位不能单独清除。

例 5.3　某控制系统中利用 $\overline{TZ1}$ 作为限流保护的错误触发信号，要求发生过电流时，将例 5.2 中的 EPWM3A 和 EPWM3B 的输出强制为低电平。请给出对 $\overline{\text{TZ1}}$ 引脚和 TZ 子模块进行初始化的代码。

解：实现方案分析如下。

首先，使用 $\overline{\text{TZ1}}$ 作为限流保护的错误触发信号，需将 GPIO17 复用为外设功能 1，即设置 GPAMUX2[GPIO17]=0x1；其次，应使能 $\overline{\text{TZ1}}$ 的周期性错误，即设置 TZSEL[CBC1]=0x1；再次，错误事件发生时，需要将 EPWM3A 和 EPWM3B 的输出强制为低电平，即设置 TZCTL[TZA]=TZCTL[TZB]=0x2；最后，使能周期性错误中断，以便做出进一步的响应。对 $\overline{\text{TZ1}}$ 引脚和 TZ 子模块进行初始化可在 InitEPwm3_2()中加入如下程序。

```
void InitEPwm3_3(void)
{…
EALLOW;                                      //使能访问受保护寄存器
GpioCtrlRegs.GPAMUX2.bit.GPIO17= 0x1;        //设置 GPIO17 为 TZ1
EPwm3Regs.TZSEL.bit.CBC1 = 0x1;              //使能 TZ1 触发的周期性错误
EPwm3Regs.TZCTL.bit.TZA =0x2;                //强制 EPWM3A 输出低电平
EPwm3Regs.TZCTL.bit.TZB =0x2;                //强制 EPWM3B 输出低电平
EPwm3Regs.TZEINT.bit.CBC =0x1;               //使能 CBC 中断
EDIS                                         //恢复寄存器的保护状态
}
```

7. ET 子模块及其控制

如图 5.1 所示，ET 子模块用于规定 TB 子模块和 CC 子模块产生的事件（CTR=PRD、CTR=ZERO、CTR=CMPA 和 CTR=CMPB）中，哪些事件可以向 PIE 申请中断（$\overline{\text{ePWMxINT}}$），哪些事件可作为片内 ADC 模块启动的触发信号（ePWMxSOCA 和 ePWMxSOCB），以及多少个（1～3）事件申请一次中断或触发一次 ADC。

触发事件的选择由 ET 选择寄存器（ETSEL）控制，多少个事件中断或触发一次 ADC 模块由 ET 预定标寄存器（ETPS）控制，中断或 ADC 触发事件发生后可以置位 ET 标志寄存器（ETFLG）中的标志位，标志位可通过 ET 清除寄存器（ETCLR）清除。另外，还可通过 ET 强制寄存器（ETFRC）强制产生中断或 ADC 触发信号。

ETSEL 的位分布如下：

15	14　12	11	10　8	7　4	3	2　0
SOCBEN	SOCBSEL	SOCAEN	SOCASEL	保留	INTEN	INTSEL
R/W-0	R/W-0	R/W-0	R/W-0	R-0	R/W-0	R/W-0

其中 SOCBEN、SOCAEN 和 INTEN 分别用于使能 ePWMxSOCB、ePWMxSOCA 和 $\overline{\text{ePWMxINT}}$（0 表示禁止，1 表示使能）。SOCBSEL、SOCASEL 和 INTSEL 分别用于为 ePWMxSOCB、ePWMxSOCA 和 $\overline{\text{ePWMxINT}}$ 选择触发事件：000 和 011 保留，001 表示 CTR=ZERO，010 表示 CTR=PRD，100 表示 CTR=CAU，101 表示 CTR=CAD，110 表示 CTR=CBU，111 表示 CTR=CBD。

ETPS 的位分布如下：

15　14	13　12	11　10	9　8	7　4	3　2	1　0
SOCBCNT	SOCBPRD	SOCACNT	SOCAPRD	保留	INTCNT	INTPRD
R/W-0	R/W-0	R/W-0	R/W-0	R-0	R/W-0	R/W-0

其中 SOCBPRD、SOCAPRD 和 INTPRD 分别用于为 ePWMxSOCB、ePWMxSOCA 和 $\overline{\text{ePWMxINT}}$

选择触发或中断周期：00 表示禁用事件计数器，01 表示 1 个选定事件，10 表示两个选定事件，11 表示 3 个选定事件。SOCBCNT、SOCACNT 和 INTCNT 分别为 ePWMxSOCB、ePWMxSOCA 和 $\overline{\text{ePWMxINT}}$ 的事件计数器，反映当前已经发生了多少个选定事件：00 表示无，01 表示 1 个，10 表示两个，11 表示 3 个。

ETFLG、ETCLR 和 ETFRC 的位分布如下：

15　　　　4	3	2	1	0
保留	SOCB	SOCA	保留	INT
R-0	R/W-0	R/W-0	R-0	R/W-0

ETFLG 中 SOCB、SOCA 和 INT 分别为 ePWMxSOCB、ePWMxSOCA 和 $\overline{\text{ePWMxINT}}$ 事件的标志位；某事件发生（设定周期个选定事件发生）时，对应标志位置位。标志位置位后，可通过向 ETCLR 中的相应位写 1 将其清除。另外，向 ETFRC 中的相应位写 1 可软件强制某事件发生。

5.1.3 ePWM 模块的应用示例

例 5.4　使用 3 个 ePWM 通道产生 6 路互补的 PWM 信号，作为图 5.5 所示三相桥式逆变器的驱动信号，对每一相中两路互补 PWM 输出信号的要求与例 5.2 中的相同；且每个 ePWM 通道均每 3 个下溢事件中断 1 次，在中断服务程序中修改占空比。请给出每个 ePWM 通道各子模块的初始化代码、每个 ePWM 通道的中断服务函数代码，以及主程序代码。

解：（1）实现方案分析如下。

使用 ePWM1、ePWM2 和 ePWM3 这 3 个通道同步工作，输出 6 路互补 PWM 波。其中 ePWM1 为主模块，在下溢事件发生时输出同步信号；ePWM2 和 ePWM3 为从模块，接收来自 ePWM1 的同步信号。

（2）每个 ePWM 通道各子模块的初始化代码。

可通过在例 5.2 的 InitEPwm3_2()中加入如下代码，实现对 ePWM3 的 ET 子模块进行初始化。

```
void InitEPwm3(void)
{…
EPwm3Regs.ETSEL.bit.INTSEL =0x1;     //选择 CTR=ZERO 作为触发事件
EPwm3Regs.ETSEL.bit.INTEN =0x1;      //使能中断
EPwm3Regs.ETPS.bit.INTPRD =0x3;      //每 3 个事件申请一次中断
}
```

对 ePWM2 进行初始化的代码 InitEPwm2()与 InitEPwm3()类似，只需修改输出引脚的功能复用（GPIO4 和 GPIO5 分别改为 GPIO2 和 GPIO3），同时把代码中所有实体变量 EPwm3Regs 替换为 EPwm2Regs。

对 ePWM1 进行初始化的代码 InitEPwm1()也与 InitEPwm3 ()类似，除修改输出引脚的功能复用（GPIO4 和 GPIO5 分别改为 GPIO0 和 GPIO1），将实体变量 EPwm3Regs 替换为 EPwm1Regs 之外，还需将同步功能配置语句“EPwm1Regs.TBCTL.bit.SYNCOSEL= 0x3;”替换为“EPwm1Regs.TBCTL.bit.SYNCOSEL = 0x1;”，以便在 CTR=ZRO 时输出同步信号，控制 ePWM1 和 ePWM2 与其同步。

（3）每个 ePWM 通道的中断服务函数代码。

ePWM3 的中断服务函数代码如下。

```
interrupt void epwm3_isr (void)
{
EPwm3Regs.CMPA.half.CMPA =469; //改变 CMPA 的值
```

```
EPwm3Regs.ETCLR.bit.INT = 1;    //清除中断标志
PieCtrlRegs.PIEACK.all = 0x4;    //清除 PIE 级中断组 3 的响应位，以便 CPU 再次响应
}
```

ePWM1 和 ePWM2 的中断服务函数代码 epwm1_isr ()和 epwm2_isr ()与 epwm3_isr ()类似，只需将代码中的实体变量 EPwm3Regs 分别替换为 EPwm1Regs 和 EPwm2Regs。

（4）主程序代码。

主程序代码如代码 5.1 所示。

代码 5.1　使用 3 个 ePWM 通道产生 6 路互补的 PWM 信号驱动三相桥式逆变器的示例代码。

```
#include "DSP2833x_Device.h"
#include "DSP2833x_Examples.h"
//函数声明
void InitEPwm1(void);                    //ePWM1 初始化函数
void InitEPwm2(void);                    //ePWM2 初始化函数
void InitEPwm3 (void);                   //ePWM3 初始化函数
interrupt void epwm1_isr(void);          //ePWM1 中断服务函数
interrupt void epwm2_isr(void);          //ePWM2 中断服务函数
interrupt void epwm3_isr(void);          //ePWM3 中断服务函数
void main(void)
{//步骤 1：初始化时钟源模块
InitSysCtrl();
//步骤 2：初始化 GPIO，此处跳过
//步骤 3：清除所有中断，初始化 PIE 向量表
DINT;                                    //禁止可屏蔽中断
InitPieCtrl();                           //初始化 PIE 控制
IER = 0x0000;                            //禁止 CPU 中断
IFR = 0x0000;                            //清除所有 CPU 中断标志
InitPieVectTable();                      //初始化 PIE 向量表
EALLOW;                                  //允许访问受保护寄存器
PieVectTable.EPWM1_INT = &epwm1_isr;     //重新映射本例中使用的中断向量
PieVectTable.EPWM2_INT = &epwm2_isr;     //重新映射本例中使用的中断向量
PieVectTable.EPWM3_INT = &epwm3_isr;     //重新映射本例中使用的中断向量
EDIS;                                    //恢复对受保护寄存器的写保护
//步骤 4：初始化器件外设，本例不需要
EALLOW;
SysCtrlRegs.PCLKCR0.bit.TBCLKSYNC = 0;   //停止所有 ePWM 通道的时钟
EDIS;
InitEPwm1();                             //调用 ePWM1 初始化函数
InitEPwm2();                             //调用 ePWM2 初始化函数
InitEPwm3 ();                            //调用 ePWM3 初始化函数
EALLOW;
SysCtrlRegs.PCLKCR0.bit.TBCLKSYNC = 1;   //使能所有 ePWM 通道的时钟
EDIS;
//步骤 5：用户特定代码，使能中断
IER |= M_INT3;                           //使能 CPU 的 INT3（与 EPWM1～6 INT 连接）
PieCtrlRegs.PIEIER3.bit.INTx1 = 1;       //使能 PIE 级中断 INT3.1，即 EPWM1_INT
PieCtrlRegs.PIEIER3.bit.INTx2 = 1;       //使能 PIE 级中断 INT3.2，即 EPWM2_INT
PieCtrlRegs.PIEIER3.bit.INTx3= 1;        //使能 PIE 级中断 INT3.3，即 EPWM3_INT
```

```
EINT;                                    //清除全局屏蔽位 INTM 以使能可屏蔽中断
ERTM;                                    //清除调试屏蔽位 DBGM，使能调试
//步骤 6：空闲循环，等待中断
for(;;);
}
```

拓展阅读

PWM 技术是实现电机调速和精确控制的关键技术，在各种形式的功率转换系统中发挥着重要作用。新能源领域，在政策大力扶持下，广大企业和科技人员锐意进取，克服重重困难和挑战，通过技术引进—消化吸收—再创新，孜孜不倦地开展自主研发，不断突破关键技术，扎实建设上下游产业链。目前我国太阳能光伏和风电产业的产能和装机量居世界前列，处于全球领跑地位。

5.1.4 高精度脉宽调制模块

TMS320F28335 每个 ePWM 通道的 EPWMxA 输出路径上，均扩展了 HRPWM 功能。HRPWM 使用微边沿位置调整（Micro-Edge Positioner，MEP）技术，对传统 PWM 发生器的原始时钟进行细分，以实现更精确的时间间隔控制或边沿位置控制。HRPWM 还具有软件自诊断功能，用于检查 MEP 逻辑是否处于最优模式。HRPWM 主要用于电源转换系统等高频 PWM 波输出系统，例如，单相或多相降压、升压和反激变换器，相移式全桥变换器，以及 D 类功率转换器等。

1. HRPWM 的基本原理

ePWM 模块相当于一个有效脉冲宽度正比于原始信号的 DAC 模块。图 5.9 中，有效脉冲的宽度是以系统时钟周期为步长进行调整的。例如，TMS320F28335 的系统时钟为 150MHz，则 PWM 有效脉冲的可调步长约为 6.67ns。因此，PWM 波的精度受系统时钟频率（周期）的限制，其精度用百分数表示为 $f_{\mathrm{PWM}} / f_{\mathrm{SYSCLKOUT}} \times 100\%$，用位数表示为 $\log_2(T_{\mathrm{PWM}} / T_{\mathrm{SYSCLKOUT}})$。当 PWM 精度低于 9～10 位（例如，TMS320F28335 的系统时钟为 150MHz，若要求 PWM 频率高于 300MHz，则会出现此情况）时，需要使用 HRPWM 模块，以提高传统 PWM 模块产生的 PWM 波的精度。

HRPWM 模块提高精度的基本原理如图 5.9 所示，它通过将系统时钟周期分成更小的步长，称为微步长（Micro-Step）来实现。例如，将其时钟细分为周期为 150ps 的微步长，然后校准逻辑以微步长为单位对每个 PWM 周期内的有效脉宽进行精确控制，以提高 PWM 波的精度。

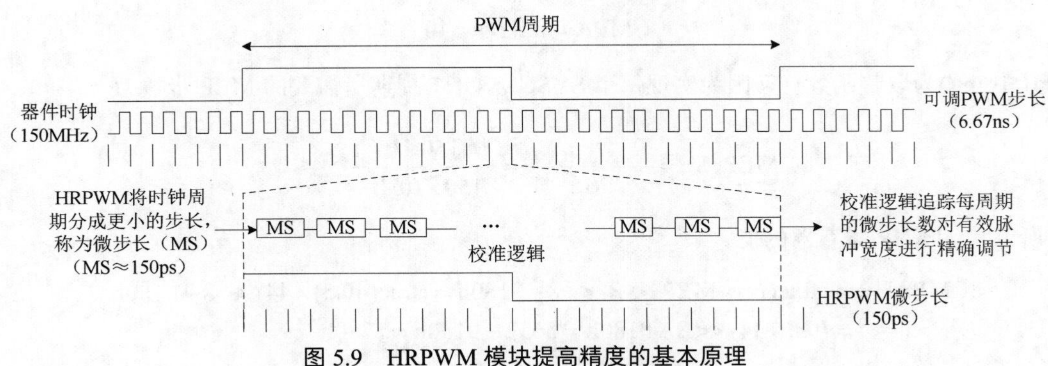

图 5.9　HRPWM 模块提高精度的基本原理

HRPWM 模块是通过对传统 PWM 通道的 TB 子模块和 CC 子模块进行扩展，增加 TB 相位寄存器和 CC 子模块比较寄存器的位数实现的。边沿位置的精确调整由两个 8 位的扩展寄存器（TBPHSHR 和 CMPAHR）控制。扩展后 TBPHSHR 与 TBPHS 一起构成了 24 位的相位寄存器；CMPAHR 与 CMPA 一起构成了 24 位的比较寄存器。HRPWM 可进行上升沿、下降沿或双沿的精确控制，具体可通过占空比控制或相位控制来实现。

2．HRPWM 的寄存器

HRPWM 的扩展寄存器除了 TBPHSHR 和 CMPAHR，还包括一个配置寄存器（HRCNFG）。其中 TBPHSHR 和 CMPAHR 均为 16 位的数据类寄存器（仅使用了其高 8 位，低 8 位保留）。HRCNFG 的位分布如下：

15～4	3	2	1～0
保留	HRLOAD	CTLMODE	EDGMODE
R-0	R/W-0	R/W-0	R/W-0

其中 EDGMODE 用于选择由 MEP 逻辑控制的边沿模式：00 表示禁用 HRPWM，01 表示上升沿控制，10 表示下降沿控制，11 表示双沿控制。CTLMODE 用于选择控制 MEP 的寄存器：0 表示 CMPAHR 控制边沿位置，1 表示 TBPHSPR 控制边沿位置。HRLOAD 用于为 CMPAHR 的动作寄存器选择从映射寄存器加载的时刻：0 表示 CTR=ZRO 时加载，1 表示 CTR=PRD 时加载。

3．HRPWM 的配置计算方法

通过设置标准寄存器（CMPA）和微步长寄存器（CMPAHR）可以实现边沿位置的精确时间控制。下面举例说明在实际应用中，如何根据需求计算 CMPA 和 CMPAHR 的值。

例 5.5 假设 TMS320F28335 的系统时钟 SYSCLKOUT 的频率为 150MHz，能够调整的微步长为 150ps，要保证 CMPAHR 的值在 1～255 范围内所需的默认值为 0180h。若需要产生频率为 1.5MHz、占空比为 40.5%的 PWM 波，CMPA 和 CMPAHR 的值应该为多少？

解：由题意可知，系统时钟周期 $T_{\text{SYSCLKOUT}}=1/(150\times10^6)$，PWM 周期 $T_{\text{PWM}}=1/(1.5\times10^6)$，因此每个 PWM 周期包含的 SYSCLKOUT 周期数为

$$N=T_{\text{PWM}}/T_{\text{SYSCLKOUT}}=\frac{1/(1.5\times10^6)}{1/(150\times10^6)}=100$$

则 PWM 波有效脉冲中包含的 SYSCLKOUT 周期数 $D=N\times40.5\%=40.5$，因此，CMPA 寄存器的值

$$\text{CMPA}=\text{int}(D)=40$$

其中 int()为取整函数。又因为实现每个 SYSCLKOUT 周期所需要的 MEP 步数为

$$\text{MEP\_SF}=\frac{T_{\text{SYSCLKOUT}}}{\text{MS}}=\frac{1/(150\times10^6)}{150\times10^{-12}}\approx44$$

所以 CMPAHR 寄存器的值

$$\begin{aligned}\text{CMPAHR}&=(\text{frac}(D)\times\text{MEP\_SF})<<8+0180\text{h}=(\text{frac}(40.5)\times44)<<8+0180\text{h}\\&=(0.5\times44)<<8+0180\text{h}=5632+0180\text{h}=1780\text{h}\end{aligned}$$

其中 frac()为取小数函数。

5.2 增强捕获模块

TMS320F28335 的 eCAP 模块有 6 个 eCAP 通道，每个通道均有两种工作模式：捕获模式和 APWM 模式，其中捕获模式是其主要工作模式。在捕获模式下，eCAP 通道是一种输入设备，可以检测捕获输入引脚上发生的电平跳变，并记录跳变的时刻。这种功能在对外部事件的时间精度要求较高的系统中非常重要，可用于测量转速、位置传感器脉冲间的时间间隔、脉冲信号的周期和占空比等，以及根据电流/电压传感器编码的占空比计算电流/电压幅值。eCAP 模块对跳变的捕获不需要 CPU 的干预，能检测两次间隔极短的跳变，也可进行高精度的低速估计。在 APWM 模式下，每个 eCAP 通道均可输出一路 PWM 波。

5.2.1 捕获模式下 eCAP 通道的结构及工作原理

捕获模式下 eCAP 通道的结构如图 5.10 所示，其核心是一个专用的捕获输入引脚 eCAPx（其中 x 表示 1～6，本节下文同）、一个 32 位的计数器（TSCTR）和 4 个循环缓冲器（CAP1～CAP 4）。还包括事件预定标逻辑、边沿检测逻辑和控制逻辑。其中事件预定标逻辑是可选的，当 eCAPx 引脚上信号跳变频率过高时，可用来对其进行分频，以提高对高速脉冲的检测精度。

eCAP 通道的结构

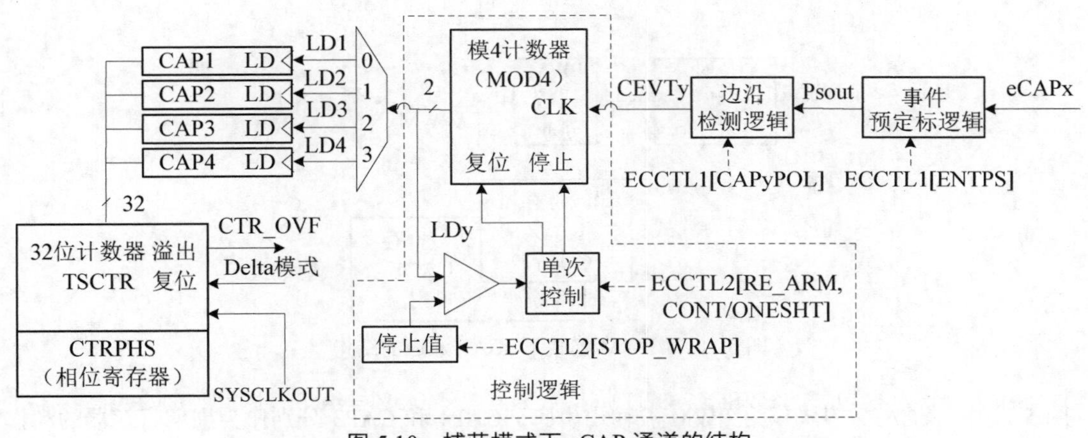

图 5.10　捕获模式下 eCAP 通道的结构

捕获模式下，每个 eCAP 通道最多可以连续检测 eCAPx 上发生的 4 次预设跳变，并将跳变时刻时基计数器（TSCTR）的值分别锁存在 CAP1～CAP4 中。4 次连续跳变的极性（上升沿或下降沿）可独立设置，分别由控制寄存器（ECCTL1）的 CAPyPOL（y 表示连续 4 个跳变事件 CEVT1～CEVT4，本节下文同）位域控制。其基本工作原理为：TSCTR 以系统时钟 SYSCLKOUT 为基准增计数，计至最大值 0xFFFFFFFF 后溢出，给出溢出信号 CTR_OVF；然后复位到 0 并继续增计数。边沿检测逻辑根据预先设定的连续 4 次跳变的极性对 eCAPx 引脚上发生的信号进行检测，并输出相应的检测匹配信号 CEVT1～CEVT4 给控制逻辑。控制逻辑对 CEVT1～CEVT4 进行连续捕获或单次捕获控制。在连续捕获模式下，模 4 计数器（MOD4）以 CEVT1～CEVT4 事件为时钟，按照

0→1→2→3→0 的状态顺序循环计数，其状态经 2 线-4 线译码器译码后分别作为 CAP1～CAP4 的锁存控制信号 LD1～LD4，控制 CAP1～CAP4 在 CEVT1～CEVT4 发生时，分别锁存 TSCTR 的值。这样，当 CEVT1 发生时，MOD4 处于状态 0，CAP1 锁存 TSCTR 的值；CEVT2 发生时，MOD4 处于状态 1，CAP2 锁存 TSCTR 的值；CEVT3 发生时，MOD4 处于状态 2，CAP3 锁存 TSCTR 的值；CEVT4 发生时，MOD4 处于状态 3，CAP4 锁存 TSCTR 的值。从而实现了跳变事件的连续循环捕获。

单次捕获模式下，可以将 MOD4 的状态与两位的停止寄存器［控制寄存器（ECCTL2）的 SOTP_WRAP 位域］中预先设定的停止值（0～3）进行比较；比较匹配时，停止 MOD4，并冻结 CAP1～CAP4 的值（禁止继续锁存时基值）。然后，MOD4 的状态和 CAP1～CAP4 中记录的时基值将一直保持，除非通过软件向 ECCTL2[RE_ARM]写 1 再次进行单次强制。单次强制后，MOD4 清零，CAP1～CAP4 也可继续锁存时基值，从而为 eCAP 模块捕获下一个脉冲事件序列做好准备。

另外，CAP1～CAP4 记录捕获时刻有两种模式：绝对时基模式和差分时基模式。前者每次捕获并不干预 TSCTR；后者每捕获一次重新复位 TSCTR。具体使用哪种时基模式由 ECCTL1[CTRRSTy]控制。

5.2.2 APWM 模式下 eCAP 通道的结构及工作原理

在 APWM 模式下 eCAP 通道的结构如图 5.11 所示。

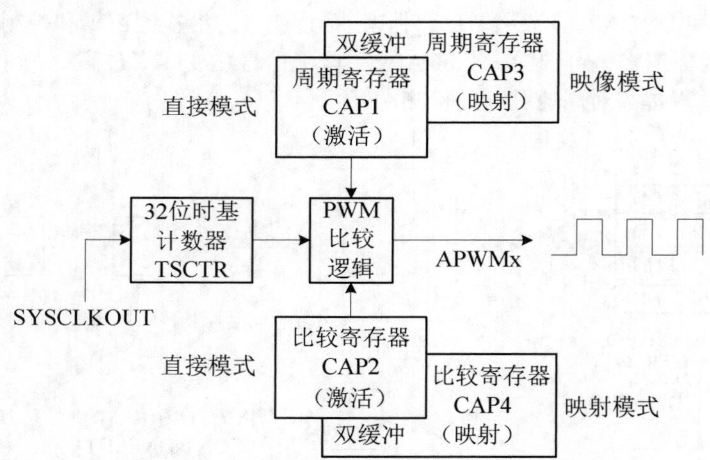

图 5.11　APWM 模式下 eCAP 通道的结构

图 5.11 中，eCAPx 引脚作为 PWM 波输出引脚，CAP1 和 CAP3 分别作为周期寄存器的动作寄存器和映射寄存器，CAP2 和 CAP4 分别作为比较寄存器的动作寄存器和映射寄存器。

APWM 波形如图 5.12 所示，此时 APWM 工作在高有效模式（ECCTL2[APWMPOL]=0）。TSCTR 以 SYSCLKOUT 为时钟增计数，当 TSCTR=CAP1 时发生周期匹配事件 CTR=PRD；然后复位到 0，重新开始下一个计数周期，从而重复了定长的 PWM 载波周期。在每个计数周期的开始，eCAPx 引脚上输出有效电平；当 TSCTR=CAP2 时，发生比较匹配事件 CTR=CMP，eCAPx 引脚跳变成无效电平。因此，有效脉冲的宽度与比较寄存器（CAP2）的值成正比；每个计数周期，只要改变 CAP2 的值，即可改变有效脉冲宽度。

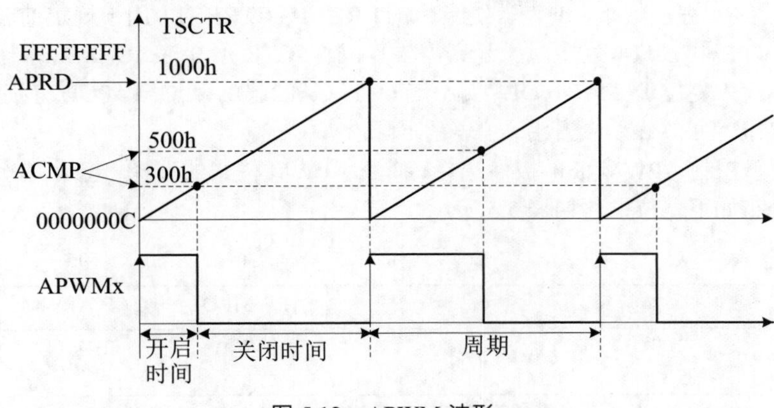

图 5.12　APWM 波形

5.2.3　eCAP 模块中断控制

每个 eCAP 通道捕获模式下的 CEVT1～CEVT4 和计数器溢出 CTR_OVF 事件，以及 APWM 模式下的 CTR=PRD 和 CTR=CMP 事件发生时，均可向 PIE 模块申请 ECAPxINT 中断。各中断源的使能由中断使能寄存器（ECEINT）控制。任何一个中断事件发生时，均会置位中断标志寄存器（ECFLG）中的相应标志位。ECFLG 中还包含一个全局中断标志位 INT。只有当某中断源的使能位为 1、标志位为 1，同时全局标志位 INT 为 0 时，才能向 PIE 模块申请 ECAPxINT 中断；并置位 INT，阻止该模块再次向 PIE 模块申请中断。故在中断服务程序中，必须通过向中断清除寄存器（ECCLR）中引起中断的事件的标志位写 1 将其清除，同时向 INT 位写 1 清除全局中断标志，以使能 eCAP 模块再次向 PIE 模块申请中断。另外，也可通过向中断强制寄存器（ECFRC）中的相应位写 1 强制某中断事件的发生。

5.2.4　eCAP 模块的寄存器

eCAP 模块的寄存器包括 6 个数据类寄存器——TSCTR、计数相位偏移寄存器（CTRPHS）、循环缓冲器 CAP1～CAP4，两个控制类寄存器（ECCTL1 和 ECCTL2），以及 4 个中断控制寄存器即 ECEINT、ECFRC、ECFLG 和 ECCLR。其中数据类寄存器均为 32 位，这里不再给出其位分布。

ECCTL1 主要用于控制捕获模式下的操作，包括仿真挂起时的操作、事件预定标、缓冲器装载使能、CEVT1～CEVT4 的极性选择和是否复位 TSCTR 等操作，其位分布如下：

15　14	13　9	8
FREE/SOFT	PRESCALE	CAPLDEN
R/W-0	R/W-0	R/W-0

7	6	5	4	3	2	1	0
CTRRST4	CAP4POL	CTRRST3	CAP3POL	CTRRST2	CAP2POL	CTRRST1	CAP1POL
R/W-0	R/W-0	R/W-0	R/W-0	R/W-0	R/W-0	R/W-0	R/W-0

其中 FREE/SOFT 用于规定仿真挂起时 TSCTR 的操作：00 表示立即停止，01 表示计数到 0 后停止，1x 表示自由运行。PRESCALE 用于选择事件预定标系数：00000 表示旁路事件预定标模块，其他值表示 2×PRESCALE。CAPLDEN 用于规定 CEVT1～CEVT4 事件发生时是否使能 CAP1～CAP4

锁存 TSCTR 的值：0 表示禁止，1 表示使能。CTRRST4～CTRRST1 用于规定捕获时基模式（即规定捕获事件 CEVT1～CEVT4 发生时，是否需要复位 TSCTR）：0 表示绝对时基模式（不复位），1 表示差分时基模式（复位）。CAP4POL、CAP3POL、CAP2POL 和 CAP1POL 分别用于为 CEVT1～CEVT4 选择事件极性：0 表示上升沿，1 表示下降沿。

ECCTL2 用于控制 APWM 波的极性选择、捕获/APWM 模式的选择、连续/单次控制操作和同步操作等。其位分布如下，位描述如表 5.5 所示。

15～11	10	9	8
保留	APWMPOL	CAP/APWM	SWSYNC
R-0	R/W-0	R/W-0	R/W-0

7～6	5	4	3	2～1	0
SYNCO_SEL	SYNCI_EN	TSCTRSTOP	REARM	STOP_WRAP	CONT/ONESHT
R/W-0	R/W-0	R/W-0	R/W-0	R/W-0 R/W-0	R/W-0

表 5.5 ECCTL2 的位描述

位	名称	说明
10	APWMPOL	APWM 波的极性选择。0 表示高电平有效，1 表示低电平有效
9	CAP/APWM	捕获/APWM 模式的选择。0 表示捕获模式，1 表示 APWM 模式
8	SWSYNC	软件强制计数器同步。0 表示无影响，1 表示强制 TSCTR 装载 CTRPHS 值
7、6	SYNCO_SEL	选择同步输出源。00 表示同步输入，01 表示 CTR=PRD 事件，1x 表示禁止 SYNCOout 信号
5	SYNCI_EN	软件强制产生同步脉冲位。0 表示无影响，1 表示产生一次软件同步脉冲
4	TSCTRSTOP	停止 TSCTR。0 表示停止，1 表示运行
3	REARM	单次捕获重新强制控制（仅单次捕获模式下有效）。0 表示无影响，1 表示重启单次强制
2、1	STOP_WRAP	单次捕获模式的停止值。00 表示 1 个事件，01 表示两个事件，10 表示 3 个事件，11 表示 4 个事件
0	CONT/ONESHT	连续/单次捕获控制，用于选择捕获模式。0 表示连续模式，1 表示单次模式

ECEINT 和 ECFRC 的位分布如下：

15～8	7	6	5	4	3	2	1	0
保留	CTR=CMP	CTR=PRD	CTROVF	CEVT4	CEVT3	CEVT2	CEVT1	保留
R-0	R/W-0	R/W-0	R/W-0	R/W-0	R/W-0	R/W-0	R/W-0	R-0

ECEINT 中，CTR=CMP、CTR=PRD、CTROVF、CEVT4、CEVT3、CEVT2、CEVT1 分别为相应事件的中断使能位，向某位写 1 可使能该中断。ECFRC 中，向某位写 1 可软件强制该中断事件的发生。

ECFLG 和 ECCLR 的位分布如下：

15～8	7	6	5	4	3	2	1	0
保留	CTR=CMP	CTR=PRD	CTROVF	CEVT4	CEVT3	CEVT2	CEVT1	INT
R-0	R/W-0	R/W-0	R/W-0	R/W-0	R/W-0	R/W-0	R/W-0	R/W-0

ECFLG 中 CTR=CMP、CTR=PRD、CTROVF、CEVT4、CEVT3、CEVT2、CEVT1 分别为 7 种事件的中断标志位。某事件发生时，相应标志位置位。INT 为全局中断标志位，eCAP 通道每向 PIE 模块申请一次中断，该标志位置 1。标志位置位后将一直保持，除非向 ECCLR 中的相应位写 1 将其清除。

5.2.5 eCAP 模块应用示例

例 5.6 使用 TMS320F28335 的 eCAP1 测量某矩形波的周期和占空比，要求使用绝对时基模式。请给出对 eCAP1 进行初始化的代码、中断服务函数代码，以及主程序代码。

解：（1）实现方案分析

进行周期性测量，可使 eCAP1 工作于捕获模式，即设置 ECCTL2[CAP_APWM]=0，并设置 ECCTL2[CONT_ONESHT]=1（单次捕获模式）；其次将捕获次数设置为 3，第一次捕获上升沿，第二次捕获下降沿，第三次捕获上升沿；3 次捕获后申请中断，在中断服务程序中计算波形参数，并再次启动单次捕获。使用绝对时基模式时，波形周期 T_{PWM}=(CAP3−CAP1)×$T_{SYSCLKOUT}$，有效脉冲宽度 T_{ACT}=(CAP2−CAP1)×$T_{SYSCLKOUT}$，波形占空比 $q=T_{ACT}/T_{PWM}$=(CAP2−CAP1) /(CAP3−CAP1)×100%。

（2）eCAP1 初始化代码

```
void InitECAP1(void)
{ //配置 ECAP1 引脚
EALLOW;                                          //使能访问受保护寄存器
GpioCtrlRegs.GPAMUX2.bit.GPIO24= 0x1;            //设置 GPIO24 为 ECAP1
GpioCtrlRegs.GPAPUD.bit.GPIO24= 0x0;             //使能 GPIO24 上拉
GpioCtrlRegs.GPAQSEL2.bit.GPIO24= 0x0;           //设置 GPIO24 与 SYSCLKOUT 同步
EDIS;                                            //恢复寄存器的保护状态
//配置 ECAP1 寄存器
ECap1Regs.ECEINT.all = 0x0000;                   //禁止捕获中断
ECap1Regs.ECCLR.all = 0xFFFF;                    //清除所有 CAP 中断标志
ECap1Regs.ECCTL1.bit.CAPLDEN = 0;                //禁止 CAP1～CAP4 装载
ECap1Regs.ECCTL2.bit.TSCTRSTOP = 0;              //确保定时器停止
ECap1Regs.ECCTL2.bit.CONT_ONESHT = 1;            //单次捕获
ECap1Regs.ECCTL2.bit.STOP_WRAP = 2;              //捕获 3 个事件后停止
ECap1Regs.ECCTL1.bit.CAP1POL = 0;                //上升沿
ECap1Regs.ECCTL1.bit.CAP2POL =1;                 //下降沿
ECap1Regs.ECCTL1.bit.CAP3POL = 0;                //上升沿
ECap1Regs.ECCTL1.bit.CTRRST1 = 0;                //绝对时基
ECap1Regs.ECCTL1.bit.CTRRST2 = 0;                //绝对时基
ECap1Regs.ECCTL1.bit.CTRRST3 =0;                 //绝对时基
ECap1Regs.ECCTL2.bit.SYNCI_EN = 0;               //禁止同步
ECap1Regs.ECCTL2.bit.SYNCO_SEL = 2;              //禁止同步输出
ECap1Regs.ECCTL1.bit.CAPLDEN = 1;                //使能 CAP1～CAP4 装载
ECap1Regs.ECCTL2.bit.TSCTRSTOP = 1;              //启动计数器
ECap1Regs.ECCTL2.bit.REARM = 1;                  //强制单次控制
ECap1Regs.ECEINT.bit.CEVT3= 1;                   //使能 CEVT3 触发中断
}
```

（3）中断服务函数代码

```
interrupt void ecap1_isr(void)                          //定义 ECAP1 中断服务函数
{
T_PWM=ECap1Regs.CAP3- ECap1Regs.CAP1;                   //载波周期
T_ACT=ECap1Regs.CAP2- ECap1Regs.CAP1;                   //有效脉冲宽度
DUTY=T_ACT*100 /T_PWM;                                  //计算占空比
T_PWM/=F_SYS;                                           //载波周期具体时间
ECap1Regs.ECCLR.bit.INT = 1;                            //清除全局中断标志
ECap1Regs.ECCTL2.bit.REARM = 1;                         //重新强制单次捕获
ECap1Regs.ECCLR.bit.CEVT3 = 1;                          //清除 CEVT3 中断标志
PieCtrlRegs.PIEACK.all = 0x8;                           //清除 PIE 级第四中断组的应答位
}
```

（4）主程序代码

主程序如代码 5.2 所示。

代码 5.2　eCAP3 测量波形周期和占空比的示例代码。

```
#include "DSP2833x_Device.h"
#include "DSP2833x_Examples.h"
#define F_SYS          150000000                        //SYSCLKOUT 频率
//函数声明
interrupt void ecap1_isr(void);                         //声明 ECAP1 中断服务函数
void InitECAP1 (void);                                  //声明 ECAP1 初始化函数
//全局变量声明
Uint32 T_PWM;
Uint32 T_ACT;
Uint32 DUTY;
void main(void)
{//步骤 1：初始化时钟源模块
InitSysCtrl();
//步骤 2：初始化 GPIO，此处跳过
//步骤 3：清除所有中断，初始化 PIE 向量表
DINT;
InitPieCtrl();                                          //初始化 PIE 控制
IER = 0x0000;                                           //禁止 CPU 中断
IFR = 0x0000;                                           //清除所有 CPU 中断标志
InitPieVectTable();                                     //初始化 PIE 向量表
EALLOW;
PieVectTable.ECAP1_INT = &ecap1_isr;                    //重新映射本例中使用的中断向量
EDIS;
//步骤 4：初始化器件外设
InitECAP1();                                            //初始化捕获单元
//步骤 5：用户特定代码，使能中断
IER |= M_INT4;                                          //使能 CPU 的 INT4（与 ECAP1_INT 连接）
PieCtrlRegs.PIEIER4.bit.INTx1 = 1;                      //使能 PIE 级中断 INT4.1，即 ECAP1_INT
EALLOW;
SysCtrlRegs.PCLKCR1.bit.ECAP1ENCLK = 1;                 //使能 eCAP1 时钟
EDIS;
EINT;                                                   //清除全局屏蔽位 INTM 以使能可屏蔽中断
ERTM;                                                   //清除调试屏蔽位 DBGM，使能调试
```

```
    T_PWM=0;
    T_ACT=0;
    DUTY=0;
    //步骤 6：空闲循环，等待中断
    for(;;);
}
```

思考：若使用差分时基模式进行测量，需要对实现方案和各部分代码做哪些修改？

5.3 增强正交编码脉冲模块

TMS320F28335 有两个 eQEP 模块，能够对各种运行和位置控制系统中光电编码器的输出进行测量，以获取电机或其他旋转机构的位置、方向和速度等信息。

5.3.1 光电编码器工作原理

光电编码器能通过光电转换将输出轴上的机械几何位移量转换成脉冲或数字量，是一种应用广泛的传感器。能输出正交编码信号的光电编码器一般由光栅盘和光电检测装置构成，如图 5.13（a）所示。图 5.13（a）中，光栅盘与电动机同轴旋转，旋转过程中光栅盘上的缝隙针对光源（LED）和光敏元件产生规则的通断变化，从而产生相应的脉冲信号。由于两个光敏元件的安装间距等于光栅盘上缝隙间距的 1/4，所以其输出的两路脉冲信号 QEPA 和 QEPB 之间的相位相差 90°，故称正交脉冲信号，如图 5.13（b）所示。同时，光栅盘每旋转一周可输出一个索引脉冲 QEPI，用于判定光栅盘的起始位置或指示光栅盘的旋转周数。

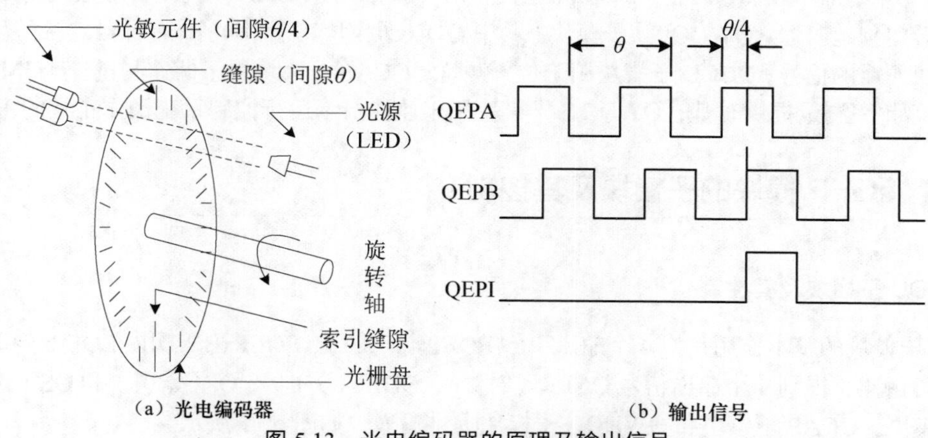

（a）光电编码器　　（b）输出信号

图 5.13　光电编码器的原理及输出信号

由于光栅盘与电动机同轴旋转，故 QEPA 和 QEPB 的脉冲频率与电机的转速成正比。假设一个 2000 线的光电编码器安装在转速为 5000r/min 的电动机上，则产生的脉冲信号频率为 166.6kHz。因此，通过测量 QEPA 和 QEPB 的脉冲频率可测量电动机转速。同时，由于电机正转和反转时 QEPA 和 QEPB 的相位关系不同：正转时前者相位超前 90°，反转时后者相位超前 90°，故可通过判断 QEPA 和 QEPB 的相位关系获得电机转向信息（即正转或反转）。

5.3.2 eQEP 模块的结构及工作原理

eQEP 模块的结构及与外部正交编码器的接口如图 5.14 所示。由图可见，该模块有 4 个外部引脚：EQEPxA/XCLK、EQEPxB/XDIR、EQEPxI 和 EQEPxS（其中 x 表示 1～2，本节下文同）。eQEP 模块有两种输入模式：正交计数模式和方向计数模式。前者用于对图 5.13（a）所示光电编码器的输出进行测量，后者用于对一些使用方向和时钟信号取代正交编码输出信号的测量。在正交计数模式下，EQEPxA 和 EQEPxB 分别接收正交编码器的通道 A 和 B 的输出［即图 5.13（b）中的 QEPA 和 QEPB］，EQEPxI 用于接收索引信号，EPQExS 是一个通用选通引脚，该信号通常连接传感器或限位开关，指示电机旋转到了指定位置，从而在该事件发生时初始化或锁存计数器的值。在方向计数模式下，EQEPxA 输入外部编码器提供的时钟信号，EQEPxB 引脚接收方向信号。

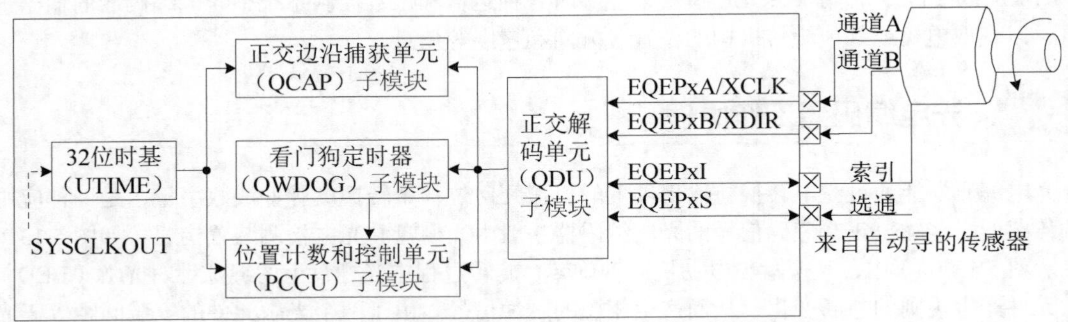

图 5.14 eQEP 模块的结构及与外部正交编码器的接口

图 5.14 中，eQEP 模块除了 4 个输入引脚外，还包括 5 个子模块：正交解码单元（QDU）子模块、位置计数和控制单元（PCCU）子模块、正交边沿捕获单元（QCAP）子模块、单位时基（UTIME）子模块和看门狗定时器（QWDOG）子模块。其中 QDU 子模块用于对 4 个输入信号进行解码，得到其他子模块所需的信号；PCCU 子模块用于位置测量；QCAP 子模块用于低速测量；UTIME 子模块用于为速度/频率测量提供时基；QWDOG 子模块用于监控指示运行控制系统操作正常的正交时钟。

5.3.3 eQEP 模块的子模块及其控制

1．QDU 子模块及其控制

QDU 子模块的基本作用是对 4 个输入引脚 EQEPxA/XCLK、EQEPxB/XDIR、EQEPxI 和 EQEPxS 的信号进行解码，得到 4 个输出信号 QCLK（时钟）、QDIR（方向）、QI（索引）和 QS（选通），为 PCCU 子模块、QCAP 子模块和 QWDOG 子模块提供输入，如图 5.15 所示。

QDU 子模块的控制均由 QEP 译码控制寄存器（QDECCTL）实现。由图 5.15 可见，选通信号 QS 的译码较简单，可由 QDECCTL[QSP]选择 EQEPxS 引脚上的原始信号或取反。QI 信号可由 QDECCTL[QIP]选择 QEPxI 引脚上的原始信号或取反，且可进一步对 QDECCTL[IGATE]进行编程选择是否需要将 QS 信号作为其闸门信号。

PCCU 子模块的位置计数器有 4 种计数模式：正交计数、方向计数、递增计数和递减计数。各种计数模式所需的 QCLK 和 QDIR 信号不同（所需输入源由 QDECCTL[OSRC]选择），故这两个信号的译码过程较复杂。首先，EQEPxA 和 EQEPxB 引脚上的输入信号分别由 QAP 位和 QBP 位控制是否需要取反，得到 EQEPA 和 EQEPB。在方向计数、递增计数和递减计数 3 种计数模式下，QCLK 均为 EQEPA 或其 2 倍频（由 XCR 位控制）；而 QDIR 分别为 EQEPB、1 和 0。在正交计数模式下，EQEPA 和 EQEPB 可直接或交换后（由 SWAP 位控制）作为 QA 和 QB，送译码单元，译码后得到 QCLK 和 QDIR，如图 5.16（a）所示。

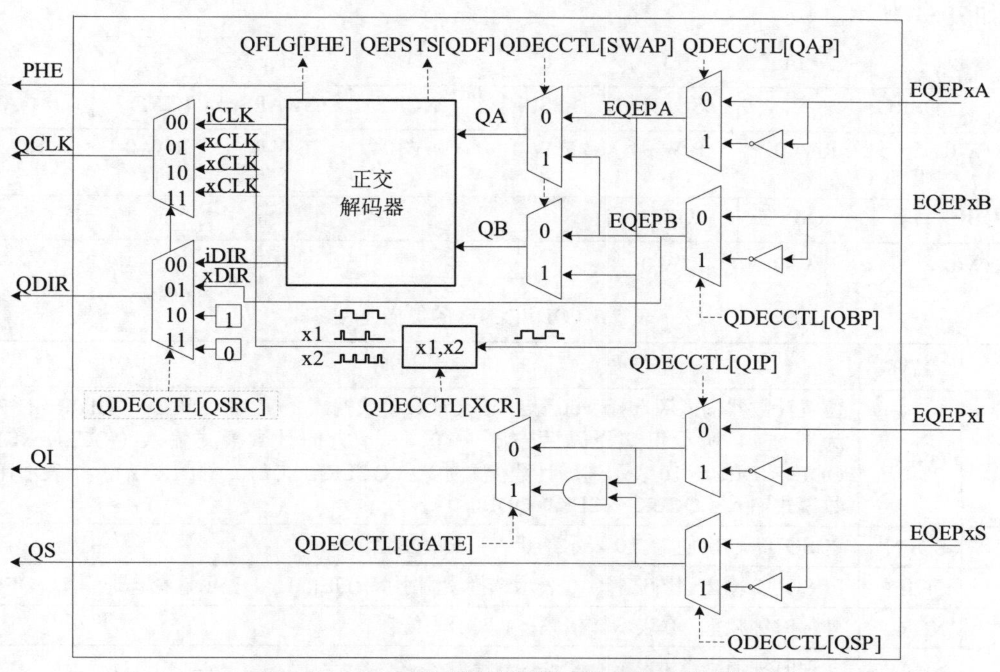

图 5.15　QDU 子模块对引脚上输入信号的译码

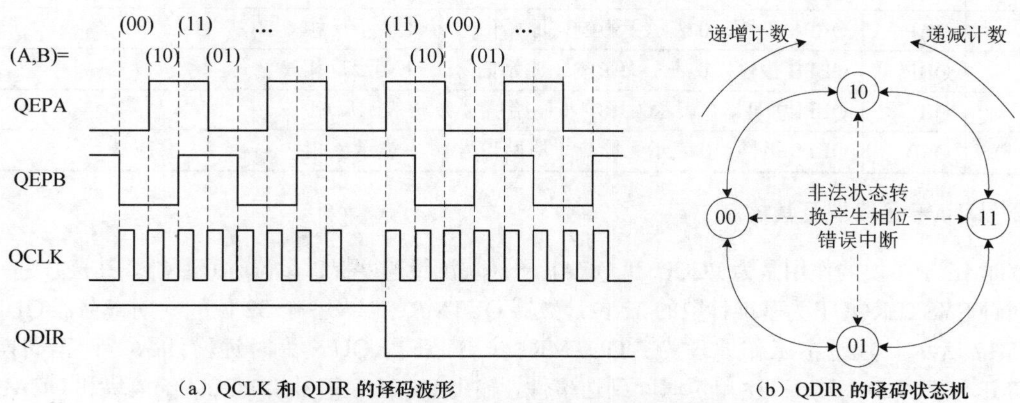

（a）QCLK 和 QDIR 的译码波形　　（b）QDIR 的译码状态机

图 5.16　正交计数模式下 QCLK 和 QDIR 的译码

由图 5.16（a）可见，QCLK 的译码是在 QEPA 和 QEPB 的上升沿和下降沿均产生一个脉冲，因此其频率是 QEPA 和 QEPB 的 4 倍。而 QDIR 的译码根据 QEPA 和 QEPB 的相位关系实现，具体通过判断 QEPA 和 QEPB 的状态［图 5.16（a）中最上面一行（A,B）］转换关系实现，如图 5.16（b）所示。电机正转过程中 QEPA 相位超前，状态转换顺序为：00→10→11→01→00，QDIR 的输出为高电平；电机反转过程中 QEPB 相位超前，状态转换顺序为 11→10→00→01→11，QDIR 的输出为低电平。QEPA 和 QEPB 的状态转换关系只能是以上两种，若出现其他的状态转换均为非法，会产生相位错误，置位相应中断标志位（QFLG[PHE]），并可向 PIE 模块申请中断。

另外，QDU 子模块还可对 PCCU 子模块的位置计数器与比较计数器匹配时产生的输出信号 PCSOUT 进行控制，确定是否允许该信号从索引引脚 eQEPxI 或选通引脚 eQEPx 输出，以及在哪个引脚上输出。具体由 QDECCTL 的 SOEN 和 SPSEL 控制。

综上所述，QDU 子模块对各种信号的译码均由 QDECCTL 控制，该寄存器的位分布如下，其位描述如表 5.6 所示。

15	14	13	12	11	10	9	8
QSRC		SOEN	SPSEL	XCR	SWAP	IGATE	QAP
R/W-0	R/W-0	R/W-0	R/W-0	R/W-0	R/W-0	R/W-0	R/W-0

7	6	5	4	3	2	1	0
QBP	QIP	QSP	保留				
R/W-0	R/W-0	R/W-0	R-0				

表 5.6 QDECCTL 的位描述

位	名称	说明
15、14	QSRC	位置计数器输入源选择。00 表示正交计数模式输入（QCLK= iCLK，QDIR=iDIR，均为图 5.14 所示正交译码后输出），01 表示方向计数模式输入（QCLK=xCLK，QDIR=xDIR），10 表示递增计数模式输入（QCLK= xCLK，QDIR=1），11 表示递减计数模式输入（QCLK= xCLK，QDIR=0）
13	SOEN	PCSOUT 输出使能。0 表示禁止，1 表示使能
12	SPSEL	PCSOUT 输出引脚选择。0 表示选择索引引脚 eQEPxI，1 表示选择选通引脚 eQEPx
11	XCR	外部时钟频率。0 表示 2 倍频，1 表示 1 倍频
10	SWAP	交换时钟输入。0 表示不交换，1 表示交换
9	IGATE	索引闸门选项。0 表示禁止索引闸门，1 表示使能索引闸门
8	QAP	QEPA 极性。0 表示无影响（原始信号），1 表示反相
7	QBP	QEPB 极性。0 表示无影响（原始信号），1 表示反相
6	QIP	QEPI 极性。0 表示无影响（原始信号），1 表示反相
5	QSP	QEPS 极性。0 表示无影响（原始信号），1 表示反相

2. UTIME 子模块及其控制

UTIME 子模块的作用是为 PCCU 和 QCAP 子模块测量速度提供单位时间基准。其核心是一个以系统时钟 SYSCLKOUT 为基准计数的 32 位计数器 QUTMR，以及一个 32 位的周期寄存器 QUPRD，如图 5.17 所示。其基本工作原理为：QUTMR 以 SYSCLKOUT 为时钟增计数，计至周期匹配（QUTMR=QUPRD）时，产生单位时间到达事件，输出 UTOUT 信号给 PCCU 子模块和 QCAP 子模块；同时置位单位时间到达中断标志位（QFLG[UTO]），并可向 PIE 模块申请中断。

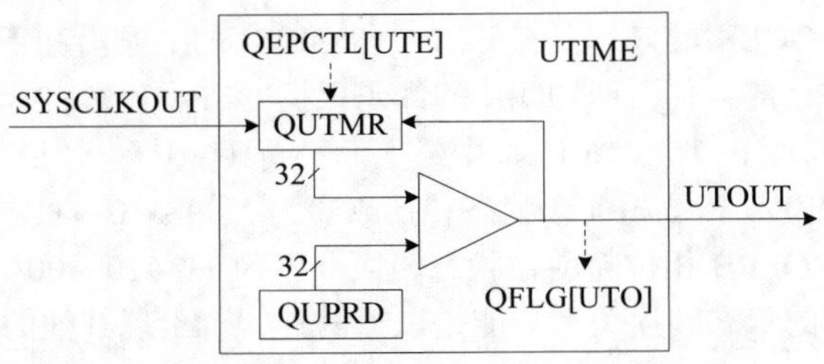

图 5.17 UTIME 子模块的结构

3．QWDOG 子模块及其控制

图 5.18 所示为 QWDOG 子模块的结构，其作用是监控运动控制系统是否产生正确的正交编码脉冲。其核心是 16 位计数器 QWDTMR，以及一个 16 位周期寄存器 QWDPRD。QWDTMR 以 SYSCLKOUT 的 64 分频为基准增计数，并可由 QCLK 的脉冲复位。若上次复位后直到周期匹配（QWDTMR=QWDPRD）均未检测到 QCLK 脉冲，看门狗定时器将会超时，输出 WDTOUT 信号；同时置位看门狗定时器超时中断标志位（QFLG[WTO]），并可向 PIE 模块申请中断。

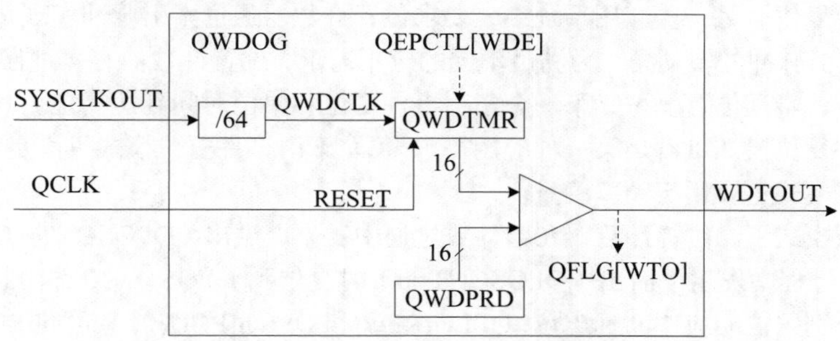

图 5.18　QWDOG 子模块的结构

4．PCCU 子模块及其控制

PCCU 子模块的结构如图 5.19 所示，由位置计数逻辑和位置比较单元两大部分组成。位置计数逻辑的核心是一个 32 位的位置计数器（QPOSCNT），其基本作用是通过对 QCLK 进行计数，实现对频率和速度的测量；并可根据控制系统的实际需求，选择不同方式对位置计数器的值进行复位、锁存和初始化。另外，位置计数器与位置比较单元的比较寄存器（QPOSCMP）发生比较匹配时，可输出 PCSOUT 信号，经 QDU 子模块选择从 eQEPxI 或 eQEPxS 引脚输出。PCCU 子模块的编程通过两个控制寄存器（QEPCTL 和 QPOSCTL）实现。

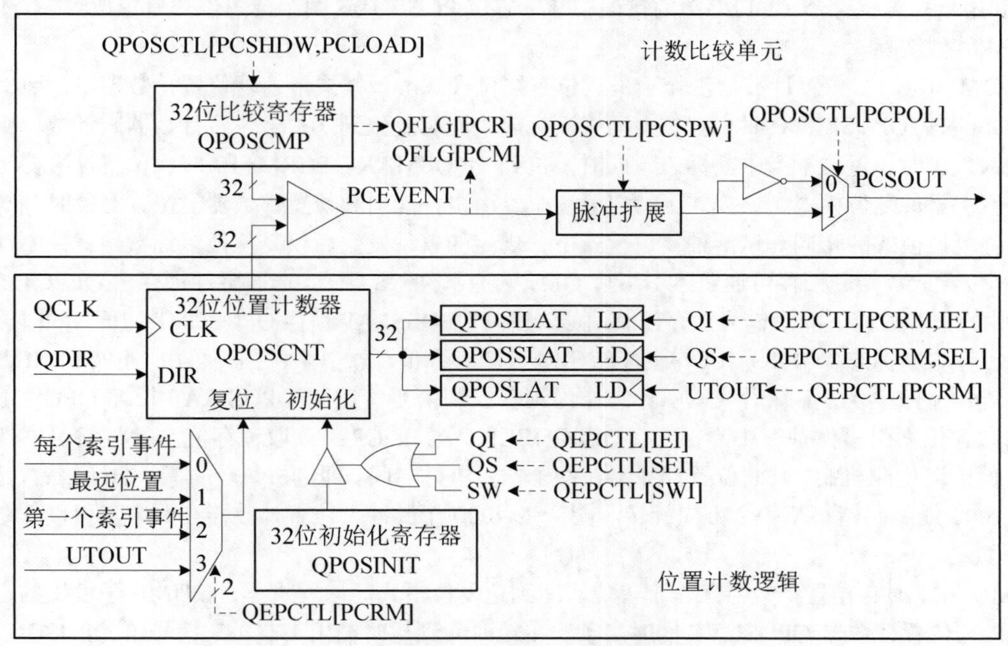

图 5.19　PCCU 子模块的结构

（1）位置计数器的操作（复位）、锁存和初始化方式

QPOSCNT 是一个 32 位计数器，它以 QCLK 为时钟计数，并可由 QDIR 控制计数方向：QDIR 为高电平时增计数，低电平时减计数。由于 QDIR 在电机正转时为高电平，反转时为低电平，故 QPOSCNT 可在电机正转时增计数，反转时减计数。

不同应用系统对位置计数器的操作模式（复位时刻）要求不同。例如，某些应用系统中，与电机同轴的光电编码器从起始位置朝一个方向连续旋转，直至达到某位置或接到外部命令后停止。此时需要位置计数器对多圈旋转连续计数，提供相对于起始位置的计数信息，除非达到最远位置或出现外部选通信号后复位。另一些应用系统中，要求位置计数器通过索引脉冲实现每旋转一圈复位 1 次，提供相对于索引脉冲的转动角。为满足不同的应用需求，位置计数器有 4 种操作（复位）模式：每个索引事件复位、最远位置复位、第一个索引事件复位和单位时间到达复位。其中最远位置复位和第一个索引事件复位模式可满足第一种应用需求，每个索引事件复位模式可满足第二种应用需求，单位时间到达复位模式主要用于频率测量。

上述各种复位模式下，位置计数器在增计数过程中发生上溢出（QPOSCNT =QPOSMAX）时复位到 0，在减计数过程中发生下溢出（QPOSCNT=0）时复位到 QPOSMAX 寄存器的值。位置计数器上溢和下溢将分别置位相应中断标志位（QFLG[PCO]和 QFLG[PCU]），并可向 PIE 模块申请中断。

操作（复位）模式由 QEPCTL 的 PCRM 位域控制。PCRM=00 时，位置计数器工作于每个索引事件复位模式。该模式下，每个索引事件均作为锁存信号控制 QPOSILAT 锁存 QPOSCNT 的值，并复位 QPOSCNT。具体锁存和复位时刻取决于第一个索引标志，即第一个索引边沿到达后紧跟着的第一个正交脉冲边沿。第一个索引标志到达时，该事件及当前方向信息记录于状态寄存器（QEPSTS）中，指导后续索引事件到达时锁存和复位时刻。例如，假设第一个索引标志出现在电机正转过程中 QB 的下降沿，则该时刻 QPOSCNT 将实现锁存和复位；且后续锁存和复位时刻在电机正转和反转过程中分别发生在索引事件后 QB 的下降沿和上升沿。由于位置计数器的值总是在 0～QPOSMAX 之间，故每次索引标志到达后，不仅控制 QPOSILAT 锁存 QPOSCNT 的值，而且锁存后还将判断 QPOSILAT 的值是否等于 0 或 QPOSMAX，若不等则将同时置位 QEPSTS 的位置计数器错误标志位 PCEF 和中断标志寄存器（QFLG）的错误中断标志位 PCE。且这两个标志位一旦置位将一直保持，必须使用软件清除。

PCRM=01 时，位置计数器工作于最远位置复位模式。该模式下，若位置计数器增计数，则计至 QPOSCNT=QPOSMAX 时，置位上溢中断标志，同时复位到 0；若位置计数器减计数，则计至 QPOSCNT=0 时，置位下溢中断标志，同时复位到 QPOSMAX。PCRM=10 时，位置计数器工作于第一个索引事件复位模式。该模式下，仅第一个索引事件能引起位置计数器复位，复位时刻与每个索引事件复位模式的相同。这两种复位模式下，规定的事件发生后仅复位位置计数器，并不锁存其值；此时位置计数器的锁存可通过索引事件 QI 或选通事件 QS 触发。选通事件锁存由 QEPCTL[SEL] 选择 QS 的上升沿或下降沿作为锁存控制信号，控制 QPOSSLAT 锁存 QPOSCNT 的值；同时置位选择事件锁存中断标志（QFLG[SEL]），通知 CPU 读取锁存值。索引事件锁存可由 QEPCTL[IEL]选择将每个 QI 的上升沿、下降沿或索引标志作为锁存控制信号，控制 QPOSILAT 锁存 QPOSCNT 的值；同时置位索引事件锁存中断标志（QFLG[IEL]），通知 CPU 读取锁存值。常将索引事件锁存作为一种错误检测机制，判断位置计数器在两个索引事件之间（即电机每转一圈）的计数是否正确。例如，1000 线编码器每朝一个方向旋转一圈产生 4000 个脉冲，位置计数器在两个索引事件之间计 4000 个数。

PCRM=11 时，位置计数器工作于单位时间到达复位模式。该模式下，UTIME 子模块的定时器 QUTMR 与位置计数器 QPOSCNT 同时启动。单位时间到达时输出 UTOUT 信号给 QPOSCNT，作为锁存信号控制 QPOSLAT 锁存 QPOSCNT 的值，并复位 QPOSCNT。此外，还可通过单位时间到达中断 UTO 通知 CPU 读取 QPOSLAT 的值，计算信号频率。

另外，位置计数器可由索引事件、选通事件或软件控制进行初始化。当设置的初始化事件发生时，使用初始化寄存器 QPOSINIT 的值初始化位置计数器 QPOSCNT。索引事件初始化可由 QEPCTL[IEI]选择在 QI 的上升沿或下降沿实现，并在初始化完成后置位索引事件初始化中断标志（QFLG[IEI]）；选通事件初始化可由 QEPCTL[SEI]选择在 QS 的上升沿或下降沿实现，并在初始化完成后置位选通事件初始化中断标志（QFLG[SEI]）；软件初始化可通过向 QEPCTL[SWI]写 1 实现，且初始化完成后将自动清除该位。

（2）位置比较单元

若使能位置比较单元的操作（QPOSCTL[PCE]=1），则位置计数器（QPOSCNT）在计数过程中会与 32 位位置比较寄存器（QPOSCMP）的值比较。比较匹配（QPOSCNT=QPOSCMP）时，将置位位置比较匹配中断标志位（QFLG[PCM]），并触发脉冲扩展器产生脉宽可编程的位置比较同步输出信号 PCSOUT。

另外，位置比较寄存器（QPOSCMP）是双缓冲的，可由 QPOSCTL[PCSHDW]选择工作在直接模式或映射模式。在映射模式下，可通过向 QPOSCTL[PCLOAD]写 1 将映射寄存器的值装载到动作（工作）寄存器，并置位位置比较准备好中断标志位（QFLG[PCR]）。

（3）PCCU 子模块的寄存器

PCCU 子模块的寄存器较多，其数据类寄存器包括位置计数器（QPOSCNT）、位置寄存器初始化寄存器（QPOSINIT）、最远位置计数器（QPOSMAX）、位置比较寄存器（QPOSCMP）、位置计数器锁存寄存器（QPOSLAT）、索引位置锁存寄存器（QPOSILAT）和选通位置锁存寄存器（QPOSILAT）等，它们均为 32 位。

PCCU 子模块的控制类寄存器包括控制寄存器（QEPCTL）和位置比较控制寄存器（QPOSCTL）。QEPCTL 主要用于控制位置计数逻辑的操作，包括其操作模式、初始化和锁存事件的选择，以及 eQEP 模块各子模块的仿真模式选择和操作使能等，其位分布如下，位描述如表 5.7 所示。

15　14	13　12	11　10	9　8	7	6	5　4	3	2	1	0
FREE_SOFT	PCRM	SEI	IEI	SWI	SEL	IEL	QPEN	QCLM	UTE	WDE
R/W-0	R/W-0	R/W-0	R/W-0	R/W-0	R/W-0	R/W-0	R/W-0	R/W-0	R/W-0	R/W-0

表 5.7　QEPCTL 的位描述

位	名称	说明
15～14	FREE_SOFT	仿真模式位，规定仿真挂起时 QPOSCNT、QWDTMR、QUTMR 和 QCTMR 的动作。00 表示立即停止，01 表示完成整个周期后停止，1x 表示自由运行
13～12	PCRM	位置计数器操作（复位）模式。00 表示每个索引事件复位，01 表示最远位置复位，10 表示第一个索引事件复位，11 表示单位时间到达复位
11～10	SEI	选通事件初始化时刻。0x 表示无动作，10 表示上升沿，11 表示增计数上升沿减计数下降沿
9～8	IEI	索引事件初始化时刻。0x 表示无动作，10 表示上升沿，11 表示下降沿
7	SWI	软件初始化。0 表示无动作，1 表示软件启动初始化，并自动清除该位
6	SEL	选通事件锁存时刻。0 表示上升沿，1 表示增计数上升沿，减计数下降沿
5～4	IEL	索引事件锁存时刻。00 表示保留，01 表示上升沿，10 表示下降沿，11 表示索引标志
3	QPEN	位置计数器使能/软件复位。0 表示软件复位位置计数器内部操作标志/只读寄存器，控制寄存器不受影响；1 表示使能（启动）位置计数器

续表

位	名称	说明
2	QCLM	捕获锁存模式。0 表示 CPU 读取 QPOSCNT 时，将捕获定时器 QCTMR 及其周期寄存器 QCPRD 的值分别锁存至 QCTTMRLAT 和 QCPRDLAT 寄存器；1 表示单位时间到达时，分别将 QPOSCNT、QCTMR、QCPRD 的值锁存至 QPOSLAT、QCTTMRLAT 和 QCPRDLAT
1	UTE	单位时基定时器使能。0 表示禁止，1 表示使能
0	WDE	看门狗定时器使能。0 表示禁止，1 表示使能

QPOSCTL 主要用于对位置比较单元编程，包括使能比较操作、设置同步比较输出极性和规定输出脉冲宽度等，其位分布如下，位描述如表 5.8 所示。

15	14	13	12	11　　　　0
PCSHDW	PCLOAD	PCPOL	PCE	PCSPW
R/W-0	R/W-0	R/W-0	R/W-0	R/W-0

表 5.8　QPOSCTL 的位描述

位	名称	说明
15	PCSHDW	位置比较寄存器映射使能。0 表示禁止映射，直接装载；1 表示使能映射模式
14	PCLOAD	映射装载模式。0 表示 QPOSCNT=0 时装载，1 表示 QPOSCNT=QPOSCMP 时装载
13	PCPOL	比较同步输出极性。0 表示高电平有效脉冲输出，1 表示低电平有效脉冲输出
12	PCE	位置比较使能。0 表示禁止位置比较单元，1 表示使能位置比较单元
11～0	PCSPW	位置比较同步输出脉冲宽度。4×(PCSPW +1)个 SYSCLKOUT 时钟

5．QCAP 子模块及其控制与测速原理

速度的测量可以采用两种方法，如式（5.1）和（5.2）所示。

$$v_1(k)=\frac{x(k)-x(k-1)}{T}=\frac{\Delta X}{T} \tag{5.1}$$

$$v_2(k)=\frac{X}{t(k)-t(k-1)}=\frac{X}{\Delta T} \tag{5.2}$$

其中，$v_1(k)$ 和 $v_2(k)$ 均为 k 时刻的速度，$x(k)$ 和 $x(k-1)$ 分别为 k 时刻和 $(k-1)$ 时刻的位置，T 为固定的单位时间，ΔX 为单位时间的位移变化；$t(k)$ 和 $t(k-1)$ 分别为相邻的两个时刻，X 为固定的单位位移，ΔT 为移动单位位移所用的时间。

式（5.1）和（5.2）均可用于测量速度，前者在高速和中速测量时精度较高，后者可保证低速测量的精度。通过 PCCU 子模块和 UTIME 子模块可测量单位时间的位移变化量，然后利用式（5.1）进行中速、高速测量。通过 QCAP 子模块可测量单位位移所用的时间，然后利用式（5.2）完成低速测量。QCAP 子模块的结构如图 5.20 所示。

QCAP 子模块可测量若干个 QCLK 边沿之间的时间间隔，从而实现速度测量。由图 5.20 可见，QCAP 子模块的核心是一个 16 位的捕获计数器（QCTMR），它以 SYSCLKOUT 预定标（定标系数由 QCAPCTL[CCPS]编程）之后的 CAPCLK 为基准增计数，其锁存控制信号是 QCLK 经过预定标（定标系数由 QCAPCTL[UPPS]编程）之后的单位位移事件 UPEVNT。UPEVNT 脉冲间隔位移总是 QCLK 脉冲间隔位移的整数倍，如图 5.21 所示。

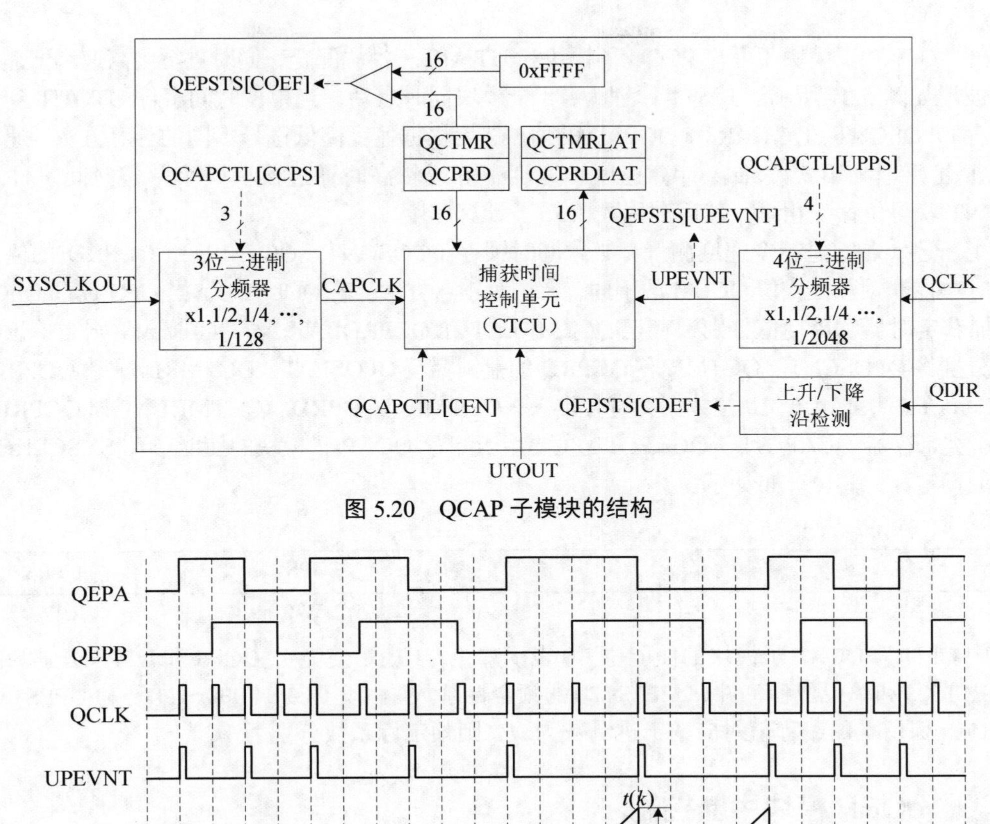

图 5.20　QCAP 子模块的结构

图 5.21　QCAP 子模块的测速原理

利用 QCAP 子模块测速的基本原理为：QCTMR 以 CAPCLK 为基准增计数，当单位位移事件 UPEVNT 到达时，QCTMR 的值被锁存至捕获周期寄存器（QCPRD）后复位，如图 5.21 所示；同时置位捕获锁存标志（QEPSTS[UPEVNT]），通知 CPU 读取结果。CPU 读取结果后，可通过软件向该标志位写 1 将其清除。由于每次单位位移事件到达均会使 QCTMR 从 0 开始增计数到下一次单位事件到达，故锁存后只需读取 QCPRD 的值，即可获知本次单位位移所用的时间（QCPRD+1 个 ECAPCLK 周期），然后利用式（5.2）计算出速度。

利用式（5.2）准确实现低速测量，必须满足两个条件：一是 QCTMR 在两个单位位移事件之间计数的个数不超过 65536；二是在两个单位位移事件之间电机转向不能改变。若 QCTMR 的值达到 65535，则置位上溢错误标志位（QEPSTS[COEF]）；若电机转向发生了变化，则置位方向错误标志位（QEPSTS[CDEF]），同时置位方向错误中断标志位（QFLG[QDC]）。CPU 在计算速度之前可通过查询这两个标志位检测是否满足测量条件。

另外，QCAP 子模块还可与 PCCU 子模块和 UTIME 子模块配合，同时进行中高速和低速测量，其原理波形如图 5.21 所示。其基本原理为：3 个模块同时启动，当单位时间事件 UTOUT 到达时，同时锁存 QPOSCNT、QCTMR 和 QCPRD 的值；然后根据速度高低选择不同的计算方法：速度较低时按照上述原理利用式（5.2）计算速度；速度中等或较高时通过读取两个单位时间事件之间的 QPOSCNT 获得位移变化量，然后利用式（5.1）计算速度。

综上所述，若需进行全速度测量，必须同时锁存 QPOSCNT、QCTMR 和 QCPRD 的值。根据 QEPCTL 中捕获锁存模式位 QCLM 的不同，有两种锁存方法：若 QCLM=0，当 CPU 读取 QPOSCNT 时，将捕获定时器和周期值分别锁存至 QCTMRLAT 和 QCPRDLAT；若 QCLM=1，则当单位时间到达时，分别将 QPOSCNT、QCTMR 和 QCPRD 的值锁存至 QPOSLAT、QCTMRLAT 和 QCPRDLAT。

QCAP 子模块有 4 个 16 位数据类寄存器——QCTMR、QCPRD、QCTMRLAT 和 QCPRDLAT，1 个控制类寄存器 QCAPCTL。QCAPCTL 主要用于配置 QCAP 子模块的使能位及 SYSCLKOUT 和 QCLK 的预定标，其位分布如下：

15	14～7	6～4	3～0
CEN	保留	CCPS	UPPS
R/W-0	R-0	R/W-0	R/W-0

其中 CEN 为 QCAP 子模块的使能位（0 表示禁止，1 表示使能），CCPS 和 UPPS 分别为捕获时钟（CAPCLK）和单位位移事件（UPEVNT）的预定标系数。假设 CCPS（000～111）和 UPPS（0000～1011，11xx 保留）的编程值对应的十进制数为 N，则预定标系数分别为 $1/2^N$。

5.3.4 eQEP 模块中断控制

eQEP 模块的各子模块一共可产生 11 种中断事件：QDU 子模块的正交相位错误中断 PHE（即 QEPA 和 QEPB 的状态转换关系错误），UTIME 子模块的单位时间到达中断 UTO，QWDOG 子模块的看门狗超时中断 WTO，QCAP 子模块的正交方向改变错误中断 QDC，以及 PCCU 子模块的位置计数器错误中断 PCE（每个索引事件复位模式下位置计数器的锁存值不等于 0 或 QPOSMAX）、位置计数器上溢中断 PCO 和下溢出中断 PCU、索引事件锁存中断 IEL 和选通事件锁存中断 SEL、位置比较匹配中断 PCM 和位置比较准备好中断标志 PCR 等。

任一中断事件发生时，均可向 PIE 模块申请 EQEPxINT 中断。各中断源的使能由中断使能寄存器（QEINT）中的相应位控制。任一中断事件发生时，均会置位 QFLG 中的相应标志位。QFLG 中还包含一个全局中断标志位 INT。只有当某中断源的使能位为 1、标志位为 1，且全局标志位 INT 为 0 时，才能向 PIE 模块申请 EQEPxINT 中断；并置位 INT 位，阻止该模块再次向 PIE 模块申请中断。故编写中断服务程序时，必须通过向中断清除寄存器（QCLR）中的相应标志位写 1 将其清除，同时向 INT 位写 1 清除全局中断标志，以使能 eQEP 模块再次向 PIE 模块申请中断。另外，向中断强制寄存器（QFRC）中的相应位写 1 可强制某中断事件发生。

eQEP 有 4 个中断控制寄存器：QEINT、QFRC、QFLG 和 QCLR。其中 QEINT 和 QFRC 的位分布如下：

15～12	11	10	9	8
保留	UTO	IEL	SEL	PCM
R-0	R/W-0	R/W-0	R/W-0	R/W-0

7	6	5	4	3	2	1	0
PCR	PCO	PCU	WTO	QDC	PHE	PCE	保留
R/W-0	R/W-0	R/W-0	R/W-0	R/W-0	R/W-0	R/W-0	R-0

QEINT 中，UTO、IEL、SEL、PCM、PCR、PCO、PCU、WTO、QDC、PHE 和 PCE 等分别为相应事件的中断使能位，向某位写 1 可使能该中断。QFRC 中，向某位写 1 可软件强制该中断事件的发生。

QFLG 和 QCLR 的位分布如下：

15–12	11	10	9	8
保留	UTO	IEL	SEL	PCM
R-0	R/W-0	R/W-0	R/W-0	R/W-0

7	6	5	4	3	2	1	0
PCR	PCO	PCU	WTO	QDC	PHE	PCE	INT
R/W-0	R/W-0	R/W-0	R/W-0	R/W-0	R/W-0	R/W-0	R/W-0

QFLG 中，UTO、IEL、SEL、PCM、PCR、PCO、PCU、WTO、QDC、PHE 和 PCE 等分别为相应事件的中断标志位，某事件发生时，其标志位置位。INT 为全局中断标志位，eQEP 通道每向 PIE 模块申请一次中断，该标志位置 1。标志位置位后将一直保持，除非向 QCLR 中的相应位写 1 将其清除。

另外，每个 eQEP 通道有一个标志寄存器（QEPSTS），用于在各种事件发生时提供状态标志，供 CPU 查询。QEPSTS 的位分布如下：

15–8	7	6	5	4	3	2	1	0
保留	UPEVNT	FIDF	QDF	QDLF	COEF	CDEF	FIMF	PCEF
R-0	R-0	R-0	R-0	R-0	R/W-0	R/W-0	R/W-0	R-0

其中 UPEVNT、FIDF、QDF、QDLF、COEF、CDEF、FIMF 和 PCEF 等分别为单位位移事件发生标志、第一个索引标志锁存的正交方向标志、当前正交方向标志、索引方向锁存标志、捕获计数器溢出错误标志、捕获方向改变错误标志、第一个索引标志发生标志和位置计数器错误标志。当某事件发生时，对应标志位置 1，可作为标志位供 CPU 查询。对于 COEF、CDEF、FIMF 这 3 个标志，CPU 读取后并不能直接清除，需要手动向相应位写 1 将其清除。

5.3.5 eQEP 模块应用示例

例 5.7 使用 eQEP1 测量转速范围在 10～6000r/min 的电机任意时刻的机械转角、电转角和转速，假设电机的磁极对数 pole_pairs=2，装配的是 1000 线正交编码器。

解：（1）实验方案的确定

① 正交编码器脉冲的模拟：使用 EPWM4A（GPIO6）和 EPWM4B（GPIO7）输出 5kHz 的正交信号 QEPA 和 QEPB［相当于正交编码器转速为 $5\times10^3\times60/1000=300\,\text{r/min}$］；同时使用 GPIO8 模拟索引信号 QEPI，EPWM4A 和 EPWM4B 每输出 1000 个脉冲，从 GPIO8 输出一个脉冲。

② 硬件连线：将 EPWM4A（GPIO6）与 EQEP1A（GPIO20）相连，EPWM4B（GPIO7）与 EQEP1B（GPIO21）相连，GPIO8 与 EQEP1I（GPIO23）相连。

③ 测量方案：由于电机转速范围为 10～6000r/min，需要同时进行低速和中速、高速测量。低速测量时使用 QCAP 子模块进行位移和速度测量；中速、高速测量时使用 PCCU 子模块和 UTIME 子模块配合实现。将 UTIME 子模块的单位时间设置为 10ms，当单位时间到达时，分别将 QPOSCNT、QCTMR 和 QCPRD 的值锁存至 QPOSLAT、QCTMRLAT 和 QCPRDLAT。

无论电机转速如何，任意时刻的机械转角和电转角均可通过读取当前 QPOSCNT 的值算出，且机械转角 theta_mech= QPOSCNT/4000，电转角 theta_elec=pole_pairs×theta_mech。

低速测量时，由于最低转速为 10r/min，故可将 QCLK 32 分频后作为单位位移事件 UPEVNT（即 QCCTL[UPPS]=101B），同时将 SYSCLKOUT 128 分频后作为 CAPCLK（即 QCCTL[CPPS] =0111B）；然后基于式（5.2）计算转速 SpeedRpm_pr：

$$\text{SpeedRpm\_pr}' = \frac{X}{t(k)-t(k-1)} \times 60 \tag{5.3}$$

其中 X 为单位位移量，且 $X=2^{\text{QCCTL[UPPS]}}/4000=32/4000=8\times10^{-3}$；$[\,t(k)-t(k-1)\,]$为单位位移事件 UPEVNT 到达时 QCTMR 所计的 CAPCLK 周期数，故$[\,t(k)-t(k-1)\,]=\text{QCPRDLAT}\times T_{\text{CAPPCLK}}=\text{QCPRDLAT}\times T_{\text{SYSCLKOUT}}\times 2^{\text{QCCTL[CPPS]}}=\text{QCPRDLAT}\times128/(150\times10^6)$；在式（5.2）的基础上乘以 60 是为了将转速转换为以转/分（r/min）为单位。将 X 和$[\,t(k)-t(k-1)\,]$的值代入式（5.3），并将其转换成相对于基准 BaseRpm = 6000r/min 的相对速度，得

$$\text{Speed\_pr} = \frac{\text{SpeedRpm\_pr}'}{\text{BaseRpm}} = \frac{\text{SpeedRpm\_pr}'}{6000} \approx \frac{94}{\text{QCPRDLAT}} \tag{5.4}$$

最终可得低速时的绝对转速

$$\text{SpeedRpm\_pr} = \text{BaseRpm} \times \text{Speed\_pr} \tag{5.5}$$

同理，中高速时的转速 SpeedRpm_fr 可基于式（5.1），采用如下公式计算：

$$\text{SpeedRpm\_fr}' = \frac{x(k)-x(k-1)}{T} \times 60 \tag{5.6}$$

其中 T=10ms 为单位时间，$[\,x(k)-x(k-1)\,]$为单位时间内的位移，即机械转角。将 T 和$[\,x(k)-x(k-1)\,]$的值代入式（5.6），并将其转换成相对于基准 BaseRpm = 6000r/min 的相对速度，得

$$\text{Speed\_fr} = \frac{\text{SpeedRpm\_fr}'}{6000} = \frac{\text{GPOSCNT}/4000}{10\times10^{-3}} \times 60/6000 = \frac{\text{GPOSCNT}}{4000} \tag{5.7}$$

为提高精度，可将式（5.7）转化成如下形式：

$$\text{Speed\_fr} = \text{pole\_pair} \times \frac{\text{GPOSCNT}\times16776}{2^{26}} = (\text{GPOSCNT}\times16776) >> 26 \tag{5.8}$$

最终可得中高速时的最终转速为

$$\text{SpeedRpm\_fr} = \text{BaseRpm} \times \text{Speed\_fr} \tag{5.9}$$

（2）软件编程

根据方案分析，分别编写 EPWM4 通道初始化函数 initEpwm()、eQEP1 通道初始化函数 POSSPEED_Init(void)、测速函数 POSSPEED_Calc(POSSPEED *p)和主函数的代码，如代码 5.3 所示。

在 EPWM4 初始化函数 initEpwm()中，设系统时钟 SYSCLKOUT 的频率为 150MHz，设置 EPWM4 通道的 TBCTR 工作于连续增/减计数模式，SYSCLKOUT 预定标系数为 1。要输出 5kHz 的 PWM 波，每个周期包含的 SYSCLKOUT 周期值 SP′=150M/5k=30k，所以时基定时器周期值 SP=SP′/2=15k。设置 CMPA=SP/2，EPWM4A 输出在增计数过程中比较匹配变高，减计数过程中比较匹配变低，占空比为 50%；CMPB=0，EPWM4B 引脚周期匹配跳变为高电平，下溢跳变为低电平，占空比也为 50%；且 EPWM4A 和 EPWM4B 输出相位相差 90°，为正交脉冲。

在 eQEP1 通道初始化函数 POSSPEED_Init(void)中，将 QDU 设置为正交计数输入模式，对 EQEP1A 和 EQEP1B 输入正交译码后得到 QCLK。UTIME 子模块的 TBCTR 的周期值为 1500000，单位时间设置为 1500000/150M=10(ms)。PCCU 子模块位置计数器复位模式为每个索引事件复位，

QPOSMAX=0xFFFFFFFF。QCAP 子模块单位位移预定标系数为 32，系统时钟预定标系数为 128。当单位时间到达时，分别将 QPOSCNT、QCTMR 和 QCPRD 的值锁存至 QPOSLAT、QCTMRLAT 和 QCPRDLAT。

代码 5.3　利用 eQEP1 测量转速的代码。

```
#include "DSP2833x_Device.h"
#include "DSP2833x_Examples.h"
#include "Example_posspeed.h"                    //测速头文件
//函数声明
void initEpwm();                                 //声明 EPWM4 通道初始化函数
void POSSPEED_Init(void);                        //声明 eQEP1 通道初始化函数
void POSSPEED_Calc(POSSPEED *p);                 //声明测速函数
interrupt void prdTick(void);                    //声明中断服务函数
//全局变量声明
POSSPEED qep_posspeed=POSSPEED_DEFAULTS;
Uint16 Interrupt_Count = 0;                      //中断次数计数器
void main(void)
{//步骤 1：初始化时钟源模块
InitSysCtrl();
//步骤 2：初始化 GPIO，此处使用如下代码
InitEQep1Gpio();                                 //eQEP1 通道引脚初始化
InitEPWM4Gpio();                                 //EPWM4 通道引脚初始化
EALLOW;                                          //允许访问受保护寄存器
GpioCtrlRegs.GPADIR.bit.GPIO8= 1;                //模拟 EQEP1I 脉冲
GpioDataRegs.GPACLEAR.bit.GPIO8= 1;              //正常为低电平
EDIS;                                            //恢复寄存器的保护状态
//步骤 3：清除所有中断，初始化 PIE 向量表
DINT;
InitPieCtrl();                                   //初始化 PIE 控制
IER = 0x0000;                                    //禁止 CPU 中断
IFR = 0x0000;                                    //清除所有 CPU 中断标志
InitPieVectTable();                              //初始化 PIE 向量表
EALLOW;
PieVectTable.EPWM4_INT= &prdTick;                //重新映射本例中使用的中断向量
EDIS;
//步骤 4：初始化器件外设
initEpwm();
POSSPEED_Init();
//步骤 5：用户特定代码，允许中断
IER |= M_INT3;                                   //使能允许 CPU 的 INT4（与 EPWM4INT 连接）
PieCtrlRegs.PIEIER3.bit.INTx4 = 1;               //使能 PIE 级中断 INT3.4
EINT;                                            //清除全局屏蔽位 INTM 以使能可屏蔽中断
ERTM;                                            //清除调试屏蔽位 DBGM，使能调试
//步骤 6：空闲循环，等待中断
for(;;)
{       asm("          NOP");
}
}
//步骤 7：用户自定义函数
void initEpwm()                                  //EPWM4 通道初始化函数定义
```

```
{  EPWM4Regs.TBSTS.all=0;                        //清除 TB 状态标志
   EPWM4Regs.TBPHS.half.TBPHS =0;                //相位为 0
   EPWM4Regs.TBCTR=0;                            //TB 计数器初始化为 0
   EPWM4Regs.CMPCTL.all=0x50;                    //直接模式（写操作访问动作寄存器）
   EPWM4Regs.CMPA.half.CMPA=SP/2;                //CMPA 初始化为 SP/2，占空比为 50%
   EPWM4Regs.CMPB=0;                             //CMPB 初始化为 0
   EPWM4Regs.AQCTLA.all=0x60;                    //A 路输出增过程比较匹配时变高，减过程比较匹配时变低
   EPWM4Regs.AQCTLB.all=0x09;                    //B 路输出周期匹配时跳变为高电平，下溢时跳变为低电平
   EPWM4Regs.ETSEL.all=0x0A;                     //周期匹配时中断
   EPWM4Regs.ETPS.all=1;                         //1 个事件中断 1 次
   EPWM4Regs.ETFLG.all=0;                        //清除错误标志
   EPWM4Regs.TBCTL.all=0x0010+TBCTLVAL;          //启动 TB 计数器
   EPWM4Regs.TBPRD=SP;                           //将定时器周期寄存器的值初始化为 SP
}
void   POSSPEED_Init(void)                       //eQEP1 通道初始化函数定义
{  EQep1Regs.QUPRD=1500000;                      //单位时基周期寄存器初始化为 1500000
   EQep1Regs.QDECCTL.bit.QSRC=00;                //正交计数模式
   EQep1Regs.QEPCTL.bit.FREE_SOFT=2;             //仿真挂起时自由运行
   EQep1Regs.QEPCTL.bit.PCRM=00;                 //每个索引复位
   EQep1Regs.QEPCTL.bit.UTE=1;                   //使能 UTIME
   EQep1Regs.QEPCTL.bit.QCLM=1;                  //单位时间锁存
   EQep1Regs.QPOSMAX=0xffffffff;                 //将最远位置寄存器设置为最大值
   EQep1Regs.QEPCTL.bit.QPEN=1;                  //使能 QEP
   EQep1Regs.QCAPCTL.bit.UPPS=5;                 //单位位移事件预定标系数为 1/32
   EQep1Regs.QCAPCTL.bit.CCPS=7;                 //捕获时钟预定标系数为 1/128
   EQep1Regs.QCAPCTL.bit.CEN=1;                  //QEP 捕获使能
}
void POSSPEED_Calc(POSSPEED *p)                  //测速函数定义
{  long tmp;
   unsigned int pos16bval,temp1;
   _iq Tmp1,newp,oldp;
//当前位移计算——机械转角和电转角
   p->DirectionQep = EQep1Regs.QEPSTS.bit.QDF;   //电机转向：0=反转，1=正转
   pos16bval=(unsigned int)EQep1Regs.QPOSCNT;    //每个 QA/QB 周期捕获一次
   p->theta_raw = pos16bval+ p->cal_angle;       //原始转角 = 当前位移+与 QA 的偏移量
//计算机械转角
   tmp= (long)((long)p->theta_raw*(long)p->mech_scaler);   //mech_scaler =16776，Q0×Q26 = Q26
   tmp &= 0x03FFF000;
   p->theta_mech = (int)(tmp>>11);                          //Q26 -> Q15
   p->theta_mech &= 0x7FFF;
   p->theta_elec = p->pole_pairs*p->theta_mech;             //计算电转角/ Q0×Q15 = Q15
   p->theta_elec &= 0x7FFF;
   if (EQep1Regs.QFLG.bit.IEL == 1)                         //检查是否有索引事件发生
   {     p->index_sync_flag = 0x00F0;
         EQep1Regs.QCLR.bit.IEL=1;                          //清除中断标志
   }
//使用位置计数器进行高速测量
   if(EQep1Regs.QFLG.bit.UTO==1)                            //检查单位时间事件是否发生
   {     //计算位移量
```

```
        pos16bval=(unsigned int)EQep1Regs.QPOSLAT;
        tmp = (long)((long)pos16bval*(long)p->mech_scaler);  //Q0×Q26 = Q26
        tmp &= 0x03FFF000;
        tmp = (int)(tmp>>11);                               //Q26 -> Q15
        tmp &= 0x7FFF;
        newp=_IQ15toIQ(tmp);
        oldp=p->oldpos;
        if (p->DirectionQep==0)                             //若 POSCNT 则减计数
        {   if (newp>oldp)
                Tmp1 = - (_IQ(1) - newp + oldp);            //位移量 x1-x2 应该为负
            else
                Tmp1 = newp -oldp;
        }
        else if (p->DirectionQep==1)                        //POSCNT 增计数
        {   if (newp<oldp)
                Tmp1 = _IQ(1) + newp - oldp;
            else
                Tmp1 = newp - oldp;                         //位移量 x1-x2 应该为正
        }
        if (Tmp1>_IQ(1))
        p->Speed_fr = _IQ(1);
        else if (Tmp1<_IQ(-1))
        p->Speed_fr = _IQ(-1);
        else
        p->Speed_fr = Tmp1;
        p->oldpos = newp;                                   //更新电转角
        p->SpeedRpm_fr = _IQmpy(p->BaseRpm,p->Speed_fr);    //求绝对速度（Q15 -> Q0）
        EQep1Regs.QCLR.bit.UTO=1;                           //清除中断标志
    }
//使用 QCAP 子模块进行低速计算
    if(EQep1Regs.QEPSTS.bit.UPEVNT==1)                      //单位位移
    {   if(EQep1Regs.QEPSTS.bit.COEF==0)                    //未溢出
    {temp1=(unsigned long)EQep1Regs.QCPRDLAT;}
        else                                                //捕获溢出取最大值
        {temp1=0xFFFF;}
        p->Speed_pr = _IQdiv(p->SpeedScaler,temp1);
        Tmp1=p->Speed_pr;
        if (Tmp1>_IQ(1))
        {p->Speed_pr = _IQ(1);}
        else
        {p->Speed_pr = Tmp1;}
        p->SpeedRpm_pr = _IQmpy(p->BaseRpm,p->Speed_pr);    //转换成 r/min
        EQep1Regs.QEPSTS.all=0x88;                          //清除单位位移事件标志和溢出错误标志
    }
}
interrupt void prdTick(void)                                //中断服务函数定义
{   Uint16 i;
    qep_posspeed.calc(&qep_posspeed);                       //调用位置和速度测量函数
    Interrupt_Count++;                                      //中断次数计数器增 1
    if (Interrupt_Count==1000)                              //每 1000 次中断输出 1 个 QEPI 脉冲
    {   EALLOW;
        GpioDataRegs.GPASET.bit.GPIO8 = 1;                  //GPIO8 模拟索引信号，输出高电平脉冲
        for (i=0; i<700; i++){}
```

```
            {GpioDataRegs.GPACLEAR.bit.GPIO8 = 1;}          //GPIO8 清零
            Interrupt_Count = 0;                            //中断次数计数器重新复位为 0
            EDIS;
        }
    PieCtrlRegs.PIEACK.all =0x4                             //清除 PIE 级中断组 3 的响应位
    EPWM4Regs.ETCLR.bit.INT=1;                              //清除全局中断标志位
}
```

5.4 模/数转换模块

在控制系统中，被控制或测量的对象，如温度、湿度、压力、流量、速度等，均为时间和幅度上连续的模拟量。这些模拟量可由传感器转换成电压或电流的形式输出。使用嵌入式控制器对这些信号进行测量时，必须将其转换成数字信号才能进行处理。因此，模/数转换（ADC）模块是嵌入式控制器的一个非常重要的单元。TMS320F28335 芯片内部集成了一个 12 位 ADC 模块，可以对 0～3V 的电压信号进行转换。

5.4.1 ADC 模块的结构及工作原理

1. ADC 模块的结构与排序原理

DSP 控制器的 ADC 模块具有自动排序能力，可按照事先排好的顺序对多个状态进行转换。ADC 模块有两种排序模式即级联排序和双排序，这两种模式下 ADC 模块结构分别如图 5.22 和图 5.23 所示。由图 5.22 和图 5.23 可见，两种排序模式下，ADC 模块的核心均为一个 12 位的模/数转换器和两个采样/保持器即 S/H A 和 S/H B。S/H A 和 S/H B 可分别对 8 个输入通道(引脚)ADCINA0～ADCINA7 和 ADCINB0～ADCINB7 的信号进行采样/保持。因此，两种排序模式下均有两种采样模式：顺序采样和同步（并发）采样。注意 ADC 模块虽然可同时对两路信号进行采样，但转换必须分时进行。

ADC 模块的结构

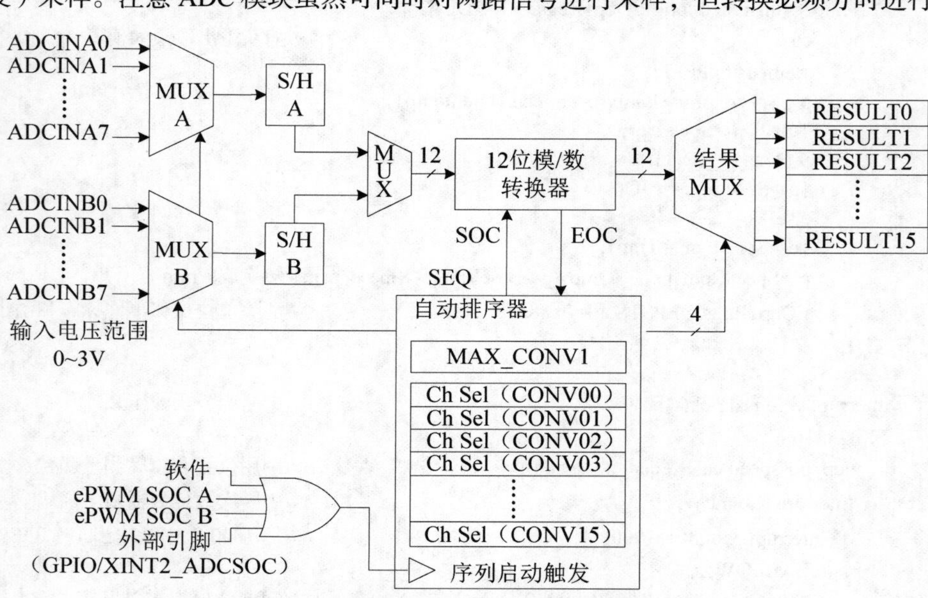

图 5.22 级联排序模式下 ADC 模块的结构

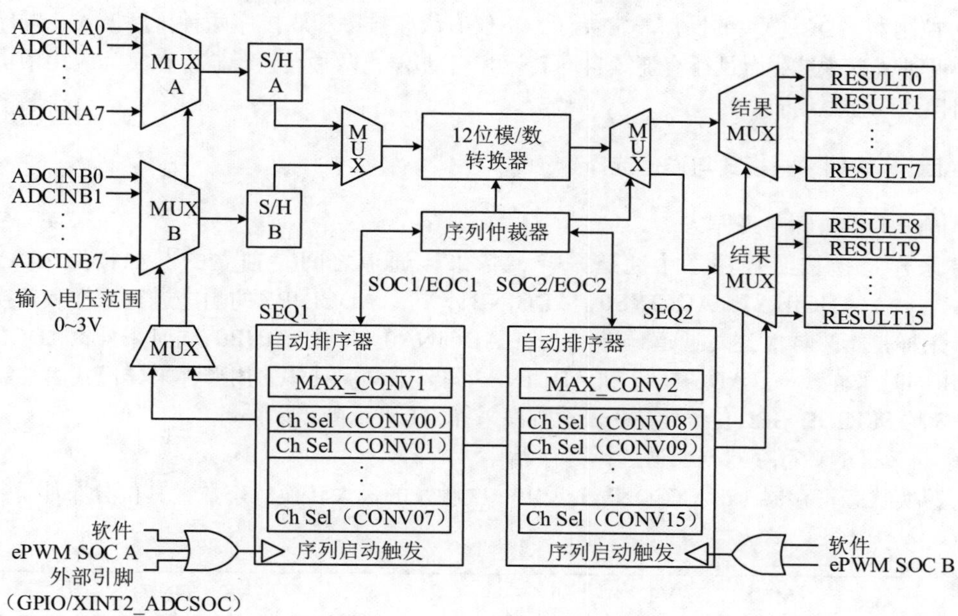

图 5.23　双排序器结构框图

ADC 模块的排序功能通过自动排序器实现。级联排序模式下，每次启动最多可转换 16 个状态。最大转换状态数由 MAXCONV[MAX_CONV1] 确定，状态转换顺序由通道选择寄存器（CHSELSEQ1～CHSELSEQ4）的 CONV00～CONV15 规定，转换结果分别存放于 16 个结果寄存器（RESULT0～RESULT15）中。双排序模式下，SEQ1 和 SEQ2 每次启动最多转换 8 个状态。SEQ1 和 SEQ2 的最大转换状态数目分别由 MAXCONV 寄存器的 MAX_CONV1 和 MAX_CONV2 位域确定。SEQ1 根据 CONV00～CONV07 规定的状态转换，转换结果存放于 RESULT0～RESULT7；SEQ2 根据 CONV08～CONV15 规定的状态转换，转换结果存放于 RESULT8～RESULT15。两种排序模式下，CONV00～CONV15 均可在 16 个输入通道间任意选择；甚至可以对同一个输入通道的信号进行连续多次转换，实现过采样。

ADC 模块启动转换的触发信号有多种。级联排序模式下，SEQ 可由软件、来自 ePWM 模块的 ePWM_SOC A 和 ePWM_SOC B，以及来自外部引脚 GPIO/XINT2 的信号（可选择 GPIO 端口 A 的信号作为 XINT2 输入源触发 ADC 模块，详见 4.1 节）触发。双排序模式下，SEQ1 可由软件、ePWM_SOC A、GPIO/XINT2 触发，SEQ2 可由软件或 ePWM_SOC B 触发。双排序模式下，若 SEQ1 和 SEQ2 同时触发，则序列仲裁器将判决 SEQ1 的优先级高于 SEQ2 的。级联排序模式和双排序模式的比较如表 5.9 所示。排序模式由控制寄存器（ADCTRL1）的 SEQ_CASC 位控制（0 表示双排序模式，1 表示级联排序模式）。

表 5.9　双排序模式和级联排序模式的比较

特征	双排序器 SEQ1	双排序器 SEQ2	级联排序器 SEQ
启动转换触发方式	软件、ePWM_SOC A、GPIO/XINT2_ADCSOC	软件或 ePWM_SOC B	软件、ePWM_SOC A、ePWM_SOC B、GPIO/XINT2_ADCSOC
最大转换通道数	8	8	16
触发优先级	高	低	无
ADC 结果寄存器	RESULT0～RESULT7	RESULT8～RESULT15	RESULT0～RESULT15
排序控制器	CONV00～CONV07	CONV08～CONV15	CONV00～CONV15

DSP 控制器 ADC 模块的操作非常灵活，不仅有级联排序和双排序两种排序模式、顺序采样和同步采样两种采样模式，而且还有连续自动转换和启动/停止两种转换模式。在实际应用中可根据需要在 3 组模式间任意组合。

2．ADC 模块的采样模式与通道选择

（1）同步采样与顺序采样

顺序采样是指按照顺序逐个通道采样，各采样通道之间是独立的。如按照 ADCINA0，ADCINA1，…，ADCINA7，ADCINB0，ADCINB1，…，ADCINB7 的顺序进行采样和转换。

同步采样是指采样时逐对通道地进行。如 ADCINA0 和 ADCINB0 同时采样，ADCINA1 和 ADCINB1 同时采样，…，ADCINA7 和 ADCINB7 同时采样。具体使用哪种采样模式由控制寄存器 ADCTRL3 的 SMODE_SEL 位确定（0 表示顺序采样，1 表示同步采样）。

（2）MAXCONV 寄存器与通道选择寄存器

最大转换状态寄存器（MAXCONV）规定一次触发的最大转换状态数，其位分布如下：

15～7	6		4	3			0
保留	MAX_CONV2			MAX_CONV1			
R-x	R/W-0	R/W-0	R/W-0	R/W-0	R/W-0	R/W-0	R/W-0

其中 MAX_CONV1 用于规定 SEQ 和 SEQ1 的最大转换状态数，MAX_CONV2 用于确定 SEQ2 的最大转换状态数。两种采样模式下，其意义不同：顺序采样模式下规定的是独立状态数，同步采样模式下规定的是状态对数。例如，若 MAX_CON2=3，顺序采样模式下表示 SEQ2 最大转换状态为 4，即（MAX_CONV2+1）个；同步采样模式下，表示 SEQ2 最大转换状态数为 8，即（MAX_CONV2+1）对。

通道选择寄存器 CHSELSEQ1～CHSELSEQ4 用于规定状态转换顺序，其位分布如下：

	15～12	11～8	7～4	3～0
	R/W-0	R/W-0	R/W-0	R/W-0
CHSELSEQ1	CONV03	CONV02	CONV01	CONV00
CHSELSEQ2	CONV07	CONV06	CONV05	CONV04
CHSELSEQ3	CONV11	CONV10	CONV09	CONV08
CHSELSEQ4	CONV15	CONV14	CONV13	CONV12

可见 CHSELSEQ1～CHSELSEQ4 中，每个寄存器均包含 4 个 4 位域 CONVn，各位域均可在 16 个模拟输入通道间任意选择。两种采样模式下，其意义有所不同。顺序采样模式下各位域的 4 位均起作用：最高位规定通道所在的组（为 0 表示 A 组，使用 S/H A；为 1 表示 B 组，使用 S/H B）；低 3 位定义偏移量，确定特定引脚。如 0101B 表示采样 ADCINA5（使用 S/H A），1011B 表示采样 ADCINB3（使用 S/H B）。同步采样模式下，各位域的最高位不起作用，低 3 位规定通道对的编号，两个采样/保持器均使用：S/H A 采样 A 组引脚，S/H B 采样 B 组引脚。如 0101B 表示采样 ADCINA5（使用 S/H A）和 ADCINB5（使用 S/H B）；1011 表示采样 ADCINA3（使用 S/H A）和 ADCINB3（使用 S/H B）。

注意： 顺序采样模式下，CONV00 规定的状态的转换结果存放于 RESULT0 中，CONV01 规定的状态的转换结果存放于 RESULT1 中……CONV15 规定的状态的转换结果存放于 RESULT15 中。同步采样模式下，CONV00 规定的一对通道的转换结果存放于 RESULT0 和 RESULT1 中，CONV01 规定的通道对的转换结果存放于 RESULT2 和 RESULT3 中……CONV08 规定的状态的转换结果存放于 RESULT8 和 RESULT9 中，CONV09 规定的通道对的转换结果存放于 RESULT10 和 RESULT11 中，以此类推，且由于每一对通道中，A 组先转换，其结果总放在 B 组前面。

（3）两种采样模式的通道选择示例

例 5.8 使用双排序器的 SEQ1 按照 ADCINA0、ADCINB0、ADCINA1、ADCINB1 的顺序转换 4 个状态。试分别给出采用顺序采样模式和同步采样模式时的初始化代码。

解： 若使用顺序采样模式，其初始化代码为：

```
AdcRegs.ADCTRL1.bit. SEQ_CASC = 0;                //双排序模式
AdcRegs.ADCTRL3.bit. SMODE_SEL = 0;               //顺序采样模式
AdcRegs.ADCMAXCONV.all = 0x0003;                  //SEQ1 转换 4 个状态
AdcRegs.ADCCHSELSEQ1.bit.CONV00 = 0x0;            //转换 ADCINA0
AdcRegs.ADCCHSELSEQ1.bit.CONV01 = 0x8;            //转换 ADCINB0
AdcRegs.ADCCHSELSEQ1.bit.CONV02 = 0x1;            //转换 ADCINA1
AdcRegs.ADCCHSELSEQ1.bit.CONV03 = 0x9;            //转换 ADCINB1
```

若使用同步采样模式，其初始化代码为：

```
AdcRegs.ADCTRL1.bit. SEQ_CASC = 0;                //双排序器模式
AdcRegs.ADCTRL3.bit. SMODE_SEL =1;                //同步采样模式
AdcRegs.ADCMAXCONV.all = 0x0001;                  //SEQ1 转换 4 个（两对）状态
AdcRegs.ADCCHSELSEQ1.bit.CONV00 = 0x0;            //转换 ADCINA0 和 ADCINB0
AdcRegs.ADCCHSELSEQ1.bit.CONV01 = 0x1;            //转换 ADCINA1 和 ADCINB1
```

3．ADC 模块的转换模式

转换模式由控制寄存器（ADCTRL1）的 CONT_RUN 位控制。CONT_RUN=1 时，ADC 模块工作于连续的自动转换模式。此时，触发信号到来后，排序器首先将 MAXCONV 中规定的最大转换状态数加载到自动排序状态寄存器（AUTO_SEQ_SR）的排序计数状态域 SEQ_CNTR[3:0]，然后根据 CHSELSEQ1～CHSELSEQ4 中预先设定的状态顺序依次进行转换，并将转换结果依次存放至相应 RESULT0～RESULT15 中。每转换完一个状态，SEQ_CNTR[3:0]的值减 1。规定的所有状态全部转换完毕后（SEQ_CNTR[3:0]=0），重新向 SEQ_CNTR[3:0]加载最大转换状态数，并自动复位排序器，再次从复位状态启动（SEQ 和 SEQ1 为 CONV00，SEQ2 为 CONV08）。该转换模式适用于高速数据采集。但是要保证在再次启动下一轮转换之前读取上一轮转换的结果。

CONT_RUN=0 时，工作于启动/停止模式。此时，触发信号到来后，排序器的操作与连续自动转换模式下的相同。但所有状态均转换完毕后（即 AUTO_SEQ_SR[SEQ_CNTRN]的值为 0 时），排序器并不复位至初始转换状态，而是停留在最后一次转换状态，且 SEQ_CNTRN 保持为 0。新的触发源到来后，从上次的停止状态开始转换。若希望再次触发时从初始状态开始转换，需要设置复位排序器。该转换模式适用于由多个触发信号分别启动不同的转换序列的场景。

4．ADC 模块的中断操作

通过设置 ADC 模块控制寄存器 2（ADCTRL2）中的相应位（INT_MOD_SEQ1 和 INT_MOD_SEQ2），可使 SEQ、SEQ1 或 SEQ2 工作于中断模式 0 或者中断模式 1。中断模式 0 下，每次转换结束（EOS 信号到来）时产生中断请求；中断模式 1 下，间隔一个 EOS 信号产生中断请求。中断模式 0 主要用于第一个转换序列与第二个转换序列中采样个数不同的情况，中断模式 1 主要用于两个转换序列中采样个数相同的情况。

5．ADC 模块的时钟

ADC 模块的时钟由高速外设时钟 HSPCLK 定标后提供，其时钟链路如图 5.24 所示。由图 5.24 可见，高速外设时钟 HSPCLK 由外部时钟 OSCCLK 先经 PLL 模块的 PLLCR[DIV]和 PLLSTS[DIVSEL]定标，得到系统时钟 SYSCLKOUT，再经 HISPCP[HSPCLK]进一步定标后得到。当 PCLKCR0[ADCENCLK]=1 时，将 HSPCLK 送至 ADC 模块，作为其时钟源。该时钟源被送至 ADC 模块后，首先经 ADCTRL3[ADCCLKPS]定标，再经 ADCTRL1[CPS]位确定是否需要 2 分频，便得到 ADC 模块的时钟 ADCCLK。另外，为了适应源阻抗的变换，ADCCLK 还可进一步经 ADCTRL1[ACQ_PS]定标，以获取不同的采样窗口宽度。

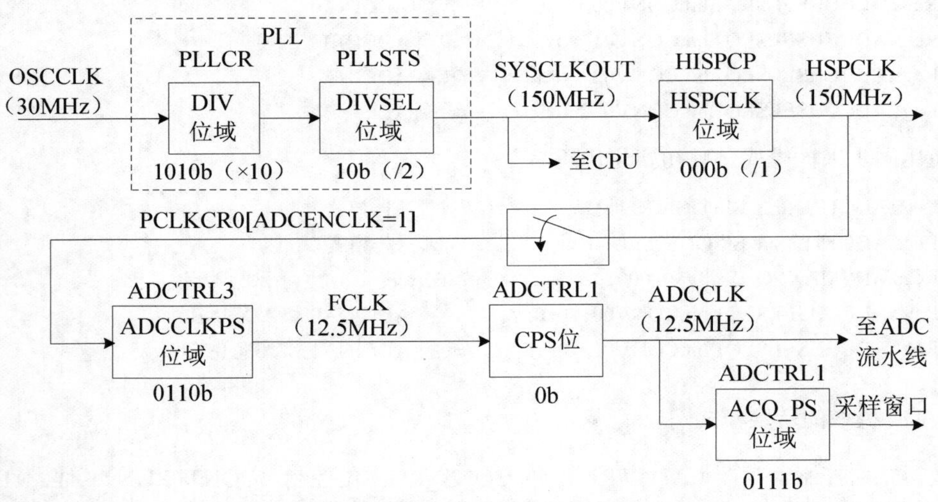

图 5.24　ADC 模块的时钟链路

ADC 模块可通过多个预定标级的不同组合，灵活地获得所需的 ADC 模块操作时钟。假设各预定标级采取图 5.24 所示配置值，则可获得 12.5MHz 的 ADCCLK 频率，以及 8 个 ADCCLK 周期（即 0.64μs）的采样窗口宽度。

注意：ADC 模块的时钟仅影响转换时间，不影响采样频率。转换时间与采样频率是两个不同的概念。转换时间取决于采样/保持+转换时间；而采样频率取决于 ADC 模块转换启动的频率。例如，每隔 1ms 启动 1 次，则采样频率为 1kHz。

6．ADC 模块的参考电压、低功耗模式与上电次序

ADC 模块的默认参考电压是内部带隙参考电压，也可根据实际应用需求从引脚 ADCREFIN 输入 2.048V、1.5V 或 1.024V 的外部参考电压。具体选择哪种参考电压由参考电压选择寄存器

（ADCREFSEL）的 REF_SEL 位域控制。

ADC 模块有 3 种低功耗模式：ADC 模块上电、ADC 模块掉电和 ADC 模块关闭，可通过 ADCTRL3 中的 3 个控制位 ADCBGRFDN1、ADCBGRFDN0 和 ADCPWDN 分别控制带隙基准电源、参考电路电源和其他模拟电路电源的开关，达到节能目的，如表 5.10 所示。

表 5.10　3 种低功耗模式的配置

电源级别	ADCBGRFDN1	ADCBGRFDN0	ADCPWDN
ADC 模块上电	1	1	1
ADC 模块掉电	1	1	0
ADC 模块关闭	0	0	0
保留	1	0	x
保留	0	1	x

复位时 ADC 模块处于关闭状态。要使用 ADC 模块，必须首先为其上电，上电次序如下。

① 若需要外部参考信号，在带隙加电前对 ADCREFSEL[REF_SEL]进行设置，使能该模式。

② 向 ADCBGRFDN1、ADCBGRFDN0 和 ADCPWDN 写 1 使参考电路、带隙电路和 ADC 模拟电路同时上电。

③ ADC 模块上电后，需要延时 5ms，才能进行第一次转换。

通过软件同时清除 ADCBGRFDN1、ADCBGRFDN0 和 ADCPWDN 可关闭 ADC 模块。工作过程中，也可通过清除 ADCPWDN 使 ADC 模块掉电，而参考电路和带隙电路仍供电。此时若需要 ADC 模块再次上电，向 ADCPWDN 写 1 后，需要等待 20μs，才能进行第一次转换。

7．排序器覆盖功能

连续的自动转换模式下，当 ADC 模块在最高速率下进行转换时，若每个序列的状态数较少，可使用其排序器覆盖功能，将结果寄存器 RESULT0～RESULT15 作为先入先出(FIFO)堆栈，实现对连续数据的采集。排序器覆盖功能由 ADCTRL1[SEQ_OVRD]控制。若使能该功能，每个序列结束并启动下一轮转换后，结果寄存器并不返回 0，而是继续从上一轮结束状态往下存储，直至所有结果寄存器满。例如，级联排序器 SEQ 中，假设 MAX_CONV1=7，则最大转换状态为 8。若禁止排序器覆盖功能（SEQ_OVRD=0），则每个序列转换结果均依次存放于 RESULT0～RESULT7；一个序列转换完毕自动复位排序器和结果寄存器，下一轮转换的第一个结果仍然从 RESULT0 开始存放。若使能排序器覆盖功能（SEQ_OVRD=1），则第一个序列转换完毕后，仅复位排序器，不复位结果寄存器，第二轮转换结果依次存放于 RESULT8～RESULT15；然后因所有结果寄存器均存满，第二轮转换结束同时复位排序器和结果寄存器，第三轮转换结果再次更新 RESULT0～RESULT7。

8．ADC 模块的校准与 DMA

TI 公司在其保留的 OTP ROM 中嵌入了 ADC 校准函数 ADC_cal()。ADC 模块上电引导过程中，Boot ROM 会根据器件配置数据自动调用 ADC_cal()来初始化参考电压选择寄存器（ADCREFSEL）和偏差校准寄存器（ADCOFFTRIM0）。若系统开发过程中，在 CCS 中禁止了 Boot ROM，程序员需要编程初始化 ADCREFSEL 和 ADCOFFTRIM。

另外，CPU 可通过 DMA 方式访问 ADC 模块的结果寄存器 RESULT0～RESULT15。在 DMA 方式下，其访问地址为外设帧 0（0x0B00～0x0B0F），而外设帧 2（0x7108～0x7117）的结果寄存器不能访问。

5.4.2 ADC 模块的寄存器

ADC 模块的寄存器除了最大转换状态寄存器（MAXCONV）和 4 个通道选择寄存器（CHSELSEQ1～CHSELSEQ 4）外，还包括 3 个控制寄存器（ADCTRL1～ADCTRL 3）、16 个结果寄存器（RESULT0～RESULT15）、两个状态寄存器［自动排序状态寄存器（AUTO_SEQ_SR）和 ADC 状态与标志寄存器（ADCST）］，以及两个与校准有关的寄存器［参考选择寄存器（ADCREFSEL）和 ADC 偏移量校准寄存器（ADCOFFTRIM）］。

（1）ADC 控制寄存器

ADC 控制寄存器有 3 个：ADCTRL1、ADCTRL2 和 ADCTRL3。其中 ADCTRL1 用于控制 ADC 模块的总体工作方式，包括复位、仿真挂起处理、时钟及采样窗口时间、逻辑时钟预定标、排序器模式选择、转换模式选择，及排序器覆盖功能的选择等。其位分布如下，位描述如表 5.11 所示。

15	14	13～12	11～8
保留	RESET	SUSMOD	ACQ_PS
	RS-0	R/W-0	R/W-0

7	6	5	4	3～0
CPS	CONT_RUN	SEQ_OVRD	SEQ_CASC	保留
R/W-0	R/W-0	R/W-0	R/W-0	

表 5.11 ADCTRL1 的位描述

位	名称	说明
14	RESET	ADC 模块复位。0 表示无影响，1 表示复位 ADC 模块
13～12	SUSMOD	仿真悬挂处理。00 表示忽略，01 和 10 表示完成当前转换后停止，11 表示立即停止
11～8	ACQ_PS	采样窗口预定标。采样窗口等于 ADCCLK 周期乘以（ACQ_PS+1）
7	CPS	ADC 逻辑时钟（FCLK）预定标。0 表示 ADCCLK=f_{FCLK}，1 表示 ADCCLK=f_{FCLK}/2
6	CONT_RUN	转换模式选择。0 表示启动/停止模式，1 表示连续转换模式
5	SEQ_OVRD	排序器覆盖功能选择。0 表示禁止，1 表示使能
4	SEQ_CASC	排序器模式选择。0 表示双排序模式，1 表示级联排序模式

注意：系统复位时 ADC 模块也复位。ADC 模块需要单独复位时，可通过向 RESET 位写 1 实现。此时必须先向该位写 1；经过两个时钟周期后，再向 ADCTRL1 中写入所需值。

ADCTRL2 用于控制排序器的复位、中断使能与中断模式选择，以及启动信号选择等。其位分布如下，功能描述如表 5.12 所示。

15	14	13	12	11	10	9	8
ePWM_SOCB_SEQ	RST_SEQ1	SOC_SEQ1	保留	INT_ENA_SEQ1	INT_MOD_SEQ1	保留	ePWM_SOCA_SEQ1
R/W-0	RS-0	R/W-0	R-0	R/W-0	R/W-0	R-0	R/W-0

7	6	5	4	3	2	1	0
EXT_SOC_SEQ1	RST_SEQ2	SOC_SEQ2	保留	INT_ENA_SEQ2	INT_MOD_SEQ2	保留	ePWM_SOCB_SEQ2
R/W-0	RS-0	R/W-0	R-0	R/W-0	R/W-0	R-0	R/W-0

表 5.12　ADC TRL2 的位描述

位	名称	说明
15	ePWM_SOCB_SEQ	ePWM_SOCB 信号启动 SEQ。0 表示无动作，1 表示启动
14	RST_SEQ1	复位 SEQ1。0 表示无动作，1 表示复位 SEQ1/SEQ 至 CONV00
13	SOC_SEQ1	启动 SEQ1 转换位。0 表示清除挂起的触发信号，1 表示软件从当前停止位置启动 SEQ/SEQ1
11	INT_ENA_SEQ1	SEQ1 中断使能位。0 表示禁止，1 表示使能
10	INT_MOD_SEQ1	SEQ1 中断模式。0 表示中断模式 0，1 表示中断模式 1
8	ePWM_SOCA_SEQ1	ePWM_SOCA 信号启动 SEQ1。0 表示无动作，1 表示启动 SEQ1/SEQ
7	EXT_SOC_SEQ1	外部信号启动 SEQ1。0 表示无动作，1 表示启动 SEQ1/SEQ
6	RST_SEQ2	复位 SEQ2。0 表示无动作，1 表示复位 SEQ2 至 CONV08
5	SOC_SEQ2	启动 SEQ2 转换位。0 表示清除挂起的触发信号，1 表示软件从当前停止位置启动
3	INT_ENA_SEQ2	SEQ2 中断使能位。0 表示禁止，1 表示使能
2	INT_MOD_SEQ2	SEQ2 中断模式。0 表示每次转换结束申请中断，1 表示每两次转换结束申请中断
0	ePWM_SOCB_SEQ2	ePWM_SOCB 信号启动 SEQ2。0 表示无动作，1 表示启动

ADCTRL3 主要用于控制 ADC 模块的低功耗模式和时钟定标系数，以及采样模式等。ADCTRL3 的位分布如下：

15–8	7–6	5	4–1	0
保留	ADCBGRFDN	ADCPWDN	ADCCLKPS	SMODE_SEL
R-0	R/W-0	R/W-0	R/W-0	R/W-0

其中 ADCBGRFDN 和 ADCPWDN 用于低功耗模式控制，其具体配置如表 5.10 所示；SMODE_SEL 为采样模式选择（0 表示顺序采样，1 表示同步采样）；而 ADCCLKPS 为高速外设时钟定标系数（见图 5.23），当其值为 0000 时，$f_{FCLK}=f_{HSPCLK}$，为其他值时，f_{FCLK} 等于 f_{HSPCLK} 的 2×ADCCLKPS 分频。

（2）结果寄存器

ADC 模块的 RESULT0～RESULT15 可通过常规方式或 DMA 方式访问，两种方式下的地址映射范围和位分布均不同。常规方式访问时映射地址为 0x7108～0x7117，位分布如下：

15	14	13	12	11	10	9	8	7	6	5	4	3–0
D11	D10	D9	D8	D7	D6	D5	D4	D3	D2	D1	D0	保留
R-0	R-0	R-0	R-0	R-0	R-0	R-0	R-0	R-0	R-0	R-0	R-0	R-0

注意： 常规访问方式的 12 位转换结果存放在结果寄存器的高 12 位（位 15～4），故读取转换结果时，须进行移位（右移 4 位）。

DMA 方式访问时映射在数据空间的 0x0B00～0x0B0F，12 位转换结果直接放在结果寄存器的低 12 位，不需要移位。

（3）状态寄存器

状态寄存器包括 ADCASEQSR 和 ADCST。ADCASEQSR 反映 SEQ1/SEQ 或 SEQ2 的计数状态以及尚未转换的状态数，其位分布如下：

15–12	11–8	7	6–5	3–0
保留	SEQ_CNTR	保留	SEQ2_STATE	SEQ1_STATE
R-0	R-0	R-0	R-0	R-0

其中 SEQ_CNTR 为排序器计数状态位，反映 SEQ1/SEQ 或 SEQ2 中尚未转换的通道数目（剩余通道数目等于（SEQ_CNTR+1）。SEQ2_STATE 和 SEQ1_STATE 分别为 SEQ2 和 SEQ1/SEQ 的指针状态，反映当前正在转换哪个通道，可据其在转换结束前读取中间结果。

ADCST 用于指示排序器的状态，包括其转换结束标志、忙标志、中断标志及清除控制位等。其位分布如下：

15–8	7	6
保留	EOS_BUF2	EOS_BUF1
R-0	R-0	R-0

5	4	3	2	1	0
INT_SEQ2_CLR	INT_SEQ1_CLR	SEQ2_BSY	SEQ1_BSY	INT_SEQ2	INT_SEQ1
R-0　R-0	R/W-0	R/W-0	R-0	R-0	R-0

其中，SEQ2_BSY 和 SEQ1_BSY 分别为 SEQ2 和 SEQ1/SEQ 的忙标志，在转换过程中为 1，转换结束为 0；通过查询忙标志可判断转换是否结束。EOS_BUF2 和 EOS_BUF1 分别为 SEQ2 和 SEQ1/SEQ 的排序缓冲器结束标志，INT_SEQ2 和 INT_SEQ1 分别为 SEQ2 和 SEQ1/SEQ 的中断标志位。若使能中断，在中断模式 0 下，EOS_BUF2 和 EOS_BUF1 不起作用，INT_SEQ2 和 INT_SEQ1 在每次转换结束置位，从而实现每次转换结束申请中断。在中断模式 1 下，EOS_BUF2 和 EOS_BUF1 每次转换结束翻转，INT_SEQ2 仅在 EOS_BUF2 已经置位（INT_SEQ1 仅在 EOS_BUF1 已置位）的前提下才会在转换结束时置位，从而实现每隔一次（即每两次）转换结束申请一次中断。INT_SEQ2_CLR 和 INT_SEQ1_CLR 分别为 SEQ2 和 SEQ1/SEQ 的中断清除位，向其写 1 可清除相应中断标志位。

（4）校准相关寄存器

校准相关寄存器包括 ADCREFSEL 和 ADCOFFTRIM。其中 ADCOFFTRIM 的高 8 位保留，低 8 位 OFFSET_TRIM 为二进制补码形式表示的校准偏移量。ADCREFSEL 的高两位 REF_SEL 用于为 ADC 模块选择参考电压［00 表示选择内部参考（默认）；01、10 和 11 分别用于选择 ADCREFIN 引脚输入的 2.048V、1.500V 和 1.024V 电压］；低 14 位为保留位，用于存放由 Boot ROM 加载的参考校准数据。

5.4.3 ADC 模块应用示例

ADC 模块应用示例

例 5.9 ADC 模块工作于双排序、顺序采样（复位默认状态）模式、启动/停止转换方式，由 SEQ1 对 ADCINA3 的电压信号进行转换，转换由软件触发；通过查询忙标志的方式判断转换是否完成，并将转换结果存入长度为 256 的数组。

解： 主程序如代码 5.4 所示。

代码 5.4 ADC 模块转换的示例代码。

```
#include "DSP2833x_Device.h"
#include "DSP2833x_Examples.h"
//全局变量声明
Uint16 Voltage1[256];                              //转换结果存放于数组 1
```

```
Uint16 ConversionCount;                                    //数组下标
void main(void)
{//步骤 1：初始化时钟源模块
InitSysCtrl();
//步骤 2：初始化 GPIO，此处跳过
//步骤 3：禁止所有中断
DINT;
//步骤 4：初始化使用的器件外设
InitAdc();                                                  //本例初始化 ADC 模块，完成上电
//步骤 5：用户特定代码
ConversionCount = 0;                                        //为数组下标赋初值 0
AdcRegs.ADCMAXCONV.all = 0x0000;                            //转换 1 个通道
AdcRegs.ADCCHSELSEQ1.bit.CONV00 = 0x3;                      //转换通道 ADCINA3
AdcRegs.ADCTRL2.bit.SOC_SEQ1 = 0x1 ;                        //软件触发 SEQ1，启动转换
//步骤 6：入循环，实现期望的功能
for(;;)
 {
 while (AdcRegs.ADCST.bit.SEQ1_BSY==1){}                    //等待转换完毕
 Voltage1[ConversionCount]=AdcRegs.ADCRESULT0>>4;           //读取转换结果
 if(ConversionCount ==255)                                  //若已转换 256 次，重新开始
 ConversionCount = 0;
 else ConversionCount++;
//重新初始化下一个 ADC 序列
 AdcRegs.ADCTRL2.bit.RST_SEQ1 = 1;                          //复位 SEQ1
 AdcRegs.ADCTRL2.bit.SOC_SEQ1 = 0x1 ;                       //软件触发 SEQ1，启动转换
 }
}
```

思考：（1）若通过查询中断标志的方式判断转换是否结束，应对代码 5.4 做哪些修改？

（2）若采用连续转换的方式，应对代码 5.4 做哪些修改？

（3）若采用中断模式 0，每次转换结束申请中断，并在中断服务程序中读取转换结果，应对代码 5.4 做哪些修改？

（4）若使用 ePWM3 的周期匹配事件作为 ADC 模块的周期性触发信号，应对代码 5.4 做哪些修改？

方法论

采用查询法和中断法均可判断 ADC 模块转换是否结束，进而读取转换结果。前者资源代价低，编程简单；但是要求 CPU 不断轮询 ADC 模块的状态，系统效率和响应速度较低。后者仅在 ADC 模块转换完毕触发中断，通知 CPU 读取转换结果，其他时间 CPU 可执行其他任务，系统效率和响应速度较高；但是资源代价高，编程较复杂。在实际应用中，选择查询法还是中断法，要综合考虑系统效率、响应速度和资源代价等因素。

“鱼和熊掌不可兼得”。在生活、学习和工作中，我们经常面临这样那样的抉择，进而陷入不知所措、举棋不定、进退两难和踌躇不前的境地。任何事很难有万全方案或完美选择，我们要明确自己的需求目标，然后综合分析各种可能的方案及其优劣，最后根据需求全面权衡，做出决策。

《习题与思考题》

5.1 TMS320F28335 有多少 ePWM 通道？每个通道包括几个子模块？各子模块分别起什么作用？

5.2 ePWM 的 TB 子模块的作用是什么？其 TBCTR 有几种计数模式？连续增、连续减和连续增/减计数模式产生的 PWM 波的载波周期如何计算？如何实现各 ePWM 通道 TBCTR 间的同步？

5.3 ePWM 的 CC 子模块的作用是什么？连续增、连续减和连续增/减计数模式下每个周期最多产生几种比较匹配事件？

5.4 ePWM 的 AQ 子模块的作用是什么？它能接收哪些事件，各事件的优先级如何？每种事件可产生哪些动作类型？简述利用 TB 子模块、CC 子模块和 AQ 子模块产生 PWM 波的方法。

5.5 若需要 TMS320F28335 相应通道的 AQ 子模块输出图 5.25 所示的各种 PWM 波，已知 $f_{SYSCLKOUT}$=150MHz，分频系数 HSPCLKDIV=0x6，CLKDIV=0x5。试分别回答下列问题。

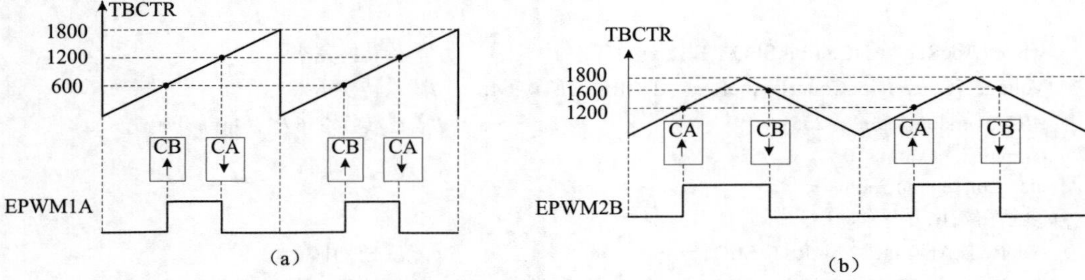

图 5.25 需要产生的 PWM 波

（1）计算 TBCLK 的周期 T_{TBCLK}。

（2）TBCTR 应工作于哪种计数模式？PWM 波的载波周期为多少？

（3）PWM 波的占空比（假设高电平有效）为多少？若希望在载波周期不变的前提下增大有效脉冲宽度，可以调节哪个寄存器的值？如何调节（增大还是减小）？

（4）给出对 TB 子模块、CC 子模块和 AQ 子模块的寄存器进行初始化的程序代码。

5.6 ePWM 的 DB 子模块的作用是什么？其延迟时间（死区）如何控制？

5.7 ePWM 的 PC 子模块的作用是什么？首脉冲宽度和后续斩波脉冲占空比如何控制？

5.8 ePWM 的 TZ 子模块的作用是什么？如何使用 TZ 子模块实现一次错误控制和连续错误控制？

5.9 ePWM 的 ET 子模块的作用是什么？其输入触发信号有哪些？可以输出哪些信号？

5.10 试编程由 EPW4A/4B 输出对称 PWM 波（低电平有效，互补输出），要求波形周期可调（50～100μs），占空比可调（0%～100%），死区可调（0～3μs）。

5.11 高精度脉宽调制模块的作用是什么？简述其工作原理。

5.12 捕获模式下 eCAP 模块有哪些部件？连续捕获和单次捕获的工作过程有何不同？连续捕获时最多可捕获几种事件，可将各种事件设置为什么跳变？两种捕获时刻的记录模式是什么？有何不同？

5.13 若需利用 eCAP2 的差分时基模式测量正脉冲的宽度，试回答下列问题。

（1）eCAP2 应工作于哪种捕获模式？需要捕获几次跳变，每次检测什么跳变？脉冲宽度如何计算？给出对 eCAP2 进行初始化的程序代码。

（2）如果使用绝对时基模式进行测量，重新回答（1）中问题。

（3）如果需要检测负脉冲的宽度，重新回答（1）中问题。

5.14　APWM 模式下，分别用哪些寄存器作为周期寄存器和比较寄存器？输出 PWM 波的载波周期和有效脉冲宽度分别由哪些寄存器的值确定？

5.15　光电编码器的输出脉冲频率与其线数和转速有何关系？假设一个4000线的光电编码器安装在转速为 3000r/min 的电动机上，则产生的脉冲的频率为多少？光电编码器每旋转一周输出多少个索引脉冲？

5.16　eQEP 通道包括哪些子模块，其作用分别是什么？eQEP 通道有哪些外部引脚，其作用分别是什么？

5.17　eQEP 的 QDU 子模块的作用是什么？在 PCCU 子模块的 4 种计数模式下，其译码方法有何不同？

5.18　eQEP 的 UTIME 子模块的作用是什么？包括哪些部件？其输入信号是什么，输出信号是什么？QWDOG 子模块的作用是什么？

5.19　eQEP 的 PCCU 子模块的位置计数逻辑的作用是什么？有哪些复位模式，各自适用于什么场合？复位模式如何编程？各种复位模式下如何锁存 QPOSCNT 的值？PCCU 子模块的位置比较单元的作用是什么？

5.20　eQEP 的 QCAP 子模块的作用是什么？简述其基本工作原理。如何利用 QCAP 子模块实现低速测量？测量需要满足哪两个条件，为什么有此限制？

5.21　如何利用 eQEP 的 PCCU 子模块和 UTIME 子模块配合实现中速、高速测量？如何利用 QCAP 子模块、PCCU 子模块和 UTIME 子模块配合实现全速度测量？

5.22　TMS320F28335 DSP 控制器的 ADC 模块是多少位的？有几个模拟量输入通道，其输入电压范围是多少？各通道所使用的采样/保持器是否相同？

5.23　ADC 模块有哪两种排序模式？各种模式下启动转换的触发方式、最大转换状态数、转换顺序和使用的结果寄存器有何不同？

5.24　什么是同步采样和顺序采样？两种采样模式下最大转换状态数和转换顺序如何编程？使用的结果寄存器有何不同？

5.25　ADC 模块有哪两种转换模式？两种模式的工作过程有何不同？分别适用于什么场合？

5.26　ADC 模块有哪两种中断方式？两种中断方式下产生中断的时刻有何不同？各自适用于什么场合？

5.27　ADC 模块的时钟链路中有哪些时钟？ADCCLK 的频率及采样/保持窗口时间如何编程？

5.28　ADC 模块的排序器覆盖功能有何作用，如何编程？如何对 ADC 模块进行校准？采用 DMA 方式访问的转换结果与正常访问的有何不同？

5.29　使用 TMS320F28335 的 ADC 模块实现信号采集，采用 CPU 定时器 0 定时启动转换，保持采样率为 1kHz。试编写程序实现相应功能。

5.30　使用 TMS320F28335 的 ADC 模块实现电能质量分析，给出其软件编程实现过程（包括 ADC 模块初始化、数据采集、数据滤波、电能质量指标分析等）。

第 6 章 通信类外设及其应用开发

学习要求

（1）理解 SCI、SPI 的总线通信格式和异同，熟悉 SCI 模块、SPI 模块的结构、工作原理和寄存器配置方法等，掌握其数据收发程序的编写方法。

（2）熟悉 eCAN 模块的结构与工作原理、帧格式与邮箱配置、寄存器与操作控制等，掌握其应用开发方法。

（3）了解 McBSP 模块的结构与工作原理、寄存器配置方法等，理解其数据收发程序的编写方法。

（4）理解 I^2C 总线通信格式、I^2C 模块结构与工作原理及寄存器配置方法等，掌握其应用开发方法。

串行通信类外设是 DSP 与外部设备进行串行数据通信的接口。TMS320F28335 片内集成了大量通信类外设，包括 SCI 模块、SPI 模块、eCAN 模块、McBSP 模块和 I^2C 模块。其中 SCI 模块是一种通用异步接收发送器（UART）接口，主要应用于 DSP 和个人计算机的 RS-232 端口传输数据。SPI 模块是一种同步通信接口，主要用于系统扩展显示驱动器、ADC 模块以及日历时钟芯片等；DSP 也可以利用 SPI 与其他处理器进行通信。eCAN 模块是一种支持分布式控制和实时控制的串行通信网络，具有较高的通信速率和较强的抗干扰能力，可作为现场总线应用于电磁噪声较大的场合。McBSP 在标准串行接口的基础上进行了功能扩展，具有较强的串行通信功能，用于实现与其他 DSP 器件及编码器等 McBSP 兼容器件的通信。I^2C 是一种新型的特殊同步通信形式，具有接口线少、控制方式简单、通信速率较高等优点。本章介绍各模块的结构、原理、控制方法与应用开发示例。

6.1 串行通信接口模块

6.1.1 SCI 模块的结构与工作原理

TMS320F28335 有 3 个 SCI 模块（SCI-A、SCI-B 和 SCI-C），每个 SCI 模块的结构、工作原理和控制（编程）方法等完全一样。每个 SCI 模块的接收器和发送器均为双缓冲，且带 16 级 FIFO 堆栈，可工作于半双工或全双工模式。为了确保数据的完整性，SCI 模块还会对接收到的数据进行错误检测。另外，还可通过 16 位的波特率选择寄存器对通信波特率进行设置。

1．SCI 模块的结构及点-点通信原理

全双工模式下 SCI 模块的结构及点-点通信示意如图 6.1 所示。由图 6.1 可见，每个 SCI 模块有两个外部引脚：数据发送引脚 SCITXD 和数据接收引脚 SCIRXD。其发送器包括一个数据发送移位器（TXSHF）、一个数据发送缓冲寄存器(SCITXBUF)和 16 级发送 FIFO 堆栈（TX FIFO_0～TX FIFO_15）；接收器包括一个数据接收移位器（RXSHF）、一个数据接收缓冲寄存器（SCIRXBUF）和 16 级接收 FIFO 堆栈（RX FIFO_0～RX FIFO_15）。

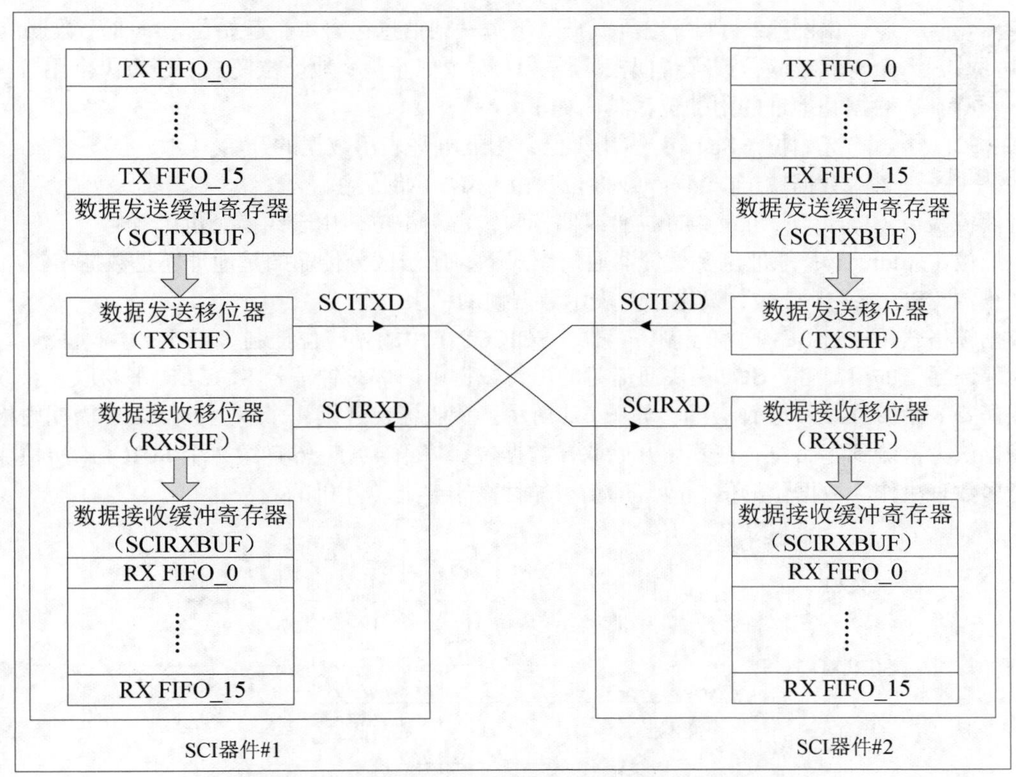

图 6.1　全双工模式下 SCI 模块的结构及点-点通信示意

由图 6.1 可见，SCI 模块进行点-点通信时，只需将通信双方的 SCITXD 和 SCIRXD 引脚分别相连即可。若未使用 FIFO 堆栈，则发送方将发送数据写入 SCITXBUF。当 TXSHF 空时会自动装载 SCITXBUF 中的数据，并从 SCITXD 引脚将其逐位发送出去。接收方从 SCIRXD 引脚逐位接收数据，接收完毕将其传送至 SCIRXBUF，并通知 CPU 读取。

由于通信双方无公共时钟，为异步通信，故要求双方通信的波特率一致。然而即使波特率一致，主从机的时钟相位和周期不一致时，仍会影响通信正确性。因此，SCI 模块通信时要遵循一定的协议规则。

2．数据传输格式

SCI 模块的数据传输采用标准不归零（Non-Return-to-Zero，NRZ）异步传输格式，规定每个数据（字符）均以相同的帧格式传送，如图 6.2 所示。

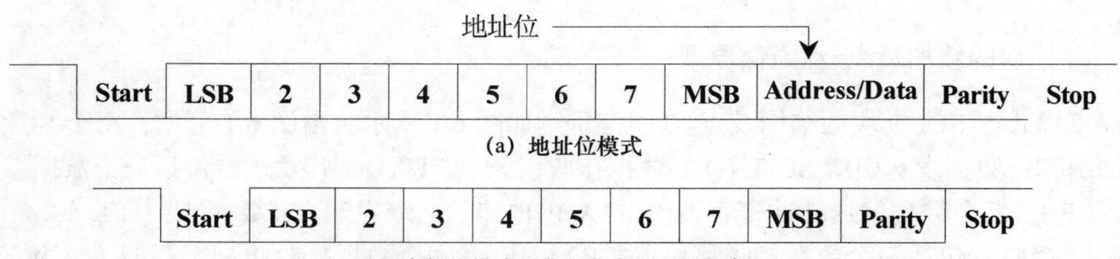

图 6.2　典型的 SCI 模块数据帧格式

典型的 SCI 模块数据帧格式

由图 6.2 可见，空闲线模式下每一帧信息包含 1 个起始位，1～8 个数据位，1 个奇偶校验位或无奇偶校验位，1～2 个停止位；地址位模式下还有 1 个用于区分数据和地址的附加位，具体如下。

起始位（Start）：占用 1 位，为低电平表示数据的开始。

数据位（Data）：1～8 位，由 LSB 开始传输。

奇偶校验位（Parity）：可设为奇校验或偶校验，占用 1 位，用于纠错，也可省略。

地址位（Address）：地址位多处理器通信模式下，用于区分传输的是地址还是数据字符。

停止位（Stop）：1～2 位，高电平，表示数据帧的结束。

数据帧格式可通过 SCI 通信控制寄存器（SCICCR）中的相应位控制。

为保证通信的可靠性，SCI 模块通信时的串行数据由内部时钟信号 SCICLK 来获取，获取一个数据位需要 8 个 SCICLK 时钟周期，如图 6.3 所示。接收器在连续 4 个以上 SCICLK 周期内检测到低电平，认为检测到起始位，在其后开始取样数据位。将第 4、5、6 连续 3 个 SCICLK 所检测到的电平经多数表决作为数据位的值，故其通信可靠性高于普通单片机的。

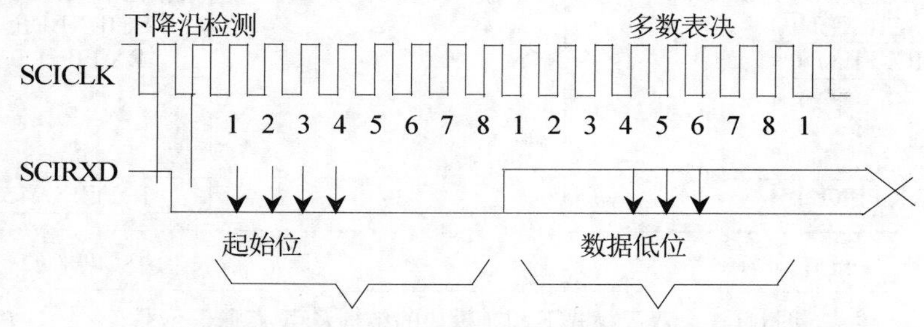

图 6.3　SCI 模块的异步通信格式

3．操作控制

（1）发送操作

假设发送的数据帧中包括 1 个起始位、3 个数据位、1 个地址位、1 个奇偶校验位和两个停止位，发送操作在控制位发送使能信号 SCITRL1[TXENA]、发送准备就绪信号 SCITRL2[TXRDY]和发送器空信号 SCITRL2[TXEMPTY]作用下的时序如图 6.4 所示。由图 6.4 可见，发送操作过程如下。

① 使 TXENA=1，允许发送器发送数据。

② CPU 将数据写入 SCITXBUF，则发送器不再为空（TXEMPTY 为 0）。同时 TXRDY=0，表示 SCITXBUF 满。

③ SCI 将数据从 SCITXBUF 加载到 TXSHF，则 TXRDY 变成高电平，表示可向 SCITXBUF 写入新数据，并可产生发送中断请求。同时 TXSHF 中的数据逐一由外部引脚 SCITXD 发送出去。先发送低电平的起始位（Start），再从低到高逐位发送数据位（0～2）、地址位（Ad）、奇偶校验位（Pa）

以及高电平的停止位（Stop）等。

④ TXRDY 变高（时刻 3）之后，CPU 再将下一帧数据写入 SCITXBUF。

⑤ 第一帧数据发送完毕，CPU 将第二帧数据从 SCITXBUF 传送至 TXSHF，并开始发送。

⑥ 当 TXENA=0（时刻 6），禁止发送器发送数据；但发送过程并不马上停止，而是继续将当前数据帧（第二帧数据）发送完毕后再停止。

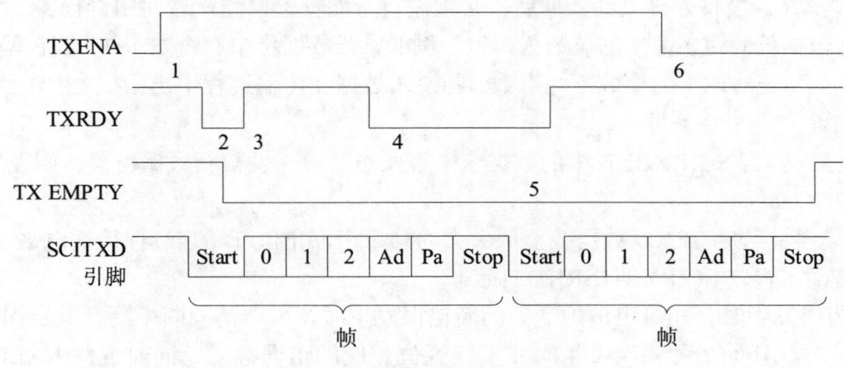

图 6.4　SCI 发送操作时序

（2）接收操作

假设要接收的数据帧包括 1 个起始位、6 个数据位、1 个地址位、1 个奇偶校验位和两个停止位，则接收操作在控制位接收使能信号 SCICTL1[RXENA]及接收就绪信号 SCIRXST[RXRDY]作用下的时序如图 6.5 所示，接收操作过程如下。

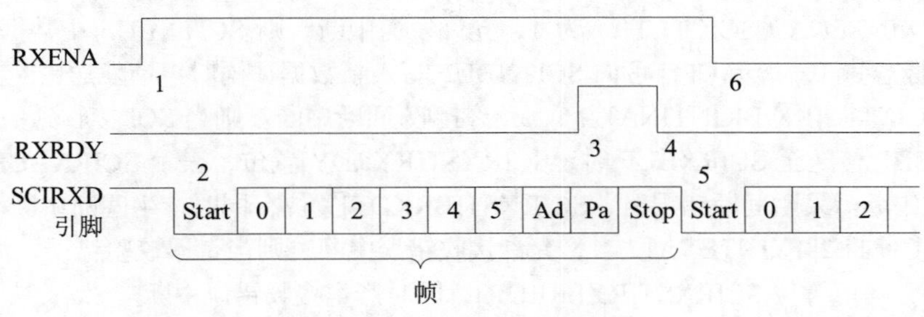

图 6.5　SCI 接收操作时序图

① 令 RXENA=1，允许接收器接收数据，接收器检测 SCIRXD 引脚上输入的串行数据。

② 接收器检测到起始位（连续 4 个以上 SCICLK 内检测到低电平）之后，随后将数据位、地址位、奇偶校验位及停止位等依次移入 RXSHF。

③ 一个数据帧接收完毕，接收器将 6 位数据由 RXSHF 传送至 SCIRXBUF，并置位 RXRDY（表示接收到一个新数据），同时可产生中断请求。

④ 读取 SCIRXBUF 内的数据后，RXRDY 标志自动清除。

⑤ 接收器继续接收下一帧数据，检测起始位，重复上述操作。

⑥ 若第二帧数据尚未接收完毕（时刻 6），令 RXENA=0 禁止接收器接收数据，则接收操作并不马上停止，而是继续将这一帧数据全部接收至 RXSHF 后再停止，但 RXSHF 中的数据并不传送至 SCIRXBUF。

（3）错误处理操作

为确保接收数据的完整性，SCI 模块对接收到的数据进行检测，以防止出现错误。数据传输过程中可能出现 4 种错误：数据帧错误(Framing Error)、奇偶校验错误(Parity Error)、溢出错误(Overrun Error)和间断错误，分别对应以下情况。

① 数据帧错误：若超过一段时间仍收不到期待的停止位，则发生数据帧错误，SCIRXST[FE]置位。

② 奇偶校验错误：奇偶校验可检测数据中 1 的个数是否正确，用于有限差错检测。通信双方约定一致的奇偶校验，接收方接收到数据后，必须进行奇偶校验检测。若使用奇校验，则发送方要保证整个字符（包括校验位）中 1 的位数为奇数。例如，若数据位中有奇数个 1，则校验位为 0。接收方接收到数据后，若发现 1 的个数不为奇数，则说明数据在传输过程中出错。发生奇偶校验错误时，SCIRXST[PE]置位。

③ 溢出错误：若 SCIRXBUF 中的数据未来得及被读取，就被新数据覆盖，则发生溢出错误，置位 SCIRXST[OE]标志。

④ 间断错误：若 SCIRXD 数据线上从失去的第一个停止位开始连续保持低电平 10 位以上时，则发生间断错误，置位 SCIRXST[BRKDT]标志。

这 4 种错误发生时，均可申请中断。间断错误发生时，可申请间断中断，其错误标志 BRKDT 同时为中断标志。其他 3 种错误发生时，不仅置位相应的错误标志，同时置位 RXERROR 中断标志，可申请接收错误中断。传输新数据之前，必须通过将 SWRESET 清 0 或系统复位来清除相应错误标志。

（4）中断操作

SCI 模块在数据发送完毕、接收到数据以及接收数据错误时均可产生中断。发送中断标志为 SCICTL2[TXRDY]，接收中断标志为 SCIRXST[RXRDY]，接收数据错误中断标志为 SCIRXST[RXERROR]，间断中断标志为 SCIRXST[BRKDT]。

若设置 TXINTENA（SCICTL2.0）为 1，允许发送中断。则 SCITXBUF 中数据传送至 TXSHF 后，TXRDY 标志置 1，指示 CPU 可向 SCITXBUF 写入新数据，同时申请发送中断。

若设置 SCICTL2[RX/BKINTINA]为 1，允许接收/间断中断。则当 SCI 接收到一个完整数据帧，并将其由 RXSHF 传送至 SCIRXBUF 时，SCIRXST[RXRDY]置位，表示 SCIRXBUF 中有新数据，同时产生接收中断。发生间断错误时，SCIRXST[BRKDT]置位，同时产生间断中断。

若设置 SCICTL2[TXINTENA]为 1，允许接收错误中断。则当奇偶校验错误、溢出错误和数据帧错误发生时，均可置位 SCIRXST[RXERROR]，同时产生接收错误中断。

发送器和接收器具有独立的外设中断向量。当接收中断和发送中断具有相同的优先级时，为减少溢出错误，往往接收中断优先。

4．多处理器异步通信原理

SCI 模块支持多处理器通信，允许在一条数据线上同时将数据块传送至多个处理器，与多个处理器同时进行通信。多处理器通信时，任意时刻一条数据线上可以有多个接收者，但是只能有一个发送者。另外，多处理器通信时，当主机需要与某从机通信时，首先必须识别出该从机。识别的方法是为挂接在串行总线上的每一个处理器分配一个特定的地址。这样，在传送具体数据信息之前，先在总线上广播地址信息，唤醒地址相符的处理器（地址不符的处理器仍处于休眠状态），从而使通信双方建立起逻辑上的链接，然后像点-点通信一样传输数据。此外，接收者必须能够区分当前收到的字符是地址信息还是数据信息。SCI 模块提供了两种方法用于识别地址信息，即空闲线（Idle-Line）或地址位（Address-Bit）多处理器模式，具体由 SCICCR[ADDR/IDLE MODE]位控制。

空闲线多处理器模式在地址字符之前预留 10 位以上的空闲周期，如图 6.6 所示。这种模式在传送多于 10B 的数据块时特别有效，适用于典型的非多处理器工作模式。

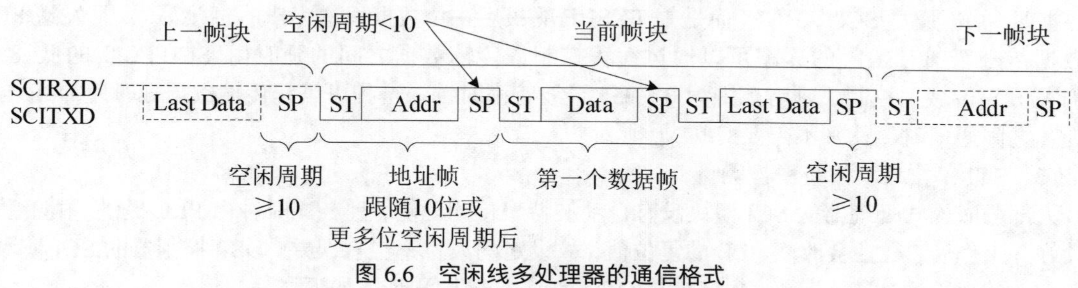

图 6.6　空闲线多处理器的通信格式

地址位多处理器模式为每个数据帧附加一个地址位来识别地址和数据：地址字符的地址位为 1，数据字符的地址位为 0，如图 6.7 所示。该模块在传输多个小数据块时更有效。

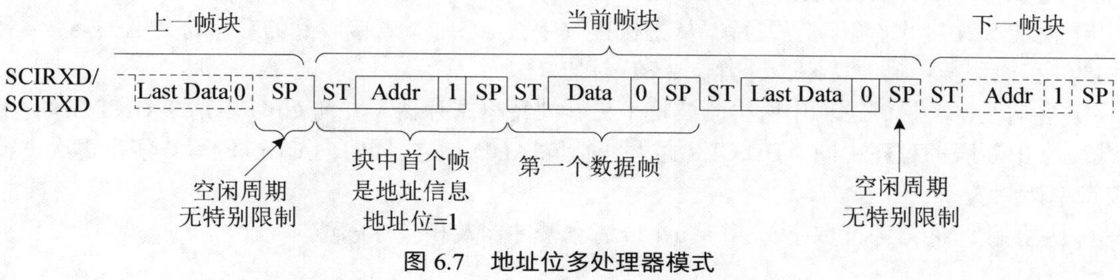

图 6.7　地址位多处理器模式

5．SCI 模块的增强功能

TMS320C2000 DSP 控制器的接收器和发送器包含 16 级 FIFO 堆栈缓冲，具有自动波特率检测功能。

（1）接收/发送 FIFO

SCI 模块的发送器和接收器均有 16 级 FIFO 堆栈，发送 FIFO（TX FIFO_0～TX FIFO_15）为 8 位，接收 FIFO（RX FIFO_0～RX FIFO_15）为 10 位。FIFO 接收和发送完毕均可申请中断，且具有可编程的中断级。另外，发送 FIFO 还具有可编程的延时发送功能。用户可通过对 3 个 FIFO 寄存器（发送 FIFO 寄存器 SCIFFTX、接收 FIFO 寄存器 SCIFFRX 和 FIFO 控制寄存器 SCIFFCT）进行编程来控制其操作，包括选择是否使用 FIFO 功能、FIFO 复位、是否使能中断及选择中断级、选择发送延时时间，以及使能自动波特率检测等。

系统复位时，SCI 模块处于标准 SCI 模式，通过 TXINT 和 RXINT 向 CPU 申请发送和接收中断；FIFO 功能和 FIFO 寄存器均禁用。要使能 FIFO 功能，可向 SCIFFTX[SCIFFENA]写 1 实现。并可以通过向 SCIFFTX[SCIRST]写 0 复位 FIFO 发送和接收通道。

FIFO 增强模式下，标准 SCI 模式的 TXINT 和 RXINT 中断被禁止。发送 FIFO 中断（TXFFINT）通过 TXINT 申请发送中断；接收 FIFO 中断（RXFFINT）、接收错误中断（RXERR）和接收 FIFO 溢出中断（RXFFOV）均通过 RXINT 申请接收中断。另外，发送和接收 FIFO 中断的触发条件均可编程控制，可根据实际需求决定当 FIFO 中有多少个数据时，通知 CPU 从接收 FIFO 中读取数据，或者向发送 FIFO 中写入新数据。其中发送 FIFO 中断的触发条件是发送 FIFO 状态位（SCIFFTX[TXFFST]）小于或等于发送中断触发级（SCIFFTX[TXFFIL]）；接收 FIFO 中断的触发条件是接收 FIFO 状态位（SCIFFRX[RXFFST]）大于或等于接收中断触发级（SCIFFRX[RXFFIL]）。发送中断的默认触发级为 0，即 16 级发送 FIFO 中数据全部发送完毕；接收 FIFO 中断的默认触发级为 15，即 16 级接收 FIFO 中数据全部接收完毕。

接收 FIFO 可通过 SCIRXBUF 读取；发送 FIFO 可通过 SCITXBUF 写入。但是发送 FIFO 在发送数据时，并不通过 SCITXBUF，而是等 TXSHF 的最后一位数据发送完毕后直接写入。且发送 FIFO 中数据传送至 TXSHF 的速率可以通过编程控制，传输数据之间的延时由 SCIFFCT 的低 8 位（FFTXDLY 位域）控制，延时范围为 0～255 个波特率时钟。这种可编程传输数据延时使 DSP 与慢速 SCI 之间通信时，几乎不需要 CPU 干预。

（2）SCI 模块自动波特率检测

大部分嵌入式处理器的 SCI 模块没有自动波特率检测功能，且 SCI 时钟由 PLL 提供。由于系统设计好并工作后，往往会改变 PLL 的复位值，故设定的波特率会有误差。DSP 控制器的 SCI 模块具有自动波特率检测功能，其编程由 SCIFFCT 控制，具体检测步骤如下。

① 向 SCIFFCT 的自动波特率检测使能位 CDC 写 1，同时向自动波特率检测标志清除位 ABD CLR 写 1 将其清除。

② 将波特率寄存器初始化为 1 或将波特率限制在 500kbps 以下。

③ 使能 SCI 接收器以期望波特率从主机接收字符 A 或 a。若接收到的首字符为 A 或 a，波特率检测硬件将检测其传输波特率，并置位 ABD 标志。

④ 自动波特率检测逻辑用所检测波特率更新波特率寄存器，并向 CPU 申请 TXINT 中断。

⑤ 在中断服务程序中向 ABD CLR 位写 1 清除 ABD 标志，同时向 CDC 位写 0 禁止再次进行自动波特率检测。

⑥ 从接收缓冲器中读取字符 A 或 a，以清空缓冲器及相应标志位。

6.1.2 SCI 模块的寄存器

标准 SCI 模块的寄存器有 10 个，包括 3 个控制类寄存器［通信控制寄存器（SCICCR）、控制寄存器（SCICTL1 和 SCICTL2）］，2 个波特率选择寄存器（SCIHBAUD 和 SCILBAUD），3 个数据类寄存器［SCITXBUF、SCIRXBUF 和接收器仿真数据缓冲寄存器（SCIRXEMU）］，1 个状态寄存器［SCI 接收器状态寄存器（SCIRXST）］和 1 个优先级控制寄存器（SCIPRI）。这些寄存器均为 8 位。增强 FIFO 功能由 3 个 16 位的 FIFO 寄存器［发送 FIFO 寄存器（SCIFFTX）、接收 FIFO 寄存器（SCIFFRX）和 FIFO 控制寄存器（SCIFFCT）］进行配置。

1. 控制类寄存器

控制类寄存器包括 SCICCR、SCICTL1 和 SCICTL2。其中 SCICCR 用于数据（字符）格式、通信协议、传输模式及自测试模式的配置等；SCICTL1 包含接收器使能位和发送器使能位，TXWAKE 和 SLEEP 功能，以及软件复位信息等；SCICTL2 用于使能接收/间断中断和发送中断，同时包含发送准备好标志与发送器空标志等。

SCICCR 的位分布如下，其位描述如表 6.1 所示。

7	6	5	4	3	2　0
STOP BITS	PARITY	PARITYENA	LOOPBACKENA	ADDRIDLE_MODE	SCICHAR
R/W-0	R/W-0	R/W-0	R/W-0	R/W-0　R/W-0　R/W-0	R/W-0

表 6.1　SCICCR 的位描述

位	名称	说明
7	STOPBITS	停止位数量。0 表示 1 个停止位，1 表示 2 个停止位
6	PARITY	奇偶校验选择。0 表示奇校验，1 表示偶校验

续表

位	名称	说明
5	PARITY ENA	奇偶校验允许。0 表示禁止校验，1 表示允许校验
4	LOOPBACK ENA	自测试模式允许。0 表示禁止，1 表示允许（SCIRXD 和 SCITXD 于系统内部相连）
3	ADDRIDLE MODE	多处理器模式选择。0 表示空闲线多处理器模式，1 表示地址位多处理器模式
2～0	SCICHAR	数据（字符）长度选择。字符长度=SCICHAR[2:0]+1

SCICTL1 的位分布如下，位描述如表 6.2 所示。

7	6	5	4	3	2	1	0
保留	RXERRINTENA	SWRESET	保留	TXWAKE	SLEEP	TXENA	RXENA
R-0	R/W-0	R/W-0	R-0	R/W-0	R/W-0	R/W-0	R/W-0

表 6.2 SCICTL1 的位描述

位	名称	说明
6	RXERRINTENA	接收错误中断使能。0 表示禁止接收错误中断，1 表示使能接收错误中断
5	SWRESET	软件复位（低有效）。0 表示进入复位状态；1 表示退出复位状态，重新使能 SCI
3	TXWAKE	发送器唤醒模式选择。0 表示无发送特征，1 表示发送特征取决于多处理器模式（向该位写 1 后接着向 SCITXBUF 写数据，则空闲线多处理器模式下产生 11 位的空闲位，地址位多处理器模式下将该字符的地址位置 1）
2	SLEEP	SCI 休眠位。0 表示禁止休眠，1 表示使能休眠
1	TXENA	SCI 发送使能。0 表示禁止发送，1 表示使能发送
0	RXENA	SCI 接收使能。0 表示禁止接收，1 表示使能接收

SCICTL2 的位分布如下，位描述如表 6.3 所示。

7	6	5～2	1	0
TXRDY	TXEMPTY	保留	RXBKINTENA	TXINTENA
R-1	R-1	R-0	R/W-0	R/W-0

表 6.3 SCICTL2 的位描述

位	名称	说明
7	TXRDY	TXBUF 准备好标志。0 表示 SCITXBUF 满，1 表示 SCITXBUF 准备接收下一个数据
6	TXEMPTY	发送器空标志。0-SCITXBUF 或 TXSHF 中有数据，1 表示 SCITXBUF 和 TXSHF 中均无数据
1	RXBKINTENA	接收缓冲器/间断中断使能。0 表示禁止该中断，1 表示使能该中断
0	TXINTENA	发送缓冲器中断使能。0 表示禁止 TXRDY 中断，1 表示使能 TXRDY 中断

2．波特率选择寄存器

SCI 模块通信的波特率由 SCIHBAUD 和 SCILBAUD 控制。SCIHBAUD 和 SCILBAUD 分别用于规定波特率的高 8 位和低 8 位，二者一起构成了 16 位波特率的值，用 BRR 表示。根据 BRR 的值，可选择 65536 种不同的 SCI 模块异步传输波特率。

当 $1 \leqslant \text{BRR} \leqslant 65535$ 时，波特率＝$f_{\text{LSPCLK}}/[(\text{BRR}+1)\times 8]$（$\text{BRR}=f_{\text{LSPCLK}}/(\text{波特率}\times 8)-1$）。

当 BRR = 0 时，波特率 = $f_{LSPCLK}/16$。

其中 LSPCLK 为低速外设时钟。

3．数据类寄存器

数据类寄存器包括 SCITXBUF、SCIRXBUF 和 SCIRXEMU。其中 SCITXBUF 用于存放下一个将要发送的数据。SCITXBUF 中的数据被传送到 TXSHF 后，TXRDY 标志置位，提示可向 SCITXBUF 写入新数据。

标准 SCI 模式下，SCIRXBUF 和 SCIRXEMU 均为 8 位，SCI 接收到的数据同时传送至这两个寄存器。但前者用于普通的接收操作，读取该寄存器会清除 RXRDY 标志；后者主要用于仿真，读取该寄存器不会清除 RXRDY 标志。

增强 FIFO 模式下，SCIRXBUF 为 16 位，此时其位分布如下。

15	14	13–8	7–0
SCIFFE	SCIFFPE	保留	RXDT
R-0	R-0	R-0	R/W-0

其中低 8 位 RXDT 为接收数据位；高 2 位 SCIFFE 和 SCIFFPE 分别为 FIFO 数据帧错误标志和 FIFO 奇偶校验错误标志，仅在使能 FIFO 功能时有效。

4．状态寄存器和优先级控制寄存器

SCIRXST 反映接收器的状态。其位分布如下，位描述如表 6.4 所示。

7	6	5	4	3	2	1	0
RX ERROR	RXRDY	BRKDT	FE	OE	PE	RXWAKE	保留
R-0	R-0	R-0	R-0	R-0	R-0	R-0	R-0

表 6.4 SCIRXST 的位描述

位	名称	说明
7	RXERROR	SCI 接收错误标志。0 表示无接收错误，1 表示有接收错误
6	RXRDY	SCI 接收就绪标志，接收器每接收一个完整的数据，该寄存器中的标志就会更新；当新字符被读出时，标志会被清除。0 表示 SCIRXBUF 中无新数据，1 表示有新数据
5	BRKDT	间断错误标志位。0 表示无间断错误发生，1 表示有间断错误发生
4	FE	SCI 数据帧错误标志。0 表示无数据帧错误，1 表示有数据帧错误
3	OE	SCI 溢出错误标志。0 表示无未读数据被覆盖，1 表示有未读数据被覆盖
2	PE	SCI 奇偶校验错误标志。0 表示无奇偶校验错误或奇偶校验被禁止，1 表示有奇偶校验错误
1	RXWAKE	接收器唤醒检测标志。0 表示未检测到唤醒条件，0 表示检测到唤醒条件

SCIPRI 仅包含两个有效位——SCI SOFT 和 SCI FREE，用于规定 SCI 模块仿真挂起时的操作：00 表示立即停止，10 表示完成当前发送/接收操作后停止，x1 表示自由运行。

5．FIFO 寄存器

FIFO 寄存器包括 SCIFFTX、SCIFFRX 和 SCIFFCT。

SCIFFTX 的位分布如下，其位描述如表 6.5 所示。

15	14	13	12～8
SCIRST	SCIFFENA	TXFIFORESET	TXFFST
R/W-1	R/W-0	R/W-1	R-0
7	6	5	4～0
TXFFINT	TXFFINTCLR	TXFFIENA	TXFFIL
R-0	W-0	R/W-0	R/W-0

表 6.5　SCIFFTX 的位描述

位	名称	说明
15	SCIRST	SCI 发送/接收通道复位。0 表示复位，1 表示使能操作
14	SCIFFENA	FIFO 增强功能使能。0 表示禁止，1 表示使能
13	TXFIFORESET	发送 FIFO 复位。0 表示复位，指针指向 0；1 表示使能操作
12～8	TXFFST	发送 FIFO 状态位。00000～10000 表示 FIFO 有 0～16 个字符未发送
7	TXFFINT	FIFO 发送中断标志。0 表示无中断事件，1 表示有中断事件
6	TXFFINT CLR	FIFO 发送中断清除位。0 表示无影响，1 表示清除中断标志
5	TXFFIENA	FIFO 发送中断使能。0 表示禁止，1 表示使能
4～0	TXFFIL	FIFO 发送中断级设定。当前状态位 TXFFST≤TXFFIL 时产生中断

SCIFFRX 的位分布如下，其位描述如表 6.6 所示。

15	14	13	12～8
RXFFOVF	RXFFOVRCLR	RXFIFORESET	RXFFST
R -0	W-0	R/W-1	R-0
7	6	5	4～0
RXFFINT	RXFFINTCLR	RXFFIENA	RXFFIL
R-0	W-0	R/W-1	R/W-1

表 6.6　SCIFFRX 的位描述

位	名称	说明
15	RXFFOVF	接收 FIFO 溢出标志。0 表示无溢出，1 表示溢出
14	RXFFOVRCLR	溢出标志清除位。0 表示无影响，1 表示清除溢出标志
13	RXFIFORESET	接收 FIFO 复位。0 表示复位，指针指向 0；1 表示使能操作
12～8	RXFFST	接收 FIFO 状态位。00000～10000 表示 FIFO 接收到 0～16 个字符
7	RXFFINT	FIFO 接收中断标志。0 表示无中断事件，1 表示有中断事件
6	RXFFINTCLR	FIFO 接收中断清除位。0 表示无影响，1 表示清除中断标志
5	RXFFIENA	FIFO 接收中断使能。0 表示禁止，1 表示使能
4～0	RXFFIL	FIFO 接收中断级设定。当前状态位 RXFFST≥RXFFIL 时产生中断

SCIFFCT 的位分布如下，其位描述如表 6.7 所示。

15	14	13	12～8	7～0
ABD	ABD CLR	CDC	保留	FFTXDLY
R-0	W-0	R/W-0	R-0	R/W-0

表 6.7 SCIFFCT 的位描述

位	名称	说明
15	ABD	自动波特率检测标志。0 表示未完成检测，1 表示完成检测
14	ABDCLR	ABD 标志清除位。0 表示无影响，1 表示清除 ABD 标志
13	CDC	自动波特率检测使能。0 表示禁止，1 表示使能
7～0	FFTXDLY	发送 FIFO 发送数据时数据之间的延时。延时范围为 0～255 个波特率时钟

6.1.3 SCI 模块应用示例

以 TMS320F28335 DSP 控制器的 SCI-B 模块和个人计算机通过 RS-232 串口进行异步通信交换数据为例，说明 SCI 模块的串行通信过程。其中个人计算机称为上位机，DSP 控制器为下位机。

例 6.1 如图 6.8 所示，TMS320F28335 DSP 控制器的 SCI-B 模块和个人计算机通过 RS-232 串口进行异步通信。要求下位机首先发送欢迎信息“Hello World!”给上位机；上位机在串口测试界面观察到欢迎信息后，发送一个字符给下位机；下位机接收到该字符后，再将其回发给上位机。

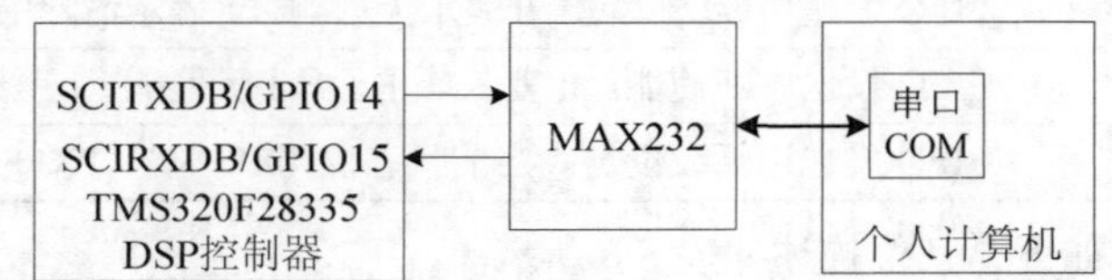

图 6.8 TMS320F28335 DSP 控制器与个人计算机串行通信的示意

解：（1）实现方案分析

DSP 控制器的 CPU 判断某个外设事件是否发生并为其提供服务，可使用查询方式或中断方式。中断方式下，只要使能该事件的外设级、PIE 级、CPU 内核级中断，并打开可屏蔽中断的总开关；则事件发生时，将逐级向 CPU 申请中断，CPU 通过执行中断服务程序为该事件提供服务。在查询方式下，CPU 可通过不断查询某事件的标志位判断其是否发生，一旦发生将为其提供服务。本例以查询方式实现要求的功能。判断 SCI 模块是否接收到数据，可通过查询 SCIRXST[RXRDY]是否为 1 或 SCIFFRX [RXFFST]是否为 1 实现；数据是否发送完毕，可通过查询 SCICTL2[TXRDY]是否为 1 或 SCIFFTX[TXFFST]是否为 0 实现。这里通过查询 FIFO 标志（SCIFFRX [RXFFST]和 SCIFFTX[TXFFST]）来判断接收和发送是否完成。

（2）SCI-B 初始化代码

```
void scib_echoback_init()                          //定义 SCI-B 初始化函数
{ //配置接口引脚和时钟
  EALLOW;                                          //允许访问受保护的寄存器
  GpioCtrlRegs.GPAMUX1.bit.GPIO14=0x2;             //GPIO14 作为 SCITXDB
  GpioCtrlRegs.GPAMUX1.bit.GPIO15=0x2;             //GPIO18 作为 SCIRXDB
  SysCtrlRegs.PCLKCR0.bit.SCIBENCLK = 1;           //使能 SCI-B 时钟
  EDIS;                                            //宏指令，恢复寄存器的保护状态
  //配置 SCI-B 寄存器
  ScibRegs.SCICCR.all =0x0007;                     //1 位停止位，无奇偶校验位，8 位字符
  ScibRegs.SCICTL1.all =0x0003;                    //复位，使能发送和接收
  ScibRegs.SCICTL2.all =0x0003;                    //使能接收和发送中断
  ScibRegs.SCIHBAUD=0x0001;                        //9600bps
```

```
 ScibRegs.SCILBAUD =0x00E7;
 ScibRegs.SCICTL1.all =0x0023;                  //退出复位
 //SCI-B FIFO 初始化
 ScibRegs.SCIFFTX.all=0xE040;                   //发送/接收通道复位，FIFO 使能，发送 FIFO 复位
 ScibRegs.SCIFFRX.all=0x204F;                   //接收 FIFO 复位
 ScibRegs.SCIFFCT.all=0x0;
}
```

（3）字符和字符串发送函数

```
void scib_xmit(int a)                           //定义发送字符函数
{ while (ScibRegs.SCIFFTX.bit.TXFFST != 0) {}   //等待字符发送完毕（SCIFFTX[TXFFST]为 0）
  ScibRegs.SCITXBUF=a;
}
void scib_msg(char * msg)                       //定义发送字符串函数
{ int i;
  i = 0;
while(msg[i] != '\0')                           //未检测到字符串结束符，则继续发送字符
  {   scib_xmit(msg[i]);
      i++;
  }
}
```

（4）主程序代码

代码 6.1　TMS320F28335 通过 SCI-B 模块与个人计算机通信收发字符。

```
#include "DSP2833x_Device.h"
#include "DSP2833x_Examples.h"
//函数声明
void scib_echoback_init(void);                  //声明 SCI-B 初始化函数
void scib_xmit(int a);                          //声明发送字符函数
void scib_msg(char *msg);                       //声明发送字符串函数
//全局变量声明
Uint16 LoopCount;
void main(void)
{   Uint16 ReceivedChar;
    char *msg;
    //步骤 1: 初始化时钟源模块
    InitSysCtrl();
    //步骤 2: 初始化 GPIO，此处跳过
    //步骤 3:  禁止可屏蔽中断
    DINT;
    //步骤 4: 初始化器件外设
    scib_echoback_init();                       //初始化 SCI-B
    //步骤 5: 用户特定代码
    LoopCount = 0;
    msg = "\r\n\n\nHello World!\0";
    scib_msg(msg);
    msg = "\r\nEnter a character for DSP to echo back! \n\0";
    scib_msg(msg);
    //步骤 6: 无限循环，查询是否收到字符并回发
    for(;;)
     {   msg = "\r\nEnter a character: \0";
```

```
        scib_msg(msg);                                    //发送输入字符提示
        //等待输入字符
          while(ScibRegs.SCIFFRX.bit.RXFFST !=1) { }      //等待 RXFFST =1
          ReceivedChar = ScibRegs.SCIRXBUF.all;           //获取字符
        //回发
          msg = "   You sent: \0";
          scib_msg(msg);                                  //发送收到字符提示
          scib_xmit(ReceivedChar);                        //发送接收到的字符
          LoopCount++;
      }
  }
```

思考：（1）若通过查询 SCIRXST[RXRDY]和 SCICTL2[TXRDY]来实现相应功能，应对所有代码做哪些修改？

（2）若使用中断方式判断是否接收到字符，并在中断服务程序中回发接收到的字符，应对所有代码做哪些修改？

6.2 串行外设接口模块

SPI 模块是一个高速、同步的串行 I/O 端口，它允许长度可编程的串行数据流（1～16 位）以可编程的位传输速度移入或移出器件。SPI 模块可用于 DSP 控制器和外设或其他控制器间的通信，典型应用包括与移位寄存器、显示驱动器、串行模/数转换器、串行模/数转换器、串行 EEPROM 以及日历时钟芯片等外围 I/O 器件相连进行外设扩展。TMS320F28335 DSP 控制器有 1 个 SPI 模块：SPI-A。

6.2.1 SPI 模块的结构与工作原理

1. SPI 模块的结构与点-点通信原理

SPI 模块的结构与工作原理

SPI 模块具有主动和从动两种工作模式，可用于半双工或全双工通信，它具有可编程的 1～16 位数据长度，125 种波特率和 4 种时钟方案。从动模式下全双工通信时 SPI 模块的结构及点-点通信示意如图 6.9 所示。由图 6.9 可见，SPI 模块的核心是一个 16 位的移位寄存器（SPIDAT），发送和接收均通过该寄存器进行，且发送和接收均为双缓冲，均包含一个 16 级 FIFO 堆栈。SPI 模块具有 4 个外部引脚：从动输入/主动输出数据引脚 SPISIMO、从动输出/主动输入数据引脚 SPISOMI、时钟引脚 SPICLK 和从动发送的使能引脚 $\overline{\text{SPISTE}}$ 。

在从动模式下全双工点-点通信时，只需将 4 个引脚按图 6.9 所示连接即可。但在很多实际应用中，数据传输方向往往是固定的，此时只需根据发送方的工作模式连接相应引脚。

（1）主动模式

主动模式下，SPI 模块从 SPICLK 引脚为整个串行通信网络提供串行时钟，按 SPIBRR 规定的位传输速率将主控制器的串行数据传输至从控制器，如图 6.10 所示，其工作过程如下。

① 主控制器由 SPICLK 输出时钟信号给外部网络从控制器，使二者同步传输数据。

② 主控制器将长度可编程（最长 16 位）的数据写入 SPIDAT，并向左移位，由 MSB 开始，由

主控制器 SPISIMO 引脚串行输出。

③ 从控制器由 SPISIMO 引脚接收串行数据并将数据移入 SPIDAT 的 LSB。

④ 设定位数的数据传输完毕后，从控制器将数据并行写入 SPIRXBUF 中，供 CPU 读出，同时可产生中断。

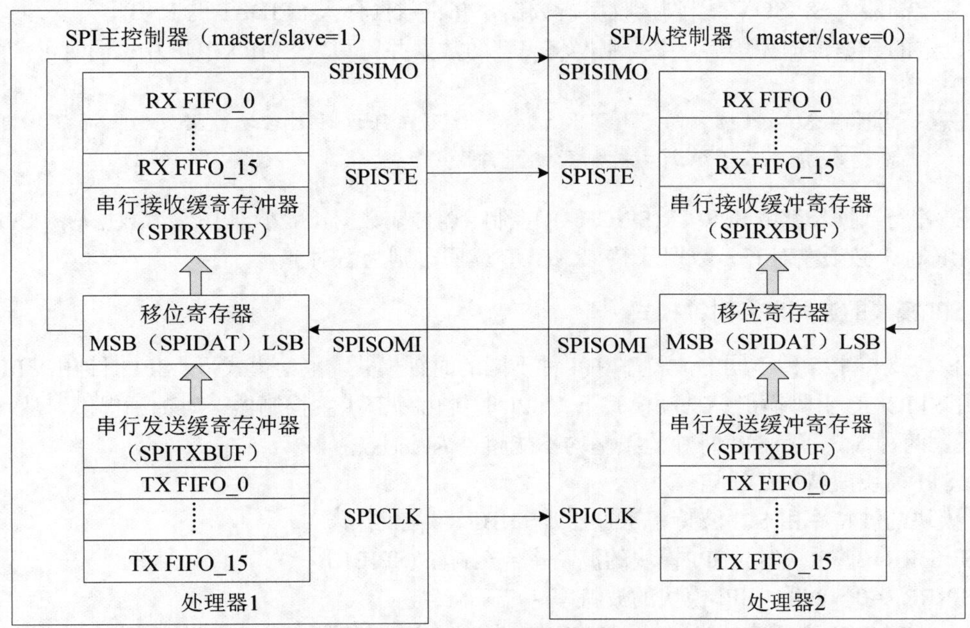

图 6.9　从动模式下全双工通信时 SPI 模块的结构及点-点通信示意

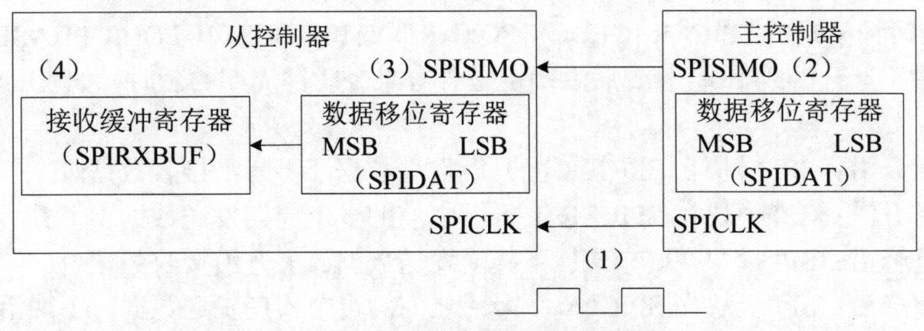

图 6.10　主模式下数据传输示意图

（2）从动模式

从动模式下，可将从控制器的串行数据传输到主控制器，如图 6.11 所示，其工作过程如下。

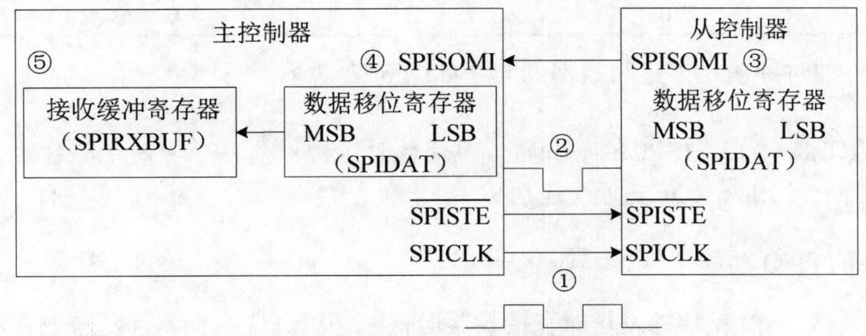

图 6.11　从动模式下的数据传输示意

① 外部主控制器由 SPICLK 引脚为从控制器提供输入时钟，使二者同步传输数据。

② 外部网络主控制器由 $\overline{\text{SPISTE}}$ 引脚输出一低电平给从控制器，允许从控制器发送数据。

③ 从控制器将数据写入其 SPIDAT 并向左移位，在 SPICLK 信号的合适边沿，由 SPIDAT 的 MSB 开始从 SPISOMI 引脚串行输出。

④ 主控制器由 SPISOMI 引脚接收串行数据，并将数据移入 SPIDAT 的 LSB。

⑤ 设定的数据传输完毕后，主控制器将完整的数据并行写入 SPIRXBUF 中，同时可产生中断。

注意：由于主控制器控制着 SPICLK 信号，故可在任意时刻启动数据发送；而从控制器要发送数据，必须得到主控制器的允许。

另外，串行数据长度由 SPICCR[SPICHAR]控制。若传输数据长度小于 16 位，数据写入 SPIDAT 或 SPITXBUF 时，必须左对齐；数据从 SPIRXBUF 读回时则为右对齐。

2．SPI 模块的波特率和时钟模式

SPI 模块支持 125 种不同的波特率和 4 种不同的时钟模式。主动模式下，SPI 时钟由 SPI 模块产生，并由 SPICLK 引脚输出；从动模式下，SPI 时钟由外部（主控制器）时钟源提供，从 SPICLK 引脚输入。两种模式下，SPI 时钟的频率均不能超过 $f_{\text{SYSCLKOUT}}/4$。

（1）SPI 模块波特率的设定

SPI 模块的波特率由 SPI 波特率寄存器（SPIBRR）控制。

当 SPIBRR=3～127 时，SPI 模块的波特率 $= f_{\text{LSPCLK}}/(\text{SPIBRR}+1)$。

当 SPIBRR=0～2 时，SPI 模块的波特率 $= f_{\text{LSPCLK}}/4$。

其中：LSPCLK 为低速外设时钟，SPIBRR 为 SPI 主控制器中 SPIBRR 的值。

（2）SPI 模块的时钟模式

SPI 模块的时钟模式由 SPICCR [CLOCK POLARITY]和 SPICTL[CLOCK PHASE]控制。前者确定时钟的有效沿（上升沿或下降沿）；后者确定是否有半个时钟周期的延时，如表 6.8 所示。各种模式意义如下。

无延时的上升沿：SPI 模块在 SPICLK 上升沿发送数据，下降沿接收数据。

有延时的上升沿：SPI 模块在 SPICLK 上升沿之前的半个周期发送数据，上升沿接收数据。

无延时的下降沿：SPI 模块在 SPICLK 下降沿发送数据，上升沿接收数据。

有延时的下降沿：SPI 模块在 SPICLK 下降沿之前的半个周期发送数据，下降沿接收数据。

表 6.8　SPI 模块的时钟模式

SPICLK 的信号模式	无延时的上升沿	有延时的上升沿	无延时的下降沿	有延时的下降沿
CLOCK POLARITY	0	0	1	1
CLOCK PHASE	0	1	0	1

SPI 模块在各种时钟模式下接收数据的时序如图 6.12 所示。

注意：SPICLK 波形在(SPIBRR+1)的值为偶数时保持对称，为奇数时不对称（高、低电平相差一个 SCLKOUT 时钟周期）。

3．SPI 模块的 FIFO 功能

与 SCI 模块类似，SPI 模块的发送器和接收器均有 16 级 FIFO 堆栈，且发送 FIFO（TX FIFO_0～TX FIFO_15）和接收 FIFO（RX FIFO_0～RX FIFO_15）均为 16 位。FIFO 接收和发送完毕均可申

请中断，且具有可编程的中断级。另外，发送 FIFO 还具有可编程的延时发送功能。可通过对 3 个 FIFO 寄存器［发送 FIFO 寄存器（SPIFFTX）、接收 FIFO 寄存器（SPIFFRX）和 FIFO 控制寄存器（SPIFFCT）］编程来控制其操作，包括选择是否使用 FIFO 功能、FIFO 复位、是否使能中断及选择中断级、发送延时选择等。

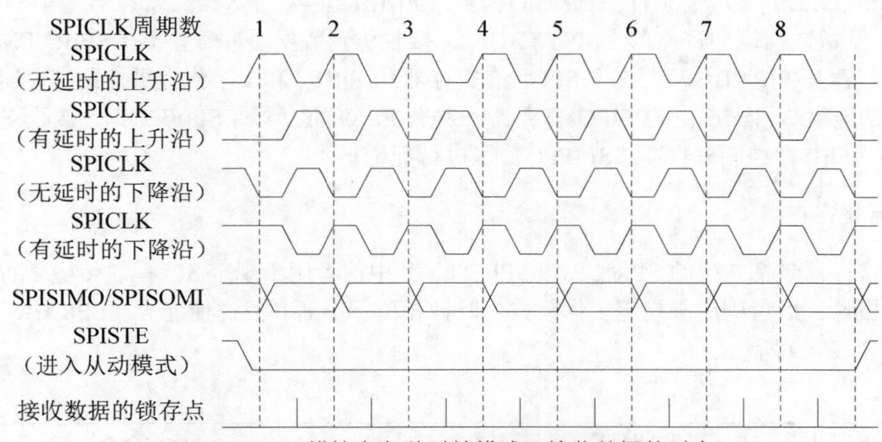

图 6.12　SPI 模块在各种时钟模式下接收数据的时序

系统复位时，SPI 模块处于标准 SPI 模式，通过 SPITINT 和 SPIRINT 向 CPU 申请发送和接收中断；FIFO 功能和 FIFO 寄存器均禁用。要使能 FIFO 功能，可向 SPIFFTX[SPIFFENA]写 1 实现。向 SPIFFTX[SPIRST]写 0，可复位 FIFO 发送和接收通道。

在 FIFO 增强模式下，标准 SPI 模式的 SPITINT 和 SPIRINT 中断被禁止。发送 FIFO 中断通过 SPITINT 申请发送中断；接收 FIFO 中断、接收错误中断和接收 FIFO 溢出中断均通过 SPIRINT 申请接收中断。另外，发送和接收 FIFO 中断的触发条件均可由编程控制，可根据实际需求决定当接收 FIFO 中有多少个数据时，通知 CPU 从接收 FIFO 中读取数据，或者向发送 FIFO 中写入新数据。其中发送 FIFO 中断的触发条件是发送 FIFO 状态位（SPIFFTX[TXFFST]）小于或等于发送中断触发级（SPIFFTX[TXFFIL]）；接收 FIFO 中断的触发条件是接收 FIFO 状态位（SPIFFRX[RXFFST]）大于或等于接收中断触发级（SPIFFRX[RXFFIL]）。发送中断的默认触发级为 0，即 16 级 FIFO 中数据全部发送完毕；接收 FIFO 中断的默认触发级为 15，即 16 级接收 FIFO 中数据全部接收完毕。

CPU 读取接收 FIFO 时，可通过 SPIRXBUF 读取；CPU 向发送 FIFO 写数据时，可直接将数据写入 SPITXBUF。但发送 FIFO 发送数据时，并不通过 SPITXBUF，而是等 SPIDAT 的最后一位数据发送完毕后直接写入。发送 FIFO 中数据传送至 SPIDAT 的速率可以由编程控制，传输数据之间的延时由 SPIFFCT[FFTXDLY]控制，延时范围为 0～255 个波特率时钟。可编程传输数据延时使 DSP 与慢速 SPI 之间通信时，几乎不需要 CPU 干预。

价值观

DSP 控制器借助片内各种通信类外设，使用不同通信协议与外围设备通信，实现数据传输和信息交互。这不仅体现了技术本身的高效性，也启示我们在人际交往中秉持开放包容的态度，遵循合理、合法、诚信和相互尊重的原则，友善待人，和睦相处。同时，我们要提升沟通交流能力，针对不同的对象采取不同的交流方式，以增进理解，消除分歧，加强合作，实现共赢。

6.2.2 SPI 模块的寄存器

标准 SPI 模块的寄存器有 9 个，包括两个控制类寄存器［配置控制寄存器（SPICCR）和操作控制寄存器（SPICTL）］，1 个波特率选择寄存器（SPIBRR），4 个数据类寄存器［串行数据寄存器（SPIDAT）、发送数据缓冲寄存器（SPITXBUF）、接收仿真数据缓冲寄存器（SPIRXEMU）和接收数据缓冲寄存器（SPIRXBUF）］，1 个 SPI 状态寄存器（SPIST）和 1 个优先级控制寄存器（SPIPRI）。增强 FIFO 功能由 3 个 16 位的 FIFO 寄存器［发送 FIFO 寄存器（SPIFFTX）、接收 FIFO 寄存器（SPIFFRX）和 FIFO 控制寄存器（SPIFFCT）］进行配置。

1．控制类寄存器

控制类寄存器包括 8 位的 SPICCR 和 SPICTL。其中前者用于规定 SPI 模块传输字符长度、软件复位和时钟极性；后者则用于规定工作模式、时钟相位、中断和发送使能等。SPICCR 的位分布如下，位描述如表 6.9 所示。

7	6	5　4	3　　　0
SPISWRESET	CLOCKPOLARITY	保留	SPICHAR
R/W-0	R/W-0	R-0	

表 6.9　SPICCR 的位描述

位	名称	说明
7	SPISWRESET	SPI 软件复位。0 表示 SPI 复位，1 表示 SPI 准备好接收/发送
6	CLOCKPOLARITY	时钟极性。0 表示数据上升沿输出，下降沿输入；1 表示数据下降沿输出，上升沿输入
3～0	SPICHAR	传输字符长度选择。字符长度等于(SPICHAR[3:0] +1)

SPICTL 的位分布如下，位描述如表 6.10 所示。

7　5	4	3	2	1	0
保留	OVERRUNINTENA	CLK_PHASE	MASTER_SLAVE	TALK	SPIINTENA
R-0	R/W-0	R/W-0	R/W-0	R/W-0	R/W-0

表 6.10　SPICTL 的位描述

位	名称	说明
4	OVERRUNINTENA	接收超时中断使能。0 表示禁止，1 表示使能
3	CLK_PHASE	SPI 时钟相位选择。0 表示无延时，1 表示延时半个周期
2	MASTER_SLAVE	SPI 主从模式选择。0 表示从动模式，1 表示主动模式
1	TALK	主动/从动模式发送使能。0 表示禁止发送（输出高阻态），1 表示使能发送
0	SPIINTENA	SPI 发送/接收中断使能。0 表示禁止 SPI 中断，1 表示使能 SPI 中断

2．SPIBRR

SPIBRR 是一个 8 位的数据类寄存器。当 SPI 工作于主动模式时，其值用于控制 SPI 模块数据传输的波特率（共有 125 种波特率可选）；当 SPI 工作于从动模式时，其值对 SPICLK 信号无影响。

3．数据类寄存器

数据类寄存器包括 SPIDAT、SPITXBUF、SPIRXEMU 和 SPIRXBUF，均为 16 位。

SPIDAT 用于存放发送/接收的串行数据。发送的数据左对齐，在 SPICLK 的合适边沿由 MSB 逐位移出；接收的数据右对齐，在 SPICLK 的合适边沿由 SPIDAT 的 LSB 逐位移入。向 SPIDAT 中写入数据将启动数据传输。

SPITXBUF 用于存放下一个需要发送的数据。向 SPITXBUF 写入数据将置位 SPIST[TXBUFFULLFLAG]。当前 SPIDAT 中数据传送完毕后，若 BUFFULLFLAG 置位，则 SPITXBUF 中的数据自动装入 SPIDAT，同时清除 BUFFULLFLAG。

SPIRXBUF 用于存放 SPI 模块接收到的数据。SPIDAT 接收到一个完整数据后，将该数据右对齐传送至 SPIRXBUF，并置位 SPIST[SPIINTFLAG]。读取 SPIRXBUF 后，自动清除 INTFLAG。SPIRXEMU 与 SPIRXBUF 内容相同，但仅用于仿真，读取该寄存器不清除 INTFLAG。

4．状态寄存器和优先级控制寄存器

SPIST 的位分布如下，位描述如表 6.11 所示。

7	6	5	4　　0
OVERRUNFLAG	INTFLAG	BUFFULLFLAG	保留
RC-0	RC-0	RC-0	R-0

表 6.11　SPIST 的位描述

位	名称	说明	清除方法
7	OVERRUNFLAG	SPI 接收溢出中断标志位（旧数据被覆盖）。0 表示无超时中断请求，1 表示有超时中断请求	①该位写 1；②向 SPISWRESET 写 1；③复位系统
6	INTFLAG	SPI 中断标志位。0 表示无中断请求，1 表示有中断请求	①读 SPIRXBUF；②向 SPISWRESET 写 1；③复位系统
5	BUFFULLFLAG	SPI 发送缓冲器满标志。0 表示 TXBUF 空，1 表示 TXBUF 有新数据	

注意： OVERRUNFLAG 和 INTFLAG 共享一个中断向量。另外，若 OVERRUNFLAG 置 1 之后未清除，将检测不到后续溢出中断。

SPIPRI 的位分布如下：

7	6	5	4	3　　0
保留	PRIORITY	SOFT	FREE	保留
R-0	R/W-0	R/W-0	R/W-0	R-0

其中 PRIORITY 用于规定 SPI 中断优先级（0 表示高优先级，1 表示低优先级）。SOFT 和 FREE 用于规定 SPI 仿真挂起时的操作：00 表示立即停止，10 表示完成当前接收/发送操作后停止，x1 表示自由运行。

5．FIFO 寄存器

FIFO 寄存器包括 SPIFFTX、SPIFFRX 和 SPIFFCT，其功能和控制方法与 SCI 模块的类似。

SPIFFTX 的位分布如下，其位描述如表 6.12 所示。

15	14	13	12～8
SPIRST	SPIFFENA	TXFIFO	TXFFST
R/W-1	R/W-0	R/W-1	R-0

7	6	5	4～0
TXFFINT	TXFFINTCLR	TXFFIENA	TXFFIL
R-0	W-0	R/W-0	R/W-0

表 6.12 SPIFFTX 的位描述

位	名称	说明
15	SPIRST	SPI 复位。0 表示复位，1 表示使能操作
14	SPIFFENA	FIFO 增强功能使能。0 表示禁用，1 表示使能
13	TXFIFO	发送 FIFO 复位。0 表示复位，指针指向 0，1 表示使能操作
12～8	TXFFST	发送 FIFO 状态位。00000～10000 表示 FIFO 有 0～16 个字符未发送
7	TXFFINT	FIFO 发送中断标志。0 表示无中断事件，1 表示有中断事件
6	TXFFINTCLR	FIFO 发送中断清除位。0 表示无影响，1 表示清除中断标志
5	TXFFIENA	FIFO 发送中断使能。0 表示禁止，1 表示使能
4～0	TXFFIL	FIFO 发送中断级设定。当前状态位 TXFFST≤TXFFIL 时产生中断

SPIFFRX 的位分布如下，其位描述如表 6.13 所示。

15	14	13	12～8
RXFFOVF	RXFFOVRCLR	RXFIFORESET	RXFFST
R -0	W-0	R/W-1	R-0

7	6	5	4～0
RXFFINT	RXFFINTCLR	RXFFIENA	RXFFIL
R-0	W-0	R/W-1	R/W-1

表 6.13 SPIFFRX 的位描述

位	名称	说明
15	RXFFOVF	接收 FIFO 溢出标志。0 表示无溢出，1 表示溢出
14	RXFFOVRCLR	溢出标志清除位。0 表示无影响，1 表示清除溢出标志
13	RXFIFORESET	接收 FIFO 复位。0 表示复位，指针指向 0；1 表示使能操作
12～8	RXFFST	接收 FIFO 状态位。00000～10000 表示 FIFO 中接收到 0～16 个字符
7	RXFFINT	FIFO 接收中断标志。0 表示无中断事件，1 表示有中断事件
6	RXFFINTCLR	FIFO 接收中断清除位。0 表示无影响，1 表示清除中断标志
5	RXFFIENA	FIFO 接收中断使能。0 表示禁止，1 表示使能
4～0	RXFFIL	FIFO 接收中断级设定。当前状态位 RXFFST≥RXFFIL 时产生中断

SPIFFCT 是一个 16 位的寄存器，其高 8 位保留，低 8 位 FFTXDLY[7:0]用于规定发送 FIFO 发送数据时数据之间的延时，延时范围为 0～255 个波特率时钟。

6.2.3 SPI 模块应用示例

AD5621 是一款 12 位串行 DAC 模块，具有两通道输出电压。当帧同步信号 $\overline{\text{SYNC}}$ 有效（低电平）时，16 位串行数据在串行时钟 SCLK 下降沿的作用下，由引脚 SDIN 逐位移入内部移位寄存器；并在第 16 个 SCLK 之后更新 DAC 模块。其 16 位串行数据的低 2 位保留，中间 12 位（D13:D2）为待转换波形数据，高 2 位用于控制工作模式。例如，高 2 位为 00 时，将 12 位数据传输至 DAC 模块进行转换，并在 VOUT 引脚输出。下面以 TMS320F28335 DSP 控制器通过 SPI 模块与 DAC 模块通信为例，说明 SPI 模块的开发方法。

例 6.2　如图 6.13 所示，TMS320F28335 通过 SPI 模块向 DAC 模块 AD5621 发送波形数据，要求 AD5621 输出方波。假设 SYSCLKOUT 频率为 150MHz。

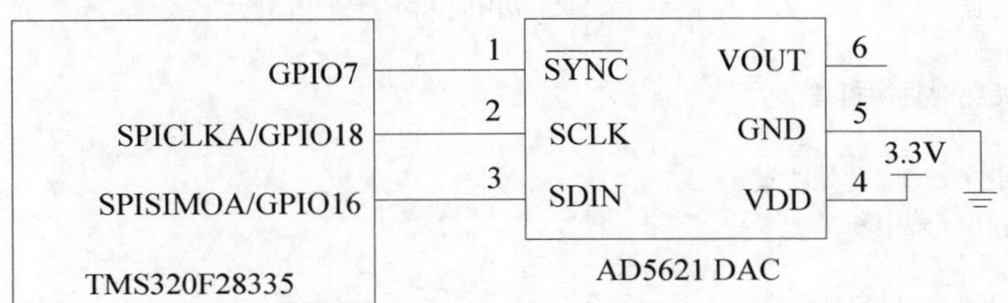

图 6.13　TMS320F28335 通过 SPI 模块与 DAC 模块通信

解：（1）实现方案分析

① 确定工作模式、数据长度和时钟方案

图 6.13 中，TMS320F28335 通过 SPISIMOA 引脚向 AD5621 发送串行数据，因此其 SPI 模块工作于主动模式，即需设置 SPICTL[MASTER_SLAVE]=1；同时应通过 SPICLKA 引脚向 AD5621 提供串行时钟。AD5621 中数据的长度为 16 位，应设置 SPICCR[CHAR]=0xF。另外，AD5621 在 SCLK 下降沿锁存 SDIN 引脚上的数据，故时钟方案可采用无延时的上升沿，应设置 SPICCR[CLOCK_POLARITY]=0、SPICTL[CLOCK_PHASE]=0。

② 设置串行通信波特率

AD5621 串行时钟 SCLK 的最高工作频率可达 30MHz，因此通信波特率最高可达 30Mbps。TMS320F28335 SPI 模块的时钟 SPICLK 由低速外设时钟 LSPCLK 经波特率选择寄存器进一步分频得来，若 LSPCLK 直接使用复位时默认值，则 f_{LSPCLK}=150(MHz)/4=37.5(MHz)；进一步设置 SPIBRR=4，则通信波特率为 f_{LSPCLK}/(SPIBRR+1) =7.5Mbps，可满足要求。

（2）SPI 初始化代码

```
void spi_init(void)                                //定义 SPI 初始化函数
{   //配置接口引脚和时钟
    EALLOW;                                        //使能访问受保护的寄存器
    GpioCtrlRegs.GPAMUX2.bit.GPIO16=0x1;           //GPIO16 作为 SPISIMOA
    GpioCtrlRegs.GPAMUX2.bit.GPIO18=0x1;           //GPIO18 作为 SPICLK
    GpioCtrlRegs.GPAMUX1.bit.GPIO7=0x0;            //GPIO7 作为 I/O 引脚
    GpioCtrlRegs.GPADIR.bit.GPIO7=0x1;             //GPIO7 作为输出引脚
    GpioDataRegs.GPASET.bit.GPIO7=0x1;             //GPIO7 输出高电平
    SysCtrlRegs.PCLKCR0.bit.SPIAENCLK = 1;         //使能 SPIA 时钟
    EDIS;                                          //宏指令，恢复寄存器的保护状态
    //配置 SPI 寄存器
```

```
    SpiaRegs.SPICCR.all =0x000F;            //SPI 模块复位、数据上升沿输出、数据长度 16 位
    SpiaRegs.SPICTL.all =0x0006;            //主动模式，无延时
    SpiaRegs.SPIBRR =0x0004;                //SPIBRR=4
    SpiaRegs.SPICCR.all =0x008F;            //退出复位
    SpiaRegs.SPIPRI.bit.FREE = 1;           //SPI 不受仿真挂起的影响
    SpiaRegs.SPIFFTX.all=0xE000;            //使能 SPI、SPI 增强功能和 FIFO 发送功能
}
```

（3）主程序代码

代码 6.2　TMS320F28335 通过 SPI 模块向 DAC 模块发送波形数据。

```
#include "DSP2833x_Device.h"
#include "DSP2833x_Examples.h"
//函数声明
void spi_init(void);                                //声明 SPI 初始化函数
void main(void)
{ //步骤 1: 初始化时钟源模块
InitSysCtrl();
//步骤 2: 初始化 GPIO，此处跳过
//步骤 3:  禁止可屏蔽中断
DINT;
//步骤 4: 初始化器件外设
spi_init();                                         //初始化 SPI
//步骤 5: 用户特定代码，此处跳过
//步骤 6: 无限循环，输出方波
for(;;)
  {
   GpioDataRegs.GPACLEAR.bit.GPIO7=0x1;             //GPIO7 输出低电平，帧同步有效
   SpiaRegs.SPITXBUF=0x3FFC;                        //向 AD5621 发送方波高电平数据
   DELAY_US(200);                                   //高电平延时 200μs
   GpioDataRegs.GPASET.bit.GPIO7=0x1;               //GPIO7 输出高电平，帧同步无效
   DELAY_US(50);                                    //高电平延时 50μs
   GpioDataRegs.GPACLEAR.bit.GPIO7=0x1;             //GPIO7 输出低电平，帧同步有效
   SpiaRegs.SPITXBUF=0x0000;                        //向 AD5621 发送方波低电平数据
   DELAY_US(200);                                   //低电平延时 200μs
   GpioDataRegs.GPASET.bit.GPIO7=0x1;               //GPIO7 输出高电平，帧同步无效
   DELAY_US(50);                                    //低电平延时 50μs，方波频率为 2kHz，占空比为 50%
  }
}
```

6.3 增强控制器局域网模块

CAN 属于工业现场总线的新一代局域通信网络，又称为控制器局域网现场总线。与一般的通信总线相比，具有突出的可靠性、实时性和灵活性，故在汽车、电子和其他工业领域获得了广泛应用。TMS320F28335 具有两个 eCAN 模块，即 eCAN-A 和 eCAN-B。每个 eCAN 模块具有 32 个与时间标志定时器相关联的可以完全控制的邮箱，每个邮箱均可配置为发送邮箱或接收邮箱，有可编程的接收屏蔽寄存器，使数据传输更加方便、灵活。TMS320F28335 的 eCAN 模块完全兼容 CAN 2.0B 协

议，通信速率可达 1Mbps，具有低功耗工作，可编程总线唤醒方式，远程请求信息自动回复，可自动重传和自测试等特点，提供了一种通用、可靠的串行通信方式。

6.3.1　eCAN 模块的结构与工作原理

eCAN 模块的结构与工作原理

TMS320F28335 的 eCAN 模块及其接口电路如图 6.14 所示。由图 6.14 可见，eCAN 模块由 CAN 协议核心（CPK）和消息控制器组成。CPK 的通信缓冲区包括发送缓冲区和接收缓冲区。CPK 对用户是透明的，可根据 CAN 协议在 CAN 总线上发送消息，或将从总线上接收到的消息解码后存放至接收缓冲区。消息控制器包括消息邮箱 RAM 32 个（每个邮箱具有 4×32 位空间）、存储器管理单元（包括 CPU 接口、接收控制单元和定时器管理单元），以及控制与状态寄存器 3 个组成部分。消息控制器负责根据需发送消息的优先级将其发送给 CPK，或者决定是否保存 CPK 接收到的消息。

图 6.14　eCAN 模块及其接口电路

CPU 发送消息时，消息控制器将待发送的消息传送给 CPK 的发送缓冲区，并在下一个总线空闲状态将其发送出去。若要发送多个消息，先对其进行排队，然后根据优先级从高到低的顺序依次发送。若两个发送邮箱的消息具有相同的优先级，则优先发送编号大的邮箱中的消息。

CPK 接收到有效的消息后，由消息控制器的接收控制单元决定是否保存该消息。接收控制单元检查所有消息对象的状态、标识符以及屏蔽寄存器等，以确定用于保存该消息的邮箱，若未找到匹配邮箱，则舍弃该消息。

消息控制器的定时器管理单元有一个时间戳计数器，在 eCAN 模式下，可为所有发送或接收的消息添加时间标记。若消息未能在允许的时间内接收或发送完毕，将产生超时中断。另外，在进行数据传输时，对所有控制器寄存器配置完成后，所有工作均由 eCAN 模块完成，无须 CPU 干预。

TMS320F28335 的 eCAN 模块可工作于增强模式（eCAN 模式）和标准模式（SCC 模式）。SCC 模式下，只能使用 16 个邮箱（邮箱 0～15），无时间标记功能，且可接收屏蔽数目减少。工作模式

由主控制寄存器（CANMC）的 SCC 兼容位 SCB 配置（1 表示 eCAN 模式，0 表示 SCC 模式），复位时工作于 SCC 模式。

6.3.2 CAN 帧格式及邮箱配置

1. CAN 帧格式

CAN 协议规定 CAN 通信采用报文传送，支持数据帧、远程帧、错误帧以及超载帧等 4 种帧。CAN 允许使用数据帧来发送、接收和保存信息。如图 6.15 所示，一个有效的 CAN 数据帧由帧起始（SOF）、仲裁域、控制域、数据域、校验域（CRC）、应答域（ACK）和帧结束（EOF）组成。支持两种不同的数据帧格式——标准帧和扩展帧。二者的不同之处主要在于仲裁域格式。前者由 11 位标识符和远程传输请求位 RTR 构成，后者增加了 18 位扩展标识符和替代远程请求位 SRR、标识符扩展 IDE 等。其中，标识符作为报文名称，用于确定仲裁过程中的访问优先级和判断 CAN 接收邮箱是否接收该信息帧的内容；RTR 用于区分发送的是远程帧还是数据帧；IDE 用于区分标准帧和扩展帧；SRR 用于指示当前数据帧是否替代远程请求帧。

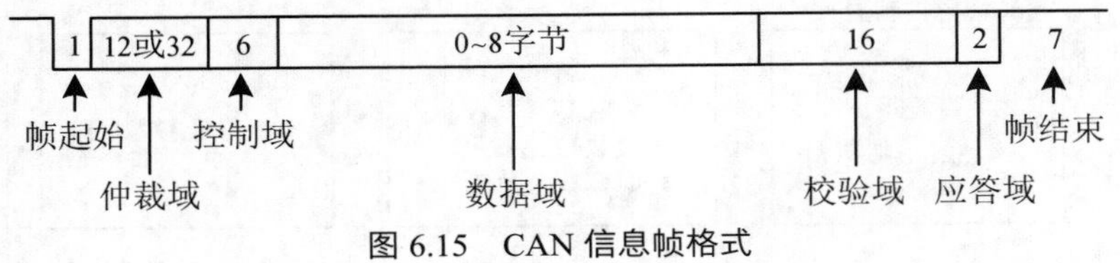

图 6.15 CAN 信息帧格式

2. eCAN 模块的邮箱

eCAN 模块有 32 个邮箱。每一个邮箱均可配置为发送邮箱或接收邮箱，且均有独立的接收屏蔽寄存器。每个邮箱由邮箱标志寄存器（MSGID，32 位）、邮箱控制寄存器（MSGCTRL，32 位）、32 位消息数据寄存器即 CANMDL（低位，4B）和 CANMDH（高位，4B）等构成。MSGID 用于存放 11 位或 29 位的标识符，即邮箱 ID。MSGCTRL 用于定义消息字节数、发送优先级和远程帧等。CANMDL 和 CANMDH 用于存储发送或接收的数据帧，每个邮箱最多可存储 8B。当 CAN 模块未启动时，可将这些存储空间作为普通 RAM 使用。

（1）MSGID

MSGID 为 32 位寄存器，其位分布如下：

31	30	29	28　　　18	17　　　0
IDE	AME	AAM	ID[28:18]	ID[17:0]
R/W-x	R/W-x	R/W-x	R/W-x	R/W-x

其中 IDE 为标识符扩展位，由此决定接收的消息含有扩展标识符或标准标识符（0 表示标准标识符，1 表示扩展标识符）。AME 为接收屏蔽使能位（0 表示不使用接收屏蔽，所有标识符均需匹配；1 表示使用接收屏蔽），仅用于接收邮箱。AAM 为自动应答模式位（0 表示正常模式，不响应远程请求；1 表示自动应答模式，收到匹配的远程请求后，将邮箱内容发送出去），仅对发送邮箱有效。ID[28:0]为消息标识符，标准标识符模式下仅使用 ID[28:18]。

（2）MSGCTRL

32 位 MSGCTRL 的位定义如下：

31～13	12～8	7～5	4	3～0
保留	TPL	保留	RTR	DLC
R-0	R/W-x	R-0	R/W-x	R/W-x

其中 DLC 为数据长度代码，决定发送或接收多少字节（0～8B）的数据。RTR 为远程传输请求位，置 1 有效。TPL 为传输优先级，定义了该邮箱相对于其他 31 个邮箱的优先级。

（3）CANMDL 和 CANMDH

CANMDL 和 CANMDH 均为 32 位寄存器，用于存储 CAN 消息的数据字段。消息数据共包含 8B，通信过程中数据从字节 0 开始通过 CAN 总线发送或接收。数据存取顺序由 CANMC 的数据字节顺序位 DBO 设置。当 DBO=1 时，数据的存储与读取均从 CANMDL 寄存器的最低有效字节开始，到 CANMDH 寄存器的最高有效字节结束。当 DBO=0 时，数据的存储与读取均从 CANMDL 的最高有效字节开始，到 CANMDH 的最低有效字节结束。

6.3.3 eCAN 模块的操作控制

1．eCAN 模块的初始化和通信波特率的设置

（1）eCAN 模块的初始化过程

使用 eCAN 模块前必须先对其进行初始化，只能在模块的初始化（配置）模式下进行初始化，且要求 CANES[CCE]为 1。硬件复位后，eCAN 模块处于初始化模式。若其工作于正常模式，可通过向 CANMC[CCR]写 1，使其进入初始化模式。eCAN 模块的初始化过程如图 6.16 所示。

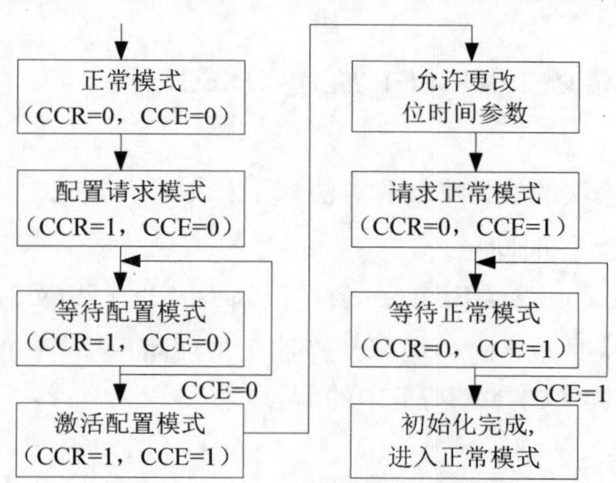

图 6.16　eCAN 模块初始化的过程

图 6.16 中，eCAN 模块的初始状态为正常模式（CCR=0，CCE=0），首先向 CCR 写 1 请求进入配置模式，然后进入等待配置模式（CCR=1，CCE=0），等待 CCE 置 1。当 CCE 为 1，则配置模式激活（CCR=1，CCE=1），下一步即可对位时间配置寄存器（CANBTC）编程，修改位时间参数，以确定通信波特率。参数配置完毕，可向 CCR 写 0 请求恢复正常模式，然后进入等待正常模式（CCR=0，CCE=1），等待 CCE 置 0。待 CCE 为 0，即可完成初始化，进入正常模式（CCR=0，CCE=0）。若 CANBTC 为 0 或者保持初始化值，则 eCAN 模块将不会离开初始化模式（CCE 将一直保持为 1）。

注意： 初始化模式、正常模式及异常模式间的转换须与 CAN 同步。即 CAN 控制器在改变模式前一直等待，直到它探测到总线空闲（11 个隐性位）。若总线固定于显性错误，CAN 控制器探测不到总线空闲，将不能完成模式的转换。

（2）位时间的确定

CAN 总线上所有控制器均需具有相同的波特率和位时间。位时间是每传输 1 位数据所含时间片（Time Quanta，TQ）的个数。CAN 协议将位时间划分为同步段 SYNC_SEG、传输段 PROP_SEG、相位缓冲段 PHASE_SEG1 和 PHASE_SEG2 这 4 个不同的时间段。其中 SYNC_SEG 用于同步总线上的不同节点，其时长始终为一个 TQ；PROP_SEG 用于补偿网络内的物理延迟时间，PHASE_SEG1 和 PHASE_SEG2 用于补偿边沿误差，可将其时长分别设置为 1～8 个 TQ。TMS320F28335 的 eCAN 模块的标称位时间如图 6.17 所示，其中 SJW 表示同步跳转宽度，TSEG1 为 PROP_SEG 与 PHASE_SEG1 的和，TSEG2 为 PHASE_SEG2 的长度。

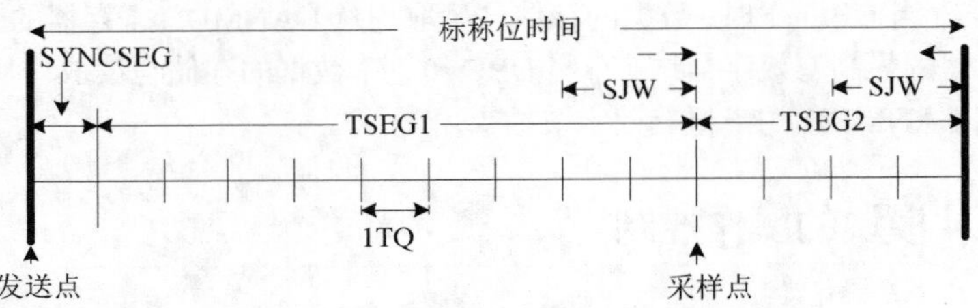

图 6.17　eCAN 模块的标称位时间

若使用信息处理时间（Information Processing Time，IPT）表示位读取所需的时间（通常为两个 TQ），则 TSEG1、TSEG2 和 IPT 的取值需遵循以下规则：①IPT=3/BRP（结果四舍五入）；②IPT≤TSEG2≤8TQ≤TSEG1≤16TQ；③TQ≤SJW≤min[4TQ,TSEG2]；④3 点采样模式下 BRP≥5。

位时间所包含的 TQ 数量可根据式（6.1）算出，其中 $TSEG1_{reg}$ 和 $TSEG2_{reg}$ 表示相应寄存器的值。

$$\text{位时间} = (TSEG1_{reg} + 1) + (TSEG2_{reg} + 1) + 1 \tag{6.1}$$

（3）波特率的设置

TMS320F28335 eCAN 模块的波特率计算方法如下：

$$\begin{aligned}\text{波特率} &= 1/(TQ \times \text{位时间}) \\ &= (f_{SYSCLKOUT}/2)/((BRP_{reg}+1)\times((TSEG1_{reg}+1)+(TSEG2_{reg}+1)+1))\end{aligned} \tag{6.2}$$

式（6.2）中，$f_{SYSCLKOUT}$ 是系统时钟频率，等于 CPU 时钟频率；BRP_{reg}、$TSEG1_{reg}$、$TSEG2_{reg}$ 分别为写入位定时配置寄存器（CANBTC）中的值。

2．eCAN 模块的配置步骤

eCAN 模块中的一些重要的寄存器及某些重要的位受 EALLOW 保护，对它们进行配置前，必须先解除 EALLOW 保护。eCAN 模块的具体配置步骤如下。

① 使能 eCAN 模块时钟。

② 设置 CANTX 和 CANRX 引脚为 CAN 功能引脚。

③ 复位后，CCR 位和 CCE 位为 1。此时允许用户配置 CANBTC。若 CCE 置位，则继续执行下一步；否则将 CCR 置位，并一直等到 CCE=1。

④ 向 CANBTC 写入合适的数值，并确保 TSEG1 和 TSEG2 值不为 0。如果它们为 0，eCAN 模块就不能脱离初始化模式。

⑤ 对于 SCC 模式，可将接收邮箱设置为接收屏蔽方式。例如：LAM(3)=0x3c0000。

⑥ 对 CANMC 的设置为：CCR=0、PDR=0、DBO=0、WUBA=0、CDR=0、ABO=0、STM=0、RES=0、MBNR=0。

⑦ 将 MSGCTRLn 的所有位全部初始化为 0。

⑧ 确保 CCE 清零（CANES.4=0），表示 CAN 已完成配置。

3．信息的发送

（1）发送邮箱的配置

以邮箱 1 为例，发送信息的具体步骤如下。

① 将 CANTRS 相应的位清零。设置 CANTRS.1=0（由于直接向 CANTRS 写 0 无效，故应配置 CANTRR.1=1，并等待至 CANTRS.1=0）。若 RTR=1，则可发送远程帧。一旦发送远程帧，eCAN 模块会将邮箱的 CANTRS 位清零。同一节点可以用来向其他节点请求数据帧。

② 通过清除邮箱使能寄存器（CANME）相应位（CANME.1=0）禁止邮箱工作。

③ 装载 MSGID。正常发送时，MSGID [AME]与 MSGID[AAM]全清零，仅在禁止邮箱工作时，方可对其进行修改。例如以下操作，

a. 写 MSGID(1)=0x15ac00000。

b. 将数据长度写入信息控制寄存器 MSGCTRL[DLC]区。通常，RTR 标志被清零，即 SGCTRL.4=0。

c. 通过清除 CANMD 寄存器中相应标志位来设置邮箱方向。

d. 设置 CANMD.1=0，使能邮箱。

④ 设置 CANME 中的相应位（CANME.1=1），以使能邮箱。

（2）发送消息的步骤

仍以邮箱 1 为例，发送一条信息的具体步骤如下。

① 写信息数据到邮箱数据区域。由于配置时将 CANMC[DBO]清零，MSGCTRL(1) = 2，所以数据被存放在 CANMDL(1)的两个最高有效字节。

② 将发送请求寄存器的对应标志位置 1（CANTRS.1=1），从而启动消息的发送。此后，eCAN 模块监控 CAN 的整个信息发送过程。

③ 等待对应邮箱的发送应答标志位置位（CANTA.1=1）。成功发送后，eCAN 模块置位该标志位。

④ 无论发送成功还是终止发送，CANTRS 标志位都将复位，即 CANTRS.1=0。

⑤ 为了进行下一次发送，必须将发送应答位清零。具体流程为：先令 CANTA.1=1，然后等待，一直等到读出 CANTA.1 为 0。

⑥ 若要用同一个邮箱发送其他信息，则必须更新邮箱 RAM 的数据。置位 CANTA.1 来启动下一次发送。写入邮箱 RAM 的数据可以为 16 位或 32 位，但 eCAN 模块总是从偶数地址处返回 32 位数值，因此 CPU 要接收所有 32 位或其中的一部分。

4．信息的接收

（1）接收邮箱的配置

以邮箱 3 为例，接收信息的具体步骤如下。

① 通过清除 CANME 对应的位来禁止邮箱工作，即 CANME.3=0。

② 将选定的标识符写到对应的信息标识符 MSGID。标识符扩展位必须配置成所需标识符。如果使用接收屏蔽，接收屏蔽使能位 AME 必须置 1（即 MSGID.30=1）。

③ 若 AME 位已置 1，则必须对相应的接收屏蔽寄存器进行编程。例如：LAM(3)=0x03c0000。

④ 若设置邮箱方向寄存器中的对应标志位（CANMD.3=1），邮箱将被配置为一个接收邮箱，需确保该操作不会影响到该寄存器中的其他位。

⑤ 若需要保护邮箱中的数据，则要对过冲保护寄存器（CANOPC）进行编程。若不允许数据丢失，则该保护是非常有用的。如果对 CANOPC 进行置位，则需要软件确保配置一个附加邮箱（缓

存邮箱）来存放溢出的信息；否则，信息可能丢失。具体操作为 CANOPC.3=1。

⑥ 通过设置 CANME 中相应的标志位来使能邮箱。具体为：先读 CANME，后回写（CANME1=0x0008）来确保没有其他标志位被意外修改。

至此，该邮箱已被设置为接收模式，任何针对该邮箱的输入信息都将被自动处理。

（2）接收消息的步骤

这里仍以邮箱 3 为例，接收一条信息的具体步骤如下。

① 当接收到一条信息时，接收信息悬挂寄存器（CANRMP）对应的标志位被置为 1，并且产生一个中断（前提是已初始化接收中断）。此时，CPU 将从邮箱 RAM 读取信息。在 CPU 从邮箱 RAM 读取信息之前，应该先将 CANRMP 位清零（CANRMP.3=1）。

② CPU 需检测接收信息丢失标志位 CANRML.3 是否为 1。根据应用程序的要求，CPU 决定如何处理这种情况。

③ 读取数据后，CPU 需要检测 CANRMP 位是否被模块重新置位。如果 CANRMP 置为 1，则数据可能已经损坏。此时 CPU 需要重新读取数据。

5. eCAN 模块的中断

TMS320F28335 的 eCAN 模块拥有两类不同的中断，如图 6.18 所示。第一类中断是与信息包相关的中断，例如接收信息悬挂中断或者发送终止应答中断等；第二类中断是系统中断，负责处理错误或系统相关的中断，如错误无效中断或者唤醒中断。

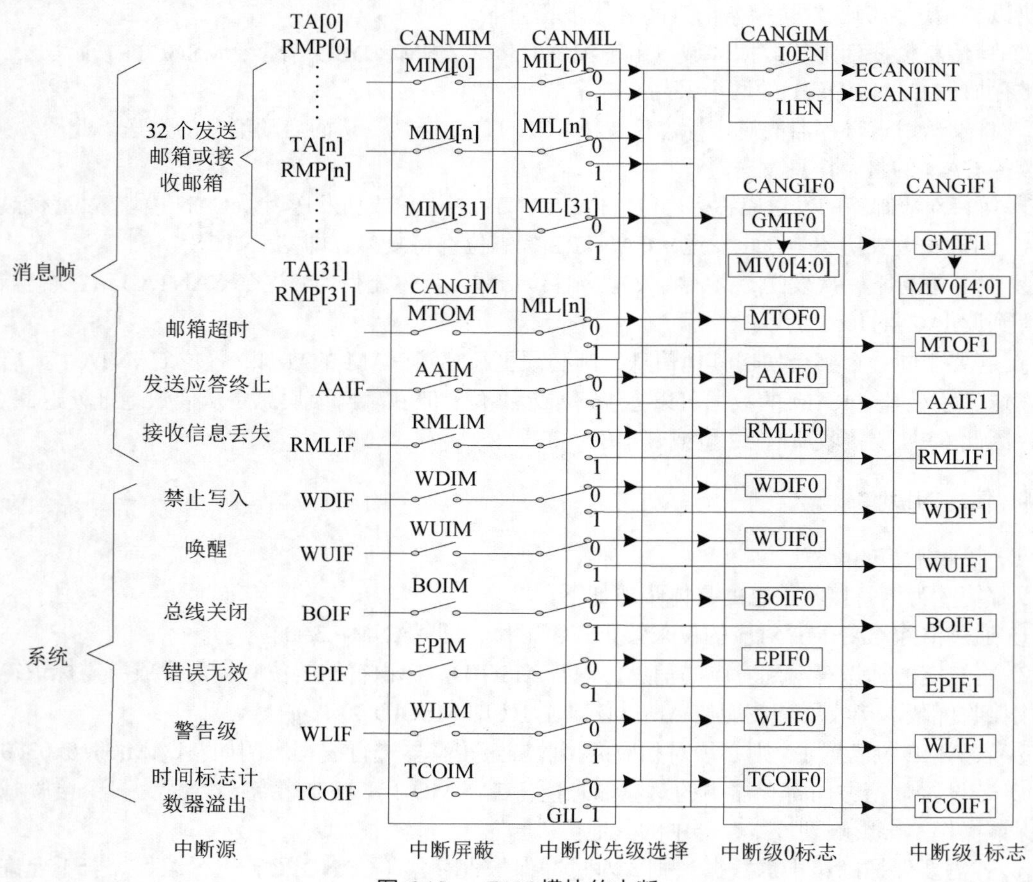

图 6.18 eCAN 模块的中断

（1）eCAN 模块的中断方案

若有中断发生，则相应的中断标志位置位。系统中断标志位的置位与否取决于 GIL（CANGIM.2）的设置。若 GIL 置位，将 CANGIF1 置位；否则，将 CANGIF0 置位。

GIMIF0/GMIF1（CANGIF0.15/CANGIF1.15）置位与否取决于 CANMIL[n]位的设置，与产生中断的信息包有关。若 CANMIL[n]置位，则对应信息包的中断标志位 MIF[n]将对 GMIF1 置位；反之，对 GMIF0 置位。

（2）中断处理

eCAN 模块有两个中断源。中断处理完成以后，通常中断源被清除。CPU 会清零中断标志位，即清除 CANGIF0/CANGIF1 的中断标志位。清零方法是通过对其写入 1。当然也有例外情况，如表 6.14 所示。若无其他的中断悬挂，将释放中断。

表 6.14　中断的声明及清除

中断标志	中断条件	CANGIF0/1 设定位	清除方法
WLIFn	错误计数器的值≥96	GIL	写入 1
EPIFn	eCAN 模块进入错误无效模式	GIL	写入 1
BOIFN	eCAN 模块进入总线关闭模式	GIL	写入 1
RMLIFn	某个接收邮箱发生溢出	GIL	清除 CANRMPn
WUFn	eCAN 模块脱离局部掉电模式	GIL	写入 1
WDIFn	对一个邮箱的写操作被拒绝	GIL	写入 1
AAIFn	一个发送请求被终止	GIL	清除 CANAAn
GMIFn	邮箱成功发送或接收一条信息	CANMILn	向 CANTA 或 CANRMO 对应位写 1

拓展阅读

DSP 控制器使用不同的通信接口与外围设备通信时，要遵循不同的通信协议标准。这些通信协议标准就是通信双方必须要遵循的规范。俗话说，“没有规矩，不成方圆”。协议标准作为一种规则和准则，在社会、经济和科技发展中，具有规范行为、促进合作、提高效率、保障安全、促进创新、减少纠纷和增强互信的重要作用。

目前，我国有许多标准已经成为国际标准如特高压领域、高铁领域、数字电视领域、5G 技术领域、核电安全领域的许多标准，并被全球多个国家采用。此外，我国在制造业、环保、能源等领域也有很多标准得到了国际的认可和采用。中国标准能成为国际标准，彰显了我国在这些领域的技术实力和国际影响力，也为相关产业发展提供了更多的话语权、主动权和国际竞争优势。

6.3.4 eCAN 模块的寄存器

TMS320F28335 eCAN 模块的所有寄存器均为 32 位，如表 6.15 所示。处理器对它们进行配置，从而控制 CAN 信息传输。

表 6.15　TMS320F28335 eCAN 模块的寄存器

名称	大小（32 位）	描述	名称	大小（32 位）	描述
CANME	1	邮箱使能寄存器	CANTEC	1	发送错误计数寄存器
CANMD	1	邮箱方向寄存器	CANREC	1	接收错误计数寄存器
CANTRS	1	发送请求设置寄存器	CANGIF0	1	全局中断标志寄存器 0
CANTRR	1	发送请求复位寄存器	CANGIM	1	全局中断屏蔽寄存器
CANTA	1	发送应答寄存器	CANGIF1	1	全局中断标志寄存器 1
CANAA	1	发送终止应答寄存器	CANMIM	1	邮箱中断屏蔽寄存器
CANRMP	1	接收信息悬挂寄存器	CANMIL	1	邮箱中断优先寄存器
CANRML	1	接收信息丢失寄存器	CANOPC	1	过冲保护控制寄存器
CANRFP	1	接远程帧悬挂寄存器	CANTIOC	1	发送 I/O 控制寄存器
CANGAM	1	全局接收屏蔽寄存器	CANRIOC	1	接收 I/O 控制寄存器
CANLAM	1	局部接收屏蔽寄存器	CANTSC	1	时间戳计数寄存器
CANMC	1	主控制寄存器	MOTS	1	消息对象时间戳寄存器
CANES	1	错误和状态寄存器	CANTOC	1	超时控制寄存器
CANBTC	1	位时间配置寄存器	MOTO	1	消息对象超时寄存器

表 6.15 中，CANME、邮箱方向寄存器（CANMD）、发送请求置位寄存器（CANTRS）、发送请求复位寄存器（CANTRR）、发送应答寄存器（CANTA）、发送终止应答寄存器（CANAA）、接收信息悬挂寄存器（CANRMP）、接收信息丢失寄存器（CANRML）和远程帧悬挂寄存器（CANRFP）等均为 32 位，且位分布相同，从最低位到最高位分别用于邮箱 0～31 的配置。其中 CANME 用于启用/禁用 32 个邮箱（0 表示禁用，1 表示启用）；CANMD 用于配置 32 个邮箱的接收或发送操作（1 表示接收，0 表示发送）；CANTRS 用于启动 32 个邮箱的发送（1 表示启动发送，0 表示无操作）；CANTRR 用于取消发送请求（1 表示取消发送，0 表示无操作）；若邮箱 n 的信息发送成功，则 CANTA[n]置位；若邮箱 n 中信息的发送终止，则 CANAA 的 CANAA[n]置位；若邮箱 n 中接收到一条信息，则 CANRMP[n]置位；若邮箱 n 中一条新信息覆盖了一条旧的未读信息，则 CANRML[n]置位；若接收邮箱 n 接收了一个远程帧，则 CANRFP[n]置位。

1．CANGAM 和 CANLAM

当控制器接收到信息时，首先将其标识符与邮箱的标识符（存放在邮箱内）进行比较，然后根据对应的接收屏蔽寄存器，屏蔽掉标识符中不需要比较的位。

在 SCC 模式下，全局接收屏蔽寄存器（CANGAM）用于对邮箱 15～邮箱 6 的处理，局部接收屏蔽寄存器（CANLAM）用于对邮箱 5～邮箱 3 的操作。接收信息存放在标识符匹配的最高序号邮箱中。若邮箱 15～邮箱 6 中无匹配的标识符，则接收的信息与邮箱 5～邮箱 3 的标识符进行比较；若仍不匹配，再与邮箱 2～邮箱 0 的标识符进行比较。

若相应邮箱的接收屏蔽使能位（MSGID[AME]）置位，则使用 CANGAM 对邮箱 6～15 进行接收屏蔽，并将接收信息存放于标识符匹配的第一个邮箱中。CANGAM 的位分布如下：

31	30　29	28　　　　　　0
AMI	保留	GAM[28:0]
RWI-0	R-0	RWI-0

注：RWI 表示任何时间可读，仅在初始化模式时可写，下同。

其中，GAM[28:0]为全局接收屏蔽位，允许屏蔽接收信息的任何标识符位，且接收标识符必须与 MSGID 寄存器的相应标识符匹配。AMI 为接收屏蔽标识符扩展位：1 表示可接收标准帧和扩展帧（对扩展帧，标识符的所有 29 位均存放于邮箱中，CANGAM 的 29 位均用于滤波；对标准帧，仅使用标识符的前 11 位（位 28～位 18）和全局接收屏蔽），此时接收邮箱的 IDE 位被发送信息的 IDE 覆盖，同时只有满足滤波条件的信息才能被接收；0 表示存放在邮箱中的标识符扩展位设定哪些信息应接收，不使用滤波，MSGID 必须逐位匹配才能接收信息。

CANLAM 的位定义如下：

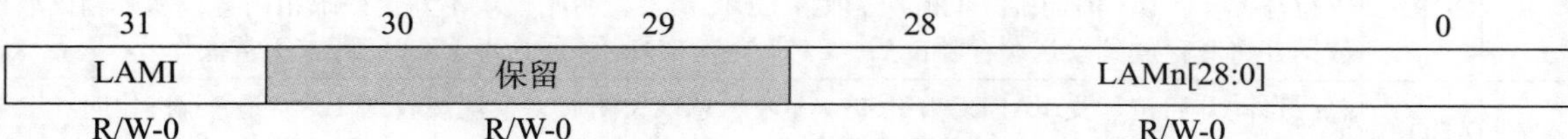

其中 LAMI 为局部接收标识符扩展屏蔽位：1 表示标准帧和扩展帧均可接收（若是扩展帧，标识符的所有 29 位均存放于邮箱中，CANLAM 的所有 29 位均用于滤波；若是标准帧，仅使用标识符和 CANLAM 的前 11 位）；0 表示存放在邮箱中的标识符扩展位规定应该接收哪些信息。LAM 位为信息标识符屏蔽的使能位：1 表示接收标识符对应位无论是 0 还是 1，均接收；0-接收标识符位的值必须与 MSGID 对应标识符位的值相匹配。

2．CANMC

CANMC 用于对 eCAN 模块的设置，其中一些位受 EALLOW 保护，且其读/写操作仅支持 32 位访问。CANMC 的位定义如下，其位描述如表 6.16 所示。

31 17	16	15	14	13	12	11	10	9	8	7	6	5	4 0
保留	SUSP	MBCC	TCC	SCB	CCR	PDR	DBO	WUBA	CDR	ABO	STM	SRES	MBNR
R-0	R/W-0	R/WP-0	SP-x	R-WP-0	R/WP-1	R/WP-0	R/WP-0	R/WP-0	R/WP-0	R/WP-0	R/WP-0	R/S-0	R/W-0

注：WP 表示仅在 EALLOW 模式中写，S 表示仅在 EALLOW 模式设置，下同。

表 6.16　CANMC 的位描述

位	名称	功能描述
16	SUSP	SUSPEND 模式位，规定仿真停止时操作。1 表示 FREE 模式，外设模块继续运行，CAN 节点正常通信（发送应答、生成错误帧、发送/接收数据）；0 表示 SOFT 模式，当前发送结束后外设模块关闭
15	MBCC	邮箱时间标志定时器清零位，SCC 模式下保留，受 EALLOW 保护。1 表示邮箱 16 成功发送/接收信息后，时间标志定时器复位为 0；0 表示时间标志定时器不复位
14	TCC	时间标志定时器 MSB 清零位，SCC 模式下保留，受 EALLOW 保护。1 表示时间标志定时器的 MSB 复位为 0（内部逻辑复位 TCC 位，复位时间为一个时钟周期）；0 表示时间标志定时器不变
13	SCB	SCC 兼容模式位，SCC 模式下保留，受 EALLOW 保护。1 表示配置为 eCAN 模式，0 表示配置为 SCC 模式（此时仅邮箱 15～邮箱 0 可用）
12	CCR	改变配置请求位，受 EALLOW 保护。1 表示 CPU 请求对 CANBTC 和 SCC 的接收屏蔽寄存器（CANGAM、LAM[0]和 LAN[3]）进行写操作，向该位写 1 后，CPU 必须等待，直到 CANES 的 CCE 标志位为 1 后，才能对 CANBTC 进行操作；0 表示 CPU 请求正常操作，仅在 CANBTC 使能时执行
11	PDR	掉电模式请求位，受 EALLOW 保护。从低功耗工作模式唤醒时，该位自动清零。1 表示请求局部掉电模式；0 表示未请求局部掉电模式，即正常工作模式

续表

位	名称	功能描述
10	DBO	数据字节顺序位，决定信息数据域的字节顺序，受 EALLOW 保护。1 表示最先接收或发送数据的最低有效字节，0 表示最先接收或发送数据的最高有效字节
9	WUBA	总线活动唤醒位，受 EALLOW 保护。1 表示探测到任何总线活动之后，模块脱离掉电模式；0 表示向 PDR 位写 0 后，模块脱离掉电模式
8	CDR	改变数据域请求位，允许快速更新数据信息。1 表示 CPU 请求对邮箱中 MBNR 指定的数据域进行写操作（访问邮箱后，CPU 必须将 CDR 清零，否则模块不发送该邮箱内容；从邮箱读取数据并将其存放到发送缓存器前后，CPU 检查 CDR 位），0 表示 CPU 请求正常操作
7	ABO	总线自动开启位，受 EALLOW 保护。1 表示总线关闭后，模块接收到 128×11 个隐性位时，会自动回到总线开启状态；0 表示不动作
6	STM	自测试模式位，受 EALLOW 保护。1 表示工作于自测试模式，CAN 模块自发自收，并自己产生应答信号 ACK；0 表示工作于正常模式
5	SRES	软件复位位，仅支持写操作。1 表示向该位写 1 将复位 eCAN 模块（除了受保护的寄存器，所有参数将恢复为默认值，邮箱内容和错误计数器不被修改；同时为了不使通信混乱，将取消悬挂的和正在进行的发送）；0 表示无效
4～0	MBNR	邮箱号码位。1 表示 MBNR.4 仅适用于 eCAN 模式，SCC 模式下保留；0 表示邮箱号码用于向 CPU 请求写入其数据域，该数据域与 CDR 位配合使用

3．CANBTC

位时间配置寄存器（CANBTC）用于为 CAN 节点配置适当的网络时间参数。使用 CAN 模块之前，必须对该寄存器进行编程。该寄存器受 EALLOW 保护，且只能在初始化模式中写入。其位分布如下：

31　24	23　16	15　10	9　8	13	12	2　0
保留	BRP_{reg}	保留	SJW_{reg}	SAM	$TSEG1_{reg}$	$TSEG2_{reg}$
R-x	R/WPI-0	R-0	RW/PI-0	RW/PI-0	RW/PI-0	RW/PI-0

其中，BRP_{reg} 为波特率预置分频器，规定 TQ 的长度：$TQ=2(BRP_{reg}+1)/f_{SYSCLKOUT}$。$SJW_{reg}$ 为位同步跳转宽度，访问时其值将增 1。SJW_{reg} 的取值范围为 1TQ～4TQ，且 $(SJW_{reg})_{max}=\min\{TSEG2, 4TQ\}$。SAM 用于设置采样数目，从而决定 CAN 模块的实际电平值：1 表示 3 次采样模式，分别在采样点处、采样点前 0.5TQ 处以及采样点后 0.5TQ 处采样，以多数表决法决定电平值；0 表示仅在采样点采样一次。$TSEG1_{reg}$ 和 $TSEG2_{reg}$ 分别为时段 1 和时段 2，用于确定 CAN 总线上一个数据位的长度，对其访问后其值均将增 1。

4．CANES

错误和状态寄存器（CANES）的位分布如下，位描述如表 6.17 所示。

31　25	24	23	22	21	20	19	18
保留	FE	BE	SA1	CRCE	SE	ACKE	BO
R-0	RC-0	RC-0	R-1	RC-0	RC-0	RC-0	RC-0

17	16	15　6	5	4	3	2	1	0
EP	EW	保留	SMA	CCE	PDA	保留	RM	TM
RC-0	RC-0	R-0	R-1	R-0	R-0	R-0	R-0	R-0

表 6.17　CANES 的位描述

位	名称	功能描述
24	FE	格式错误标志位。1 表示总线上发生了格式错误（有一个或多个固定格式的位域出现了错误的电平），0 表示未发生格式错误
23	BE	位错误标志位。1 表示在仲裁域之外或在仲裁域发送期间，接收位与发送位不匹配（如发送的为显性位，而接收到的为隐性位）；0 表示未检测到位错误
22	SA1	始终显性错误位。复位后和总线停止时，该位为 1；总线上出现隐性位时，该位清零。1 表示未检测到隐性位，0 表示检测到隐性位
21	CRCE	CRC 错误位。1 表示接收到错误的 CRC，0 表示未接收到错误的 CRC
20	SE	填充错误位。1 表示发生了填充位错误，0 表示未发生填充位错误
19	ACKE	应答错误位。1 表示未接收到应答，0 表示所有信息均有正确的应答
18	BO	总线关闭状态位。1 表示总线上有异常波特率的错误而关闭［发送错误计数器（CANTEC）的计数值到达极限值 256 时，该位置位］，信息不可以被发送或接收，当总线自动开始位 CANMC [ABO]置位且收到 128×11 个隐性位后，将退出总线关闭状态，然后错误计数器清零；0 表示正常操作
17	EP	消极错误状态位。1 表示 CAN 模块处于消极错误模式（CANTEC 达到 128），0 表示 CAN 模块未处于消极错误模式
16	EW	警告状态位。1 表示 CANREC、CANTEC 两个错误计数器中有一个已达到警告值 96，0 表示两个错误计数器的值均小于 96
5	SMA	挂起模式应答位。挂起模式激活后，该位经过一个时钟周期的延迟（最多为一个数据帧的长度）后置位。当电路不在运行模式时，调试工具激活挂起模式。在挂起模式期间，冻结 CAN 模块且不能发送或接收任何帧。激活挂起模式时，若 CAN 模块正在发送或接收一个帧，则在帧结束后激活挂起模式。1 表示模块进入挂起模式，0 表示模块不处于挂起模式
4	CCE	改变配置使能位。该位显示了配置的访问权限，且在一个时钟周期的延迟后置位。1 表示 CPU 对配置寄存器进行写操作，0 表示 CPU 不能对配置寄存器进行写操作
3	PDA	掉电模式应答位。1 表示 CAN 模块进入掉电模式，0 表示正常工作模式
1	RM	接收模式位，反映 CAN 模块是否处于接收模式。无论邮箱的配置情况如何，该位指示 CAN 模块的实际工作状态。1 表示 CAN 模块正在接收信息，0 表示 CAN 模块没有接收信息
0	TM	发送模式位，反映 CAN 模块是否处于发送模式。无论邮箱的配置情况如何，该位指示 CAN 模块的实际工作状态。1 表示 CAN 模块正在发送信息，0 表示 CAN 模块没有发送信息

5．CANREC 和 CANTEC

接收错误计数寄存器（CANREC）和发送错误计数寄存器（CANTEC）均为 32 位寄存器，且高 24 位保留，低 8 位为有效位，位域名称分别为 REC 和 TEC。它们均可采用递增、递减两种方式计数。CANREC 的计数值达到或超过错误上限 128 后，将不再继续增加。当控制器正确接收到一条信息后，CANREC 的值将重新被设置为 119～127 之间的某个值（与 CAN 规范比较得出）。总线进入关闭状态后，发送错误 CANTEC 的值是不确定的，但 CANREC 将清零，其功能也会发生改变。总线进入关闭状态后，每当总线上连续出现 11 个隐性位（总线上两个报文之间的间隔）时，CANREC 将递增 1。当 CANREC 的值达到 128 后，CAN 模块将自动回到总线开启状态（前提是总线自动开启位 ABO 已置位）。此时，CAN 控制器的全部内部标志位被复位，同时错误计数器被清零。当 CAN

控制器脱离初始化模式后，错误计数器的值也会被清零。

6．CANGIF0 和 CANGIF1

全局中断标志寄存器（CANGIF0 和 CANGIF1）均为 32 位寄存器，其位分布如下，位描述如表 6.18 所示。

31 18	17	16	15	14	13	12	11
保留	MTOFx	TCOFx	GMIFx	AAIFx	WDIFx	WUIFx	RMLIFx
R-0	R -0	RC-0	R/W-0	R-0	RC_0	RC_0	R-0

10	9	8	7 5	4	3	2	1	0
BOIFx	EPIFx	WLIFx	保留	MIVx.4	MIVx.3	MIVx.2	MIVx.1	MIVx.0
RC_0	RC_0	RC_0	R_0	RC_0	RC_0	R_0	RC_0	RC_0

表 6.18 CANGIF0 和 CANGIF1 的位描述

位	名称	功能描述
17	MTOFx	邮箱超时标志位，SCC 模式下无效。1 表示指定的时间内，有一个邮箱没有发送或接收信息；0 表示时间标志定时器的 MSB 为 0
16	TCOFx	时间标志定时器溢出标志位。1 表示时间标志定时器的 MSB 从 0 变为 1，0 表示时间标志定时器的 MSB 保持为 0
15	GMIFx	全局邮箱中断标志位。1 表示有一个邮箱成功发送或接收信息，0 表示没有发送或接收信息
14	AAIFx	发送终止应答中断标志位。1 表示终止发送请求，0 表示没有终止发送
13	WDIFx	中断标志写保护位。1 表示 CPU 对邮箱的写操作不成功，0 表示 CPU 对邮箱的写操作成功
12	WUIFx	唤醒中断标志位。1 表示在局部掉电模式下，该模块脱离了休眠模式；0 表示该模块处于休眠模式
11	RMLIFx	接收信息丢失中断标志位。1 表示至少有一个接收邮箱发生了溢出，且 CANMILn 中对应的位清零；0 表示没有丢失信息
10	BOIFx	总线关闭中断标志位。1 表示 CAN 模块进入总线关闭模式，0 表示 CAN 模块进入总线开启模式
9	EPIFx	消极错误中断标志位。1 表示 CAN 模块处于消极错误模式，0 表示 CAN 模块未处于消极错误模式
8	WLIFx	警告级别中断标志位。1 表示至少有一个错误计数器的计数值达到极限值，0 表示没有错误计数器的计数值达到极限值
4～0	MIVx.4:0	邮箱中断向量。在 SCC 模式下，仅位 3～0 有效。该向量表示全局邮箱中断标志位置位的邮箱的序号。该向量一直保持到对应的 MIFn 位被清除或有一个更高优先级的邮箱中断发生，然后显示优先级最高的中断向量。eCAN 模式中，邮箱 31 具有最高优先级。而 SCC 模式下，邮箱 15 具有最高优先级，如果 CANTA/CANRMP 中没有标志位置位，且清除了 GMIF1 或 GMIF0，则该值是不确定的

7．CANGIM

全局中断屏蔽寄存器（CANGIM）的位定义如下：

31–18	17	16	15	14	13	12	11
保留	MTOM	TCOM	保留	AAIM	WDIM	WUIM	RMLIM
R-0	R/WP-0	R/WP-0	R -0	R/WP-0	R/WP-0	R/WP-0	R/WP-0

10	9	8	7–3	2	1	0
BOIM	EPIM	WLIM	保留	GIL	I1EN	I0EN
R/WP-0	R/WP-0	R/WP-0	RC_0	R/WP-0	R/WP-0	R/WP-0

其中，MTOM 为邮箱超时中断屏蔽位，TCOM 为时间标志定时器溢出屏蔽位，AAIM 为发送终止应答中断屏蔽位，WDIM 为中断屏蔽写保护位，WUIM 为唤醒中断屏蔽位，RMLIM 为接收信息丢失中断屏蔽位，BOIM 为总线关闭中断屏蔽位，EPIM 为消极错误中断屏蔽位，WLIM 为警告级中断屏蔽位。I1EN 为中断 1 使能位，I0EN 为中断 0 使能位：1 表示使能相应中断，0 表示禁止相应中断。GIL 为 TCOF、WDIF、WUIF、BOIF 和 WLIF 全局中断的级别：1 表示所有全局中断均映射到 ECAN1INT 中断，0 表示所有全局中断均映射到 ECAN0INT 中断。

注意：因为各邮箱在 CANMIM 中均有各自的屏蔽位，故 GIMF 在 CANGIM 中没有对应的位。

8．CANMIM、CANMIL 和 CANOPC

邮箱中断屏蔽寄存器（CANMIM）、邮箱中断优先级寄存器（CANMIL）和覆盖保护控制寄存器（CANOPC）均为 32 位寄存器，分别用于控制 32 个邮箱的中断使能（1 表示使能，0 表示禁止）、中断优先级［1 表示在中断线 1（ECAN1INT）产生邮箱中断，0 表示在中断线 0（ECAN0INT）产生邮箱中断］和覆盖保护（1 表示禁止新消息覆盖未读旧消息，0 表示允许新消息覆盖未读旧消息）。

9．CANTIOC 和 CANRIOC

eCAN 模块的 CANTX 和 CANRX 引脚需经过配置后方可用于 CAN 通信，其配置由发送 I/O 控制寄存器（CANTIOC）和接收 I/O 控制寄存器（CANRIOC）完成。这两个寄存器均为 32 位，仅第三位有效（分别为 TXFUNC 和 RXFUNC），其他位保留。其中 TXFUNC 为 CAN 发送功能配置位：1 表示 CANTX 引脚用于实现 CAN 发送功能，0 表示 CANTX 引脚保留为普通 I/O 引脚。RXFUNC 为 CAN 接收功能配置位：1 表示 CANRX 引脚用于实现 CAN 接收功能，0 表示 CANRX 引脚保留为普通 I/O 引脚。

10．时间管理寄存器

TMS320F28335 的 eCAN 模块设有一组时间管理寄存器，由时间戳计数器寄存器（CANTSC）、消息对象时间戳寄存器（MOTS）、消息对象超时寄存器（MOTO）、超时状态寄存器（CANTOS）及超时控制寄存器（CANTOC）等组成。

CANTSC 和 MOTS 实现了时间戳功能。所谓“时间戳”就是接收或传送消息中的时间指示。为了得到一个接收或传送消息的时间指示，一个自由运行的 32 位定时器（CANTSC） 在模块中被执行。例如，在比特率为 1Mbps 时，CANTSC 会每 1μs 累加一次。另一方面，当存储一个收到的消息或一个消息已被发出时，其内容就被写入相应邮箱的时间戳寄存器 MOTS 中。

超时控制寄存器 CANTOC 控制指定的邮箱是否启用超时功能。为确保在预定义时间内所有消息都能被发出或收到，每个邮箱均有自己的消息对象超时寄存器 MOTO。若 MOTO 在规定的时间内，未发出或未收到一个消息，且 CANTOC 中相应的 TOC[n]为 1，则置位超时状态寄存器 CANTOS 中相应标志位。消息对象的 MOTO 为一个 RAM，在相应的邮箱数据被成功发送或接收时，该寄存器保存 CANTSC 的值。

6.3.5 eCAN 模块应用示例

某型数字式发电机控制单元（Generator Control Unit，GCU）的主控单元采用 TMS320F28335 DSP 作为核心处理器，匹配的发电机为 500V 高压直流发电机。该 GCU 的主要功能是：通过闭环控制稳定发电机的输出电压，通过上位机实时监测输出电压、负载电流、功率、励磁电流、发电机定子温度、频率等，并对发电机过压、励磁过流、绕组温度过高等故障进行可靠处理。要求 TMS320F28335 DSP 控制器通过双冗余 CAN 总线，实时向上位机发送发电机过压、过流、欠速、过速等故障信号，以便进行故障诊断及健康管理，其原理如图 6.19 所示。

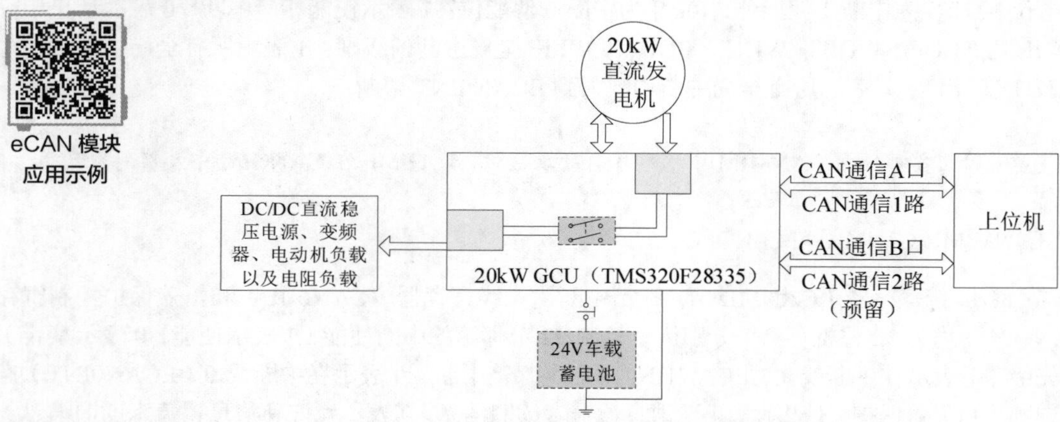

图 6.19 高压直流发电机控制器原理

例 6.3 如图 6.19 所示，某型 GCU 利用 TMS320F28335 DSP 作为主控单元通过 eCAN-A 与上位机通信，向上位机发送发电系统状态参数，$f_{SYSCLKOUT}$=150MHz。要求主站为上位机，从站为 GCU，通信波特率为 250kbps，帧模式为扩展帧，数据长度为 8 字节，通信周期为 1s。根据通信协议，要求 GCU 按照表 6.19 所示数据包格式上传故障信息及系统数据，包括过压、过流、欠/过速和过热保护信息和发电电压、负载电流、转速等；上位机显控界面如图 6.20 所示。

表 6.19 数据包格式

ID	起始位	长度	范围	备注
0x18970C60	0	2 字节	0～65535	输出电压，步长为 0.1V，0～10000 对应 0～1000.0V
	2	2 字节	0～65535	输出电流，步长为 0.01A，0～20000 对应 0～200.00A
	4	2 字节	0～65535	发电机转速
	6	2 字节	0～65535	励磁电流，0～250 对应 0～25.0A
	8	2 字节	0～65535	母线电压
	10	2 字节	0～65535	系统故障

解：（1）实现方案分析

① 数据发送方案及邮箱设置

这里使用 MBX0，将其配置为发送邮箱，依次发送表 6.17 所示故障信息及系统数据。根据需求，要求帧模式为扩展帧，需设置 MSGID[IDE]=1；同时要求数据长度为 8 字节，需设置 MSGCTRL [DLC]=8。表 6.19 中一个数据包包含 6 个双字节，一共 12 字节，在 8 字节配置数据长度下，发送两次即可完成。考虑到每个双字节代表不同的物理意义，为简化下位机发送数据编码、上位机数据解码及后续扩展数据表示范围，可将每个双字节扩展为一个长整型数据，这样邮箱发送一次可以发送两个有效的双字节，连续发送 3 次可以完成一个数据包的传输。另外，要求通信周期为 1s，可以通过定时器定时实现，也可以通过软件延时实现，这里为了简化程序，使用调用软件延时函数的方式实现。

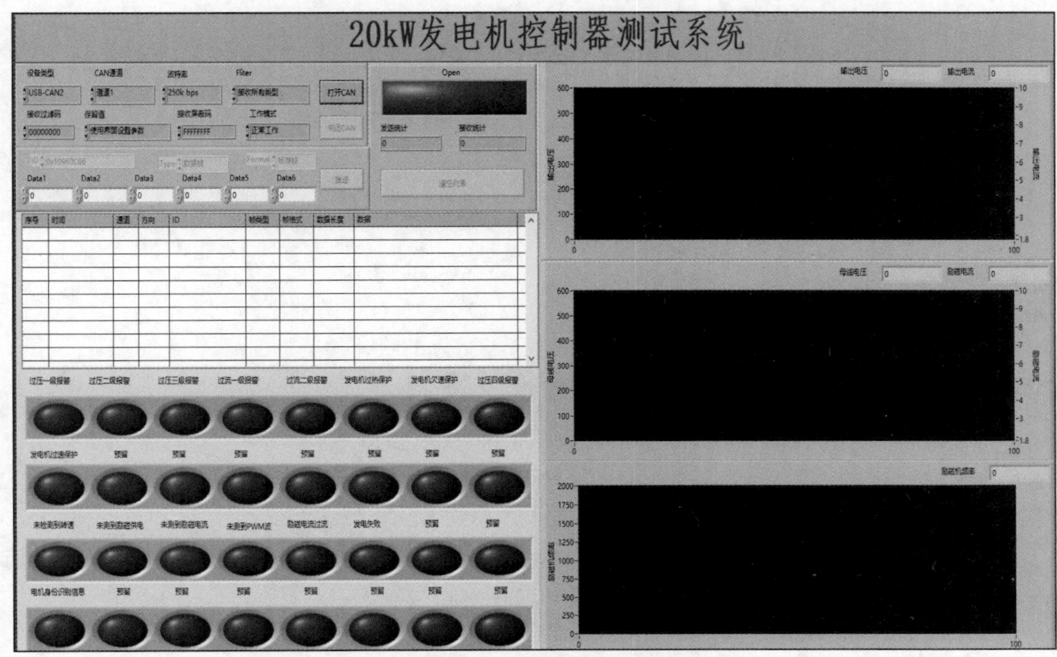

图 6.20　上位机显控界面

② 设置通信波特率

已知 $f_{SYSCLKOUT}$ =150MHz，要求主站为上位机，通信波特率为 250kbps，根据式（6.1）和（6.2），首先可以设置 $TSEG1_{reg}$=10， $TSEG2_{reg}$=2，这样位时间= $(TSEG1_{reg}+1)+(TSEG2_{reg}+1)+1=15$；然后设置 BRP_{reg} =19，这样波特率=$(f_{SYSCLKOUT}/2)/((BRP_{reg}+1)\times$位时间$)$= $(150\times10^6/2)/((19+1)\times15)$=250kbps，可满足要求。

（2）ECAN-A 初始化代码

```
void InitECana (void)                              //定义 ECAN-A 初始化函数
{   //配置接口引脚和时钟
    EALLOW;                                        //使能访问受保护寄存器
    GpioCtrlRegs.GPAMUX2.bit.GPIO30=0x1;           //GPIO30 作为 CANRXA
    GpioCtrlRegs.GPAMUX2.bit.GPIO31=0x0;           //GPIO31 作为 CANTXA
    GpioCtrlRegs.GPAQSEL2.bit.GPIO30 = 0x3;        //CANRXA 无输入限定
    SysCtrlRegs.PCLKCR0.bit.ECANAENCLK = 1;        //使能 ECAN-A 时钟
    //配置 ECAN-A 邮箱和寄存器
    ECanaRegs.CANTIOC.bit.TXFUNC = 1;              //CANTX 引脚用于实现 CAN 发送功能
    ECanaRegs.CANRIOC.bit.RXFUNC = 1;              //CANRX 引脚用于实现 CAN 接收功能
    ECanaRegs.CANMC.bit.SCB = 1;                   //工作于增强模式（eCAN 模式）
    //配置通信波特率：= fSYSCLKOUT / 2/ ( ( BRPREG +1)×((TSEG1REG+1) +( TSEG2REG+1)+1))
    ECanaRegs.CANMC.bit.CCR = 1;                   //CCR=1，请求对 CANBTC 进行写操作
```

```
    while(ECanaShadow.CANES.bit.CCE != 1 ) {};     //等待 CCE 位置 1
    ECanaRegs.CANBTC.all = 0;                      //清除 CANBTC
    ECanaRegs.CANBTC.bit.BRPREG = 19;              //时间片长度 TQ=( BRPREG +1)/fSYSCLKOUT/2
    ECanaRegs.CANBTC.bit.TSEG2REG = 2;             //时间段 2 包含 3(TSEG2REG+1)个 TQ
    ECanaRegs.CANBTC.bit.TSEG1REG = 10;            //时间段 1 包含 11(TSEG1REG+1)个 TQ
    ECanaShadow.CANBTC.bit.SAM = 1;                //采用 3 次采样模式
    ECanaShadow.CANMC.bit.CCR = 0 ;                //设置 CCR = 0
    while(ECanaShadow.CANES.bit.CCE != 0 ){};      //等待 CCE 位清 0
    ECanaRegs.CANME.all = 0;                       //对 MSGID 进行编程前将 CANME 清零
    EDIS;                                          //宏指令，恢复寄存器的保护状态
}
```

（3）主程序代码

代码 6.3　eCAN 模块通信的示例代码。

```
#include "DSP28_Device.h"
#include "DSP2833x_Examples.h"
#define TXCOUNT    2                                  //设定发送次数为 3 次
long       i;                                         //设置循环计数器
int      j;
long    loopcount = 0;                                //实际运行的次数
long    errorcount = 0;                               //发生错误的次数
unsigned long TestMbox1 = 0;
unsigned long TestMbox2 = 0;
unsigned long TestMbox3 = 0;
unsigned long Vol_out = 0;                            //输出电压
unsigned long Cur_out = 0;                            //输出电流
unsigned long Speed_out = 0;                          //输出转速
unsigned long Cur_ex = 0;                             //励磁电流
unsigned long Vol_bus = 0;                            //母线电压
unsigned long Err_sys = 0;                            //系统状态
void InitECana (void);
//主程序
main()
{//步骤 1: 初始化时钟源模块
InitSysCtrl();
//步骤 2: 初始化 GPIO，此处跳过
//步骤 3: 禁止可屏蔽中断
DINT;
//步骤 4: 初始化器件外设
InitECana ();                                         //初始化 ECAN
//步骤 5: 用户特定代码
ECanaMboxes.MBOX0.MSGID.all = 0x18970C60;             //为 MBOX0 的 MSGID 赋初始值，ID=0x18970C60
ECanaRegs.CANMD.all = 0xFFFF0000;                     //配置 Mailboxes0 为发送邮箱
ECanaMboxes.MBOX0.MCF.bit.DLC = 8;                    //数据长度为 8 字节
ECanaMboxes.MBOX0.MDL.all = Vol_out;                  //将输出电压数据赋给邮箱 MBOX0 的 MDL
ECanaMboxes.MBOX0.MDH.all = Cur_out;                  //将输出电流数据赋给邮箱 MBOX0 的 MDH
ECanaRegs.CANME.bit. ME0 =1;                          //启用 MBOX0
ECanaRegs.CANMC.bit.STM = 0;                          //工作于正常模式
//步骤 6: 进入循环，实现期望功能
```

```
for(i=0; i < TXCOUNT; i++)  //有限循环发送，次数为 TXCOUNT
{   if(TXCOUNT==0)          //将输出电压和输出电流数据写入发送邮箱
    {   ECanaMboxes.MBOX0.MDL.all = Vol_out;   //将输出电压数据赋给邮箱 MBOX0 的 MDL
        ECanaMboxes.MBOX0.MDH.all = Cur_out;   //将输出电流数据赋给邮箱 MBOX0 的 MDH
    }
if(TXCOUNT==1)              //将发电机转速和励磁电流数据写入发送邮箱
    {   ECanaMboxes.MBOX0.MDL.all = Speed_out;      //将发电机转速数据赋给邮箱 MBOX0 的 MDL
        ECanaMboxes.MBOX0.MDH.all = Cur_ex;         //将励磁电流数据赋给邮箱 MBOX0 的 MDH
    }
if(TXCOUNT==2)              //将母线电压和系统故障数据写入发送邮箱
    {   ECanaMboxes.MBOX0.MDL.all = Vol_bus;   //将母线电压数据赋给邮箱 MBOX0 的 MDL
        ECanaMboxes.MBOX0.MDH.all = Err_sys;   //将系统故障数据赋给邮箱 MBOX0 的 MDH
    }
ECanaRegs.CANTRS.bit. TRS0 = 1;              //发送请求位置 1，启动消息的发送
while(ECanaRegs.CANTA.bit.TA0== 0) {}        //若发送应答标志位 TA0 置位，表明发送成功
ECanaRegs.CANTA.bit.TA0 = 1;                 //清除 TA0
loopcount++;
DELAY_US(1000000);                           //延时 1s
}
}
```

6.4 多通道缓冲串口模块

McBSPS 模块对传统标准串行接口的功能进行了扩展。它可以和其他 DSP 器件、编码器等其他串口器件进行高速的数据通信。McBSP 模块的典型应用为 DSP 与串行 ADC 模块、DAC 模块相连，实现高速的数字音频采集和传输。McBSP 模块不但具有一般串口的特点，还支持 μ 律和 A 律数据压缩扩展、与 IOM-2、SPI、AC97 等兼容设备直接连接等特殊功能。

6.4.1 McBSP 模块的结构与工作原理

1. McBSP 模块的结构

TMS320F28335 有两个 McBSP 模块，McBSP 模块的结构如图 6.21 所示。由图 6.21 可见，McBSP 模块包括接收、发送和控制通道，并通过 6 个引脚与 DSP 外部设备联系。这 6 个引脚分别为：发送数据引脚 MDX、接收数据引脚 MDR、发送时钟信号引脚 MCLKX、接收时钟信号引脚 MCLKR、发送帧同步引脚 MFSX 和接收帧同步引脚 MFSR。

2. 工作原理

（1）数据传输过程

McBSP 模块的数据传输路径如图 6.22 所示。其接收操作采用三级缓冲结构，其寄存器包括接收移位寄存器（RSR）、接收缓冲寄存器（RBR）、数据接收寄存器（DRR）；发送操作采用二级缓冲结构，其寄存器包括数据发送寄存器（DXR）和发送移位寄存器（XSR）。每一级均包括两个 16 位寄存器，传输过程中寄存器的使用数量取决于每个串行字的字长。若字长小于等于 16（如 8、12、16）位，数据传输阶段每一级仅使用一个寄存器（DRR1、RBR1、RSR1、DXR1 和 XSR1 等）。若

字长大于 16（如 20、24、32）位，则每一级的两个寄存器均需使用。

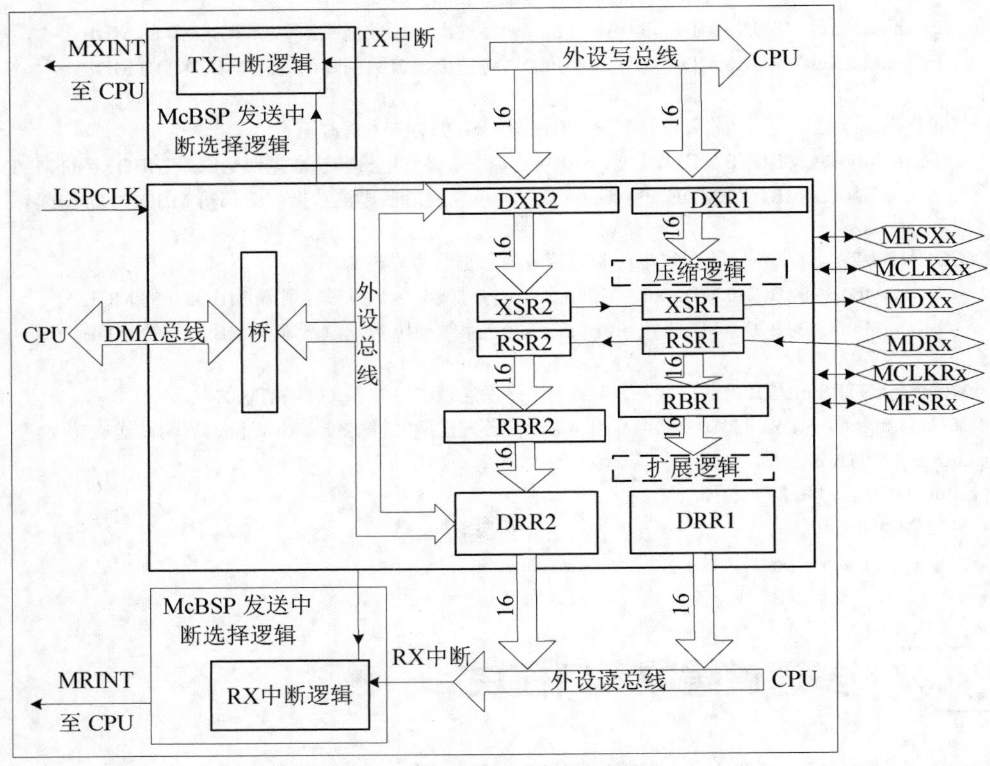

图 6.21 McBSP 模块的结构

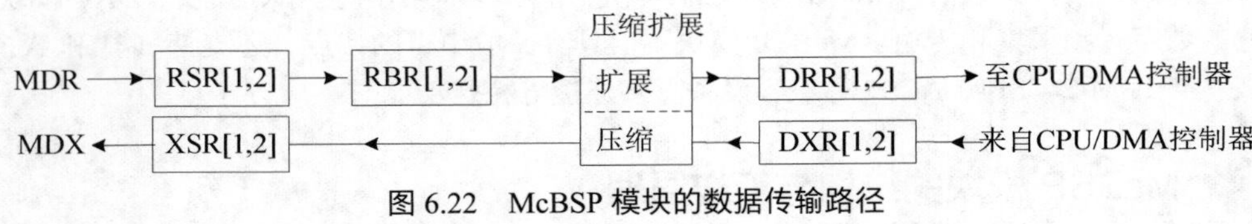

图 6.22 McBSP 模块的数据传输路径

当 McBSP 模块接收小于等于 16 位的数据时，首先从 MDR 引脚将数据逐位串行移入 RSR1。一个完整的字接收完毕后，再将其从 RSR1 传送至 RBR1（前提是 RBR1 为空或其内容已传至 DRR1）。然后，将其从 RBR1 传送至 DRR1（前提是上次 RBR1 传给 DRR1 的值已经被 CPU 或者 DMA 控制器读取），最后，CPU 或 DMA 控制器读取 DRR1 的值。如果选择了压缩扩展模式，则要求接收数据字长为 8 位；在从 RBR1 传递到 DRR1 之前，数据将被扩展成适当的格式。

发送小于等于 16 位的数据时，首先由 CPU 或 DMA 控制器将其写入 DXR1。如果 XSR1 为空，则 DXR1 中的数据将即刻传送给 XSR1。反之，DXR1 需要等到上次数据的最后一位从 MDX 引脚移出时，才可以将数据传给 XSR1。同理，如果选择了压缩扩展模式，那么扩展逻辑会将 16 位的数据压缩成合适的 8 位的数据格式，然后才将数据传给 XSR1。

字长大于 16 数据的发送、接收过程与字长小于 16 位的情况类似。只是在发送数据时，CPU 或 DMA 控制器必须先写 DXR2，然后写 DXR1；接收数据时，CPU 或 DMA 控制器必须先读 DRR2，然后读 DRR1。

（2）压缩和扩展数据

压缩扩展模块可以将数据按 μ 律格式或 A 律格式进行压缩扩展。在美国和日本采用的压缩扩展

标准是 μ 律，而欧洲为 A 律。图 6.23 给出了压缩扩展过程。若采用压缩扩展模式，发送数据时，在数据从 DXR1 复制到 XSR1 的阶段实现压缩，对发送数据按指定的规律（A 律或 μ 律）进行编码；接收数据时，在数据从 RBR1 复制到 DRR1 的阶段实现解压，将接收数据解码为二进制补码格式。

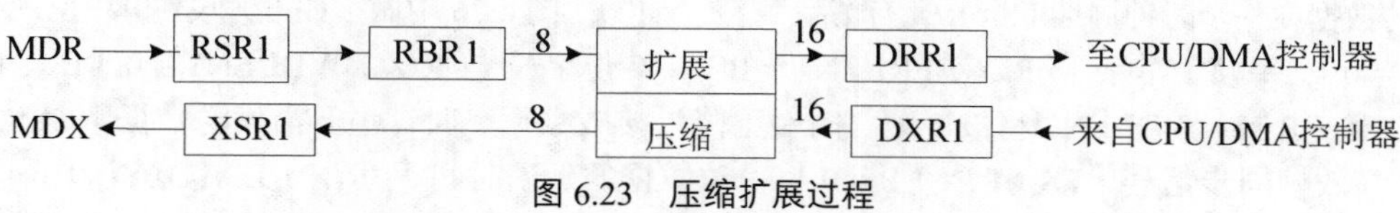

图 6.23　压缩扩展过程

压缩扩展模块可以对数据按 μ 律格式或 A 律格式进行压缩扩展，μ 律和 A 律均将数据编码成 8 位进行传输。因此，多缓冲串口寄存器中的 RWDLEN1 位、RWDLEN2 位、XWDLEN1 位和 XWDLEN2 位等必须置为 0，指示字长为 8 位。

在接收时，压缩过的 8 位数据被扩展成 16 位左对齐的形式存放在 DRR1 中，RJUST 位被忽略。发送时，若采用 μ 律格式压缩，14 位的数据必须左对齐后存放于 DXR1 中，剩余两位用 0 填充；若采用 A 律格式压缩，13 位的数据必须左对齐后存放于 DXR1 中，剩余 3 位用 0 填充，如图 6.24 所示。

	15～2	1～0
DXR1中采用μ律格式压缩的发送数据格式	Value	00

	15～3	2～0
DXR1中采用A律格式压缩的发送数据格式	Value	000

图 6.24　压缩后的数据格式

数据接收的压缩扩展模式与数据发送的压缩扩展模式分别由 RCR2[RCOMPAND]和 XCR2[XCOMPAND]控制。此外，压缩扩展模块还可以用于内部数据的压缩扩展。譬如线性格式的数据与 μ 律（或 A 律）格式的数据的相互转换。

3．时钟

McBSP 模块具有内部发送时钟 CLKX、内部接收时钟 CLKR 两个时钟。McBSP 模块总是在 CLKX 的上升沿逐位从 MDX 引脚发送数据；在 CLKR 的下降沿逐位从 MDR 引脚采样接收数据。CLKX 可以来自外部 MCLKX 引脚或 McBSP 模块的内部。与此类似，CLKR 有外部 MCLKR 引脚与 McBSP 模块内部两个来源。默认的数据传输是高位在前传输，如图 6.25 所示。

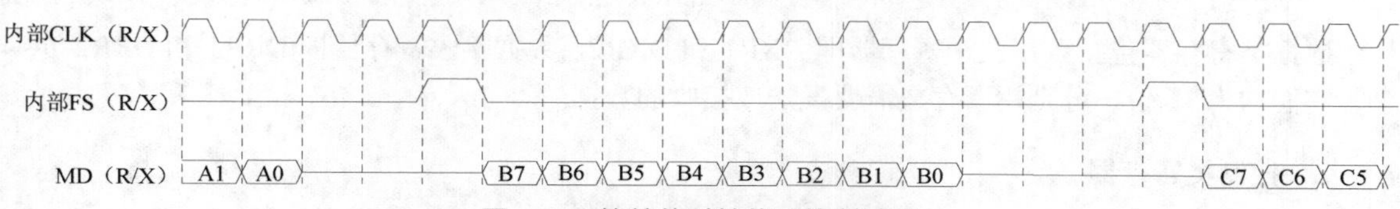

图 6.25　简单的时钟信号控制波形

4．帧相位

帧相位可以分为单相位和双相位，每帧数据均可配置成单相位和双相位。每帧数据中，两个帧相位包含的字的个数和每个字的位数可以不同，这样使得数据传输具有更高的灵活性。例如，用户定义一个帧时，若单相位帧包含两个字且每个字 16 位，那么随后的双相位帧包含 10 个 8 位的字。这种配置允许用户自定义应用程序帧，从而最大限度地提高数据传输的效率。接收控制寄存器（RCR1

和 RCR2）和发送控制寄存器（XCR1 及 XCR2）决定了帧的相位数、字数和位数。

（1）单相位帧

图 6.26 所示为 McBSP 模块单相位帧的传输。发送器配置为一个数据位的延迟，故 MDX 和 MDR 引脚上的数据在一个时钟周期 FS（R/X）激活后有效。此外，图 6.26 中做了如下假设：单相位帧［（R/X）PHASE = 0］、每帧 1 个字［（R/X）FRLEN1 = 0B］、8 位字长［（R/X）WDLEN1 = 000B］、（R/X）FRLEN2 和（R/X）WDLEN2 将被屏蔽、时钟下降沿接收数据、时钟上升沿发送数据［CLK（R/X）P = 0］、高效帧同步信号［FS（R/X）P = 0］、1 位数据的延迟时间［（R/X）DATDLY= 01b］。

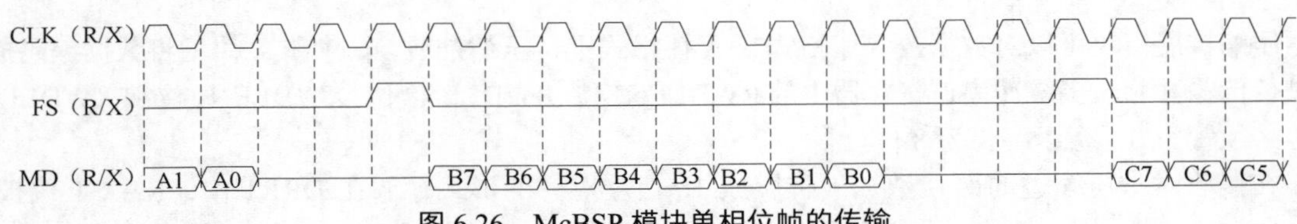

图 6.26　McBSP 模块单相位帧的传输

（2）双相位帧

图 6.27 所示为 McBSP 模块双相位帧的传输，第一个相位由两个字长为 12 的字组成，紧接着的第二个相位由 3 个字长为 8 的字组成，且帧长是 5。单相位、双相位的选择由控制发送端的 XCR2[XPHASE]和控制接收端的 RCR2[RPHASE]决定。值得一提的是，该帧的整个比特流是连续的，且字与字之间或相位之间均无空隙。

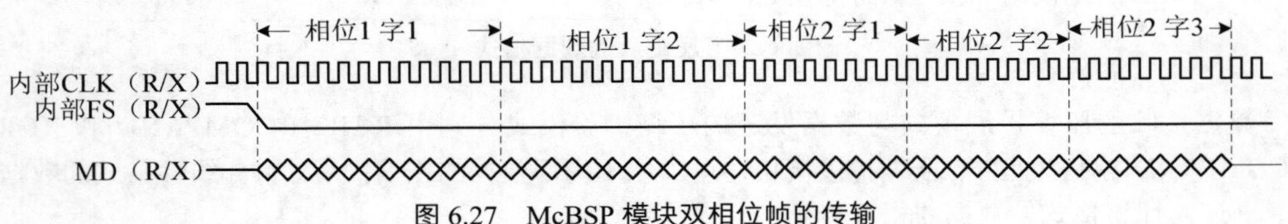

图 6.27　McBSP 模块双相位帧的传输

6.4.2 McBSP 模块的寄存器

McBSP 模块的 32 个 16 位寄存器分为数据类、控制类以及多通道控制类 3 组。

1. 数据类寄存器

数据类寄存器包括数据发送寄存器即 DXR1 和 DXR2、数据接收寄存器即 DRR1 和 DRR2 共 4 个，它们均为 16 位，分别用于存放需要发送或接收的数据。

2. 控制类寄存器

控制类寄存器包括串行端口控制寄存器即 SPCR1 和 SPCR2、接收控制寄存器即 RCR1 和 RCR2、发送控制寄存器即 XCR1 和 XCR2、采样率发生寄存器即 SRGR1 和 SRGR2 等 8 个寄存器。

（1）SPCR1 和 SPCR2

SPCR1 和 SPCR2 用于配置 McBSP 模块的各种工作模式，控制 MDX 引脚延时的使能，检测发送和接收操作的状态，以及控制该模块各部分的复位等。SPCR1 的位分布如下，其位描述如表 6.20 所示。

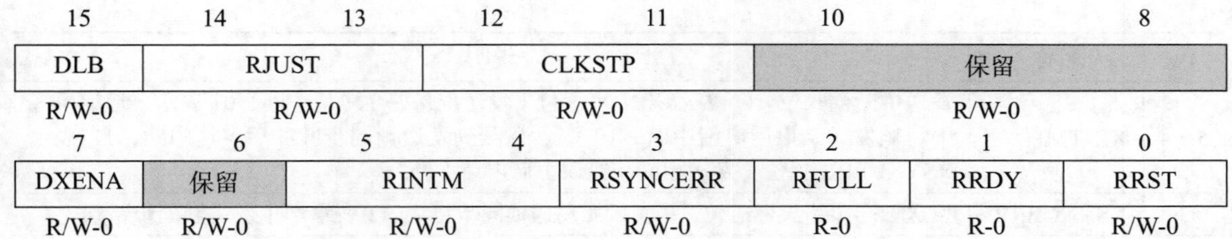

表 6.20　SPCR1 的位描述

位	名称	说明
15	DLB	数字回环测试模式位。1 表示使能数字回环测试，0 表示禁止数字回环测试
14～13	RJUST	接收符号扩展和对齐模式位。00 表示右对齐，用 0 填充 MSB；01 表示右对齐，使用符号扩展位填充 MSB；1 表示左对齐，用 0 填充 LSB
12～11	CLKSTP	时钟停止模式位，支持 SPI 主从协议。00 和 01 表示禁止时钟停止模式；10 表示时钟停止模式，无时钟延时；11 表示时钟停止模式，半个周期时钟延时
7	DXENA	MDX 延时使能位。0 表示 MDX 引脚延时使能器关闭，1 表示 MDX 引脚上延时使能器开启
5～4	RINTM	接收中断模式位。00 表示 RRDY 置位（接收准备好）申请中断，01 表示多通道模式下每帧接收结束后申请中断，10 表示检测到接收帧同步脉冲后申请中断，11 表示 RSYNCERR 置位（接收帧同步错误）后申请中断
3	RSYNCERR	接收帧同步错误标志位。0 表示无接收帧同步错误，1 表示发生接收帧同步错误
2	RFULL	接收器满标志位，指示是否有未读数据被覆盖。0 表示接收器未满；1 表示接收器满，原数据被覆盖
1	RRDY	接收器准备好标志位。0 表示接收器未准备好；1 表示接收器准备好，可从 DRR1、DRR2 读取数据
0	RRST	接收器复位位。0 表示复位接收器；1 表示使能接收器，使其退出复位状态

SPCR2 的位分布如下，位描述如表 6.21 所示。

15～10	9	8
保留	FREE	SOFT
R-0	R/W-0	R/W-0

7	6	5～4	3	2	1	0
FRST	GRST	XINTM	XSYNCERR	XEMPTY	XRDY	XRST
R/W-0	R/W-0	R/W-0	R/W-0	R/W-0	R/W-0	R/W-0

表 6.21　SPCR2 的位描述

位	名称	说明
9	FREE	自由运行位。0 表示禁止自由运行，由 SOFT 位确定仿真挂起时操作；1 表示自由运行
8	SOFT	软停止位，FREE 为 0 时用于确定仿真挂起时接收器和发送器的操作。0 表示不停止，1 表示停止。
7	FRST	帧同步逻辑复位位。0 表示复位帧同步逻辑；1 表示使能帧同步逻辑，使其退出复位状态
6	GRST	采样率产生器复位位。0 表示复位采样率产生器；1 表示使能采样率发生器，使其退出复位状态

续表

位	名称	说明
5～4	XINTM	发送中断模式位。00 表示 XRDY 置位（发送准备好）申请中断，01 表示多通道模式下每帧发送结束后申请中断，10 表示检测到发送帧同步脉冲后申请中断，11 表示 XSYNCERR 置位（发送帧同步错误）后申请中断
3	XSYNCERR	发送帧同步错误标志位。0 表示无发送帧同步错误，1 表示产生发送帧同步错误
2	XEMPTY	发生器空标志位，指示发送器准备好接收新数据，但无可用数据。0 表示发送器空，1 表示发送器不空
1	XRDY	发送器准备好标志位。0 表示发送器未准备好；1 表示发送器准备好，可向 DXR1、DXR2 写入数据
0	XRST	发送器复位位。0 表示复位发送器；1 表示使能发送器，使其退出复位状态

（2）RCR1、RCR2 和 XCR1、XCR2

RCR1、RCR2 和 XCR1、XCR2 用于确定每帧的相数、字数以及每相的位数。

RCR2 和 XCR2 的位分布如下，位描述如表 6.22 所示。

	15	14～8	7～5	4～3	2	1～0
	R/W-0	R/W-0	R/W-0	R/W-0	R/W-0	R/W-0
RCR2	RPHASE	RFRLEN2	RWDLEN2	RCOMPAND	RFIG	RDATDLY
XCR2	XPHASE	XFRLEN2	XWDLEN2	XCOMPAND	XFIG	XDATDLY

表 6.22 RCR2 和 XCR2 的位描述

位	名称		说明
	RCR2	XCR2	
15	RPHASE	XPHASE	接收帧/发送帧相位控制位。0 表示单相位，1 表示双相位
14～8	RFRLEN2	XFRLEN2	接收帧/发送帧长度 2（1～128 个字）。长度为(RFRLEN2/XFRLEN2+1)个字
7～5	RWDLEN2	XWDLEN2	接收帧/发送帧字长 2（位数）。000 表示 8 位，001 表示 12 位，010 表示 16 位，011 表示 20 位，100 表示 24 位，101 表示 32 位，110 和 111 表示保留
4～3	RCOMPAND	XCOMPAND	接收/发送压扩模式控制位。00 表示不压扩，数据从 MSB 开始传输；01 表示不压扩，8 位数据从 LSB 开始传输；10 表示使用 μ 律格式压扩；11 表示使用 A 律格式压扩
2	RFIG	XFIG	接收/发送帧同步信号忽略位。0 表示不忽略，放弃当前帧，开始传输新的帧；1 表示忽略，继续传输当前帧
1～0	RDATDLY	XDATDLY	接收/发送数据延时位。00 表示无延时，01 表示 1 位延时，10 表示 2 位延时，11 保留

RCR1 和 XCR1 的位分布如下：

	15	14～4	3～2	1～0
	保留			保留
	R-0	R/W-0	R/W-0	R-0
RCR1		RFRLEN1	RWDLEN1	
XCR1		XFRLEN1	XWDLEN1	

其中 RFRLEN1 和 XFRLEN1 分别用于规定接收帧和发送帧的长度 1（1～128 个字）：(RFRLEN1/XFRLEN1+1)个字。RWDLEN1 和 XWDLEN1 分别用于规定每个接收字和发送字的长度 1（位数）：000 表示 8，001 表示 12，010 表示 16，011 表示 20，100 表示 24，101 表示 32，110 和 111 保留。

（3）SRGR1 和 SRGR2

SRGR1 和 SRGR2 用于产生时钟信号 CLKG 和帧同步信号 FSG。SRGR1 和 SRGR2 的位分布如下：

	15～8	7～0
SRGR1	FWID	CLKGDV
	R/W-0	R/W-0

	15	14	13	12	11～0
SRGR2	GSYNC	保留	CLKSM	FSGM	FPER
	R/W-0	R/W-0	R/W-0	R/W-0	R/W-0

SRGR1 中，CLKGDV 为采样率生成器的时钟 CLKG 对输入时钟的分频系数，CLKG 的频率 $f_{CLKG} = f_{输入时钟} / (CLKGDV + 1)$。FWID 为帧同步脉冲 FSG 的宽度：包含(FWID+1)个 CLKG 周期。

SRGR2 中，FPER 为帧同步脉冲 FSG 周期，每（FPER+1）个 CLKG 周期输出一个 FSG 脉冲。FSGM 为采样率生成器发送帧同步模式位（仅 FSXM=1 时有效）：0 表示 DXR[1,2] 复制到 XSR[1,2] 时产生发送帧同步脉冲 FSX，1 表示由 FSG 驱动发送帧同步脉冲 FSX。CLKSM 为采样率生成器输入时钟模式位，与 SCLKME 一起确定输入时钟源：00 表示保留，01 表示内部时钟 LSPCLK，10 表示外部 MCLKRA 引脚时钟，11 表示外部 MCLKXA 引脚时钟。GSYNC 为 CLKG 时钟模式位（仅外部时钟驱动时有效）：0 表示无时钟同步；1 表示 CLKG 与 MCLKXA 或 MCLKRA 时钟同步，FSG 用于响应 FSR 引脚上的脉冲。

3．通道控制类寄存器

通道控制类寄存器包含 MCR1～MCR2 在内的 20 个寄存器，分为 A～G 这 6 个通道。每个通道又包含发送通道和接收通道，且均由相应的使能寄存器控制。

（1）MCR1 和 MCR2

多通道控制寄存器（MCR1 和 MCR2）分别包含接收器和发送器通道选择的控制和状态位，前者以前缀 R 表示，后者以前缀 X 表示。MCR1 和 MCR2 的位分布如下，位描述如表 6.23 所示。

	15～10	9	8～7	6～5	4～2	1	0
	保留						
	R-0	R/W-0	R/W-0	R/W-0	R/W-0	R/W-0	
MCR1		RMCME	RPBBLK	RPABLK	RCBLK	保留	RMCM
MCR2		XMCME	XPBBLK	XPABLK	XCBLK		XMCM

表 6.23　MCR1 和 MCR2 的位描述

位	名称		说明
	MCR1	MCR2	
9	RMCME	XMCME	接收/发送多通道分区模式位。0 表示 2 分区模式，1 表示 8 分区模式
8、7	RPBBLK	XPBBLK	接收/发送分区 B 区位。00 表示模块 1，通道 16～31；01 表示模块 3，通道 48～63；10 表示模块 5，通道 80～95；11 表示模块 7，通道 112～127

续表

位	名称		说明
	MCR1	MCR2	
6、5	RPABLK	XPABLK	接收/发送分区 A 区位。00 表示模块 0，通道 0～15；01 表示模块 2，通道 32～47；10 表示模块 4，通道 64～79；11 表示模块 6，通道 96～111
4～2	RCBLK	XCBLK	接收/发送正在使用的块。000 表示模块 0，通道 0～15；001 表示模块 1，通道 16～31；010 表示模块 2，通道 32～47；011 表示模块 3，通道 48～63；100 表示模块 4，通道 64～79；101 表示模块 5，通道 80～95；110 表示模块 6，通道 96～111；111 表示模块 7，通道 112～127
1～0	RMCM	XMCM	接收/发送多通道选择模式位。RMCM：0 表示使能所有 128 个通道；1 表示多通道选择模式，每个通道可独立使能或禁止。XMCM：00 表示所有通道均使能，均未屏蔽；01 表示所有通道均禁止，除非在 XCER 中选择；10 表示所有通道均使能，但被屏蔽，除非在 XCER 中选择；11 表示所有通道均禁止，除非在 RCER 表示中选择

（2）PCR

引脚控制寄存器（PCR）用于为发送器和接收器选择帧同步模式和时钟模式，为采样率生成器选择输入时钟源，选择帧同步信号极性和数据采样时刻等。其位分布如下，位描述如表 6.24 所示。

15～12	11	10	9	8
保留	FSXM	FSRM	CLKXM	CLKRM
R-0	R/W-0	R/W-0	R/W-0	R/W-0

7	6	5	4	3	2	1	0
SCLKME	保留	DXSTAT	DRSTAT	FSXP	FSRP	CLKXP	CLKRP
R/W-0	R-0	R/W-0	R/W-0	R/W-0	R/W-0	R/W-0	R/W-0

表 6.24 PCR 的位描述

位	名称	说明
11	FSXM	发送帧同步模式位。0 表示外部 FSX 引脚提供帧同步信号，1 表示内部采样率发生器提供帧同步信号
10	FSRM	接收帧同步模式位。0 表示外部 FSR 引脚提供帧同步信号，1 表示内部采样率发生器提供帧同步信号
9	CLKXM	发送时钟模式位。0 表示发送器从外部 MCLKX 引脚获取时钟；1 表示内部 CLKX 由采样率发生器驱动，MCLKX 引脚输出 CLKX 的时钟
8	CLKRM	接收时钟模式位。禁止回环自测试模式时：0 表示接收器从外部 MCLKR 引脚获取时钟；1 表示内部接收时钟 CLKR 由采样率发生器驱动，MCLKR 引脚输出 CLKR 的时钟。回环自测试模式下：0 表示 CLKR 由 CLKX 驱动，MCLKR 为高阻态；1 表示 CLKR 由 CLKX 驱动，MCLKR 引脚输出 CLKR 的时钟
7	SCLKME	采样率生成器输入时钟模式位，与 CLKSM 一起确定输入时钟源：00 表示保留，01 表示内部时钟 LSPCLK，10 表示外部 MCLKRA 接收时钟，11 表示向外部 MCLKXA 引脚发送时钟
5	DXSTAT	MDX 引脚状态位。发送器复位时，MDX 引脚可作为 GPIO 引脚：0 表示输出低电平，1 表示输出高电平
4	DRSTAT	MDR 引脚状态位。接收器复位时，MDR 引脚可作为 GPIO 引脚：0 表示输入为低电平，1 表示输入为高电平

续表

位	名称	说明
3	FSXP	发送帧同步极性位，反映发送帧同步脉冲 FSX 电平极性。0 表示高电平有效，1 表示低电平有效
2	FSRP	接收帧同步极性位，反映接收帧同步脉冲 FSR 电平极性。0 表示高电平有效，1 表示低电平有效
1	CLKXP	发送时钟极性控制位。0 表示发送数据在 CLKX 上升沿采样，1 表示发送数据在 CLKX 下降沿采样
0	CLKRP	接收时钟极性控制位。0 表示接收数据在 CLKR 上升沿采样，1 表示接收数据在 CLKR 下降沿采样

6.4.3 McBSP 模块应用示例

1．McBSP 模块的操作控制

McBSP 模块的操作控制主要有操作控制、接收和发送控制两大部分。

（1）3 种操作控制

对 McBSP 模块的初始化需要完成 3 种操作控制。以下是配置接收器或发送器时的一些具体任务，每个任务需要修改对应的一个或多个 McBSP 模块的寄存器的位。

全局操作配置：将接收或发送引脚设置成 McBSP 模块外设功能，使能或禁用数字回送模式，使能或禁用时钟停止模式，使能或禁用多通道选择模式。

数据操作配置：为每个接收或发送帧配置单相位或双相位，设置接收或发送数据的字长，设置接收或发送帧的长度，使能或禁用帧同步忽略功能，设置接收或发送压缩扩展模式，设置数据接收或发送延时，设置数据接收的符号扩展和对齐模式及发送的 DXENA 模式，设置接收或发送的中断模式。

帧同步操作配置：设置接收或发送帧同步模式、接收或发送帧同步极性、SRG 的帧同步周期和脉冲宽度。

时钟操作配置：设置接收或发送时钟模式与极性、SRG 时钟分频值、同步模式、时钟模式（选择一个输入时钟）与 SRG 输入时钟的极性。

（2）McBSP 模块的接收和发送控制

初始化完成后，接收、发送的查询控制联络过程如下：需要发送数据时，首先判断 XRDY 位是否为 1；若为 1，则往 DXR 写入要发送的数据。需要接收数据时，首先判断 RRDY 位是否为 1；若为 1，则由 CPU 读取 DRR 的值。当然亦可采用中断方式进行发送和接收。

2．应用示例

数字回送模式是 TMS320F28335 McBSP 模块的一大特点。该模式主要用于单个 DSP 多缓冲串口的测试。在数字回送模式下，内部接收信号由内部发送信号直接提供。即此时 MDR 在芯片内部直接连接到 MDX，内部 CLKR 直接连接到内部 CLKX，内部 FSR 直接连接到内部 FSX。因此，McBSP 模块通信的进行无须外接其他硬件。下面以 McBSP 模块工作于数字回送模式为例，说明该模块的编程开发方法。

例 6.4　TMS320F28335 McBSP 模块工作于数字回送模式，进行 32 位数据的自发自收；并检查接收数据的正确性，若发生错误，则予以处理。

解：（1）实现方案分析

要使 TMS320F28335 McBSP 模块工作于数字回送模式，需设置 SPCR1[DLB]=1。判断数据发送和接收是否完成，可以使用中断方式或查询方式，这里采用查询方式。另外，TMS320F28335 McBSP 模块的初始化过程如下。

① 使帧同步逻辑、采样率发生器、接收器和发送器等处于复位状态，即 FRST=GRST=RRST=XRST=0。

② 当串口处于复位状态时，配置控制寄存器处于所需的接收或发送状态。

③ 等待两个时钟周期及其以上，以保证内部的同步。

④ 设置 GRST=1，使采样率发生器工作。

⑤ 等待两个时钟周期及其以上，以保证内部的同步。

⑥ 设置 RRST=XRST=1 使串口开始工作。注意：在设置这些位的时，要确保 SPCR1 和 SPCR2 中其他位的值不被修改。

⑦ 若使用内部帧同步逻辑，则需将 FRST 设置成 1。

一般情况下，只有当发送器工作（XRST=1）后，CPU 或 DMA 控制寄存器才能向 DXR 写入值。

（2）McBSP 模块的初始化代码

```
void spi_init(void)                                  //定义 SPI 初始化函数
{  //配置接口引脚和时钟
   EALLOW;                                           //使能访问受保护寄存器
   GpioCtrlRegs.GPAMUX2.bit.GPIO24 = 3;              //GPIO24 作为 MDXB 引脚
   GpioCtrlRegs.GPAMUX2.bit.GPIO25=0x3;              //GPIO25 作为 MDRB 引脚
   GpioCtrlRegs.GPAMUX2.bit.GPIO26 = 3;              //GPIO26 作为 MCLKXB 引脚
   GpioCtrlRegs.GPAMUX2.bit.GPIO27=0x3;              //GPIO27 作为 MFSXB 引脚
   GpioCtrlRegs.GPAMUX1.bit.GPIO3 = 3;               //GPIO3 作为 MCLKRB 引脚
   GpioCtrlRegs.GPAMUX1.bit.GPIO1 = 3;               //GPIO3 作为 MFSRB 引脚
   SysCtrlRegs.PCLKCR0.bit.MBENCLK = 1;              //使能 McBSP-B 时钟
   EDIS;                                             //宏指令，恢复寄存器的保护状态
   //配置 McBSP 寄存器
   McbspbRegs.SPCR2.all=0x0000;                      //复位帧同步逻辑、采样率产生器和发送器
   McbspbRegs.SPCR1.all=0x0000;                      //复位接收器
   cbspbRegs.SPCR1.bit.DLB = 1;                      //使能数字回送测试
   McbspbRegs.RCR2.all=0x0;                          //接收器单相位、帧长为 1 个字，不压缩
   McbspbRegs.RCR1.all=0x0;                          //接收器帧长为 1 个字
   McbspbRegs.XCR2.all=0x0;                          //发送器单相位、帧长为 1 个字，不压缩
   McbspbRegs.XCR1.all=0x0;                          //发送器帧长为 1 个字
   McbspbRegs.SRGR2.bit.CLKSM = 1;                   //使用 LSPCLK 作为 SRG
   McbspbRegs.SRGR2.bit.FPER = 31;                   //FPER = 32 个 CLKG 周期
   McbspbRegs.SRGR1.bit.CLKGDV =1;                   //fCLKG = fLSPCLK/(CLKGDV+1)
   McbspbRegs.PCR.bit.FSXM = 1;                      //FSX 内部驱动
   McbspbRegs.PCR.bit.CLKXM = 1;                     //CLKX 内部驱动
   DELAY_US(200);                                    //等待至少两个 SRG 时钟
   McbspbRegs.SPCR2.bit.GRST=1;                      //使能采样率产生器
   DELAY_US(200);                                    //等待至少两个 SRG 时钟
   McbspbRegs.SPCR2.bit.XRST=1;                      //TX 退出复位
   McbspbRegs.SPCR1.bit.RRST=1;                      //RX 退出复位
   McbspbRegs.SPCR2.bit.FRST=1;                      //帧同步产生器复位
}
```

（3）主程序代码

代码 6.4　TMS320F28335 McBSP-B 模块工作于数字回送模式，进行 32 位数据的自发自收，并检查接收数据的正确性，若发生错误，则予以处理。

```
#include "DSP2833x_Device.h"
#include "DSP2833x_Examples.h"
void InitMcbspbGpio (void);                  //声明 McBSP-B 初始化函数
void error(void);                            //声明错误处理函数
//全局变量
Uint16 sdata1 = 0x000;                       //发送数据 1
Uint16 rdata1 = 0x000;                       //接收数据 1
Uint16 sdata2 = 0x000;                       //发送数据 2
Uint16 rdata2 = 0x000;                       //接收数据 2
Uint16 rdata1_point;
Uint16 rdata2_point;
void main(void)
{//步骤 1：初始化时钟源模块
   InitSysCtrl();
//步骤 2：初始化 GPIO，此处跳过
//步骤 3：禁止可屏蔽中断
   DINT;
//步骤 4：初始化本例中使用的外设模块
   InitMcbspb();                                    //初始化 McBSP-B 为数字回送模式
//步骤 5：用户特定代码
   McbspaRegs.RCR1.bit.RWDLEN1=5;                   //32bit 字长
   McbspaRegs.XCR1.bit.XWDLEN1=5;                   //32bit 字长
   sdata1 = 0x0000;
   sdata2 = 0xFFFF;
   rdata1_point = sdata1;
   rdata2_point = sdata2;
   while(1)
   {    McbspbRegs.DXR2.all= sdata1;            //待发送数据 1 写入 DXR2
        McbspbRegs.DXR1.all= sdata2;            //待发送数据 2 写入 DXR1
        sdata1++;
        sdata2--;
        while(McbspbRegs.SPCR1.bit.RRDY==0){} //等待接收数据
        rdata2 = McbspbRegs.DRR2.all;           //读取第一个数据
        rdata1 = McbspbRegs.DRR1.all;           //读取第二个数据
        if(rdata1 != rdata1_point)              //检查收发数据是否一致
            error();
        if(rdata2 != rdata2_point)              //检查收发数据是否一致
            error();
        rdata1_point++;
        rdata2_point--;
        asm(" nop");
   }
}
//步骤 6：用户自定义函数
void error(void)                                //定义错误处理函数
{  asm("        ESTOP0");
   for (;;);
}
```

6.5 I²C 总线模块

I²C 总线是由 PHILIPS 公司开发的两线式串行总线，用于连接微控制器及其外围设备。该总线产生于 20 世纪 80 年代，最初为音频和视频设备开发。目前已成为微电子通信控制领域广泛采用的一种标准总线。I²C 总线是同步通信的一种特殊形式，具有接口线少、控制方式简单、器件封装体积小、通信速率高等优点。

6.5.1 I²C 总线的构成及信号类型

两线式串行总线——I²C 总线由数据线（SDA）和时钟（SCL）构成，在 CPU 与被控集成电路（IC）之间、IC 与 IC 之间进行双向传送数据，即发送和接收数据。各种被控制电路均并联在总线上，且具有唯一的识别地址。在信息的传输过程中，I²C 总线上并联的每一模块电路既是主控器（或被控器），又是发送器（或接收器），具体取决于它所要完成的功能。

I²C 总线在传送数据过程中有开始信号、结束信号和应答信号 3 种类型信号，简述如下。

开始信号：SCL 为高电平时，SDA 由高电平向低电平跳变，数据传送开始。

结束信号：SCL 为高电平时，SDA 由低电平向高电平跳变，数据传送结束。

应答信号：接收数据的 IC 在接收到 8bit 数据后，向发送数据的 IC 发出特定的低电平脉冲，表示已收到数据，这就是应答信号。CPU 向受控单元发出一个信号后，等待受控单元发出一个应答信号；CPU 接收到应答信号后，根据实际情况做出是否继续传递信号的判断。若未收到应答信号，则判断受控单元出现故障。

由于连接到 I²C 总线的器件采用不同种类的工艺（如 CMOS、NMOS 等），故逻辑 0 和逻辑 1 的电平不是固定的。它们由电源决定，且每传输一个数据位产生一个时钟脉冲。传输数据时，SDA 必须在时钟的高电平周期保持稳定，SDA 的高电平或低电平状态的改变只有在 SCL 的时钟信号为低电平时发生，如图 6.28 所示。

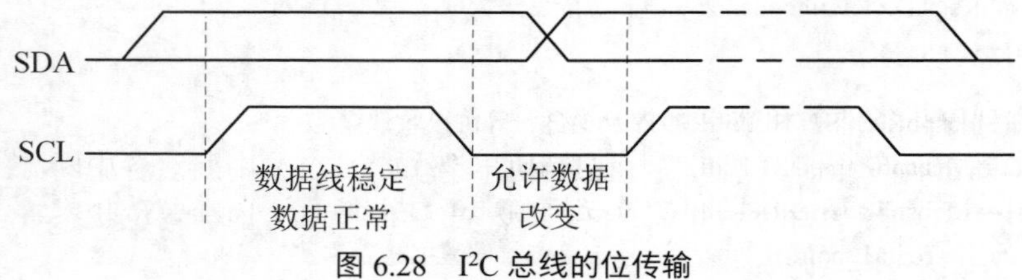

图 6.28　I²C 总线的位传输

6.5.2 I²C 总线模块的结构与工作原理

TMS320F28335 的 I²C 总线模块兼容 2000.1 发布的 V2.1 版本 I²C 协议，其结构如图 6.29 所示。该模块有两个外部引脚即数据引脚 SDA 和时钟引脚 SCL，它们均可双向通信，且采用漏极开路形式，使用时需要通过上拉电阻接电源。发送器包括发送移位寄存器（I2CXSR）、数据发送寄存器（I2CDXR）和 16 位的发送 FIFO 堆栈（TX FIFO）等；而接收器包括接收移位寄存器（I2CRSR）、数据接收寄存器（I2CDRR）和 16 位的接收 FIFO 堆栈（RX FIFO）等。

非 FIFO 堆栈模式下，发送器将数据写入 I2CDXR，当 I2CXSR 为空时会自动装载 I2CDXR 中的数据，并从 SDA 将其逐位发送出去；接收器从 SDA 逐位接收数据，接收完毕将其传送至 I2CDRR，并通知 CPU 读取。

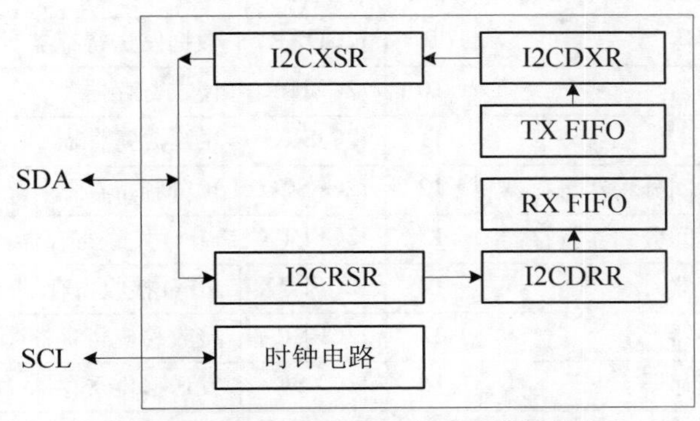

图 6.29　TMS320F28335 的 I²C 总线模块

数据传输过程中，I²C 总线模块可工作于主模式或从模式［由模式寄存器（I2CMDR）的主模式控制位 MST 编程实现］，两种模式下该模块均可作为发送器或接收器（由 I2CMDR[TRX]编程实现），因此共有 4 种基本的操作模式：主发送器模式、主接收器模式、从发送器模式和从接收器模式。若 I²C 总线模块工作于主模式，首先作为主发送器向从模块发送地址；发送数据时，需要保持主发送器模式；接收数据时，必须配置为主接收器模式。若 I²C 总线模块工作于从模式，首先作为从接收器，识别出发送自主模块的自身从地址后，给出应答；主控制器向其发送数据期间，一直保持从接收器状态；若主控制器需要其发送数据，必须配置为从发送器。

SYSCLKOUT 经过分频后作为主控制器的 SCL 信号。SCL 的频率计算公式如下：

$$f_{\mathrm{SCL}}=f_{\mathrm{SYSCLKOUT}}/\{(\mathrm{SPSC}+1)[(\mathrm{ICCH}+d)+(\mathrm{ICCL}+d)]\} \quad (6.3)$$

式中 ICCL、ICCH 为 I2CCLKL 和 I2CCLKH 的值；IPSC 为 I2CPSC 的值；d 为一系统补偿值，由 IPSC 决定（IPSC=0 时，其值为 7；IPSC=1 时，其值为 6；IPSC>1 时，其值为 5）。

I²C 总线模块可以产生 7 种基本的中断事件：发送准备好中断 XRDY（可向 I2CDXR 写入新的发送数据）、接收准备好中断 RRDY（可从 I2CDRR 读取接收数据）、寄存器访问准备好中断 ARDY（可对 I²C 总线模块的寄存器进行访问）、无响应中断 NACK（主发送器未收到来自从接收器的应答信号）、仲裁丢失中断 AL（I²C 总线模块丢失了与其他主发送器的仲裁内容）、停止检测中断 SCD（I²C 总线模块上检测到停止条件）和被寻址为从设备中断 ASS。

以上任一中断事件发生时，均可向 PIE 模块申请 I2CINT1A 中断。各中断源的使能由中断使能寄存器（I2CIER）中的相应位控制。且任一中断事件发生时，均会置位状态寄存器（I2CSTR）中的相应标志位。在中断服务程序中，可通过读取中断源寄存器（I2CISRC）识别具体的中断源。若采用 FIFO 处理发送和接收数据，在发送或接收若干个字节的数据后，发送或接收 FIFO 也可以向 PIE 模块申请 I2CINT2A 中断。I2CINT1A 和 I2CINT2A 均属于 PIE 级的第 8 组中断，分别为 INT8.1 和 INT8.2。

6.5.3　I²C 总线模块的寄存器

I²C 总线模块的 16 个寄存器如表 6.25 所示。通过对这些寄存器的操作，可实现对 I²C 总线模块的控制。CPU 可以直接访问除了发送移位寄存器和接收移位寄存器外的 14 个寄存器。

表 6.25　I²C 总线模块的 16 个寄存器

序号	名称	说明	序号	名称	说明
1	I2COAR	自身地址寄存器	9	I2CDXR	数据发送寄存器
2	I2CIER	中断使能寄存器	10	I2CMDR	模式寄存器
3	I2CSTR	状态寄存器	11	I2CISRC	中断源寄存器
4	I2CCLKL	时钟低电平时间分频器寄存器	12	I2CPSC	预分频寄存器
5	I2CCLKH	时钟高电平时间分频器寄存器	13	I2CFFTX	FIFO 发送寄存器
6	I2CCNT	数据计数寄存器	14	I2CFFRX	FIFO 接收寄存器
7	I2CDRR	数据接收寄存器	15	I2CRSR	接收移位寄存器（CPU 不可访问）
8	I2CSAR	从器件地址寄存器	16	I2CXSR	发送移位寄存器（CPU 不可访问）

1．数据类寄存器

数据类寄存器包括数据计数寄存器（I2CCNT）、自身地址寄存器（I2COAR）、从器件地址寄存器（I2CSAR）、数据发送寄存器（I2CDXR）和数据接收寄存器（I2CDRR）这 5 个寄存器，它们均为 16 位。其中 I2CCNT 的 16 位均有效，位域名称为 ICDC，用于指示 I²C 总线模块需要发送或接收的数据字节数。其他 4 个寄存器的低 8 位为有效位域。I2COAR 和 I2CSAR 中有效位域名分别为 OAR 和 SAR，分别代表 I²C 总线模块自身的从地址和它作为主发送器时发送对象的从地址。I2CDXR 和 I2CDRR 有效位域名称均为 DATA，分别代表需要发送和接收的 8 位数据。

2．I2CMDR

I2CMDR 包含 I²C 总线模块的控制位，其位分布如下，位描述如表 6.26 所示。

15	14	13	12	11	10	9	8
NACKMOD	FREE	STT	保留	STP	MST	TRX	XA
R/W-0	R/W-0	R/W-0	R/W-0	R/W-0	R/W-0	R/W-0	R/W-0

7	6	5	4	3	2	1	0
RM	DLB	IRS	STB	FDF	BC		
R/W-0	R/W-0	R/W-0	R/W-0	R/W-0	R/W-0		

表 6.26　I2CMDR 的位描述

位	名称	说明
15	NACKMOD	非应答模式控制位。该位仅在模块工作于接收器模式下有效
14	FREE	仿真模式控制位。0 表示仿真状态下暂停运行，1 表示仿真状态下自由运行
13	STT	开始条件控制位。0 表示接收到开始信号时，STT 自动清除；1 表示在总线上发送一个开始信号
11	STP	结束条件控制位。0 表示接收到停止信号时，STP 自动清除；1 表示内部计数器自减到 0 时，STP 置位，在总线上发送一个结束信号
10	MST	主从模式控制位。0 表示从机模式，1 表示主控制器模式
9	TRX	发送接收模式控制位。0 表示接收模式，1 表示发送模式
8	XA	地址格式控制位。0 表示 I²C 总线模块处于 7 位地址模式；1 表示 I²C 总线模块处于 10 位地址模式

续表

位	名称	说明
7	RM	重复模式控制位。0 表示主机处于非重复模式，1 表示主机处于重复模式
6	DLB	数字回送模式位。0 表示禁用数字回送模式，1 表示使能数字回送模式
5	IRS	I^2C 总线模块复位控制位。0 表示 I^2C 总线模块已复位或禁止复位，1 表示 I^2C 总线模块使能
4	STB	开始字节模式控制位。该位仅在模块工作于主模式下有效，且为高电平有效。0 表示开始信号无须延长，1 表示开始信号需要延长
3	FDF	自由格式控制位。0 表示禁止模式，1 表示自由格式使能
2～0	BC	数据长度控制位，决定 I^2C 总线模块的 1～8 位数据位格式

3．时钟控制类寄存器

时钟控制类寄存器包括预分频寄存器（I2CPSC）、时钟低电平时间分频器寄存器（I2CCLKL）和时钟高电平时间分频器寄存器（I2CCLKH）这 3 个寄存器，它们均为 16 位。I2CPSC 低 8 位有效，位域名为 ISPC，用于将 SYSCLKOUT 分频后作为 I^2C 总线模块的时钟，分频系数为(ISPC+1)。I2CCLKL 和 I2CCLKH 的 16 位均有效，位域名称分别为 ICCL 和 ICCH，分别用于确定 I^2C 总线模块时钟低电平时间和高电平时间对 I^2C 总线模块的时钟分频系数。由 ISPC、ICCL 和 ICCH 可根据式（6.3）确定 I^2C 总线模块时钟 SCL 的频率。

4．标志和中断控制类寄存器

标志和中断控制类寄存器包括总线状态寄存器（I2CSTR）、总线中断使能寄存器（I2CIER）和总线中断源寄存器（I2CSRC）这 3 个寄存器，它们均为 16 位。

I2CSTR 用于确定哪个中断事件发生，以及读取 I^2C 总线模块的状态信息，其位分布如下：

15	14	13	12	11	10	9	8
保留	SDIR	NACKSNT	BB	RSFULL	XSMT	AAS	AD0
R-0	R/W1C-0	R/W1C-0	R/W1C-0	R-0	R-1	R-0	R-0

7～6	5	4	3	2	1	0
保留	SCD	XRDY	RRDY	ARDY	NACK	AL
R-0	R/W1C-0	R-1	R/W1C-0	R/W1C-0	R/W1C-0	R/W1C-0

其中 AAS、SCD、XRDY、RRDY、ARDY、NACK 和 AL 等分别为从设备中断、停止条件检测中断、发送准备好中断、接收准备好中断、寄存器访问准备好中断、无响应中断和仲裁丢失中断的标志位，某中断事件发生时，相应标志位置位。SDIR 为从处理器方向位：1 表示 I^2C 总线模块被寻址为从发送器，0 表示 I^2C 总线模块未被寻址为从发送器。NACKSNT 为无响应发送位，用于接收模式：1 表示响应阶段发送一个无响应位，0 表示不发送无响应位。BB 为总线忙状态位：1 表示总线忙于接收或发送数据，0 表示总线空闲。RSFULL 为接收移位寄存器满标志，指示接收过程中发生数据覆盖：1 表示检测到数据覆盖，0 表示未检测到数据覆盖。XSMT 为发送移位寄存器空标志，指示发送器是否下溢（若原数据已发送而 I2CDXR 未写入新数据，则原数据会被重复发送）：0 表示检测到下溢，1 表示未检测到下溢。AD0 为 0 地址检测位：1 表示检测到全零地址，0 表示 AD0 位被启动或终止条件清除。

I2CIER 用于各种中断的使能，其位分布如下：

15　7	6	5	4	3	2	1	0
保留	AAS	SCD	XRDY	RRDY	ARDY	NACK	AL
R-0	R/W-0	R/W-0	R/W-0	R/W-0	R/W-0	R/W-0	R/W-0

其中，AAS、SCD、XRDY、RRDY、ARDY、NACK 和 AL 等分别为被寻址为从设备中断、停止检测中断、发送准备好中断、接收准备好中断、寄存器访问准备好中断、无响应中断和仲裁丢失中断的使能位：1 表示使能相应中断，0 表示禁止相应中断。

I2CSRC 仅低 3 位有效，位域名称为 INTCODE：000 表示无中断事件发生，001 表示仲裁丢失中断，010 表示无响应中断，011 表示寄存器访问准备好中断，100 表示接收准备好中断，101 表示发送准备好中断，110 表示停止检测中断，111 表示被寻址为从设备中断。

5．FIFO 寄存器

FIFO 寄存器包括发送 FIFO 寄存器 I2CFFTX 和接收 FIFO 寄存器 I2CFFRX。I2CFFTX 的位分布如下，其位描述如表 6.27 所示。

15	14	13	12　8
保留	I2CFFENA	TXFIFORST	TXFFST
R-0	R/W-0	R/W-0	R-0

7	6	5	4　0
TXFFINT	TXFFINT CLR	TXFFIENA	TXFFIL
R-0	R/W1C-0	R/W-0	R/W-0

表 6.27　I2CFFTX 的位描述

位	名称	说明
14	I2CFFENA	FIFO 模式使能。0 表示禁止，1 表示使能
13	TXFIFORST	发送 FIFO 复位。0 表示复位，指针指向 0；1 表示使能操作
12～8	TXFFST	发送 FIFO 状态位。00000～10000 表示 FIFO 有 0～16 个字符未发送
7	TXFFINT	发送 FIFO 中断标志。0 表示无中断事件，1 表示有中断事件
6	TXFFINTCLR	发送 FIFO 中断清除位。0 表示无影响，1 表示清除中断标志
5	TXFFIENA	发送 FIFO 中断使能。0 表示禁止，1 表示使能
4～0	TXFFIL	发送 FIFO 中断级设定。当前状态位 TXFFST≤TXFFIL 时产生中断

I2CFFRX 的位分布如下，其位描述如表 6.28 所示。

15　14	13	12　8
保留	RXFIFORST	RXFFST
R -0　W-0	R/W-1	R-0

7	6	5	4　0
RXFFINT	RXFFINTCLR	RXFFIENA	RXFFIL
R-0	W-0	R/W-1	R/W-1

表 6.28　I2CFFRX 的位描述

位	名称	说明
13	RXFIFORST	接收 FIFO 复位。0 表示复位，指针指向 0；1 表示使能操作
12～8	RXFFST	接收 FIFO 状态位。00000～10000 表示 FIFO 接收到 0～16 个字符
7	RXFFINT	接收 FIFO 中断标志。0 表示无中断事件，1 表示有中断事件
6	RXFFINT CLR	接收 FIFO 中断清除位。0 表示无影响，1 表示清除中断标志
5	RXFFIENA	接收 FIFO 中断使能。0 表示禁止，1 表示使能
4～0	RXFFIL	接收 FIFO 中断级设定。当前状态位 RXFFST≥RXFFIL 时产生中断

6.5.4　I²C 总线模块应用示例

这里以 TMS320F28335 通过 I²C 总线模块与 EEPROM 芯片 24LC02B 通信为例，介绍 I²C 总线模块的用法。

例 6.5　如图 6.30 所示，TMS320F28335 通过 I²C 总线模块与 EEPROM 芯片 24LC02B 通信。具体过程为：首先，TMS320F28335 以写字节的方式向 24LC02B 写数据；然后，24LC02B 以随机读的方式读回写入的数据，并与原始数据比较，判断是否与写入的数据一致：若一致使 GPIO0 所接发光二极管闪烁，否则使 GPIO1 所接发光二极管闪烁。

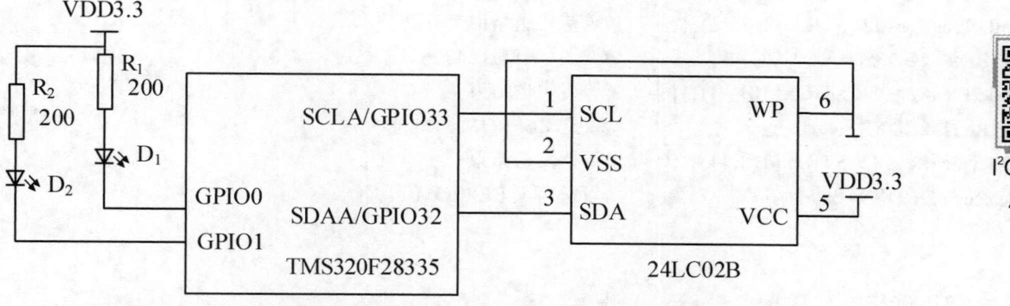

图 6.30　TMS320F28335 通过 I²C 总线模块与 EEPROM 芯片通信

解：（1）实现方案分析

图 6.30 中，TMS320F28335 通过 I²C 总线模块与 24LC02B 通信，因此其 I²C 总线模块工作于主控制器模式，即需设置 I2CMDR[MST]=1；同时应通过 SCLA 向 24LC02B 提供串行时钟。7 位地址模式下，24LC02B 的从地址为 0x50，故应设置 I2CMDR[XA]=0（工作于 7 位地址模式）、I2CSAR=0x50。对 24LC02B 进行写字节操作时，需先发送控制字，接着发送 EEPROM 地址，然后发送待写入的数据；对 24LC02B 进行随机读操作时，也需先发送控制字，接着发送 EEPROM 地址，然后接收数据；其中写操作的控制字为 0xA0、读操作的控制字为 0xA1。

（2）I²C 总线模块初始化代码

```
void I2CA_Init (void)                          //定义 I²C 初始化函数
{  //配置接口引脚和时钟
   EALLOW;                                     //允许访问受保护寄存器
   GpioCtrlRegs.GPBMUX1.bit.GPIO32=0x1; //GPIO32 作为 SDA 引脚
   GpioCtrlRegs.GPBMUX1.bit.GPIO33=0x1; //GPIO33 作为 SCLA 引脚
   GpioCtrlRegs.GPAMUX1.bit.GPIO0=0x0;  //GPIO0 作为 I/O 引脚
```

```
    GpioCtrlRegs.GPAMUX1.bit.GPIO1=0x0;          //GPIO1 作为 I/O 引脚
    GpioCtrlRegs.GPADIR.bit.GPIO0=0x1;           //GPIO0 作为输出引脚
    GpioCtrlRegs.GPADIR.bit.GPIO1=0x1;           //GPIO1 作为输出引脚
    GpioDataRegs.GPASET.bit.GPIO0=0x1;           //GPIO0 输出高电平
    GpioDataRegs.GPASET.bit.GPIO1=0x1;           //GPIO1 输出高电平
    SysCtrlRegs.PCLKCR0.bit.I2CAENCLK = 1;       //使能 I2C 时钟
    EDIS;                                        //宏指令，恢复寄存器的保护状态
    //配置 I2C 寄存器
    I2caRegs.I2CSAR = 0x0050;                    //EEPROM 从地址
    I2caRegs.I2CMDR.bit.IRS=0;                   //进入复位状态
    I2caRegs.I2CMDR.bit.FREE=1;                  //自由运行
    I2caRegs.I2CPSC.all = 9;                     //预定标
    I2caRegs.I2CCLKL = 10;                       //注意必须为非零
    I2caRegs.I2CCLKH = 5;                        //注意必须为非零
    I2caRegs.I2CMDR.bit.IRS=1;                   //退出复位状态
    return;
}
```

（3）I^2C 写字节函数代码

```
void I2CA_WriteData(unsigned char addr,unsigned char data)
{I2caRegs.I2CMDR.all = 0x6E20;  //FREE=1 表示自由运行，STT=1 表示产生开始信号，STP=1 表示发送完毕
    //产生结束信号，MST=1 表示主控制器模式，TRX=1 表示发送，XA=0 表示 7 位地址，IRS=1 表示正常工作
    while(I2caRegs.I2CSTR.bit.BB!=1){};      //等待发送结束
    I2caRegs.I2CDXR=0xA0;                    //发送字节写控制字
    while(I2caRegs.I2CSTR.bit.BB!=1){};      //等待发送结束
    I2caRegs.I2CDXR=addr;                    //发送 EEPROM 写地址
    while(I2caRegs.I2CSTR.bit.BB!=1){};      //等待发送结束
    I2caRegs.I2CDXR=data;                    //发送写入 EEPROM 数据
    return;
}
```

（4）I^2C 随机读函数代码

```
unsigned char I2CA_ReadData(unsigned char addr)
{ I2caRegs.I2CMDR.all = 0x6E20; //FREE=1 表示自由运行，STT=1 表示产生开始信号，STP=1 表示发送完毕
    //产生结束信号，MST=1 表示主控制器模式，TRX=1 表示发送，XA=0 表示 7 位地址，IRS=1 表示正常工作
    while(I2caRegs.I2CSTR.bit.BB!=1){};      //等待发送结束
    I2caRegs.I2CDXR=0xA1;                    //发送随机读控制字
    while(I2caRegs.I2CSTR.bit.BB!=1){};      //等待发送结束
    I2caRegs.I2CDXR=addr;                    //发送 EEPROM 读地址
    I2caRegs.I2CMDR.all = 0x6C20; //FREE=1 表示自由运行，STT=1 表示产生开始信号，STP=1 表示发送完毕
    //产生结束信号，MST=1 表示主控制器模式，TRX=0 表示接收，XA=0 表示 7 位地址，IRS=1 表示正常工作
    while(I2caRegs.I2CSTR.bit.RRDY!=1){};    //等待接收结束
    data=I2caRegs.I2CDRR & 0xFF;             //读取接收数据
    return data;
}
```

（5）主程序代码

```
#include "DSP2833x_Device.h"
#include "DSP2833x_Examples.h"
```

```
void    I2CA_Init (void);                                        //声明 I²C 初始化函数
void I2CA_WriteData(unsigned char addr,unsigned char data);      //声明向 I²C 字节写函数
unsigned char I2CA_ReadData(unsigned char addr);                 //声明从 I²C 随机读函数
Uint16 dt_rx, dt_tx, i;
void main(void)
{   //步骤 1: 初始化时钟源模块
    InitSysCtrl();
//步骤 2: 初始化 GPIO，此处跳过
//步骤 3: 禁止中断
    DINT;                                                        //禁止可屏蔽中断
//步骤 4: 初始化本例中使用的外设模块
    I2CA_Init ();
//步骤 5: 用户特定代码
    dt_rx=0;                                                     //数据写变量赋初值
    dt_tx=0;                                                     //数据读变量赋初值
//步骤 6: 进入循环
    for(i=0;i<256;i++)
    { dt_tx=i & 0xFF;
      I2CA_WriteData(i, dt_tx);                                  //向 EEPROM 写第 i 个数据
      DELAY_US(1000);                                            //延时 1ms
      dt_rx=I2CA_ReadData(i);                                    //从 EEPROM 回读第 i 个数据
      if(dt_rx==dt_tx)                                           //判断数据是否一致
         GpioDataRegs.GPATOGGLE.bit.GPIO0=0x1;                   //一致则 GPIO0 外接发光二极管闪烁
      else
         GpioDataRegs.GPATOGGLE.bit.GPIO1=0x1;                   //不一致则 GPIO1 外接发光二极管闪烁
      DELAY_US(1000);                                            //延时 1ms
    }                                                            //结束 for(;;)循环
}                                                                //结束 main
```

《习题与思考题》

6.1　DSP 的外部通信电路有哪些，各自适用于什么场合？

6.2　TMS320F28335 片内有多少 SCI 资源？每个 SCI 模块的发送器和接收器各自包括哪些基本部件？SCI 模块通信的数据帧格式包括哪些信息？为什么 DSP 的 SCI 模块的通信可靠性高于普通单片机的？

6.3　简述 SCI 模块发送和接收的操作过程。SCI 模块可检测哪些错误？有哪些中断类型？各种中断如何使能，对应的中断标志位分别是什么？

6.4　说明 SCI 模块两种多处理器通信模式的特点和适用场合。

6.5　试编程实现个人计算机和 TMS320F28335 之间的通信，控制 EPW4A/4B 输出的对称 PWM 波（低电平有效，互补输出）的载波周期（50～100μs）、占空比（0%～100%）和死区（0～3μs）。

6.6　在题 5.30 的基础上，编程实现个人计算机和 TMS320F28335 之间的通信，每隔 10ms 向上位机传输一次电能质量指标分析结果。

6.7　TMS320F28335 有多少 SPI 资源？SPI 模块与 SCI 模块有何异同？每个 SPI 模块包括哪些基本部件？有哪些外部引脚，各自的作用是什么？

6.8　简述 SPI 在主动模式和从动模式下的通信过程，说明二者有何不同。

6.9 SPI 模块有几种时钟方案？如何编程？如何编程控制 SPI 模块的通信波特率？

6.10 根据例 6.2，使用 GPIO 模拟 SPI 通信时序，编程实现相应功能。

6.11 在例 6.2 的基础上，实现输出可控的波形发生器。要求通过 SCI 模块与上位机通信，接收波形控制参数：波形类型（矩形波、三角、正弦波）、波形周期、波形幅值以及矩形波的占空比等，并通过 CPU 定时器定时控制波形周期。

6.12 CAN 总线有哪些特点？CAN 通信报文支持几种帧？

6.13 简述标准格式与扩展帧这两种 CAN 数据帧格式的区别。

6.14 假设基于 TMS320F28335 的 CAN 通信系统的波特率为 125kbps，请给出相关寄存器的配置。

6.15 在例 6.3 的基础上，根据上位机发送的命令，选择通过 CAN-A 还是 CAN-B 发送系统状态参数。

6.16 简述 McBSP 模块的结构。McBSP 模块外设中的压缩扩展模块有哪些压扩规律？并简述其工作原理。

6.17 在例 6.4 的基础上，给出 McBSP 模块接收小于等于 16 位的数据时的传输过程。

6.18 简述 I^2C 总线的构成及特点。I^2C 总线模块有哪几类信号？请给出各自特征。

6.19 简述 TMS320F28335 I^2C 总线模块的结构及 4 种基本操作模式。

第 7 章 DSP 应用系统设计

学习要求

（1）掌握 TMS320F28335 最小系统的组成和设计方法，及模/数接口电路的设计和访问方法。

（2）了解 TMS320F28335 SCI 电路的设计方法，理解 I^2C 日历时钟芯片 X1226 的工作原理和编程方法。

（3）了解 TMS320F28335 人机接口及显示电路的设计方法，掌握数码管驱动芯片 MAX7219 的工作原理与编程方法。

（4）了解 DSP 在永磁同步电机矢量控制系统和故障诊断系统中的应用。

DSP 应用系统由最小系统和外围电路组成。其最小系统包括 DSP 芯片、电源电路、复位电路、时钟电路和 JTAG 接口电路；外围电路包括外部存储器、模/数接口电路、串行数据通信接口电路、人机接口及显示电路，以及针对应用对象的专用接口电路。本章讲述 DSP 应用系统设计方法，包括最小系统和常用外围电路的设计，并以永磁同步电机的 DSP 控制系统设计和基于 DSP 的故障诊断系统设计为例，讲述 DSP 应用系统的软、硬件设计方法。

7.1 DSP 最小系统设计

DSP 最小系统是指用尽量少的外围电路构成的可以使 DSP 正常工作、实现基本功能的最简单的系统。DSP 最小系统一般包括：DSP 芯片、电源电路、复位电路、时钟电路和 JTAG 接口等。此外，也可以为其扩展各种类型的存储器。

DSP 应用系统的硬件设计包括最小硬件系统设计和扩展外围接口设计两部分。设计 DSP 应用系统时，首先需要根据数据手册了解 DSP 芯片的基本参数，重点关注芯片的工作电源（V_{CC}、V_{DD}）、信号接口的电平要求（V_{IH}、V_{IL}、V_{OH}、V_{OL}）和驱动能力、CPU 工作频率、控制信号（如读信号、写信号、复位信号、地址总线信号、数据总线信号等）时序。接着根据参数需求选择元器件，设计最小应用系统，然后根据应用需求为其扩展必要的外围接口。本节介绍如何为 TMS320F28335 设计各种外围电路以构成最小硬件系统。

7.1.1 电源电路设计

TMS320F28335 DSP 控制器采用双电源供电方式，其 CPU 内核电压为 1.9V，用于为芯片的内部逻辑（包括 CPU、时钟电路和所有片内外设）供电；I/O 电压为 3.3V，用于为外部 I/O 接口引脚

电源电路设计

供电，不能承受 5V 电压。此外，由于许多外围芯片采用 5V 供电，故电源模块一般需要产生 3 种电压：1.9V、3.3V 和 5V。5V 电压可通过常规三端集成稳压器实现，然后由电源转换芯片将其转换为 3.3V 和 1.9V。

设计电源电路时，除了需考虑输出电压外，尚需考虑输出电流要求。TMS320F28335 的电流消耗主要取决于芯片的激活度。内核电源的电流消耗主要取决于 CPU 的激活度。外设消耗的电流与 CPU 相比较小，且大小取决于工作外设及其运行速度。I/O 电源的电流消耗取决于外部输出的速度、数量以及输出端的负载电容等。TMS320F28335 的内核电源和 I/O 电源消耗的最大电流分别为 500mA 和 400mA，选用电源调节器的最大输出电流只要大于相应数值即可。

将 5V 电压转换为 3.3V 和 1.9V，可使用两个单输出电压调节器，或使用一个具有两路输出的电压调节器实现。

1．单输出电压调节器方案

单输出电压调节器有固定输出和可调输出两种形式。将 5V 电压转换为 3.3V，可使用固定输出或可调输出电压调节器实现；将 5V 电压转换为 1.9V，只能选用可调输出的电压调节器实现。

将 5V 转换为 3.3V 的固定输出电压调节器可选用 TI 公司的 TPS7133、TPS7233、TPS7333 和 TPS76333 等，或选用 MAXIM 公司的 MAX604、MAX748 等。图 7.1（a）所示为使用 TPS7333 输出 3.3V 电压的原理电路。TPS7333 的最大输出电流为 500mA，可满足输出电流需求。

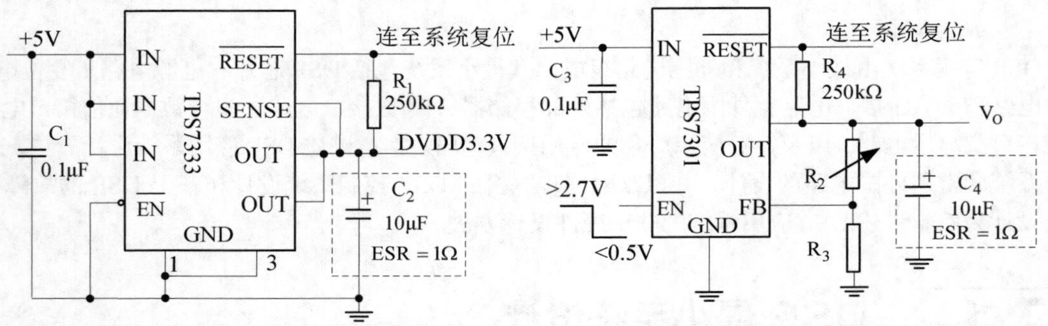

（a）使用 TPS7333 输出 3.3V 电压的原理电路　　（b）使用 TPS7301 输出可调电压的原理电路

图 7.1　单输出电压调节器的输出原理电路

单输出可调电压调节器可选用 TI 公司的 TPS7101、TPS7201、TPS7301 等，它们的输出电压调节范围为 1.2～9.75V，可通过改变两个外接电阻的阻值实现。使用 TPS7301 输出可调电压的原理电路如图 7.1（b）所示，输出电压 $V_O=(1+R_2/R_3)\times V_{REF}$，其中 V_{REF} 的典型值为 1.182V。为了保证合适的驱动电流，R_2 和 R_3 的值应选择合适。R_3 的推荐值为 169kΩ，R_2 可根据所需输出电压选择：$R_2=(V_O/V_{REF}-1)\times R_3$。若选择 R_2=309kΩ，可输出 3.3V 电压；选择 R_2=103kΩ，则可输出 1.9V 的电压。TPS7301 的最大输出电流为 500mA，能输出宽度为 200ms 的低电平有效的复位信号给 F28335 使用。

2．双输出电压调节器方案

TI 公司的 TPS767D301、TPS767D325、TPS767D318 等均为双输出电压调节器。其中 TPS767D325 提供 3.3V 和 2.5V 两路固定的输出电压，TPS767D318 提供 3.3V 和 1.8V 两路固定的输出电压，TPS767D301 提供一路 3.3V 固定输出电压和一路可调输出电压（1.5～5.5V）。

TPS767D301 是 TI 公司针对双电源供电的 DSP 应用系统设计推出的双路低压降电源调节器，最大输出电流为 1A，具有超低静态电流（典型值为 85μA）和两个具有过热保护功能的漏极开路复位输出，复位脉冲宽度为 200ms。使用它输出可调电压的原理电路如图 7.2 所示。其输出电压 V_O =(1 +

$R_5/R_6)\times V_{REF}$，其中 V_{REF} 的典型值为 1.1834V。R_6 的推荐值为 30.1kΩ，R_5 可根据所需输出电压选择：$R_5=(V_O/V_{REF}-1)\times R_6$。图中选择 R_5=18.2kΩ，故输出 1.9V 的电压。

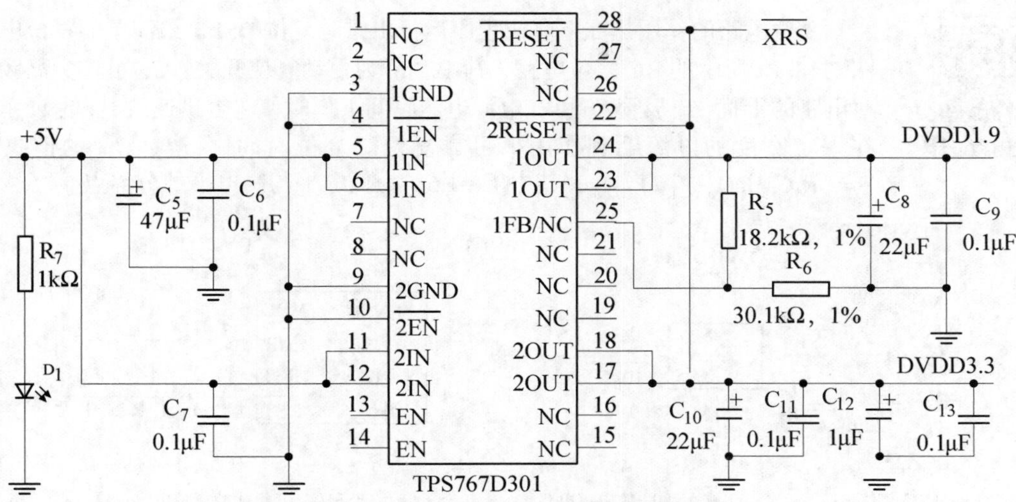

图 7.2 使用 TPS767D301 输出可调电压的原理电路

> **注意：** TPS767D301 为低压降电源调节器，若使用 5V 供电产生 1.9V 电压，因功耗较高（片内损耗为 5V−1.9V=3.1V），可能出现芯片发热现象（但不影响正常工作）。若改用 3.3V 为其供电，即可减小功耗（片内损耗为 3.3V－1.9V=1.4V），使芯片不再发烫。

另外，DSP 控制器芯片中同时具有数字电路和模拟电路，为防止数字电路对模拟电路产生干扰，通常将两种电路分开供电，故 TMS320F28335 实际需要 4 组电源：数字 3.3V、数字 1.9V、模拟 3.3V 和模拟 1.9V。其中数字 3.3V 和数字 1.9V 电源可利用上述电源方案产生，模拟 3.3V 和模拟 1.9V 电源可在相应数字电源的基础上，加上电感和电容进一步滤波得到，如图 7.3 所示。图中 DVDD3.3 和 DVDD1.9 分别表示数字 3.3V 和数字 1.9V 电源，AVDD3.3 和 AVDD1.9 分别表示模拟 3.3V 和模拟 1.9V 电源。数字地与模拟地之间也要用电感隔离。为进一步提高抗干扰能力，也可单独为模拟电路设计电源，将数字电源和模拟电源完全分开将更好。

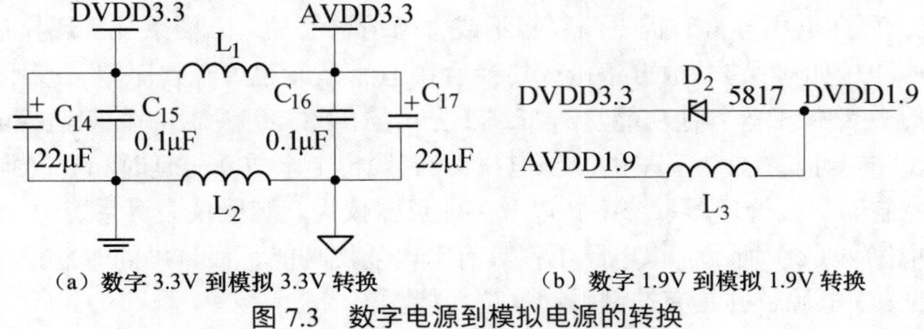

（a）数字 3.3V 到模拟 3.3V 转换　（b）数字 1.9V 到模拟 1.9V 转换

图 7.3 数字电源到模拟电源的转换

TMS320F28335 采用双电源供电，需要考虑上电次序。理想情况下，CPU 内核电源与 I/O 电源应同时上电；若不能做到同时上电，CPU 内核电源应先于 I/O 电源上电，二者时间相差不能太长（一般不能多于 1s，否则会影响器件的寿命或损坏器件）。为了保护 DSP 器件，应在 CPU 内核电源与 I/O 电源之间加一肖特基二极管，如图 7.3（b）中 D_2 所示。

7.1.2 复位电路设计

复位电路设计

复位电路的作用是在上电或程序运行出错时复位 DSP。最简单的复位电路是图 7.4（a）所示的 RC 复位电路，其中 Sm_1 为手动复位开关，C_{19} 可避免高频谐波对电路的干扰，二极管 D_3 可在电源电压瞬间下降时使电容迅速放电，保证系统能在一定宽度的电源毛刺作用下可靠复位。复位时间由 R_8、C_{18} 的值决定：$t=-R_8C_{18}\ln(1-V_T/V_{DD})$，其中 V_T=1.5V 为低电平与高电平的分界点。

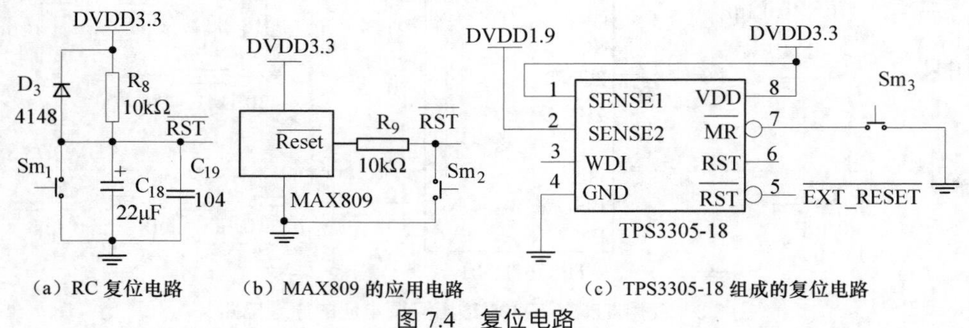

（a）RC 复位电路　（b）MAX809 的应用电路　（c）TPS3305-18 组成的复位电路

图 7.4　复位电路

TMS320F28335 要求复位信号在输入时钟稳定（上电后 1～10ms）后至少再保持 8 个外部时钟（OSCCLK）周期的低电平；且为可靠起见，电源稳定（V_{DD} 达到 1.5V）后，尚需至少保持 1ms 才能撤销。若外部时钟频率为 30MHz，则复位时低电平保持时间需满足 $t>8\times1/(30\times10^6)\times10^3+10+1\approx12$(ms)（向上取整）。由于 DSP 的 V_{DD} 为 3.3V，故只要选择 C_{18}=22μF，R_8=10kΩ，即可得 $t=-22\times10^{-6}\times10\times10^3\ln(1-1.5/3.3)\approx133$(ms)，满足复位时间要求。

图 7.4（a）所示复位电路虽然简单，但电源瞬间跌落时，无法获得参数符合要求的复位脉冲，甚至根本无法产生复位脉冲，从而造成系统内部状态混乱而失控。另外，由于 DSP 时钟频率较高，运行过程中可能出现干扰和被干扰等现象，严重时会造成系统死机。为了解决这些问题，可采用带监控功能的复位电路，也称电源监控电路。最简单的电源监控电路具有上电复位、掉电复位功能，如 MAXIM 公司的 MAX705、MAX706、MAX809、MAX810 等。其中 MAX809、MAX810 为三引脚微处理器复位芯片，体积小、功耗低，使用方便。MAX809 的应用电路如图 7.4（b）所示。

除上电复位和掉电复位功能外，一些多功能电源监控电路还集成了电源监控、数据保护、看门狗定时器等功能，可在电压异常时提供预警指示或中断请求信号，方便系统实现异常处理；并可对数据进行必要的保护（如写保护、数据备份或切换后备电池等）；也可在程序跑飞或死锁时复位系统，并具有过热保护、短路保护等其他功能。例如，TI 公司的 TPS3305 采用一种双监控电路，自带具有温度补偿的电压基准，可监控 2.7～6V 的电源电压，具有固定上电 200ms 延时和看门狗功能。TPS3305 可用于 DSP 微控制器、微处理器系统中，以及工业仪器仪表、智能仪表等系统中。TPS3305-18 组成的复位电路如图 7.4（c）所示，该电路不仅具有上电复位功能，而且可同时监控 1.9V 的 CPU 内核电源和 3.3V 的 I/O 电源，并具有按键手动复位功能。

DSP 本身具有看门狗定时器，故其复位可使用简单的电源监控电路。另外，若电源设计时使用 TPS767D301 等具有复位输出的电源调节器，可直接为 DSP 提供复位信号。

7.1.3 时钟电路设计

TMS320F28335 内部集成了时钟电路，外部时钟的产生有两种方案：一是利用片内时钟电路，外加晶体和两个负载电容；二是禁止片内时钟电路，直接由外部提供时钟信号。前者电路简单、价格便宜，但驱动能力弱。后者可输出多个时钟、驱动能力强，但成本较高。当系统中仅需单一时钟信号时，选择第一种方案；需要多个不同频率的时钟信号时，选择第二种方案。具体设计参见 2.4 节。

7.1.4 JTAG 接口电路设计

联合测试行动小组（Joint Test Action Group，JTAG）是一种国际标准测试协议，主要用于芯片内部测试及对系统进行仿真、调试。JTAG 接口的基本原理是在器件内部定义一个测试访问口，通过专用的 JTAG 测试工具对内部节点进行测试。JTAG 接口还可实现在系统编程和对闪存等器件进行编程。

标准的 JTAG 接口为 4 线：TMS、TCK、TDI、TDO。其中 TMS 用于测试模式选择，可为 JTAG 接口设置特定的测试模式；TCK 采用测试时钟输入；TDI 用于测试数据输入，数据通过 TDI 输入 JTAG 接口；TDO 用于测试数据输出，数据通过 TDO 从 JTAG 接口输出。另外，还有一个可选的低电平有效的测试复位输入引脚 $\overline{\text{TRST}}$ 。JTAG 接口主要有 14 针和 20 针两种接口标准。14 针 JTAG 接口的信号定义如图 7.5（a）所示，其中 EMU0 和 EMU1 为两个仿真引脚。使用 14 针 JTAG 接口设计的 JTAG 接口电路如图 7.5（b）所示，电阻 R_{10}～R_{13} 是为了提高 JTAG 接口的抗干扰能力而增加的上拉电阻，R_{14} 是下拉电阻，相应信号直接与 DSP 的同名引脚相连。

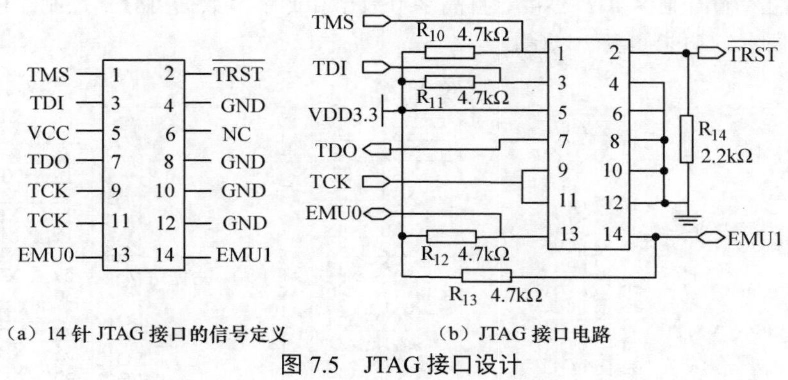

（a）14 针 JTAG 接口的信号定义　　（b）JTAG 接口电路

图 7.5 JTAG 接口设计

7.1.5 3.3V 和 5V 混合逻辑系统接口设计

DSP 应用系统中，除 DSP 最小系统外，经常需要设计 DSP 与其他外围芯片的接口。DSP 的 I/O 电压为 3.3V，若外围芯片的电源电压为 3.3V，可以直接相连；否则尚需考虑接口电平兼容问题。若通用外围芯片的工作电压为 5V，设计时须考虑 3.3V DSP 芯片和 5V 外围芯片的可靠接口问题。

混合逻辑系统接口设计

5V TTL 和 3.3V TTL 的逻辑电平标准一致，而 5V CMOS 的逻辑电平标准与它们不一致。TMS320F28335 所有数字输入引脚的电平均与 3.3V TTL 电平兼容，不能承受 5V 电压；所有引脚的输出均为 3.3V 的 CMOS 电平。因此，DSP 和外围器件接口相连时存在以下 4 种情形。

3.3V TTL 和 3.3V CMOS 器件驱动 TMS320F28335 时，电平兼容，可直接相连。

5V TTL 和 5V CMOS 器件驱动 TMS320F28335 时，虽然电平兼容，但由于 TMS320F28335 不能承受 5V 电压，需要在它们之间加可承受 5V 电压的单电源供电的总线收发器（如 74LV245）作为缓冲芯片，并用 3.3V 为其供电，以确保 TMS320F28335 能安全与 5V 外围芯片接口相连。

TMS320F28335 驱动 3.3V TTL、5V TTL 和 3.3V CMOS 器件时，电平兼容，可以直接相连。

TMS320F28335 驱动 5V CMOS 器件时，电平不兼容，电平逻辑上不满足要求。此时可采用双电源供电的总线收发器（如 74LVC16245），通过一边 3.3V 供电，一边 5V 供电，实现 3.3V 到 5V 逻辑的转换。

7.1.6 外部存储器扩展

TMS320F28335 片内有 34KW 的 SARAM 和 256KW 的闪存。在系统开发阶段，当程序代码小于 34KW 时，可直接在片内 SARAM 上装载和调试；程序代码超过 34KW 时，虽可直接将其烧写进闪存运行，但调试不方便，此时可外扩 RAM。制作产品时，若代码大于 256KW，亦可外扩闪存。

外扩存储器需要通过 XINTF 实现。XINTF 具有 20 位地址总线 XA0～XA19 和 32 位数据线 XD0～XD31。由图 2.6 所示的存储器映射可见，TMS320F28335 预留了 3 块区域可用于外部扩展：XINTF Zone0、Zone6 和 Zone7。其中 Zone0 大小为 4KW，地址范围为 0x4000～0x4FFF；Zone6 和 Zone7 的大小均为 1MW，地址范围分别为 0x100000～0x1FFFFF 和 0x200000～0x2FFFFF。

外扩存储器时，需考虑其速度。快速存储器可直接与 DSP 接口相连，慢速存储器需要根据其速度插入等待状态。以扩展快速 RAM 为例说明接口的连接方法。ISSI 公司的 IS61LV51216 是一种 512KW×16 位的高速低功耗 SARAM，采用独立 3.3V 供电，具有快速存取和全静态操作（不需时钟或刷新）功能，输入输出兼容 TTL 标准，且高字节数据和低字节数据可分别控制，其外形与引脚排列如图 7.6（a）所示，功能如表 7.1 所示。

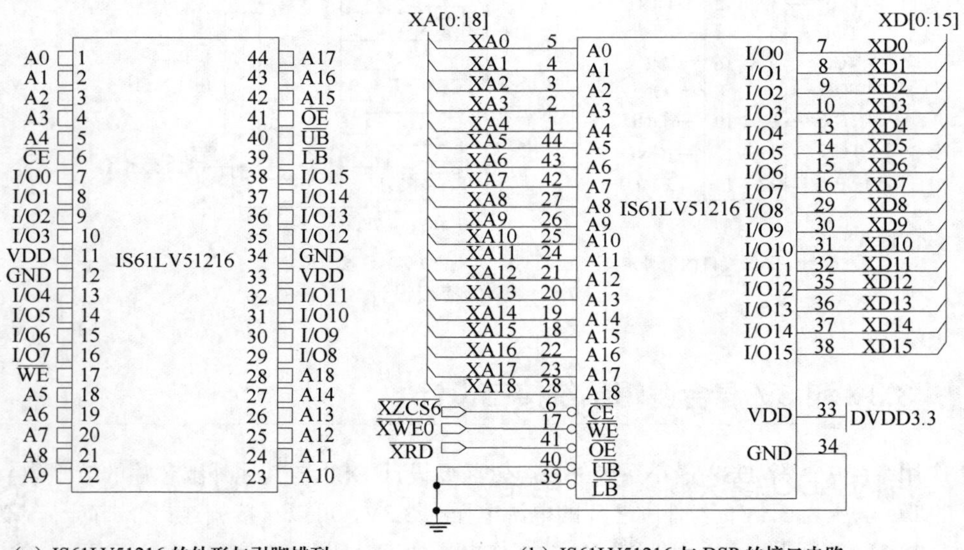

（a）IS61LV51216 的外形与引脚排列　（b）IS61LV51216 与 DSP 的接口电路

图 7.6 IS61LV51216 外形与引脚排列及 IS61LV51216 与 DSP 的接口电路

表 7.1 IS61LV51216 的功能

模式	引脚						
	$\overline{WE}$	$\overline{CE}$	$\overline{OE}$	$\overline{LB}$	$\overline{UB}$	I/O0～I/O7	I/O8～I/O15
关断	X	H	X	X	X	高阻	高阻
输出禁止	H X	L L	H X	X H	X H	高阻	高阻

续表

模式	引脚						
	$\overline{WE}$	$\overline{CE}$	$\overline{OE}$	$\overline{LB}$	$\overline{UB}$	I/O0～I/O7	I/O8～I/O15
读	H	L	L	L	H	Dout	高阻
	H	L	L	H	L	高阻	Dout
	H	L	L	L	L	Dout	Dout
写	L	L	X	L	H	Din	高阻
	L	L	X	H	L	高阻	Din
	L	L	X	L	L	Din	Din

使用一片 IS61LV51216 作为 TMS320F28335 外扩存储器，并将其映射至 Zone6 区域，其接口如图 7.6（b）所示。其中地址总线 A0～A18、数据总线 I/O0～I/O15 分别与 TMS320F28335 的地址总线 XA0～XA18、数据总线 XD0～XD15 相连。$\overline{LB}$ 和 $\overline{HB}$ 直接接地，使能引脚 $\overline{CE}$ 接 TMS320F28335 的 $\overline{XZCS6}$，输出使能引脚 $\overline{OE}$ 和写使能引脚 $\overline{WE}$ 分别接 TMS320F28335 的读引脚 $\overline{XRD}$ 和写使能引脚 $\overline{XWE0}$。

外部存储器的基本访问方法与内部存储器的类似，只需访问相应地址即可。但由于 TMS320F28335 的地址总线 XA0～XA18、数据总线 XD0～XD15 引脚均为复用的，硬件电路设计好后，访问扩展 SARAM 之前尚需对 GPIO 模块进行编程，为相应引脚设置所需功能。另外，访问不同速度的存储器（或外围设备）时，需要根据其速度和 TMS320F28335 时钟频率，以及 XINTF 时序要求，对 XINTF 配置寄存器（XINTCNF2）和各区域时序寄存器进行编程，设置合适的建立、跟踪和激活时间。

7.2 模/数接口电路设计

模/数接口是 DSP 应用系统的重要组成部分。实现 ADC 时，若转换精度能够满足要求，可直接使用 TMS320F28335 片内 12 位的 ADC 模块，但需为其设计保护电路；否则需要外扩。需要实现 DAC 时，若需驱动的负载为功率器件，可直接使用 ePWM 模块实现功率 DAC；否则，由于 TMS320F28335 片内无 DAC 模块，亦需外扩。外扩 ADC 模块或 DAC 模块时，可采用并行芯片，通过在 DSP 的存储空间为其分配地址实现；或者采用串行芯片，通过串口（如 SPI、McBSP）与 DSP 通信。本节仅介绍如何使用并行芯片进行扩展。

7.2.1 片内 ADC 模块输入保护电路设计

TMS320F28335 片内具有 16 路 12 位的 ADC 模块，其模拟输入电压范围为 0～3V。但在实际应用中，即使已经使用了信号调理电路，也不能保证所采集的电压总在允许范围内。若输入电压小于 0V 或大于 3V，均可能致使其损坏，此时可使用图 7.7（a）所示的箝位电路进行保护。图 7.7（a）中 D_4 和 D_5 为二极管（在要求较高的环境中，可使用快恢复二极管）。若将 D_4 和 D_5 视为理想二极管，则当 ADCINx 在 0～3.3V 之间时，D_4 和 D_5 均截止，A 点电位为 ADCINx；当 ADCINx 大于 3.3V 时，D_4 导通，将 A 点电位箝位在 3.3V；当 ADCINx 小于 0V 时，D_5 导通，将 A 点电位箝位在 0V。注意：若 ADC 模块输入引脚悬空，采集到的电压为随机值。故未使用的 ADC 模块输入引脚应接地。

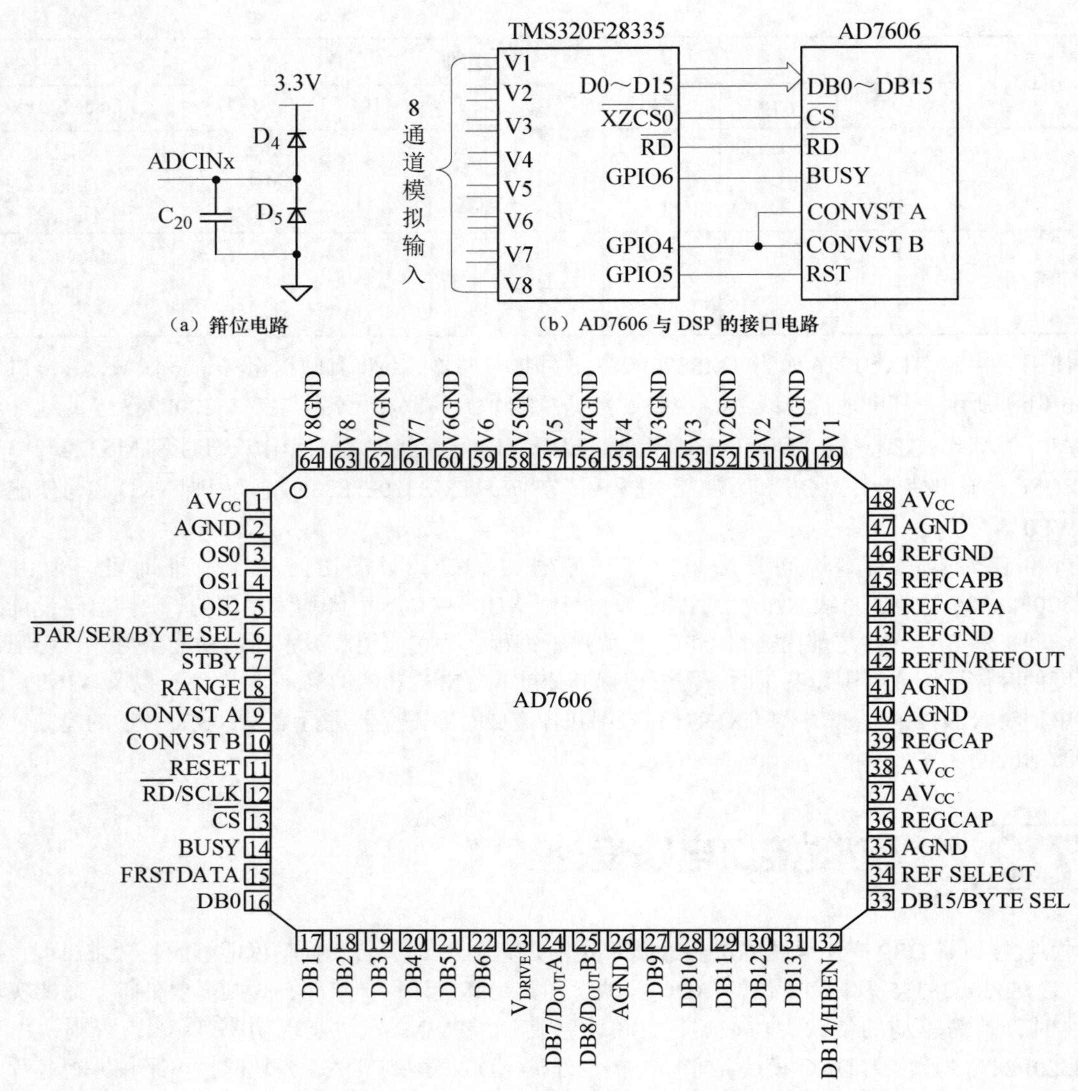

（a）箝位电路

（b）AD7606 与 DSP 的接口电路

（c）AD7606 外形与引脚排列

图 7.7 箝位电路、AD7606 与 DSP 的接口电路及 AD7606 外形与引脚排列

7.2.2 并行 ADC 接口电路设计和访问

以外扩 AD7606 为例，说明 DSP 应用系统中外扩 ADC 模块的方法。AD7606 是一种具有 8 路（V1～V8）16 位同步输入的 ADC 芯片，其引脚排列如图 7.7（c）所示。根据芯片上的 RANGE 引脚，可以配置芯片在±10V 或±5V 内拥有真双极性模拟输入范围。当 RANGE 连接高电平时，输入电压范围为−10V～+10V，当 RANGE 连接低电平时，输入电压范围为−5V～+5V。所有通道均能以高达 200kSaS 的采样速率进行采样，其中，引脚 OS2、OS1、OS0 用于控制过采样和正常采样方式。同时，模拟输入引脚（V1～V8）带有 1MΩ 的高输入阻抗，多数应用场合中，不需要额外添加电压跟随器。此外，芯片内置二阶抗混叠滤波器，当工作在较高采样率模式下，引脚间具有−40dB 的抗混叠抑制特性。

AD7606 的引脚中，DB0～DB15 引脚表示并行数据输出位，用于传输 A/D 转换后的数据，是 ADC 模块与 DSP 之间进行数据通信的通道。CONVST A 和 CONVST B 为启动控制引脚，分别用于启动芯片的前 4 个模拟量输入通道（V1～V4）和后 4 个模拟量输入通道（V5～V8）进行 A/D 转换。BUSY 引脚为忙标志，指示 AD 转换是否结束：BUSY=1 指示当前所有模拟量通道转换尚未结束；BUSY=0 表示当前所有转换通道均结束，接下来可以读取各通道转换的数字量。进行转换的数字量读取时，需要 $\overline{\text{CS}}$ 和 $\overline{\text{RD}}$/SCLK 同时为低电平。此时，可以把数据总线上的数据按通道顺序（V1～V8）读取至 CPU 中。

在应用中，AD7606 可工作于串行数据传输或者并行数据传输两种工作模式下。使用并行数据传输模式的应用示意如图 7.7（b）所示，由 TMS320F28335 数据总线的 D0～D15 并行读取 AD7606 转换的数字量数据。TMS320F28335 的 $\overline{\text{XZCS0}}$ 连接到 AD7606 的片选信号 $\overline{\text{CS}}$ 。这种连接方式可以把对 AD7606 的操作映射到 TMS320F28335 存储器空间的一个存储单元。另外，TMS320F28335 的 GPIO4 引脚同时连接 AD7606 的 CONVST A 和 CONVST B，控制启动 AD7606 进行转换（信号上升沿启动）；GPIO6 引脚连接 AD7606 的 BUSY 引脚，借助该信号可以判别 AD 转换是否结束；GPIO5 接 AD7606 的 RST 引脚，该引脚为复位引脚，在每次采样之前，可施加一个 100ns 左右的脉冲信号，用于实现可靠的 AD 转换。

扩展并行接口的硬件电路一旦确定，其在 DSP 的存储空间映射的地址便已固定。编程对其进行访问时，与访问片内存储空间某个单元类似，直接对其地址进行操作。以对图 7.7（c）中的 ADC 模块进行访问为例，说明外扩并行接口的编程方法，如例 7.1 所示。

例 7.1　试编程从图 7.7（c）中 AD7606 的 8 个通道分别读取 16 位转换数据，并把转换结果存储于数组中。

参考源代码如代码 7.1 所示。

代码 7.1　从 AD7606 的 8 个通道分别读取 16 位转换数据的参考源代码

```
#include "DSP2833x_Device.h"
#include "DSP2833x_Examples.h"
void InitXintf (void);                //对 XINTF 寄存器和 GPIO 引脚进行初始化的函数
#define    AD7606_BASIC    *((volatile   Uint16 *)0x4000)          //设置 AD7606 的读取地址
#define    AD_BUSY         GpioDataRegs.GPADAT.bit.GPIO6           //GPIO6 控制 BUSY 信号
#define    SET_ADRST       GpioDataRegs.GPASET.bit.GPIO5=1         //GPIO5 控制复位信号
#define    CLEAR_ADRST     GpioDataRegs.GPACLEAR.bit.GPIO5=1       //GPIO5 低电平复位
#define    SET_ADCONV      GpioDataRegs.GPASET.bit.GPIO4=1         //GPIO4（转换启动信号）高电平
#define    CLR_ADCONV      GpioDataRegs.GPACLEAR.bit.GPIO4=1       //GPIO4（转换启动信号）高电平
Uint16 adresult[8];                                                //定义存放转换结果的数组
void main(void)
{Uint16 CHB_DATA = 0;
//步骤 1: 初始化时钟源模块
InitSysCtrl();
//步骤 2: 初始化 GPIO，描述如何将 GPIO 设置为初始状态
InitGpio();
//步骤 3: 清除所有中断，初始化 PIE 向量表
DINT;                                 //禁止 CPU 中断
//步骤 4: 初始化所有的外设
InitXintf();                          //XINTF 寄存器和 GPIO 引脚初始化
//步骤 5: 用户特定代码
while(1)
```

```
{//传输启动转换所需的 GPIO4 输出信号上升沿
CLR_ADCONV;                                  //GPIO4 为低电平
DELAY_US(1);                                 //适当延时
SET_ADCONV;                                  //GPIO4 为高电平
DELAY_US(1);                                 //适当延时
while(AD_BUSY)    {}                         //等待转换结束信号 BUSY=0
for(j=0; j<8; j++)
{adresult[j]=AD7606_BASIC; }                 //读取 8 路 AD 通道数据，并将其存储到数组 adresult []中
}
}
```

7.2.3 并行 DAC 接口电路设计和访问

以外扩 12 位并行 DAC 芯片 AD5725 为例，说明 DSP 应用系统中外扩 DAC 模块的方法。AD5725 是一种并行输入 12 位 D/A 转换器，具有 4 通道输出电压。输出电压范围由两个参考输入引脚 V_{REFP} 和 V_{REFN} 设置。其外形与引脚排列如图 7.8（a）所示。

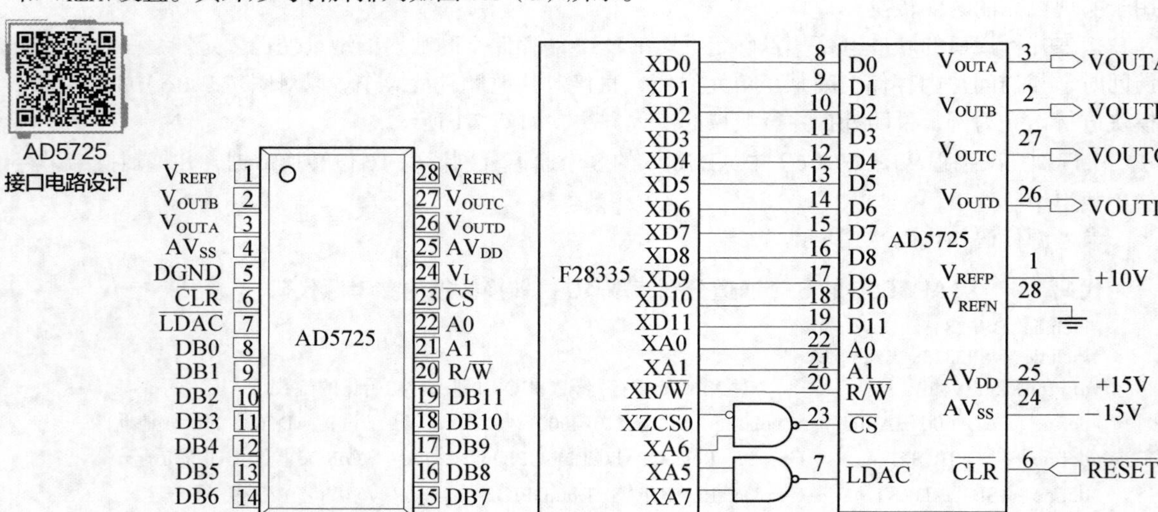

（a）AD5725 外形与引脚排列　　（b）AD5725 与 DSP 的接口电路

图 7.8　AD5725 外形与引脚排列及 AD5725 与 DSP 的接口电路

AD5725 采用直接二进制编码，理想情况下，其输出模拟量 V_{OUT} 与输入数字量 D 之间的关系为 $V_{OUT}=V_{REFN}+(V_{REFP}-V_{REFN})\times D/4096\text{V}$。若 V_{REFP} 接正参考电压，V_{REFN} 接地，可实现单极性输出；若 V_{REFP} 接正参考电压，V_{REFN} 接负参考电压，可实现双极性输出。AD5725 采用二级缓冲方案，每个通道均具有输入寄存器和 DAC 寄存器。先将数据写入输入寄存器，需要时再锁存至 DAC 寄存器，以实现多通道的同步转换输出。其控制信号包括片选信号 $\overline{CS}$、复位控制信号 $\overline{CLR}$、输入寄存器读/写信号 $R/\overline{W}$、DAC 寄存器装载信号 $\overline{LDAC}$ 和地址控制信号 A1、A0 等，功能如表 7.2 所示。

表 7.2　AD5725 的功能

模式	$\overline{CLR}$	$\overline{CS}$	$\overline{LDAC}$	$R/\overline{W}$	输入寄存器	DAC 寄存器
复位	↑	X	X	X	所有寄存器锁存为中值或零值	
	低	高	X	X	所有寄存器设置为中值或零值	

续表

模式	$\overline{CLR}$	$\overline{CS}$	$\overline{LDAC}$	R / $\overline{W}$	输入寄存器	DAC 寄存器
保持	高	高	高	X	保持	保持
更新 DAC 寄存器	高	高	低	X	保持	更新
读输入寄存器	高	低	高	高	读	保持
写输入寄存器	高	低	高	低	写	保持
直通	高	低	低	低	写	写

表 7.2 的后 3 种模式（读输入寄存器、写输入寄存器、直通）下，由 A1 和 A0 对 DAC 通道进行译码，00～11 分别对应通道 A～D。AD5725 与 TMS320F28335 的接口电路如图 7.8（b）所示。AD5725 的 D0～D11 分别接 TMS320F28335 的外部数据总线 XD0～XD11，复位信号 $\overline{CLR}$ 接系统复位信号 $\overline{RESET}$，输入寄存器读写信号 R / $\overline{W}$ 由 TMS320F28335 的 XR / $\overline{W}$ 信号控制。AD5725 的片选信号 $\overline{CS}$ 由 TMS320F28335 的 $\overline{XZCS0}$ 和 XA6 的逻辑组合控制（$\overline{XZCS0}$ 为低，同时 XA6 为高时有效），故转换结果映射到 XINTF Zone0（0x4000～0x4FFF）；同时 AD5725 的地址控制信号 A1、A0 分别接 TMS320F28335 的 XA1、XA0，故 A、B、C、D 在 TMS320F28335 存储空间映射的地址分别为 0x4040～0x4043，需要转换的数据可写至相应地址。AD5725 的 DAC 寄存器装载信号 $\overline{LDAC}$ 由 TMS320F28335 的 XA5 和 XA7 的逻辑与非控制，XA5 和 XA7 为高电平时 $\overline{LDAC}$ 有效，将输入寄存器的值加载到 DAC 寄存器，同步转换输出。故 4 个通道的 DAC 寄存器共同映射到 TMS320F28335 存储空间的 0x40E0，向该地址写 1 将启动 4 个通道同步转换输出。

对外扩并行 DAC 模块进行访问的方法与例 7.1 中对外扩并行 ADC 模块的类似，如例 7.2 所示。

例 7.2　试编程从图 7.8（b）中 DAC5725 的通道 B 输出方波。

参考源代码如代码 7.2 所示。

代码 7.2　DAC5725 通道 B 输出方波的参考源代码。

```
#include "DSP2833x_Device.h"
#include "DSP2833x_Examples.h"
void InitXintf16Gpio (void);
#define DA_CHA         *(Uint16 *)0x4040 //DA_CHA 指向通道 A，地址为 0x4040
#define DA_CHB         *(Uint16 *)0x4041 //DA_CHB 指向通道 B，地址为 0x4041
#define DA_CHC         *(Uint16 *)0x4042 //DA_CHC 指向通道 C，地址为 0x4042
#define DA_CHD         *(Uint16 *)0x4043 //DA_CHD 指向通道 D，地址为 0x4043
define DA_TRANS        *(Uint16 *)0x40E0 //4 个通道的 DAC 寄存器，地址为 0x40E0
void main(void)
{  Uint16 CHB_DATA = 0;
   //步骤 1: 初始化时钟源模块
   InitSysCtrl();
   //步骤 2: 初始化 GPIO，描述如何将 GPIO 设置为初始状态
   InitGpio();
   //步骤 3: 清除所有中断，初始化 PIE 向量表
   DINT;                              //禁止 CPU 中断
   //步骤 4: 初始化所有的外设
   InitXintf();                       //该函数包含对 XINTF 寄存器和图 7.8（b）中所用 I/O 引脚的初始化
   //步骤 5: 用户特定代码
```

```
    while(1)
    {   DA_CHB = 0;                 //方波低电平
        DA_TRANS = 1;               //传输至 DAC 寄存器，启动转换
        DELAY_US(10000);            //延时 10ms
        DA_CHB = 0x0FFF;            //方波高电平
        DA_TRANS = 1;               //传输至 DAC 寄存器，启动转换
        DELAY_US(10000);            //延时 10ms
    }
}
```

方法论

尽管 DSP 片内具有丰富的硬件资源，但在工程应用中，如果 DSP 系统功能比较复杂，经常会出现片内资源不能满足性能需求（如对 ADC 精度要求较高）或不能满足功能需求（如片内存储器资源不足或需要 DAC）的情况，必须使用外围设备进行系统扩展，以满足应用需求。

"他山之石，可以攻玉。"每个人都有自己的长处，也有相应的知识盲区和技能短板。因此，在学习和工作中，我们要有海纳百川的胸怀和开放的创新思维。既要善于学习别人的优点和长处，不断完善、提升自己；又要善于从他人的经验和成果中获得灵感和启发，启迪自己的创新思维；还要善于借助外部资源和帮助，来提升自己解决问题的效率。

7.3 串行数据通信接口电路设计

TMS320F28335 DSP 控制器片内具有 5 种串行数据通信接口模块：SCI 模块、SPI 模块、CAN 模块、McBSP 模块和 I^2C 总线模块。它们均可与具有相应接口的外围器件实现串行数据传输。本节仅介绍控制领域中应用较广的 4 种串行数据通信接口电路设计。

7.3.1 串行通信接口

SCI 是嵌入式系统中常用接口之一。在以 DSP 为主控芯片的数据采集或监控系统中，经常需要及时将相关信息传送给上位机，此时可使用 RS-232 总线实现 DSP 和上位机之间的通信。RS-232 是由电子工业协会制定的一种异步传输标准接口，通常有两种接口形式，一种为 9 引脚，一种为 25 引脚。RS-232 采用负逻辑电平（逻辑 1 的电平为−15V～−3V，逻辑 0 的电平为+3～+15V），与标准 UART 采用的 TTL 电平不一致，故需采用电平转换芯片实现电平转换。TMS320F28335 具有 3 个 SCI：SCI-A、SCI-B 和 SCI-C。采用 9 引脚 RS-232 接口实现 TMS320F28335 的 SCI-B 与上位机通信的硬件电路如图 7.9 所示。图中采用符合 RS-232 电平标准的驱动芯片 MAX232 实现电平转换，同时增强驱动能力和增加传输距离。可根据需要采用中断或查询方式编程实现 TMS320F28335 与上位机之间的通信。

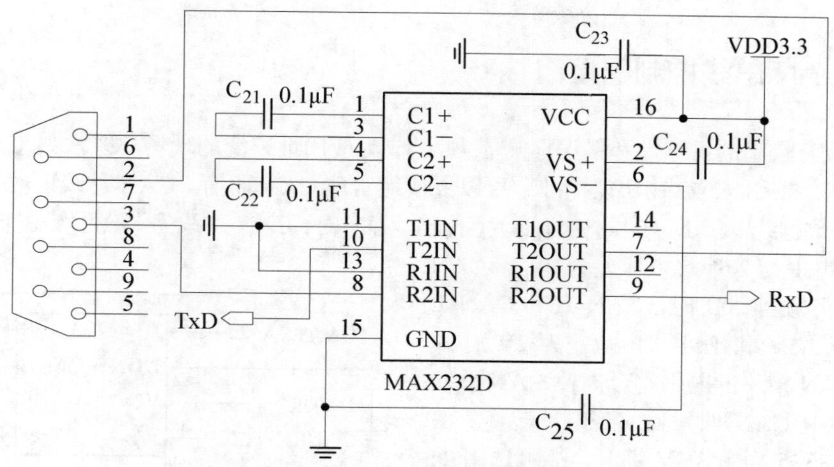

图 7.9　SCI-B 与上位机通信的硬件电路

7.3.2 串行外设接口

SPI 可用于 DSP 控制器与安全数码卡（Secure Digital Memory Card，SD 卡）、移位寄存器、显示驱动器、串行 ADC 模块、串行 DAC 模块、串行 EEPROM 以及日历时钟芯片等外围器件通信。SD 卡是一种便携式存储设备，具有大记忆容量、高数据传输速率、极高速灵活性及安全性等特点，广泛应用于数码相机、个人数码助理和多媒体播放器等便携式装置。SD 卡支持两种操作模式：基于专用 SD 卡接口的操作模式和基于 SPI 的操作模式。SD 卡有 9 个引脚，SPI 模式下引脚 1 接片选信号 $\overline{\text{CS}}$ 、引脚 2 接主机到卡命令/数据信号 DI，引脚 7 接卡到主机数据/状态信号 DO，引脚 5 接时钟信号 CLK，引脚 4 接电源，引脚 3、6 接地，引脚 8、9 保留。SPI-A 工作于主模式时实现的与 SD 卡通信的接口电路如图 7.10 所示。

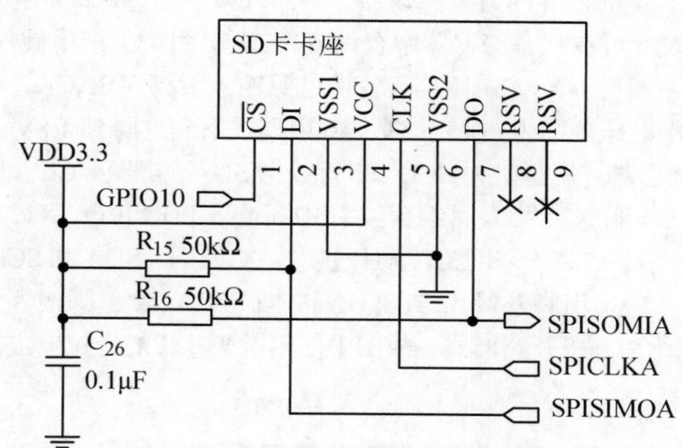

图 7.10　SPI-A 工作于主模式时实现的与 SD 卡通信的接口电路

图 7.10 中，TMS320F28335 的引脚 GPIO10 连接 SD 卡的片选信号 $\overline{\text{CS}}$ ，设置该引脚为低电平即可操作 SD 卡；SPICLKA 引脚连接 SD 卡的 CLK，为其提供时钟，使二者同步工作；SPISIMOA 引脚连接 SD 卡的 DI，通过该引脚向 SD 卡内写入数据；SPISOMIA 引脚连接 SD 卡的 DO，可从该引脚读取 SD 卡内数据。注意：由于 DSP 的 SPI-A 工作于主模式，故其从动发送使能信号 $\overline{\text{SPISTEA}}$ 接高电平。

7.3.3 CAN 总线控制器接口

CAN 总线有较高的可靠性和错误检测能力，已成为应用最广泛的现场总线之一。TMS320F28335 的 eCAN 模块支持 CAN 2.0B 协议标准，可以方便地实现 CAN 通信。CAN 总线上的信号通常以差分方式在两条数据线（CAN_H 和 CAN_L）上传输。静态时，CAN 总线为“隐性”（逻辑 1），CAN_H 和 CAN_L 的电平为 2.5V（电位差为 0V）。CAN 总线为“显性”（逻辑 0）时，CAN_H 和 CAN_L 的电平分别为 3.5V 和 1.5V（电位差为 2V）。为了使 DSP eCAN 模块的电平符合高速 CAN 总线电平，需要使用 CAN 收发器实现电平转换。由于 TMS320F28335 采用 3.3V 供电，故可选用 TI 公司的 3.3V 的 CAN 收发器 SN65HVD230，其接口电路如图 7.11 所示。

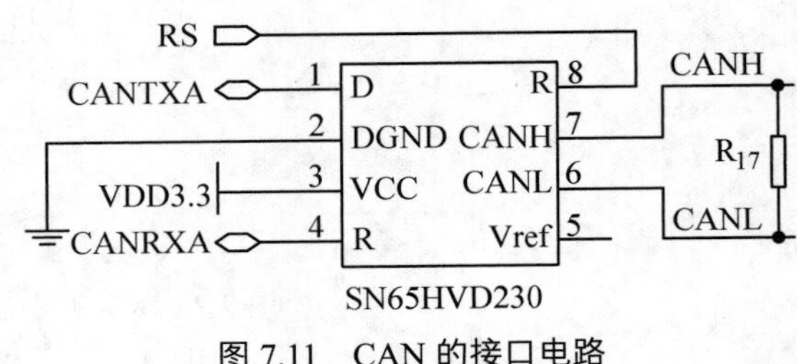

图 7.11 CAN 的接口电路

7.3.4 I²C 日历时钟电路设计

I²C 总线是通信控制领域广泛采用的一种两线式同步串行总线，具有接口线少、控制方式简单、通信速率较高等优点。当 DSP 应用系统中需要表示当前操作的具体时间时，可通过扩展实时日历时钟芯片满足应用需求。以具有 I²C 总线的 X1226 为例说明日历时钟芯片的功能及软硬件设计方法。

1. X1226 的功能描述及硬件接口电路设计

X1226 是一种带有时钟日历、两路报警、512×8 位 EEPROM 的实时时钟电路。其实时时钟具有独立的时、分、秒寄存器；日历有独立的日、月、星期和年寄存器，并具有世纪字节和自动闰年修正功能，可用 24/12h 格式计时。片内具有振荡器，只需外接 32.768kHz 晶体即可工作。它具有两个闹钟，设置的时间到达时，可在状态寄存器中查询或在 IRQ 引脚上产生硬件中断。片内 EEPROM 可分为 8 块分别进行加密控制。X1226 还具有备份电源输入引脚 VBACK，可使用电池或大容量电容进行备份供电。其操作电压范围为 2.7～5.5V，备用模式下允许降到 1.8V。

X1226 具有 8 个外部引脚：串行时钟 SCL、串行数据 SDA、电源 VCC、地 GND、备份电源输入 VBACK、晶振输入引脚 X1 和 X2，以及可编程频率/中断请求 PHZ/IRQ。X1226 与 TMS320F28335 的硬件接口电路如图 7.12 所示，二者均采用 3.3V 电压供电，X1226 的 SDA 和 SCL 分别接 TMS320F28335 的 SDAA 和 SCLA；X1 和 X2 引脚外接 32.768kHz 晶体；VBACK 引脚接入了 3V 的备用电池供电。由于 SCL、SDA 和 IRQ 均为漏极开路形式，故图中使用了 4.7kΩ 的上拉电阻接 3.3V 电源。

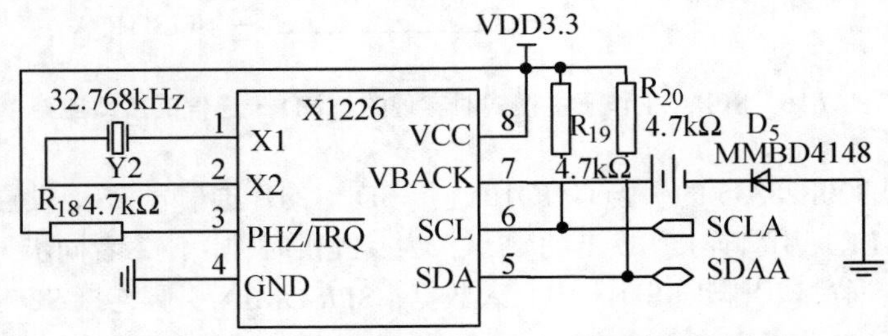

图 7.12 X1226 与 TMS320F28335 的硬件接口电路

2. 控制寄存器与软件编程

（1）控制寄存器

X1226 中 512B 的 EEPROM 阵列的低 64 位（地址为 00～3Fh）为时钟/控制寄存器（CCR）映射区域，如表 7.3 所示。CCR 可分为 5 个区域：由非易失性 EEPROM 存储器构成的控制区、闹钟 0 和 1 区，以及由易失性 SARAM 存储器构成的状态区和实时时钟（Real Time Clock，RTC）区。

表 7.3 时钟/控制寄存器映射区域

地址	类型	名称	位								范围	默认值
			7	6	5	4	3	2	1	0		
003F	状态	SR	BAT	AL1	AL0	0	0	RWEL	WEL	RTCF		01h
0037	RTC（SARAM）	Y2K	0	0	Y2K21	Y2K20	Y2K13	0	0	Y2K10	19/20	20h
0036		DW	0	0	0	0	0	DY2	DY1	DY0	0～6	00h
0035		YR	Y23	Y22	Y21	Y20	Y13	Y12	Y11	Y10	0～9	00h
0034		MO	0	0	0	G20	G13	G12	G11	G10	1～12	00h
0033		DT	0	0	D21	D20	D13	D12	D11	D10	1～31	00h
0032		HR	MIL	0	H21	H20	H13	H12	H11	H10	0～23	00h
0031		MN	0	M22	M21	M20	M13	M12	M11	M10	0～59	00h
0030		SC	0	S22	S21	S20	S13	S12	S11	S10	0～59	00h
0013	控制（EEPROM）	DTR	0	0	0	0	0	DTR2	DTR1	DTR0		00h
0012		ATR	0	0	ATR5	ATR4	ATR3	ATR2	ATR1	ATR0		00h
0011		INT	IM	AL1E	AL0E	FO1	FO0	X	X	X		00h
0010		BL	BP2	BP1	BP0	0	0	0	0	0		00h
000F	闹钟 1（EEPROM）	Y2K1	0	0	A1Y2K21	A1Y2K20	A1Y2K13	0	0	A1Y2K10	19/20	20h
000E		DWA1	EDW1	0	0	0	0	DY2	DY1	DY0	0～6	00h
000D		YRA1	未使用，用于升级									
000C		MOA1	EMO1	0	0	A1G20	A1G13	A1G12	A1G11	A1G10	1～12	00h
000B		DTA1	EDT1	0	A1D21	A1D20	A1D13	A1D12	A1D11	A1D10	1～31	00h
000A		HRA1	EHR1	0	A1H21	A1H20	A1H13	A1H12	A1H11	A1H10	0～23	00h
0009		MNA1	EMN1	A1M22	A1M21	A1M20	A1M13	A1M12	A1M11	A1M10	0～59	00h
0008		SCA1	ESC1	A1S22	A1S21	A1S20	A1S13	A1S12	A1S11	A1S10	0～59	00h
0007	闹钟 0（EEPROM）	Y2K0	0	0	A0Y2K21	A0Y2K20	A0Y2K13	0	0	A0Y2K10	19/20	20h
0006		DWA0	EDW0	0	0	0	0	DY2	DY1	DY0	0～6	00h
0005		YRA0	未使用，用于升级									
0004		MOA0	EMO0	0	0	A0G20	A0G13	A0G12	A0G11	A0G10	1～12	00h
0003		DTA0	EDT0	0	A0D21	A0D20	A0D13	A0D12	A0D11	A0D10	1～31	00h
0002		HRA0	EHR0	0	A0H21	A0H20	A0H13	A0H12	A0H11	A0H10	0～23	00h
0001		MNA0	EMN0	A0M22	A0M21	A0M20	A0M13	A0M12	A0M11	A0M10	0～59	00h
0000		SCA0	ESC0	A0S22	A0S21	A0S20	A0S13	A0S12	A0S11	A0S10	0～59	00h

RTC 区包括以 BCD 码表示的时钟/日历寄存器 Y2K（世纪）、DW（星期）、YR（年）、MO（月）、DT（日）、HR（时）、MN（分）、SC（秒）。其中 HR 寄存器中的 MIL 用于选择 24/12h 格式：1 表

示 24h 格式；0 表示 12h 格式，此时 H21 用作 AM/PM 指示（0 表示 AM，1 表示 PM）。

两个闹钟区的寄存器名称和内容与 RTC 区的类似，仅增加了与 24h 时间格式进行比较的使能位（每个寄存器的最高位 D7），规定哪些寄存器的内容与 RTC 寄存器之间进行比较。

状态区有一个状态寄存器（SR），其中包含 4 个只读的状态位 BAT、AL1、AL0 和 RTCF，以及两个控制位 RWEL 和 WEL。BAT 指示当前是否由备用电源供电，AL1 和 AL0 表示当前时间是否与闹钟 1 和 0 设置的时间相匹配，RTCF 表示 RTC 是否失效（电源和备用电源均失效时该位置位）。RWEL 为寄存器写使能锁存，在向任何时钟/控制寄存器写入之前必须先将该位置 1，且停止位之后可以立即进行写操作。WEL 为写使能锁存，用于在写操作时控制对 CCR 和存储器阵列的访问（若为 0 则对 CCR 或任何阵列地址写入均无效）。

控制区包含 4 个寄存器：数字微调寄存器（DTR）、模拟微调寄存器（ATR）、中断控制/频率输出寄存器（INT）和块保护寄存器（BL）。DTR 用于调整每秒的计数值和平均误差，ATR 用于调整片内负载电容，二者结合可以提高时钟精确度。BL 中的块保护位 BP2、BP1、BP0 决定了阵列中的哪些块提供写保护（默认为不保护）。INT 寄存器用于控制闹钟 1 和 0 的中断模式（IM）、中断使能（AL1E 和 AL0E）以及报警输出频率的编程（FO1 和 FO0）。

（2）写操作

TMS320F28335 访问 X1226 器件的从地址格式如图 7.13 所示。从地址的高 4 位为设备标识符，访问 CCR 和存储器阵列时有所不同，分别为 1101 和 1010；从地址紧接着的 3 位固定为 111；最低位用于区分具体访问操作，0 表示写操作，1 表示读操作。

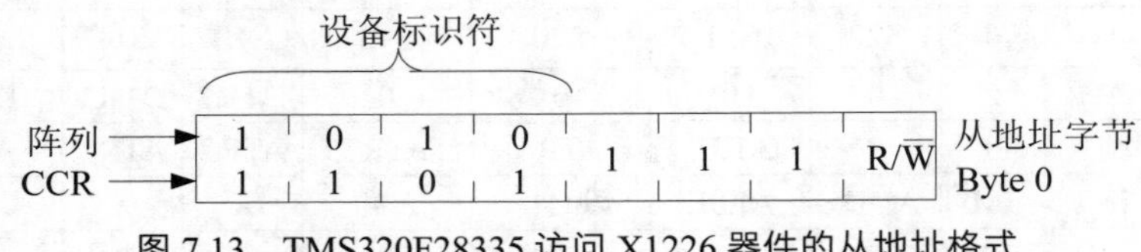

图 7.13 TMS320F28335 访问 X1226 器件的从地址格式

对 X1226 进行读、写操作均需先发送器件从地址，选中该器件；接着发送需访问单元的具体地址，即字地址，分为高地址和低地址两个字节送出；然后进行读或写操作。但对 CCR 进行写操作之前，必须先向 SR 写 02h（RWEL 写 1），接着写 06h（WEL 和 RWEL 同时写 1）。

主机对 X1226 进行写操作可使用字节写和页面写两种方式。字节写每次写 1 个字节，主机先向 X1226 发送从地址字节和字地址字节。X1226 每收到一个地址字节，应答一次 ACK；两个地址字节接收完毕，等待 8 位数据；收到 8 位数据之后，再应答一次 ACK。主机收到应答后，产生停止条件，终止传送。随后，X1226 开始内部写周期，将数据写入非易失性存储器，写入期间 SDA 输出高阻态，不能响应主机的任何请求。

页面写与字节写的启动方式相同，但每个数据字节传送之后不结束写周期，允许主机发送多达 63 个字节至存储器阵列或多达 7 个字节至时钟/控制寄存器。该方式下，X1226 每收到一个字节应答一次 ACK，同时内部地址增 1；且当计数器达到页末尾时自动返回该页的首地址。

写操作过程中，主机发送至少一个完整数据字节并收到相关 ACK 后，必须发送停止条件来终止写操作。一旦主机发出停止条件，X1226 即开始内部写周期。此时主机可通过应答查询判断 X1226 内部写周期是否结束，方法如下：主机发出一个开始条件跟随一个用于写操作（AEh）或读操作（AFh）的从地址字节。若 X1226 内部写操作未结束，不应答 ACK，否则应答 ACK。

（3）读操作

对 X1226 进行读操作有 3 种基本方式：当前地址读、随机读和顺序读。当前地址读利用 X1226 内部地址计数器保持的地址（最后一次读的地址加一）进行读（复位时地址计数器为 0）。收到读操作（AFh）的从地址字节后，X1226 应答一次 ACK，然后发送 8 位数据。在第九个时钟周期，主机若未应答 ACK，而是发出一个停止条件，读操作即终止。随机读操作允许主机访问 X1226 中的任何地址。但在发出读操作（AFh）的从地址字节前，主机必须首先完成一次伪写操作。顺序读可由当前地址读或是随机地址读任一种方法启动，但主机每收到一个数据字节应答一次 ACK。

例 7.3 对 X1226 进行编程，为其设置日历和时间。其中 WriteData()函数的定义见例 6.5。参考源代码如代码 7.3 所示。

代码 7.3 为 X1226 设置日历和时间的参考源代码。

```
define I2C_SLAVE_ADDR            0x6f                //X1226 的从地址为 0x6f
#define I2C_RTC_HIGH_ADDR       0x00                //RTC 区高地址
#define I2C_RTC_LOW_ADDR        0x30                //RTC 区低地址
#define     Y2K         0x0037                      //世纪寄存器 Y2K 地址
#define     DW          0x0036                      //星期寄存器 DW 地址
#define     YR          0x0035                      //年寄存器 YR 地址
#define     MO          0x0034                      //月寄存器 MO 地址
#define     DT          0x0033                      //日寄存器 DT 地址
#define     HR          0x0032                      //小时寄存器 HR 地址
#define     MN          0x0031                      //分钟寄存器 MN 地址
#define     SC          0x0030                      //秒寄存器 SC 地址
Uint16      YEAR = 0x2013;                          //年初始值为公元 2013 年
Uint16      MONTH = 0x11;                           //月初始值为 12
Uint16      DAY = 0x06;                             //日期初始值为 6
Uint16      WEEK = 0x03;                            //星期初始值为 3
Uint16      HOUR = 0x15;                            //小时初始值为 15
Uint16      MINUTE = 0x10;                          //分钟初始值为 10
Uint16      SECOND = 0x00;                          //秒初始值为 0
void main(void)
{  i = 0x02;                                        //RWEL 为 1
   WriteData(&I2cMsgOut1,&i,0x003f,1);
   i = 0x06;                                        //WEL 和 RWEL 同时为 1
   WriteData(&I2cMsgOut1,&i,0x003f,1);
   i = YEAR >> 8;
   WriteData(&I2cMsgOut1,&i,Y2K,1);                 //写世纪寄存器 Y2K
   i = YEAR & 0xff;
   WriteData(&I2cMsgOut1,&i,YR,1);                  //写年寄存器 YR
   i = MONTH;
   WriteData(&I2cMsgOut1,&i,MO,1);                  //写月寄存器 MO
   i = DAY;
   WriteData(&I2cMsgOut1,&i,DT,1);                  //写日寄存器 DT
   i = WEEK;
   WriteData(&I2cMsgOut1,&i,DW,1);                  //写星期寄存器 DW
   i = HOUR;
   WriteData(&I2cMsgOut1,&i,HR,1);                  //写小时寄存器 HR
   i = MINUTE;
   WriteData(&I2cMsgOut1,&i,MN,1);                  //写分钟寄存器 MN
   i = SECOND;
   WriteData(&I2cMsgOut1,&i,SC,1);                  //写秒寄存器 SC
}
```

7.4 人机接口及显示电路设计

7.4.1 键盘接口电路

键盘是嵌入式系统中常用的输入设备，通过键盘输入命令或数据可以实现简单的人-机通信。键盘由按键构成，常用的有独立式和矩阵式（行列式）两种。独立式键盘的各按键相互独立，各自连接处理器的一根输入口线，通过读取各输入口线的状态可获取所有按键的状态。独立式键盘各输入口线的状态互不影响，电路简单、编程容易，但按键个数较多时，要占用较多的 I/O 资源。

按键个数较多时，可采用矩阵式键盘。它由行线和列线组成，按键位于行线与列线的交点上，如图 7.14 所示。图中采用 4×4 的行、列结构构成由 16 个按键组成的键盘。行线和列线各自连接 4 根 I/O 口线，故仅需 8 根 I/O 口线，比采用独立式键盘节省了约一半 I/O 资源。图中各行线使用上拉电阻接 5V 电源。无按键动作时，行线为高电平；有按键被按下时，行线状态由与其接通的列线的电平决定。若列线为高电平，则行线为高电平；若列线为低电平，则行线为低电平。由于矩阵中行、列线由多按键共用，各按键均影响所在行、列的电平。故各按键互相影响，必须将行、列信号结合起来处理，才能判断闭合按键的位置。

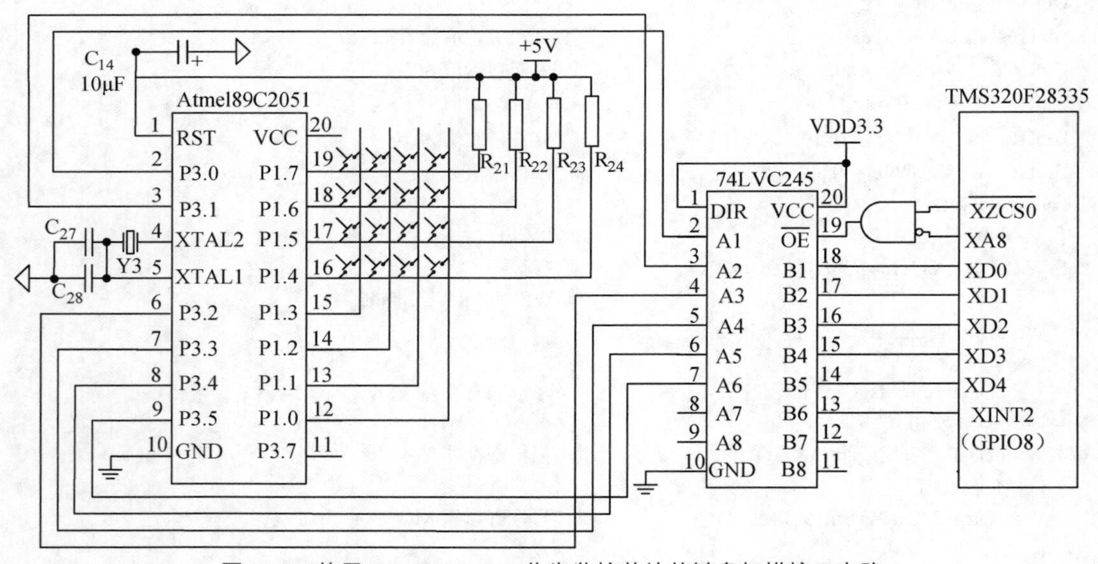

图 7.14 使用 Atmel89C2051 作为监控芯片的键盘扫描接口电路

键盘的工作方式通常有 3 种即编程扫描、定时扫描和中断扫描，其选取应视 CPU 忙闲情况而定。基本原则为既要保证能及时响应按键操作，又不过多占用 CPU 的工作时间。为了保证键盘不过多占用 DSP 的 I/O 资源和 CPU 资源，图 7.14 中采用 Atmel89C2051 作为键盘扫描的监控芯片，其中 P1.0～P1.3 作为列线，P1.4～P1.7 作为行线，P3.0～P3.4 作为键值识别结果接 TMS320F28335 的外部数据总线 XD0～XD4。由于 Atmel89C2051 与 TMS320F28335 分别采用 5V 和 3.3V 供电，故它们之间加了缓冲芯片 74LV245。为通知 DSP 在有按键被按下时及时读取键值，可将 Atmel89C2051 的 P3.5 作为 DSP 的外部中断信号。图 7.14 中的电路选用 XINT2 作为键值读取的中断，并选择 GPIO8 作为相应中断输入引脚。TMS320F28335 的 $\overline{\text{XCS0}}$ 与外部地址总线 XA8 的逻辑非相与后接 74LVC245 的输出使能引脚 $\overline{\text{OE}}$，故 74LVC245 在 TMS320F28335 外部存储空间的映射地址为 0x4100。

图 7.14 所示键盘扫描接口电路中，Atmel89C2051 不断扫描和查询键盘，若有按键闭合，将在 TMS320F28335 的 XINT2（GPIO8）引脚上产生一个下降沿信号，同时将键值送至 TMS320F28335 的数据总线上。若使能 TMS32028335 的 XINT2 中断，则可在相应中断服务程序中读取键值。74LV245 映射到 XINTF Zone0 的 0x4100，故在 XINT2 的中断服务程序中只需从相应地址读取数据即可获取键值。

7.4.2 LED 显示电路

嵌入式系统中常用的显示器有发光二极管（Light Emitting Diode，LED）显示器和液晶显示器（Liquid Crystal Display，LCD）等。LED 显示器是由发光二极管显示字段组成的显示器，有 7 段和“米”字段之分，而 7 段式更为常用，其外形排列如图 7.15（a）所示。图中 A、B、C、D、E、F、G 这 7 段发光二极管排列成“8”字形，另有一位小数点 DP。7 段式 LED 显示块有共阴极和共阳极之分，前者使用时阴极连接于一起接地，当某发光二极管的阳极接高电平时，相应发光二极管点亮；后者则相反。一片 LED 显示块可显示一位数字或字符，*N* 片 LED 显示块可级联出 *N* 位 LED 显示器。

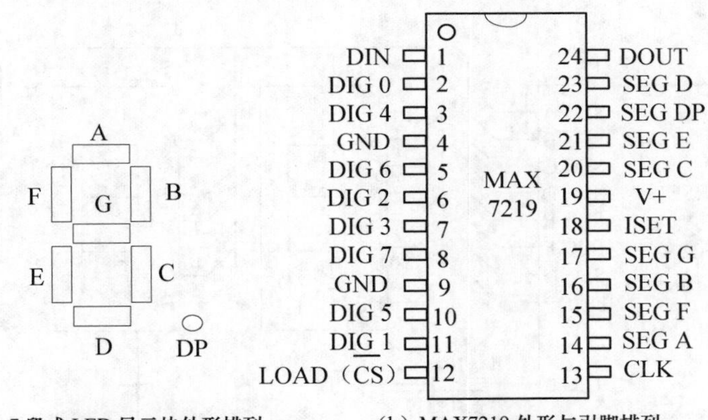

（a）7 段式 LED 显示块外形排列　　（b）MAX7219 外形与引脚排列

图 7.15　7 段式 LED 显示块及其译码驱动芯片 MAX7219

LED 显示器有静态显示和动态显示两种显示方式。前者的亮度较高，但显示位数较多时，需要占用较多的 I/O 资源。此时一般使用动态显示方式，将各位的段选线并联在一起，由相应的 I/O 口线控制，实现各位的分时选通。为使每位显示不同的字符，需要采用扫描显示方式，即在任意时刻，仅使某一位的位选线处于选通状态，其他位的位选线处于关闭状态。

使用 LED 进行显示时，必须为其提供段选码和位选码。段选码可使用硬件译码或软件译码方法得到。硬件译码即使用译码驱动芯片实现译码。7 段式 LED 的译码驱动芯片很多，如 MC14547、MC14558、MC14513、MC14495、MC14499、MAX7219 等。其中 MC14547 和 MC14558 是用于动态扫描显示的 BCD-7 段译码/驱动器，无锁存功能。MC14495 为 BCD-7 段锁存/译码/驱动器，有锁存功能，可用于静态显示。MC14499 为 BCD-7 段十六进制锁存/译码/驱动器，除了可以显示数字 0～9 外，还可以显示字母 A～F。MAX7219 是一种采用 3 线串行接口的 8 位共阴极 7 段式 LED 显示驱动器，可同时驱动 8 位共阴极 LED 或 64 个独立的 LED。以 MAX7219 为例，说明译码驱动芯片的原理，以及软硬件设计方法。

1．MAX7219 与 TMS320F28335 的硬件接口电路设计

MAX7219 采用双列 24 脚双列直插封装（DIP），其外形与引脚排列如图 7.15（b）所示。其中 V+为电源（4～5.5V），GND 为地，CLK 为时钟输入（0～10MHz），DIN 为串行数据输入，DOUT 串行数据输出，LOAD 为数据装载控制端，DIG 0～DIG 7 为 8 个阴极开关（可接公共阴极），SEG A～SEG G 和 SEG DP 分别为 7 段式发光二极管和小数点驱动（驱动电流为 10～40mA）。

MAX7219 集 BCD 译码器、多路扫描器、段驱动和位驱动电路等于一体，采用串行接口方式，仅需 LOAD、DIN、CLK 这 3 个引脚即可实现数据传送。命令或数据组成 16 位串行数据，从 DIN 引脚串行输入，由 DOUT 引脚串行输出。数据传输过程为：每个 CLK 上升沿，串行数据从 DIN 引脚移入内部 16 位移位寄存器；第 16 个时钟上升沿，LOAD 变高，串行数据由移位寄存器锁存至数据或控制寄存器；第 16.5 个时钟周期后，数据在 CLK 下降沿，从 DOUT 引脚输出。

MAX7219 与 TMS320F28335 的硬件接口电路如图 7.16 所示。图中 MAX7219 驱动 8 个 LED 显示块，其 SEG A～SEG G 及 SEG DP 分别接 8 个 LED 对立的 7 段和小数点，DIG 0～DIG 7 分别接 8 个 LED 的 GND（地）。由于 MAX7219 采用 5V 供电，TMS320F28335 采用 3.3V 供电，故它们之间需要加一个缓冲芯片 74LVC245。图中为了突出它们之间的连接关系，未画出缓冲芯片。由图可见，MAX7219 的 CLK、DIN 和 LOAD 分别由 TMS320F28335 的 3 个 GPIO 引脚 GPIO26、GPIO25 和 GPIO27 控制。

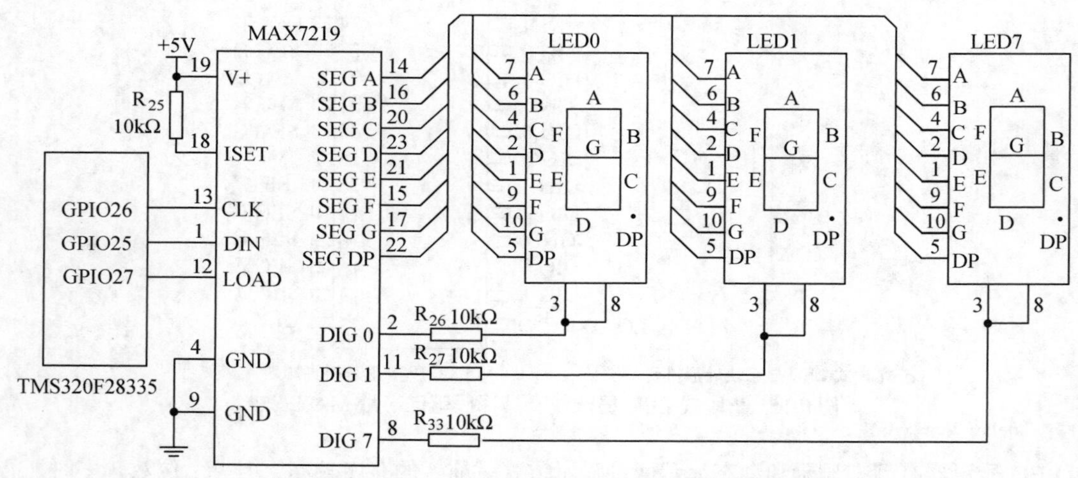

图 7.16　MAX7219 与 TMS320F28335 硬件接口电路

2．MAX7219 的编程

（1）MAX7219 的寄存器

MAX7219 内部具有 14 个可寻址数据寄存器和控制寄存器，包括 8 个数字寄存器（由 8×8 位双端口 SARAM 实现，可保存 8 个数码管的显示数据），以及无操作控制寄存器、译码方式控制寄存器、亮度调整控制寄存器、扫描位数控制寄存器、休眠模式控制寄存器和显示器测试控制寄存器 6 个。这些寄存器均可由 16 位串行数据的 D11～D8 直接寻址，8 个数码管地址分别为 x1～x8，6 个控制寄存器的地址分别为 x0、x9、xA、xB、xC 和 xF。

16 位串行数据的高 4 位 D15～D12 无效，次高 4 位 D11～D8 表示数据或控制寄存器地址，低 8 位 D7～D0 表示用于对寄存器编程的数据。对于数据寄存器（地址为 x1～x8），D3～D0 表示需要显示的数据，D7 表示是否需要点亮小数点，D6～D4 无效。例如，十六进制 x101 表示在 LED0 上显示 1，不点亮小数点；x886 表示在 LED7 上显示 6，同时点亮小数点。

无操作控制寄存器（地址 x0）用于多片 MAX7219 级联，写该寄存器允许将各片 MAX7219 的 LOAD 连接在一起，并允许将各芯片的 DOUT 与下一芯片的 DIN 相连。

译码方式控制寄存器（地址 x9）用于设置各数码管是否采用 BCD 译码方式。此时串行数据的 D7～D0 分别用于控制 LED7～LED0，某位为 1 表示相应 LED 工作于 BCD 译码方式，为 0 表示工作于非 BCD 译码方式。采用 BCD 译码方式对数据寄存器进行译码的规则为：D3～D0 若为 0～9，则正常显示；若为 A～F，则分别显示为-、E、H、L、P。

亮度调整控制寄存器（地址为 xA）用于启用芯片内的脉宽调制器，对显示亮度进行数字化调整。亮度等级由串行数据的 D3～D0 控制，共有 16 级。D3～D0 为 0～F 时，亮度等级分别为峰值的 1/32～31/32（注意这里的分子均为奇数）。

扫描位数控制寄存器（地址为 xB）用于设置 8 个 LED 中的实际扫描个数，由串行数据的 D2～D0 控制。D2～D0 为 0～7 时，分别表示扫描 1～8 个 LED（从数码管 0 开始向上扫描）。注意扫描位数的变化对亮度有明显影响。

休眠模式控制寄存器（地址为 xC）用于降低功耗，延长使用寿命。休眠模式的选择由串行数据最低位 D0 控制（0 表示休眠模式，1 表示正常操作模式），上电时芯片处于休眠模式。

显示器测试控制寄存器（地址为 xF）用于设定测试模式，由串行数据最低位 D0 控制（0 表示正常模式，1 表示测试模式）。测试模式下，所有 LED 均以最大亮度点亮。

（2）软件编程

对数码管显示电路进行软件编程时，首先要将 TMS320F28335 的 GPIO25～GPIO27 设置为 GPIO 并将其作为输出引脚，接着通过这 3 个引脚模拟 MAX7219 时序要求，编写向其发送一个 16 位串行数据的发送函数 max7219_data_send(data_send)，然后利用该发送函数对 MAX7219 的控制寄存器进行编程实现其初始化，最后通过发送函数向 MAX7219 的数据寄存器发送数据实现数据的显示。

例 7.4　对 MAX7219 进行编程，分别在 LED0～7 上显示数字 0～7。

参考源代码如代码 7.4 所示。

MAX7219 编程

代码 7.4　MAX7219 控制 LED 显示数字 0～7 的参考源代码。

```
#include "DSP2833x_Device.h"
#include "DSP2833x_Examples.h"
//声明自定义函数原型
void delay_loop(void);                          //声明延时函数
void LEDGpio_select(void);                      //声明 LED 引脚初始化函数
void max7219_data_send(Uint16 data_send)        //声明 MAX7219 数据发送函数
void main(void)
{ Uint16 dispdata;
  //步骤 1：初始化时钟源模块
  InitSysCtrl();
  //步骤 2：初始化 GPIO，描述如何将 GPIO 设置为初始状态 ，本例中跳过，使用如下配置
  LEDGpio_select();
  //步骤 3：清除所有中断，初始化 PIE 向量表
  DINT; //禁止 CPU 中断
  InitPieCtrl();//将 PIE 控制寄存器初始化为默认状态（禁止所有中断，清除所有中断标志）
  IER = 0x0000;                                 //禁止 CPU 中断
  IFR = 0x0000;                                 //清除所有 CPU 中断标志
  InitPieVectTable();//初始化 PIE 向量表，使其指向默认中断服务程序，在调试中断时特别有用
  //步骤 4：初始化所用的外设，本例不需要
```

```
    //步骤 5：用户特定代码
    //初始化 MAX7219
    max7219_data_send(0x99ff);              //设置译码方式控制寄存器，8 个 LED 均使用 BCD 译码方式
    max7219_data_send(0xaa44);              //设置亮度调整控制寄存器，显示亮度为 9/32
    max7219_data_send(0xbb77);              //设置扫描位数控制寄存器，8 个 LED 均扫描显示
    max7219_data_send(0xcc11);              //设置休眠模式控制寄存器，正常操作模式（非休眠模式）
    max7219_data_send(0xff00);              //设置显示器测试控制寄存器，正常操作模式（非测试模式）
    for(i=0;i<8;i++)                        //显示数字 0～7
    {  dispdata=(i+1)<<8+i;
       max7219_data_send(dispdata);
    }
    //步骤 6：进入空循环
    while(1);
    }
//步骤 7：用户自定义函数
void delay_loop()                                       //定义延时函数
{  short        i;
   for (i = 0; i < 100; i++) {}
}
void LEDGpio_select (void)                              //定义 LED 引脚初始化函数
{  EALLOW;
   GpioCtrlRegs.GPAMUX2.all = 0x00000000;               //端口 A 的所有引脚均为 GPIO
   GpioCtrlRegs.GPADIR.all = 0x0E00000;                 //GPIO25～GPIO27 作为输出引脚
   EDIS;
}
void max7219_data_send(Uint16 data_send)                //定义 MAX7219 数据发送函数
{  Uint16 data= data_send;
   Uint16 temp= 0;
   EALLOW;  //宏指令，允许访问受保护寄存器（GPIO 寄存器受 EALLOW 保护）
   GpioDataRegs.GPADAT.bit.GPIO27= 0;                   //LOAD 为低电平
   delay_loop();                                        //延时
   for(i=0;i<16;i++)
   {  GpioDataRegs.GPADAT.bit.GPIO26= 0;                //CLK 为低电平
      delay_loop();                                     //延时
      temp= data &0x8000;                               //保留发送数据最高位
      if(temp)
      { GpioDataRegs.GPADAT.bit.GPIO25= 1;}             //DIN 为高电平
      else
      { GpioDataRegs.GPADAT.bit.GPIO25= 0;}             //DIN 为低电平
      GpioDataRegs.GPADAT.bit.GPIO26= 1;                //CLK 为高电平
      delay_loop(); //延时
      data = data <<1;
      }
   GpioDataRegs.GPADAT.bit.GPIO27=1;                    //LOAD 为高电平
   delay_loop();                                        //延时
   EDIS;                                                //宏指令，恢复寄存器的保护状态
}
```

7.4.3 LCD 及其接口电路

1．液晶显示器基本原理

液晶即液态晶体，是一种介于液体与固体之间的有机复合物，由长棒状的分子构成。自然状态下，这些棒状分子的长轴大致平行。液晶屏的结构如图 7.17 所示，是在上下两片中间排有许多垂直和水平电极的平行玻璃基板当中放置液晶材料构成液晶盒，并在液晶盒上下各放置一片偏振片，同时在下偏振片下放置反射板构成的。液晶盒上、下两个玻璃电极基板分别称为正基板和背基板。液晶分子在液晶盒正、背基板上呈水平排列，但排列方向互相正交，故具有旋光作用，能使光的偏振方向旋转 90°。

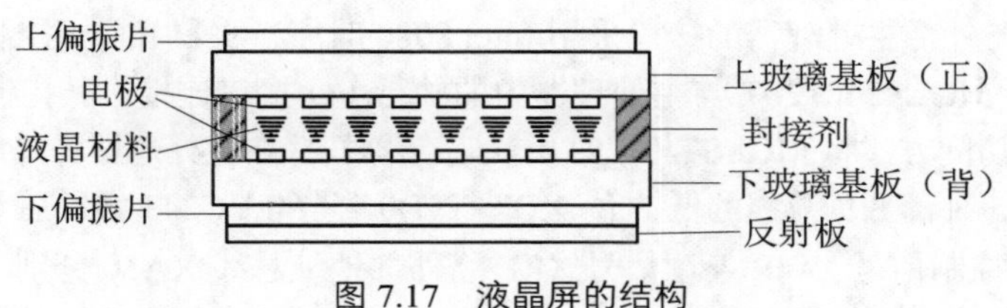

图 7.17　液晶屏的结构

液晶屏的基本工作原理为：外部光线通过上偏振片形成偏振方向为 90°的偏振光；若某点的上下电极之间未加电压，则偏振光通过液晶材料之后，被旋转 90°，变成水平偏振光，与下偏振片的偏振方向相同，故可透过下偏振片到达反射板，经反射后沿原路返回，从而呈现出透明状态。若某点的上、下电极之间加了一定的电压，则上偏振片入射的偏振光不被旋转，到达下偏振片时，因其偏振方向与下偏振片垂直而被吸收，无法到达反射板形成反射，故呈现黑色。只需将电极做成各种字符或点阵，即可实现各种字符或图像显示。

液晶屏的显示可采用静态驱动或时分分割驱动，其显示驱动芯片称为 LCD 控制器。此外，尚需一定的 RAM 和 ROM 空间用于存放需要显示的数据和字库。为方便应用，人们将液晶屏、LCD 控制器、RAM、ROM 和外部连接端口等用 PCB 组装在一起，称为液晶显示模块（LCD Module，LCM）。LCM 具有体积小、功耗低、显示内容丰富、轻巧等优点，它与 CPU 的连接非常简单，控制非常容易（只需为其送入相应的命令和数据即可实现所需的显示）。

LCM 可分为数显 LCM、点阵字符 LCM 与点阵图形 LCM 这 3 种类型。数显 LCM 只能显示数字和一些标志符号。点阵字符 LCM 可以显示数字和西文字符。点阵图形 LCM 可显示连续、完整的图形。以内置 T6963C 的控制器的点阵图形 LCM MGLS240128T 为例，说明其硬件电路接口和编程方法。

2．MGLS240128T

（1）MGLS240128T 与 TMS320F28335 的硬件接口电路设计

京东方精电有限公司的 MGLS240128T 由控制器 T6963C、列驱动器 T6A39、行驱动器 T6A40 以及与外部设备的接口等几部分组成，它既能显示字符（包括中文和西文字符），又能显示图形。它采用 5V 供电，点阵数为 240×128，可在−20～70℃温度范围内工作。MGLS240128T 的外部引脚及其功能如表 7.4 所示。它与外部的连接只采用数据线和控制线，供主处理器设置所需的显示方式和内容，其他功能均由模块自动完成。

表 7.4 MGLS240128T 的外部引脚及其功能

引脚	名称	功能描述	引脚	名称	功能描述
1	FG	框架地	7	$\overline{\text{CE}}$	片选信号，低电平有效
2	GND	电源地	8	C / $\overline{\text{D}}$	通道选通信号：1 表示指令通道，0 表示数据通道
3	VCC	电源电压+5V	9	$\overline{\text{RST}}$	复位信号，低电平有效
4	VO	输出电压调节	10～17	DB0～DB7	数据总线，三态
5	$\overline{\text{WR}}$	写控制信号，低电平有效	18	FS	字体选择，0 表示 8×8 字体，1 表示 8×6 字体
6	$\overline{\text{RD}}$	读控制信号，低电平有效			

MGLS240128T 与外部主处理器的接口采用 Intel 8080 时序，可采用间接控制和直接访问两种方式。间接控制方式将 MGLS240128T 与主处理器中的并行 I/O 接口连接，其控制通过对并行接口的操作间接实现。直接访问方式将 MGLS240128T 作为存储器挂接在主处理器的外部总线上，如图 7.18 所示。TMS320F28335 外部数据总线的低 8 位 XD7～XD0 经 74LVC245 缓冲后与 MGLS240128T 的 DB7～DB0 相连；写控制信号 $\overline{\text{XWR}}$ 、读信号 $\overline{\text{XRD}}$ 、外部地址总线 XA10 分别与 MGLS240128T 的 $\overline{\text{WR}}$ 、 $\overline{\text{RD}}$ 和 C / $\overline{\text{D}}$ 相连。TMS320F28335 的 $\overline{\text{XZCS0}}$ 与地址总线 XA11 逻辑非相与后接 MGLS240128T 的 $\overline{\text{CE}}$ ，故 MGLS240128T 命令通道的地址为 0x4C00，数据通道的地址为 0x4800。

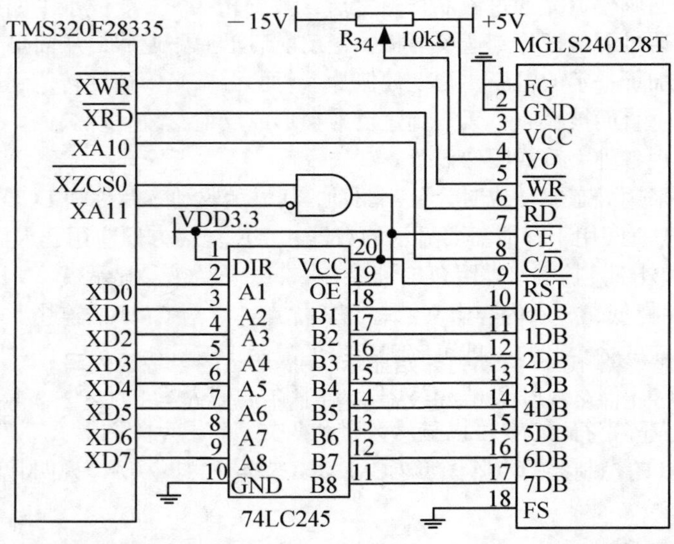

图 7.18 直接访问方式的 MGLS240128T 与 TMS320F28335 的硬件接口电路

（2）MGLS240128T 与 TMS320F28335 的软件接口设计

MGLS240128T 内含控制器 T6963C。该控制器具有一条 8 位并行数据总线和一组控制总线。这些总线可直接与主处理器相连，进行指令和数据的传送。T6963C 控制器的主要特点是具有硬件初始值设置功能，显示驱动所需的参数（占空比系数、每行驱动传输的字节数、字符的字体选择等）均由引脚电平设置。故上电时 T6963C 已完成初始化，软件设计工作量主要集中于显示内容的设计。MGLS240128T 的常用指令如表 7.5 所示。

表 7.5 MGLS240128T 的常用指令

指令名称	控制状态			指令代码							
	CD	RD	WR	D7	D6	D5	D4	D3	D2	D1	D0
读状态字	1	1	1	S7	S6	S5	S4	S3	S2	N1	S0
地址指令设置	1	1	0	0	0	1	0	0	N2	N1	N0
显示区域设置	1	1	0	0	1	0	0	0	0	N1	N0
显示方式设置	1	1	0	1	0	0	0	CG	N2	N1	N0
显示状态设置	1	1	0	1	0	0	1	N3	N2	N1	N0
光标自动读写设置	1	1	0	1	1	0	0	0	N2	N1	N0
数据自动读写设置	1	1	0	1	0	1	1	0	0	N1	N0
数据一次读写设置	1	1	0	1	1	0	0	0	N2	N1	N0
屏读（一字节）设置	1	1	0	1	1	1	0	0	0	0	0
屏读（一行）设置	1	1	0	1	1	1	0	1	0	0	0
位操作	1	1	0	1	1	1	1	N3	N2	N1	N0
数据写操作	0	1	0	数据							
数据读操作	0	0	1	数据							

T6963C 与处理器的接口单元实现了外部主处理器操作时序与 T6963C 内部工作时序的转换，可用于接收处理器信息以及向处理器发送信息和显示数据。当外部处理器对 T6963C 进行访问时，接口单元首先保存收到的命令和数据，然后将后续处理转换至内部控制单元，并将工作状态寄存器设置为“忙”状态，同时封锁接口单元的外部电路，直至处理完毕再释放。封锁过程中，外部处理器对其再次访问无效。因此，处理器每次访问 T6963C 之前，均应查询其工作状态寄存器中的忙标志，以判断是否可对其进行访问。

下面以在图 7.18 中的液晶屏上从第 10 行第 5 列开始显示 welcome 为例说明 LCM 模块的编程方法。

例 7.5 在图 7.18 中的液晶屏上从第 10 行第 5 列开始显示 welcome。

参考源代码如代码 7.5 所示。

代码 7.5 从液晶屏第 10 行第 5 列开始显示 welcome 的参考源代码。

```
#define CmdADD    *( Uint16 *) 0x4C00  //定义命令通道地址 0x4C00
#define DatADD    *( Uint16 *) 0x4800  //定义数据通道地址 0x4800
void wr_data(Uint16 dat1);             //声明向 LCD 写数据的函数
void wr_data1(Uint16 dat1);            //声明向 LCD 自动写数据的函数
void wr_com(Uint16 com);               //声明向 LCD 写命令参数的函数
void LCDGpio_select(void);             //声明 LCD 相关引脚的初始化函数
void LCD_init(void);                   //声明 LCD 初始化函数
void LCD_clear(void);                  //声明 LCD 清屏函数
void wr_letter(Uint16 code, Uint16 o_y, Uint16 o_x);  //声明向 LCD 写字符的函数
void LCD_writeCharStr(Uint16 Row, Uint16 Column, unsigned char *cString); //向 LCD 写字符串的函数
void main(void)
{  unsigned char dispcharstring;
   //步骤 1：初始化时钟源模块
   InitSysCtrl();
```

```
    //步骤 2：初始化 GPIO，本例中使用如下代码
    LCDGpio_select();
    //步骤 3：清除所有中断，初始化 PIE 向量表
    DINT; //禁止 CPU 中断
    InitPieCtrl();                        //将 PIE 控制寄存器初始化
    //步骤 4：初始化所有的外设，本例跳过
    //步骤 5：用户特定代码
    LCD_init();                           //LCD 初始化
    LCD_clear();                          //清空 LCD
    dispcharstring="welcome";
    LCD_writeCharStr(10, 5, dispcharstring);
    //步骤 6：空循环
    for(;;);
}
```

7.5 永磁同步电机 DSP 控制系统设计

与传统电励磁同步电机相比，永磁同步电机（Permanent Magnet Synchronous Motor，PMSM）以永磁体提供励磁，无励磁损耗，且省去了集电环和电刷。因而具有结构简单、损耗少、效率高和工作可靠等优点。

为永磁同步电机的定子通以三相对称的正弦波交流电时，其产生的旋转磁场将与转子中永磁体产生的磁场相互作用而产生电磁力，使转子旋转。若改变通入定子的三相交流电的频率和相位，则可改变转子的转速和位置，从而达到调速的目的。永磁同步电机的经典控制算法主要有矢量控制和直接转矩控制等。下面以永磁同步电机矢量控制系统的 DSP 实现为例，讲述 DSP 应用系统的设计方法。

7.5.1 永磁同步电机的数学模型

永磁同步电机定子上安装有 A、B、C 三相互差 120°的对称绕组，转子上安装有永磁体，转子与定子之间通过气隙磁场耦合。电机定子与转子各参量的电磁耦合关系十分复杂，参量间的变化规律无法准确分析，为永磁同步电机的控制与分析带来了诸多困难。为了建立可行的永磁同步电机数学模型，对其做如下假设：

① 定子绕组 Y 形联结，三相绕组对称分布，各相绕组轴线在空间上互差 120°；转子上的永磁体产生主磁场，转子没有阻尼绕组。

② 忽略定子铁心与转子铁心的涡流损耗和磁滞损耗。

③ 忽略电机绕组的电感与电阻等参数的变化。

④ 定子电势按照正弦规律变化，忽略磁场中产生的高次谐波磁势。

在满足上述条件的基础上，对永磁同步电机进行理论分析，在工程允许的误差范围内，所得结果与实际情况非常接近。因此，可使用上述假设对永磁同步电机进行分析与控制。

1. 三相静止坐标中的 PMSM 数学模型

在静止三相坐标系下的永磁同步电机的定子侧电压方程式为

$$\begin{bmatrix} u_a \\ u_b \\ u_c \end{bmatrix} = \begin{bmatrix} R_a & 0 & 0 \\ 0 & R_b & 0 \\ 0 & 0 & R_c \end{bmatrix} \begin{bmatrix} i_a \\ i_b \\ i_c \end{bmatrix} + p \begin{bmatrix} \Psi_a \\ \Psi_b \\ \Psi_c \end{bmatrix} \tag{7.1}$$

式（7.1）中，$[u_a\ u_b\ u_c]^T$为定子相电压向量；$\mathrm{diag}[R_a\ R_b\ R_c]$为定子各相绕组的电阻对角矩阵；$[i_a\ i_b\ i_c]^T$为定子相电流向量；$p=\mathrm{d}/\mathrm{d}t$为微分算子；$[\Psi_a\ \ \Psi_b\ \ \Psi_c\ ]^T$为定子各相绕组的磁链向量，其方程式为式（7.2）。

$$\begin{bmatrix} \Psi_a \\ \Psi_b \\ \Psi_c \end{bmatrix} = \begin{bmatrix} L_{aa}(\theta) & M_{ab}(\theta) & M_{ac}(\theta) \\ M_{ba}(\theta) & L_{bb}(\theta) & M_{bc}(\theta) \\ M_{ca}(\theta) & M_{cb}(\theta) & L_{cc}(\theta) \end{bmatrix} \begin{bmatrix} i_a \\ i_b \\ i_c \end{bmatrix} + \Psi_f \begin{bmatrix} \cos\theta \\ \cos(\theta - 120^\circ) \\ \cos(\theta + 120^\circ) \end{bmatrix} \tag{7.2}$$

式（7.2）中，L_{nn}是各相绕组自感，M_{nm}是绕组间互感，且均为电转角 θ 的函数；Ψ_f 是转子永磁体磁链。由式（7.1）和式（7.2）可见，永磁同步电机在三相静止坐标系下的数学模型是一个多变量、高阶、非线性和强耦合系统，十分复杂。因此，采用三相静止坐标系中的数学模型对电机进行分析与控制是非常困难的，需要寻找相对较简单的数学模型对其进行分析与控制。

2．两相旋转坐标下的数学模型

永磁同步电机在 d-q 坐标系下的电压方程为

$$\begin{cases} u_d = Ri_d + p\Psi_d - \omega_e\Psi_q \\ u_q = Ri_q + p\Psi_q + \omega_e\Psi_d \end{cases} \tag{7.3}$$

式（7.3）中，u_d、u_q分别为两相旋转坐标系下的直轴电压和交轴电压，i_d、i_q分别为两相旋转坐标系下的直轴电流和交轴电流，R 为定子电阻；ω_e为电角速度，Ψ_d、Ψ_q分别为直轴磁链和交轴磁链，u_d、u_q也可表示为式（7.4）。

$$\begin{cases} u_d = L_d i_d + \Psi_f \\ u_q = L_q i_q \end{cases} \tag{7.4}$$

式（7.4）中，L_d、L_q分别为定子的直轴电感和交轴电感，可表示为

$$\begin{cases} L_d = L_{s\delta} + (3/2)L_{ad} \\ L_q = L_{s\delta} + (3/2)L_{aq} \end{cases} \tag{7.5}$$

式（7.5）中，$L_{s\delta}$ 为定子绕组漏感，仅与漏磁场分布情况和磁路性质有关；L_{ad} 为定子绕组直轴电枢反应电感，与直轴磁导成正比；L_{aq}为定子绕组交轴电枢反应电感，与交轴磁导成正比。由式（7.5）可知，经过坐标变换之后，电机的电感系数与转子位置角 θ 无关。

永磁同步电机的电磁转矩方程为

$$T_e = \frac{3}{2}P_n(\psi_d i_q - \psi_q i_d) = \frac{3}{2}P_n\left[\Psi_f i_q - (L_q - L_d)i_d i_q\right] \tag{7.6}$$

式（7.6）中，P_n为电机转子极对数。永磁同步电机的机械运动方程为

$$J\frac{\mathrm{d}\omega_r}{\mathrm{d}t} = T_e - B\omega_r - T_L \tag{7.7}$$

式（7.7）中，J 为转动惯量，T_e、T_L分别为永磁同步电机的电磁转矩和负载转矩，B 为粘滞系数，ω_r为机械角速度。

综上所述，永磁同步电机的数学模型在 d-q 坐标系下已变为一阶系统的数学模型。在此坐标系

下，电流、电压等变量均为直流量。且由式（7.6）可见，永磁同步电机的电磁转矩包含两个分量：第一项为永磁转矩分量；第二项为因转子不对称所形成的磁阻转矩，若转子对称或在不对称的情形下采用 $i_d=0$ 的控制策略，则此项为零。另外，由于式（7.6）中转子永磁体磁链 Ψ_f 恒值，故电机的电磁转矩与电流 i_q 呈线性关系。因此在永磁同步电机的矢量控制方案中，可通过对电机的交、直轴电流分量的控制实现对电机电磁转矩的控制，从而为永磁同步电机的高性能控制奠定坚实的基础并创造条件。

3．两相静止坐标系下的理论数学模型

由三相静止坐标系下永磁同步电机的数学模型，通过 Clark 变换可得到两相静止坐标系下的数学模型。它是实现直接转矩控制和矢量控制的基础。α-β 坐标系下的数学模型为

$$\begin{bmatrix} u_\alpha \\ u_\beta \end{bmatrix} = \begin{bmatrix} R_s + pL_\alpha & pL_{\alpha\beta} \\ pL_{\alpha\beta} & R_s + pL_\beta \end{bmatrix} \begin{bmatrix} i_\alpha \\ i_\beta \end{bmatrix} + \omega_e \Psi_f \begin{bmatrix} -\sin\theta \\ \cos\theta \end{bmatrix} \tag{7.8}$$

式（7.8）中，u_α、u_β 分别为 α-β 坐标系下的定子电压矢量分别在 α 和 β 轴上的分量；i_α、i_β 分别为定子电流矢量在 α 和 β 轴上的分量。现定义 $L_0=(L_d+L_q)/2$，$L_1=(L_d-L_q)/2$，则式（7.8）中的 $L_\alpha=L_0+L_1\cos 2\theta$，$L_\beta= L_0-L_1\cos 2\theta$，$L_{\alpha\beta}= L_1\sin 2\theta$。

对于隐极式电机，交、直轴电感的关系为 $L_d=L_q=L$，则式（7.8）可简化为

$$\begin{bmatrix} u_\alpha \\ u_\beta \end{bmatrix} = \begin{bmatrix} R_s + pL & 0 \\ 0 & R_s + pL \end{bmatrix} \begin{bmatrix} i_\alpha \\ i_\beta \end{bmatrix} + \omega_e \Psi_f \begin{bmatrix} -\sin\theta \\ \cos\theta \end{bmatrix} \tag{7.9}$$

α-β 坐标系下的电磁转矩方程为

$$T_e = \frac{3}{2} P_n (\Psi_\alpha i_\beta - \Psi_\beta i_\alpha) \tag{7.10}$$

式（7.10）中，Ψ_α、Ψ_β 分别为定子磁链矢量在 α 和 β 轴上的分量，且随电转角 θ 变化而变化。由式（7.10）可知，电机输出的电磁转矩 T_e 与电流 i_α、i_β 以及 θ 相关。要控制电机的电磁转矩就要同时控制电流的 i_α、i_β 的幅值、相位和频率。

7.5.2 基于 DSP 的永磁同步电机矢量控制系统设计

永磁同步电机矢量控制的基本思想建立在坐标变换及电机电磁转矩方程上。由式（7.6）可见，永磁同步电机的矢量控制最终可归结为对 d-q 坐标系下的电流 i_d、i_q 的控制。永磁同步电机控制的关键是实现电机瞬时转矩的高性能控制，在大多数应用场合下一般采用转子磁场定向控制（Field Oriented Control，FOC）方式，特别适用于小容量应用场合。对于给定的电磁转矩，可选择不同的电机直轴电流和交轴电流控制方式，形成不同的控制策略。主要控制方式有：$i_d=0$ 控制、功率因数等于 1 控制、最大转矩/电流比（MPTA）控制、恒磁链控制等。其中 $i_d=0$ 的转子磁场定向矢量控制方法是较通用的控制方案，相比其他控制方法更简单易行。

由式（7.6）可知，永磁同步电机的转矩大小取决于 i_d 和 i_q 的大小，故控制 i_d 和 i_q 即可控制电动机的转矩。由于一定的转速和转矩对应一定的 i^*_d 和 i^*_q，若使实际的交、直轴电流 i_d、i_q 跟踪指令值 i^*_d 和 i^*_q，便可实现电动机转矩和速度的控制。

基于经典的 $i_d = 0$ 转子磁场定向矢量控制方案的调速系统如图 7.19 所示，其由速度环和电流环构成。外环为速度环，具有增强系统抗负载扰动的能力，给定速度与反馈速度的差值经过速度调节器后，得到转矩电流分量即 i^*_q。内环为电流环且采用双环结构，通过两个电流调节器控制实际转矩

电流分量 i_q 跟踪 i^*_q，励磁电流分量 i_d 跟踪 i^*_d。两个电流调节器的输出为 d-q 坐标系下的交、直轴电压分量 u_d 和 u_q，经过 Park 反变换后得到在 α-β 坐标系下的定子电压矢量分量 u_α 和 u_β。最后经过空间矢量脉宽调制（Space Vector Pulse Width Modulation，SVPWM）算法，通过逆变器将直流母线电压以 PWM 波的形式施加到永磁同步电机上而实现整个控制策略。

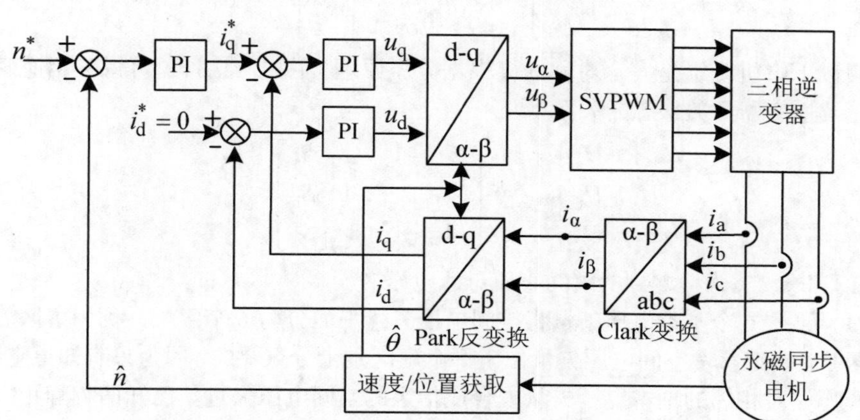

图 7.19　基于经典的 $i_d=0$ 转子磁场定向矢量控制方案的调速系统

在此控制方案中，检测到的三相电流 i_a、i_b 和 i_c 需经过坐标变换为旋转两相 d-q 坐标系下的电流分量 i_d 和 i_q。转换过程中用到的转子的位置信息和速度信息由光电编码器获取。

1．SVPWM

SVPWM 是电机矢量控制中普遍采用的 PWM 方法。它的基本原理是使逆变器输出三相脉冲电压合成的空间电压矢量与所需输出的三相正弦波电压合成的空间电压矢量相等。三相逆变器如图 7.20 所示，定义三相上桥臂的开关管状态分别为 S_a、S_b、S_c，导通时定义为状态 1，关断时定义为状态 0。可形成 8 个空间电压矢量，其中 6 个非零空间电压矢量为 $\boldsymbol{U}_0$(100)、$\boldsymbol{U}_{60}$(110)、$\boldsymbol{U}_{120}$(010)、$\boldsymbol{U}_{180}$(011)、$\boldsymbol{U}_{240}$(001)、$\boldsymbol{U}_{300}$(101)，2 个零空间电压矢量为 $\boldsymbol{U}_{000}$(000)、$\boldsymbol{U}_{111}$ (111)。6 个非零空间电压矢量将空间电压矢量平面分为 6 个扇区，如图 7.21 所示。

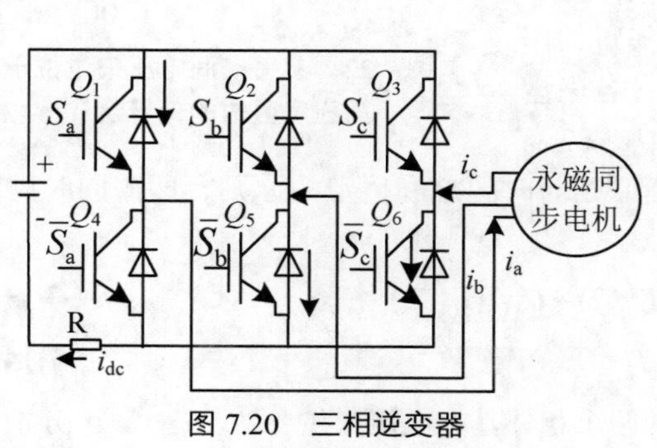

图 7.20　三相逆变器

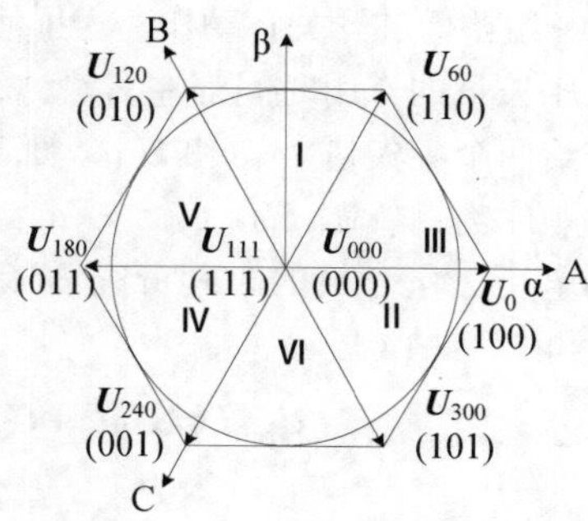

图 7.21　空间电压矢量

这里定义 6 个非零空间电压矢量为基本电压矢量，且各基本电压矢量的模为 $2U_{dc}/3$。在每个调制周期内，SVPWM 算法根据参考空间电压矢量所在的扇区、角度和电压矢量的幅值等计算得到所在扇区相邻两个基本电压矢量以及零矢量各自的作用时间，从而控制三相逆变器各管的导通时间。在永磁同步电机控制中，若忽略定子绕组电阻，则电压矢量的运动轨迹就为定子磁链轨迹。如果参考电压矢量幅值恒定且调制频率足够高，磁链的跟踪性能就越好，磁链轨迹也越接近圆。

三相逆变器输出的线电压与母线电压及逆变器开关状态的关系为

$$\begin{bmatrix} U_{ab} \\ U_{bc} \\ U_{ca} \end{bmatrix} = \begin{bmatrix} 1 & -1 & 0 \\ 0 & 1 & -1 \\ -1 & 0 & 1 \end{bmatrix} \begin{bmatrix} S_a \\ S_b \\ S_c \end{bmatrix} \tag{7.11}$$

在前述假设下电机绕组是完全对称的，根据分压原理，由式（7.11）可得三相逆变器的各相电压与母线电压及逆变器开关状态的关系为

$$\begin{bmatrix} U_a \\ U_b \\ U_c \end{bmatrix} = \frac{U_{dc}}{3} \begin{bmatrix} 2 & -1 & -1 \\ -1 & 2 & -1 \\ -1 & -1 & 2 \end{bmatrix} \begin{bmatrix} S_a \\ S_b \\ S_c \end{bmatrix} \tag{7.12}$$

式（7.12）中，U_{dc} 为检测到的瞬间直流母线电压。

由图 7.21 可见，6 个基本电压矢量将空间电压矢量平面分为 6 个区域，称为扇区。每个扇区都对应一个扇区号。确定参考空间电压矢量位于哪个扇区是十分重要的，因为只有知道它在哪个扇区，才能确定选择哪一对相邻的基本电压矢量去合成指定的空间电压矢量。已知两相静止 α-β 坐标系下的两个正交电压向量 U_α 和 U_β 时，扇区号可以按如下方法确定。

若 $U_\beta>0$，则 SA=1，否则 SA=0。

若 $(\sqrt{3}U_\alpha - U_\beta) < 0$，则 SB=1，否则 SB=0。

若 $(\sqrt{3}U_\alpha + U_\beta) < 0$，则 SC=1，否则 SC=0。

由上可知，参考空间电压矢量所处的扇区号 N=SA+2×SB+4×SC。以逆时针电机为旋转正方向，扇区顺序为Ⅲ→Ⅰ→Ⅴ→Ⅳ→Ⅵ→Ⅱ→Ⅲ，扇区号如图 7.21 所示。如当参考空间电压矢量 $\boldsymbol{U}_{ref}$ 处于图 7.22 所示位置时，通过上述方法得到 SA=1、SB=1、SC=0，则扇区号 N=3。下面以参考空间电压矢量 $\boldsymbol{U}_{ref}$ 处于第三扇区（见图 7.22）为例，分析空间矢量调制中各基本电压矢量的作用时间。

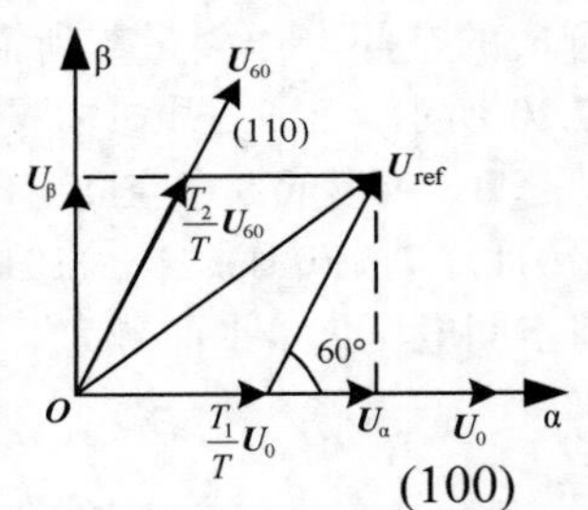

图 7.22 参考空间电压矢量位于第三扇区时的矢量合成

SVPWM 采用了中心对齐的 7 段式方法，且基本电压矢量的分配遵循开关次数最少的原则，即每次基本电压矢量切换时，逆变器只有一组桥臂的开关管动作。为了使 PWM 波中心对称，每个基本电压矢量的作用时间都左右对称，同时把零矢量的作用时间均分给两个零矢量 $\boldsymbol{U}_{000}$ 和 $\boldsymbol{U}_{111}$。那么在第三扇区各矢量的作用先后顺序为：$\boldsymbol{U}_{000}$、$\boldsymbol{U}_0$、$\boldsymbol{U}_{60}$、$\boldsymbol{U}_{111}$、$\boldsymbol{U}_{111}$、$\boldsymbol{U}_{60}$、$\boldsymbol{U}_0$、$\boldsymbol{U}_{000}$。另外，空间电压矢量合成的时间分配需依据秒伏平衡原则与时间总和恒定的原则，即需同时满足式（7.13）和式（7.14）。

$$\boldsymbol{U}_{ref}T = \boldsymbol{U}_0 T_1 + \boldsymbol{U}_{60} T_2 + \boldsymbol{U}_{000}(T_0/2) + \boldsymbol{U}_{111}(T_0/2) \tag{7.13}$$

$$T = T_1 + T_2 + T_0 \tag{7.14}$$

式（7.13）中的 $\boldsymbol{U}_0$ 和 $\boldsymbol{U}_{60}$ 分别为处于第三扇区的两个相邻基本电压矢量，T_1、T_2 和 T_0 分别为 $\boldsymbol{U}_0$、$\boldsymbol{U}_{60}$ 和零矢量各自的作用时间，T 为 PWM 的调制周期。

根据图 7.22 中各矢量之间的关系以及式（7.13），可得 $\boldsymbol{U}_0$ 和 $\boldsymbol{U}_{60}$ 的作用时间分别为

$$\begin{aligned} T_1 &= T(2U_\alpha - \sqrt{3}U_\beta)/2U_{dc} \\ T_2 &= T(\sqrt{3}U_\beta / U_{dc}) \end{aligned} \tag{7.15}$$

为方便得到 6 个扇区内的电压矢量合成所需各基本电压矢量的作用时间，定义了不同扇区内相邻基本电压矢量的作用时间变量 T_1 和 T_2 及以下 3 个辅助变量。

$$
\begin{aligned}
X &= U'_\beta \\
Y &= \frac{1}{2}(\sqrt{3}U'_\alpha + U'_\beta) \\
Z &= \frac{1}{2}(-\sqrt{3}U'_\alpha + U'_\beta)
\end{aligned} \tag{7.16}
$$

式（7.16）中，U'_α 与 U'_β 分别为 U_α 与 U_β 对 $\sqrt{3}U_{dc}/3$ 的归一化值。在第三扇区时，T_1 代表 $\boldsymbol{U}_0$ 的作用时间，T_2 代表 $\boldsymbol{U}_{60}$ 的作用时间，T'_1、T'_2 分别为 T_1 与 T_2 对 T 各自的归一化值。则由式（7.15）可得 $T_1 = -Z \times T$，$T_2 = X \times T$。依次类推，可得在其他扇区时 T'_1 和 T'_2 与辅助变量 X、Y、Z 之间的关系，如表 7.6 所示。

表 7.6 T'_1 和 T'_2 与辅助变量 X、Y、Z 之间的关系

扇区号	1	2	3	4	5	6
T'_1	Z	Y	$-Z$	$-X$	X	$-Y$
T'_2	Y	$-X$	X	Z	$-Y$	$-Z$

对 T_1 和 T_2 赋值后，还要对其进行抗饱和处理。如果 $T_1+T_2<T$，则 T_1、T_2 保持不变；如果 $T_1+T_2>T$，则需按照式（7.17）进行处理。

$$
\begin{aligned}
T_1 &= T \times T_1 / (T_1 + T_2) \\
T_2 &= T \times T_2 / (T_1 + T_2)
\end{aligned} \tag{7.17}
$$

通过计算得到每个扇区内各相邻基本电压矢量以及零矢量的作用时间后，尚需计算出每个扇区内各相 PWM 波的占空比。按照 PWM 波脉冲宽度由宽到窄，定义 t_{1on}、t_{2on} 和 t_{3on}。

$$
\begin{aligned}
t_{1on} &= (T + T_1 + T_2)/2 \\
t_{2on} &= t_{1on} - T_1 \\
t_{3on} &= t_{2on} - T_2
\end{aligned} \tag{7.18}
$$

那么在每个扇区内，各相 PWM 波的占空比可用 t_{1on}、t_{2on} 和 t_{3on} 表示，如表 7.7 所示。

表 7.7 各相 PWM 波的占空比

扇区	扇区号					
	1	2	3	4	5	6
A 相	t_{1on}/T	t_{2on}/T	t_{1on}/T	t_{3on}/T	t_{2on}/T	t_{3on}/T
B 相	t_{3on}/T	t_{1on}/T	t_{2on}/T	t_{2on}/T	t_{3on}/T	t_{1on}/T
C 相	t_{2on}/T	t_{3on}/T	t_{3on}/T	t_{1on}/T	t_{1on}/T	t_{2on}/T

第三扇区内 7 段式中心对齐的 SVPWM 波如图 7.23 所示。

根据各相的占空比和已知开关周期 T 值，可推算出图 7.23 中各相的切换时刻（每一开关周期开始时刻）为

$$
\begin{aligned}
t_{1c} &= (T - T_1 - T_2)/4 = (1 - T'_1 - T'_2) \times (T/2)/2 = (T'_0/2) \times (T/2) \\
t_{2c} &= t_{1c} + T_1/2 = (T'_0/2 + T'_1) \times (T/2) \\
t_{3c} &= t_{2c} + T_2/2 = (T'_0/2 + T'_1 + T'_2) \times (T/2)
\end{aligned} \tag{7.19}
$$

式（7.19）中，T_0'、T_1' 和 T_2' 分别为零矢量和两个有效矢量作用时间对周期 T 的比值，且始终满足 $T_0'+T_1'+T_2'=1$ 关系。故只要根据表 7.7 和式（7.19）即可得到每个扇区内各相 PWM 波的切换时刻。在基于 TMS320F28335 的永磁同步电机的矢量控制程序中，由于采用的是 PWM 波中心对齐方式，$T/2$ 即周期寄存器的赋值。将 t_{1c}、t_{2c} 和 t_{3c} 分别赋给 EPWM1.CMPA.half.CMPA、EPWM2.CMPA.half.CMPA 和 EPWM3.CMPA.half.CMPA，通过与定时器计数寄存器的值进行比较即可产生所需的 PWM 波。其他扇区的矢量控制方法与此类似。

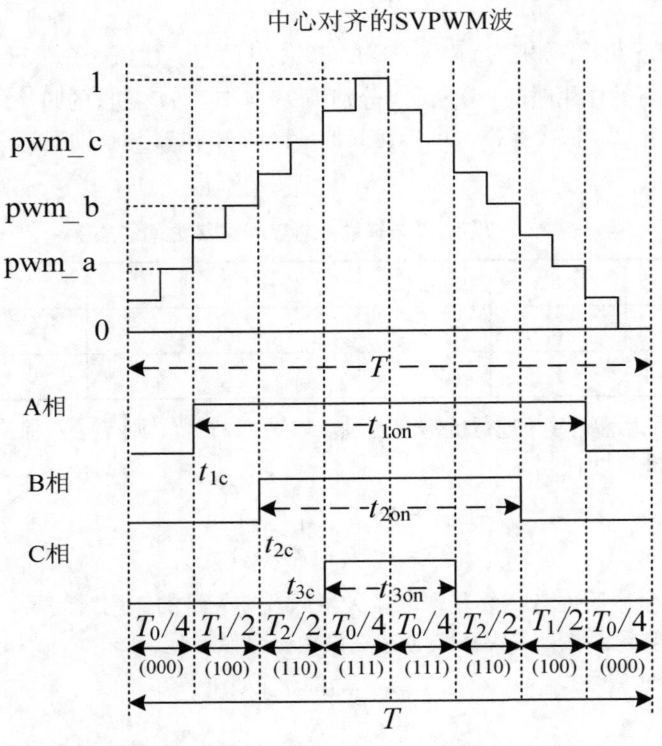

图 7.23 第三扇区内 7 段式中心对齐的 SVPWM 波

2．硬件电路设计

（1）永磁同步电机矢量控制系统的电路组成

永磁同步电机矢量控制系统的电路组成可分为 3 个部分：主功率电路、DSP 控制板、调理电路。主功率电路的主要作用是实现交流到直流的转换，再由直流转换为所需的交流；主要包括整流滤波电路、逆变电路。其中，整流滤波电路可将市电经整流桥转换为直流，再对其进行滤波处理，最终获得 310V 的直流电；逆变电路主要实现直流到交流的转换，将 310V 的直流电压经过电压型逆变器转换为系统所需要的交流电压。

DSP 控制板主要包括 TMS320F28335 芯片及其外围电路，是电机驱动系统的核心，用于实现所有算法程序，同时发送指令来控制相应电路。

调理电路主要包括相电流采样及调理电路、转子位置信号调理电路、硬件保护电路、DAC 电路等。电流采样及调理电路的主要作用是获取永磁同步电机的相电流，并对其进行放大、偏置、滤波等处理，将处理后的数字信号送至 TMS320F28335 进行运算处理。转子位置信号调理电路的功能主要包括两部分，一是对霍尔传感器信号进行获取与调理，二是电机旋转时对光电编码器的输出脉冲进行获取与调理，该电路的具体功能主要包括共模、差模滤波，差分处理，光耦隔离等。硬件保护电路的主要功能是针对电路中出现过流、过压、过热等故障时，对系统及时进行保护。当任一故障发生时，系统硬件及软件保护：DSP 立即禁止输出 PWM 信号，以及切断电源，从而保护系统电路。DAC 电路的作用是将数字信号转换为模拟信号，送示波器进行观测。

（2）基于 TMS320F28335 的永磁同步电机矢量控制系统的硬件电路

基于 TMS320F28335 的永磁同步电机矢量控制系统的硬件结构如图 7.24 所示。

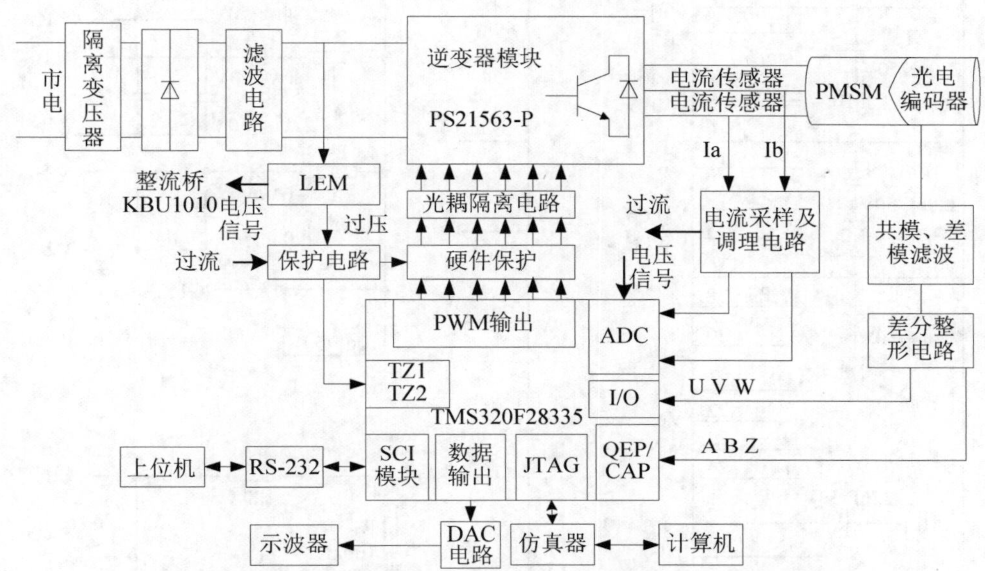

图 7.24　基于 TMS320F28335 的永磁同步电动机矢量控制系统的硬件结构

① 整流滤波电路。

整流滤波电路的原理如图 7.25 所示。输入 220V 交流电压经全桥整流、电容滤波后，其直流输出电压为 $\sqrt{2}\times220\approx311\text{V}$，减去两个二极管的压降，可得约 310V 的直流电压。图中 ML 为功率地。电解电容 C_{29}、C_{30}、C_{31} 用于对整流后输出信号进行滤波。聚丙烯电容 C_{32} 用于进一步消除滤波后尖峰电压，同时保护智能功率模块（IPM）免受过高的浪涌电压。

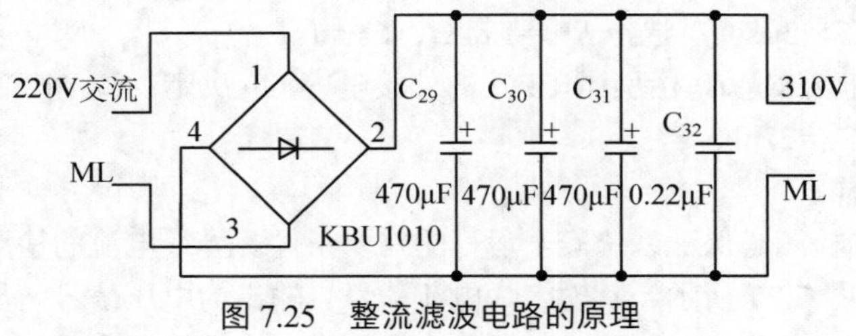

图 7.25　整流滤波电路的原理

② 逆变电路。

为了简化电路结构和提高可靠性，功率模块选用 IPM。IPM 将绝缘栅双极型晶体管（IGBT）和驱动电路集成在一块芯片上，内置过压、过流和过热故障控制电路等，可连续监测功率器件电流，具有电流传感器功能。主要包括 IPM 及其外围电路、自举电路、驱动隔离电路与故障信号隔离电路等。

三菱公司的 IPM（PS21563-P）及其外围电路如图 7.26 所示，其中 P、N 分别为直流母线正、负端；U、V、W 依次接 PMSM 的 A、B、C 三相绕组；UP、UN、VP、VN、WP、WN 分别接 PWM

信号。PS21563-P 的额定工作电压/电流为 600V/10A，通常需要 4 路独立的+15V 直流电源供电。为简化系统结构，降低成本，图中采用一路+15V 电源配合自举电路实现供电。

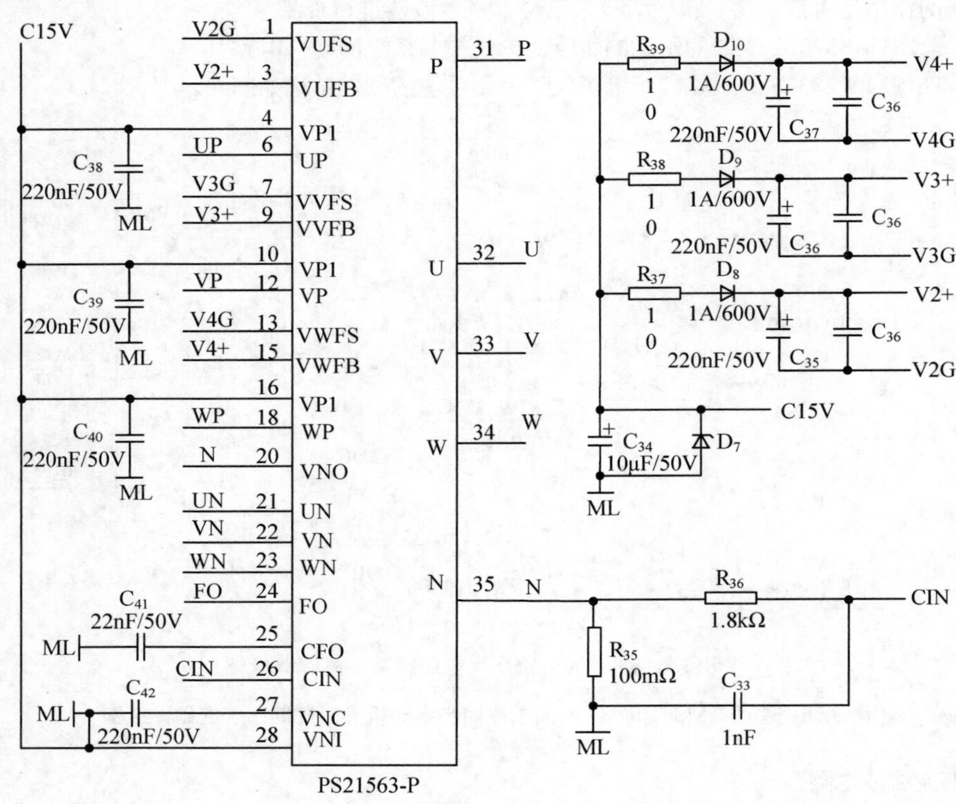

图 7.26 IPM 及其外围电路

引脚 N 与 CIN 间的电路用于判断母线电流是否过流。其中 R_{35} 为采样电阻，R_{36} 和 C_{33} 组成滤波电路，用于滤除干扰信号，避免错误判断。R_{35} 的阻值据公式 $R_{35}=V_{SC(ref)}/SC$ 选取，若 $V_{SC(ref)}$ 取 0.5V（PS21563-P 的参考电压），SC 取 5A（IPM 的最小饱和电流），可得 $R_{35}=100\text{m}\Omega$，功率为 2W。R_{36} 和 C_{33} 的时间常数为 1.5～2μs，可选择 $R_{36}=1.8\text{k}\Omega$，$C_{33}=1\text{nF}$。

引脚 FO 的保护信号脉宽 t_{FO} 由引脚 CFO 的外接电容 C_{41} 决定：$C_{41}=12.2\times10^{-6}\times t_{FO}$。PS21563-P 要求 t_{FO} 为 1.8ms，故 $C_{41}=22\text{nF}$。

③ 电流和电压采样。

母线电流、电压的检测是保证系统安全运行的首要条件。母线电流的检测由开环霍尔电流传感器 CS005LX 实现，如图 7.27 所示，其输入为电流信号，输出为电压信号。母线电压的检测由闭环霍尔电压传感器 VSM025A 实现，如图 7.28 所示。其原副边的匝数比为 3000：1200，原边额定电流为 10mA。原边的+In、−In 分别接逆变器直流母线的正负端，电阻 Rp 将母线电压信号转化为电流信号；输出端通过电阻 Rp1 将电流信号转换为电压信号。其中，Rp、Rp1 的阻值分别为 30kΩ 和 100Ω，故原副边的电压比为 120：1。

④ 相电流采样及调理电路。

永磁同步电机相电流的检测精度与实时性影响整个控制系统的控制效果。常用的电流检测方法有互感器检测、串联电阻检测、霍尔传感器检测等。其中霍尔传感器不仅测量精度高、线性度好，且可实现强弱电之间的隔离，因此控制系统常用其检测电流。

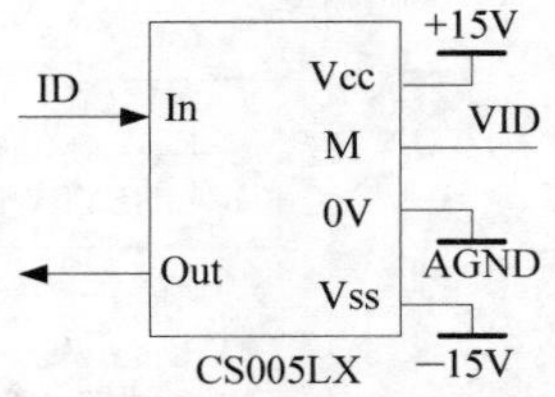

图 7.27　母线电流检测电路

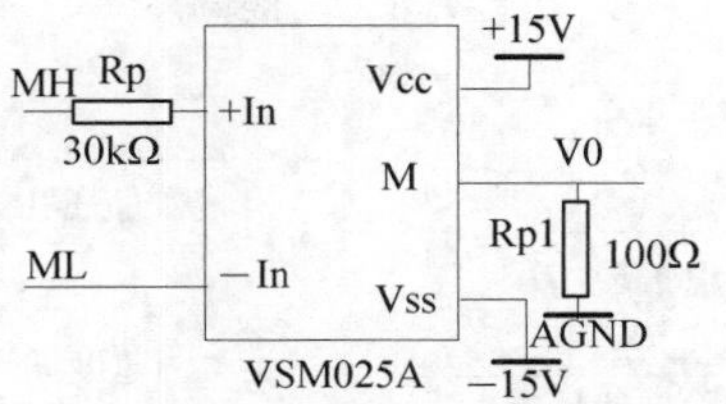

图 7.28　母线电压检测电路

霍尔电流传感器副边的采样电阻的选取直接关系到检测的范围和测量的精度。由于永磁同步电机和 IPM 的额定电流分别为 1.2A 和 10A，同时考虑到电机 3 倍过载时电流为 3.6A，因此系统的限流值为 5A，对应的霍尔传感器的副边电流为 20mA，选择 150Ω 的采样电阻。

采样电阻上的电压为双极性交流信号，而 TMS320F28335 的 ADC 采样电压范围为 0～3V，故需对检测信号进行调理，如图 7.29 所示。相电流经采样电阻后，所得电压信号 IALEM 的范围为−3～3V，经 LF1A 放大调理、LF2A 加直流偏置、LF3A 及相关电路滤波后，输出信号 IA 的电压范围为 0～3V。因为交流信号具有正负对称性，选取直流偏置电压时，一般选 DSP 电压范围的中间值，因此该系统选择的偏置电压为 1.5V。由于 IGBT 的开关频率为 10kHz，相电流中包含大量频率为 10kHz 的干扰信号，故相电流调理电路经过直流偏置后，再经过 R_{48}、R_{49}、C_{48}、C_{49} 和 LF3A 组成的二阶有源滤波电路进行滤波，同时提高带负载能力。

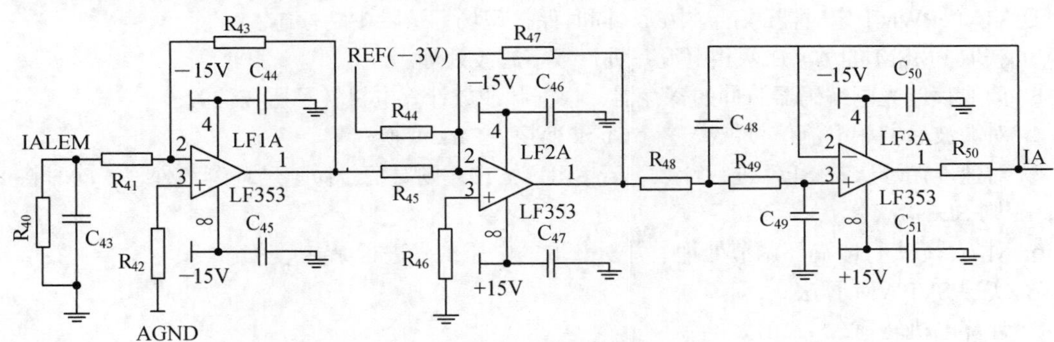

图 7.29　相电流调理电路

3．软件设计

PMSM 矢量控制系统采用电流环内环、速度环外环构成的双闭环结构。IPM 的开关频率为 10kHz，故系统采样周期即电流环的采样周期为 0.1ms。速度环为外环，其变化周期相对电流环内环较慢。若设定速度环的采样周期为 1ms，则电流环每采样 10 次，对速度环进行 1 次采样。

PMSM 矢量控制系统的软件主要包括系统初始化程序、主程序、中断服务子程序等，其整体流程如图 7.30 所示。系统初始化程序实现对看门狗、时钟、ePWM、ADC、SCI 等模块的初始化；在主程序中实现对 PMSM 转子初始位置的判定，并等待中断事件的发生；中断服务子程序主要包括定时器 T1 下溢中断程序、CAP3 捕获中断程序。

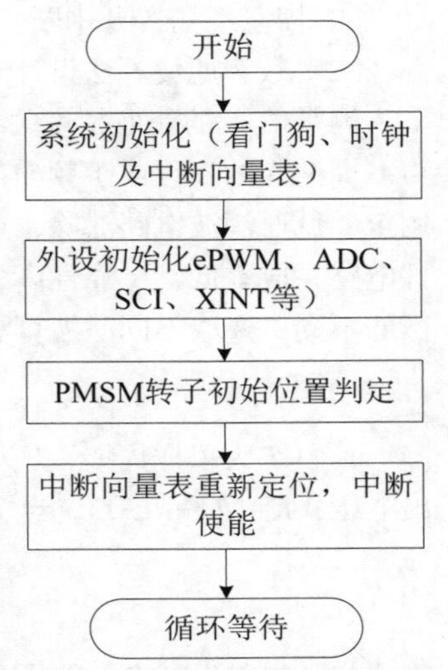

图 7.30　系统程序的整体流程

（1）矢量控制算法的实现

矢量控制算法在图 7.31 所示的 ePWM1 周期中断程序中完成。

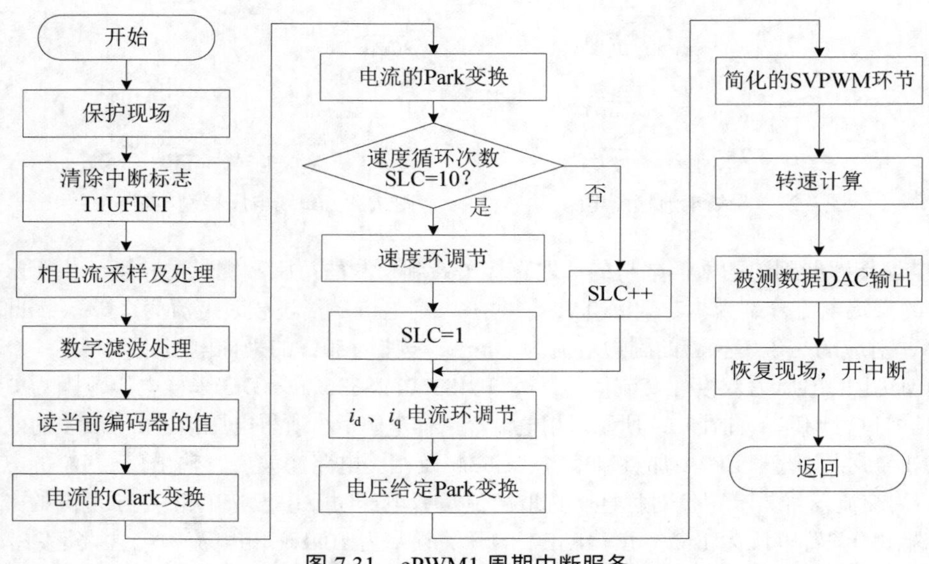

图 7.31　ePWM1 周期中断服务

具体流程如下。

① 启动 ePWM1 定时器的下溢中断，同时保护现场，清除中断标志。

② 获取 PMSM 的 A、B 两相电流并进行数字滤波处理。

③ 读取存储光电编码器脉冲的寄存器，根据脉冲数计算电机转子所在位置。

④ 对滤波后的相电流信号依次进行 Clark 变换、Park 变换。

⑤ 对速度循环次数 SLC 进行计数，若 SLC 为 10，则对信号做速度环调节处理，同时将 SLC 置 1；否则 SLC 增 1。

⑥ 对 i_d、i_q 实行电流环调节处理，并对获取的电压信号进行 Park 变换。

⑦ 实现 SVPWM 算法。

⑧ 计算电机转速。

⑨ 将需观测的数据经 DAC 电路输出，通过示波器观测。

⑩ 恢复现场，开中断。

（2）数字滤波算法设计

测量值 y_k 的获取精度关系到整个伺服系统的控制精度。干扰噪声主要有周期性噪声和随机性噪声。周期性的高频或工频噪声，可通过 RC 低通滤波电路滤除或减弱。周期性的低频干扰噪声无法用 RC 低通滤波电路滤除，可使用数字滤波算法解决。与模拟滤波相比，数字滤波不需要额外的硬件电路，成本低，可靠性高，稳定性好，且不存在阻抗匹配的问题；而且非常灵活，可根据干扰噪声的不同，选取不同滤波算法。数字低通滤波的表达式为：

$$y_k = Kx_k + (1-K)y_{k-1} \tag{7.20}$$

其中 T 为采样周期，k 为整数，x_k 为 k 时刻输入电压，y_k 和 y_{k-1} 分别为 k 时刻和（k−1）时刻输出电压，K=1/(1+RC/T)。当 T 足够小时，K=T/RC，可得其截止频率

$$f = \frac{1}{2\pi RC} \approx \frac{K}{2\pi T} \tag{7.21}$$

若已知截止频率 f 和采样周期 T 后，利用式（7.21）即可求得 K 值。

（3）转速计算及调节模块

电机转子位置和转速通过复合式光电编码器获取。常用测速法有 M 法、T 法和 M/T 法。

① M 法测速

M 法测速通过记录一定采样周期 T 内反馈脉冲的个数 m_1，利用式（7.22）计算电机转速。其中，p_f 为编码器的分辨率；k 表示编码器的输出信号的倍频系数，其值取 4。

$$n = 60\frac{m_1}{kp_f T} \tag{7.22}$$

由式（7.22）可见，反馈脉冲 m_1 与电机转速成正比。电机转速越高，m_1 越大，测量精度越高；转速越低，m_1 越小，测速精度越低，故 M 法适用于转速较高的场合。另外，采样周期 T 不宜过大，这样虽可提高测速的分辨率，但是影响调速系统的灵敏度。

② T 法测速

T 法测速通过测量光电编码器输出信号的周期 T_f 来计算电机的转速，记录一个 T_f 周期内高频脉冲个数 m_2，利用式（7.23）计算电机转速。其中，f 是高频脉冲的频率；p_f 是光电编码器的分辨率；k 表示光电编码器的输出信号的倍频系数，其值为 4。

$$n = 60\frac{f}{kp_f m_2} \tag{7.23}$$

光电编码器的分辨率 p_f 与高频脉冲频率 f 固定，由式（7.23）可见，高频脉冲个数 m_2 与电机转速成反比。电机转速越低，m_2 越大，测量精度越高；电机转速越高，m_2 越小，测量精度越低，故 T 法测速适用于低速场合。

③ M/T 法测速

使用 M 法测速时，低速情况下 m_1 减少，测量误差增大；相反，使用 T 法测速时，高速情况下 m_2 减少，分辨率降低。M/T 法测速综合了 M 法和 T 法的优点，既可在低速段可靠地测速，亦可在高速段具有较高的分辨率。M/T 法的测速时间 T_d 由两段组成：第一段为固定的采样周期 T_0；第二段为 T_0 结束到出现第一个光电反馈脉冲的这段时间。M/T 法测速时，电机转速方程如式（7.24）所示。其中，m_1 为测速时间 T_d 内的反馈脉冲数；m_2 为测速时间 T_d 内的高频脉冲数；f 为高频脉冲频率；k 表示编码器的输出信号的倍频系数，其值取 4。

$$n = 60\frac{fm_1}{kp_f m_2} \tag{7.24}$$

拓展阅读

目前，我国永磁同步驱动技术在高铁、新能源汽车等领域处于世界领先水平。这一成绩的取得得益于我国的稀土资源优势和国家的大力扶持，更离不开科研人员艰苦卓绝的努力。例如，中车株洲电力机车研究所有限公司 2003 年开始开发高速列车永磁同步牵引系统时，该技术在国外尚处于起步阶段，技术完全保密。广大科研人员从零起步，摸着石头过河，开展了大量理论分析、仿真研究和虚拟设计，经历不下百万次的试验，积累了数百吉字节的硬盘数据，终于在 2011 年成功研制了我国首套轨道交通永磁同步牵引系统。而且，为了早日赶上发达国家技术水平，他们在研制过程中主动提高了技术指标。

这种执着专注、精益求精、一丝不苟、追求卓越的工匠精神，是职业精神的典范和职业道德的标杆，更是品质保证的基石和创新发展的源泉。

7.6 基于 DSP 的故障诊断系统设计

7.6.1 基于 FFT 与 DSP 的旋转整流器故障检测系统设计

在航空电源系统中，三级式无刷同步发电机常作为主电源使用，是飞机电气系统中的关键部件，负责为飞机上的各重要航空设备，如机载仪表、雷达、无线电通信及计算机系统等提供电能，其性能直接影响着飞机飞行的安全状态。

航空发电机主要由永磁副励磁机、交流励磁机、旋转整流器、主发电机和自动调压器（AVR）等部分组成，如图 7.32 所示。其中，旋转整流器安装在转子上与主发电机转子同轴旋转，能够将交流励磁机产生的三相交流电压转换为直流电，并为主发电机提供励磁信号（I_F）。旋转整流器取代了传统励磁机中的集电环和电刷装置，提高了发电机的可靠性和运行效率，是无刷励磁系统的重要组成部分。

航空发电机旋转整流器故障诊断系统设计

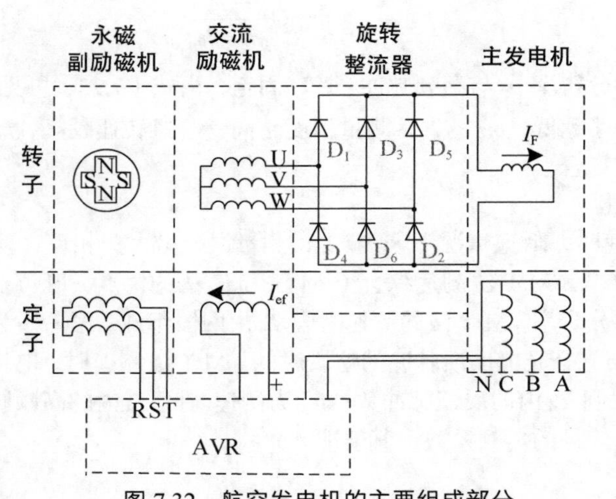

图 7.32 航空发电机的主要组成部分

旋转整流器作为航空发电机的一个重要部件，位置较为特殊，处于发电机转子部分，高温、离心力和电流冲击等各种应力导致旋转整流器的二极管很容易发生损坏。一旦二极管产生故障，将会明显影响发电机的可靠运行和所提供电能的质量。因此，设计一个旋转整流器故障检测系统，能够及时、可靠地对航空发电机的旋转整流器的二极管实施故障检测，具有十分重要的研究意义和实际工程应用价值。

针对旋转整流器的二极管的故障检测，目前有效的方法是选择励磁电流 I_{ef} 作为故障检测信号，如图 7.32 所示。当二极管产生开路或者短路故障时，该信号会产生不同的变化，通过对该信号进行傅里叶变换（Fourier Transform，FT）和处理，根据分析的频谱成分和正常状况下的区别，即可对故障是否发生做出决策。

1. 傅里叶变换

傅里叶变换是一种将信号从时域变换到频域的数学方法。能够将平稳信号分解为一系列不同幅值和不同频率的正弦波信号组合，其表达式如下所示：

$$X(w)=\int_{-\infty}^{+\infty}x(t)\mathrm{e}^{-\mathrm{j}wt}\mathrm{d}t \tag{7.25}$$

在实际应用中，通过计算机获取的信号一般为离散数字信号，因此，离散傅里叶变换（DFT）更为有用。假设某一有限长离散序列信号为：

$$S(n)=\begin{cases}x(n) & 0\leqslant n\leqslant N-1\\ 0 & n<0,\ n\geqslant N\end{cases} \tag{7.26}$$

对采样点数为 N 的有限长信号序列 $S(n)$ 进行离散傅里叶变换，得到其复序列的结果为：

$$X(k)=\mathrm{DFT}[x(n)]=\frac{1}{N}\sum_{n=0}^{N-1}x(n)\mathrm{e}^{-\mathrm{j}(2\pi/N)kn},\ 0\leqslant k\leqslant N-1 \tag{7.27}$$

假设采用交流励磁机励磁电流信号 I_{ef} 作为检测信号，其傅里叶级数可表示为：

$$I_{\mathrm{ef}}(t)=a_0+\sum_k(a_k\cos k\omega t+b_k\sin k\omega t) \tag{7.28}$$

对电流信号进行离散傅里叶变换之后，可以得到励磁电流的离散表达式。令 $I_{\mathrm{ef}}(k)=a_k+\mathrm{j}b_k$，则定义电流的各次谐波幅值 $\mathrm{sp}_k=\sqrt{a_k^2+b_k^2}$。其中，$I_{\mathrm{ef}}(k)$ 为励磁电流信号的离散傅里叶变换序列，可利用 $I_{\mathrm{ef}}(k)$ 算出 a_k 和 b_k，以及各频谱的幅值与相位大小。

在一般的应用中，离散傅里叶变换的计算量很大，为了提高效率，提出了 FFT 算法。这种算法在很大程度上减少了离散傅里叶变换的计算量，使得离散傅里叶变换的运算效率加快。FFT 可以分为时域抽取法和频域抽取法，两种方法的步骤较为类似，可以根据需要进行选择。

2．数据采集电路设计

故障诊断系统的硬件主要为数据采集电路，其中，把励磁电流信号转换为电压信号是硬件系统设计主要考虑的部分。数据采集电路设计中，选取 HNC-25-LA 霍尔电流传感器作为电流检测感应元件，该元件可以实现原边被测电流与副边输出电流之间的电气隔离，具有响应速度快、测量精度高等优点。其额定测量电流为 25A，线圈匝数比为 1：1000，适用于对小电流的检测。采用霍尔电流传感器 HNC-25-LA 对励磁电流 I_{ef} 进行采样的硬件电路如图 7.33 所示。

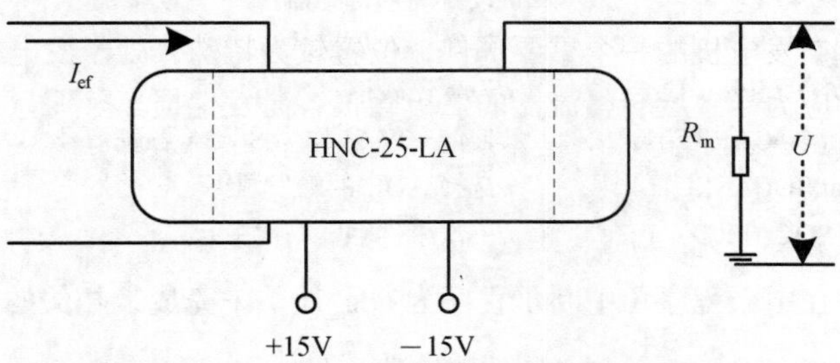

图 7.33　航空发电机励磁电流采集示意图

图 7.33 中，R_{m} 是输出端的采样电阻，副边输出电流经过 R_{m} 之后，可得到一个与原边被测电流成比例的输出电压，电压值 U 与被测励磁电流 I_{ef} 的关系为：

$$U=R_{\mathrm{m}}\times I_{\mathrm{ef}}/1000 \tag{7.29}$$

实际某型航空发电机的励磁电流 I_{ef} 取值范围约为 0～0.4A，为了符合 DSP 自带 DAC 模块的电压输入范围（0～3V），提高测量精度，选取 R_m 为 1kΩ，此时，得到的电压信号范围为 0～0.4V，将该信号输入 DSP 的 ADCINA0 通道，即可进行 ADC。

3．软件系统设计

本系统的软件主要包括系统初始化程序、主程序、中断服务子程序等，软件总体流程如图 7.34 所示。系统初始化程序实现对看门狗、时钟、ePWM、ADC 等模块的初始化。在主程序中等待数据采集完毕，如果采集完毕，需要进一步对数据进行基于傅里叶变换的信号处理。中断服务子程序主要包括数据采集和存储程序。由于 FFT 比离散傅里叶变换计算效率高，实时性好。因此，在系统设计中，采用 FFT 方法对励磁电流进行频谱分析。

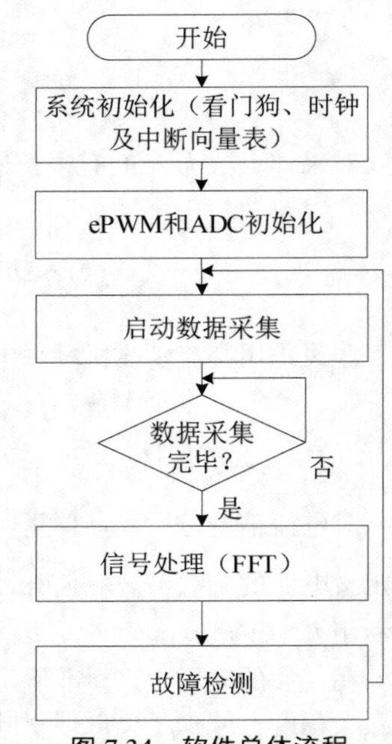

图 7.34 软件总体流程

（1）数据采集

在软件系统设计中，数据采集的数量和采样率直接影响后续 FFT 的处理结果。如果采样率过高，则需要采集较大的数据量才能满足一定的频谱分辨率要求；如果采样率较低，则后续频谱分析结果的分辨率会较低。经过综合考虑，设定数据采样率 f_s 为 100kHz。在 DSP 的数据采集中，要达到较高的采样率，可以采用基于 ePWM 触发的 ADC 采样方法。因此，在主程序中，需要配置 ADC 模块和 ePWM 模块两种外设的相关寄存器。

对 ADC 寄存器的配置的主要实现代码如下：

```
AdcRegs.ADCMAXCONV.all = 0x0000;                //设置 1 个转换通道
AdcRegs.ADCCHSELSEQ1.bit.CONV00 = 0x0;          //设置 ADCINA0 为转换通道
AdcRegs.ADCTRL2.bit.EPWM_SOCA_SEQ1 = 1;         //使能 ePWM 为触发 ADC 信号
AdcRegs.ADCTRL2.bit.INT_ENA_SEQ1 = 1;           //SEQ1 中断使能
```

此处，采用 ePWM3 作为 ADC 的触发源。对 ePWM3 进行初始化的主要代码如下：

```
EPwm3Regs.TBCTL.bit.CLKDIV=1;
EPwm3Regs.TBCTL.bit.HSPCLKDIV=5;          //ePWM 载波频率为 7.5MHz
EPwm3Regs.TBPRD = 74;                     //设置周期寄存器
EPwm3Regs.TBCTL.bit.CTRMODE = 0;          //连续增计数模式
EPwm3Regs.CMPA.half.CMPA = 12;            //设置比较值
EPwm3Regs.ETSEL.bit.SOCAEN = 1;           //使能 ePWM 作为 SOCA 触发信号
EPwm3Regs.ETSEL.bit.SOCASEL = 4;          //选择 ADC 的触发源
EPwm3Regs.ETPS.bit.SOCAPRD = 1;           //一次事件触发一次中断
```

数据采集和存储均在中断程序（中断子程序为 adc_isr）中完成，相关的主要代码如下：

```
interrupt   void   adc_isr(void)
 { INA0_dat[ConversionCount] = AdcRegs.ADCRESULT0 >>4;    //存储转换结果
   if (ConversionCount ==(N-1) )
   { ConversionCount = 0;
     ADC_full_flag=0xffff; }
   else   ConversionCount++;
   AdcRegs.ADCTRL2.bit.RST_SEQ1 = 1;                      //复位 ADC 序列 SEQ1
   AdcRegs.ADCST.bit.INT_SEQ1_CLR = 1;                    //清除中断标志位
```

```
    PieCtrlRegs.PIEACK.all = PIEACK_GROUP1;            //清除中断应答
    return;
}
```

数据存储在数组 INA0_dat 内，当存储结束时，设置存储满标志变量 ADC_full_flag。在主程序中，若检测到该标志变化，则表明数据已经完成 N 个点的存储。

（2）数据分析

数据分析主要采用 FFT 进行频谱计算。该部分软件的基本流程如图 7.35 所示。

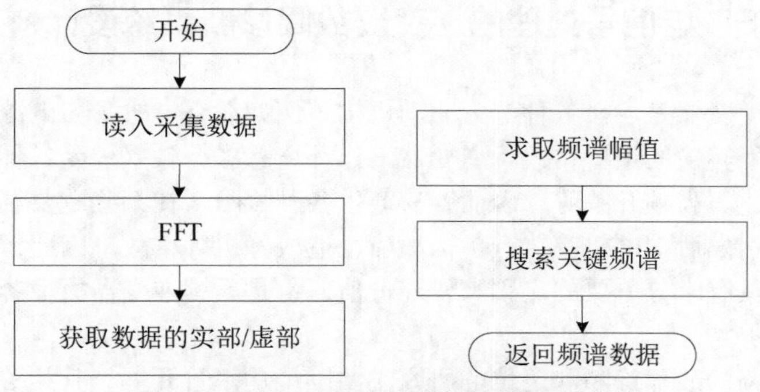

图 7.35 基于 FFT 分析的软件的基本流程

目前，无论是实序列 FFT 还是复序列 FFT，在 DSP 中的应用均较多，CCS 的相关库文件中也有内嵌式 FFT 算法，可以直接引用。采用频率抽取的基 2 FFT 算法主要包括两个步骤：蝶形运算、位反址。假设经过调用 FFT 算法之后，得到的频谱数据在数组 DDataBuffer 中。则求取频谱的主要代码如下：

```
for(i=0; i<N; i++)
    {   p=DDataBuffer[i].real;                        //获取实部
        q=DDataBuffer[i].imag;                        //获取虚部
        n=(long)p*(long)p+(long)q*(long)q;
        mod[m]=sqrt(n);                               //计算频谱
        m++;
    }
```

经过频谱计算之后，所有频谱信息均存储在一个数组，即 mod 内。因为考虑到频谱泄露等问题，所以，需要对感兴趣的频谱在一定范围内进行搜索才可能得到准确的结果。相关代码如下：

```
for (i=((fs_index)-wid_th); i<=((fs_index)+wid_th); i++)
    {
      if (max_ffts_int<mod[i])
        {max_ffts_index=i;
         max_ffts_int=mod[i];
         }
    }
```

其中，fs_index 为感兴趣的频谱索引号，wid_th 为频谱检索步长，max_ffts_int 为最终搜索得到的频谱大小。

（3）故障检测

三级式航空发电机的旋转整流器的二极管产生故障之后，励磁电流的频谱会产生变化。其中，较大的变化主要集中在 1、2、6 次谐波的幅值上。因此，可以选取 1、2、6 次谐波的幅值作为故障特征量，记为(x, y, z)。如果要进行故障诊断和故障二极管定位，还需要对单管开路、单管短路、双管开路等故障模式进行分析，并根据不同故障模式下的谐波幅值大小，选择对应的特征中心点。采用欧氏距离（Euclidean Distance）进行距离计算和匹配。

$$\text{dist}_j = \sqrt{(x - x_{0,j})^2 + (y - y_{0,j})^2 + (z - z_{0,j})^2} \tag{7.30}$$

其中，$(x_{0,j}, y_{0,j}, z_{0,j})$代表第 j 类故障模式的特征中心点。比较几类故障模式的特征中心点到(x, y, z)的距离。距离最短的故障模式代表旋转整流器当前健康状况。如果整流器出现故障，可以根据维修需求等增加声、光指示或者其他报警手段。

7.6.2 基于 DSP 与信号处理的逆变器故障诊断系统设计

基于 DSP 与信号处理的逆变器故障诊断系统设计

逆变器是连接各种电力驱动机构（例如航空电机）与电源之间的桥梁，也是实现功率转换的重要角色。逆变器工作环境恶劣，频繁承受各种应力大电流冲击、温度变化、高频开关等，因而容易产生各种故障。在某些重要场合，逆变器的故障往往会引发后端电机等执行机构故障，造成停机等事故。因此，逆变器的故障检测与诊断具有十分重要的应用和研究价值，也是后续逆变器故障容错与自修复的前提和基础。

目前，逆变器电路的故障诊断和定位的研究主要围绕功率管开展，其相关技术可以分为两种基本类型：基于模型的方法和基于数据驱动的方法。前者需要对电路进行准确分析，并建立定量或定性数学模型，根据模型和观测参数，对系统进行预测，以进行故障诊断和定位，这种方法的特点是需要精确的模型，建模过程复杂，研究对象的结构一旦产生改变（即便是细微调整）也可能需要耗费大量时间重新建模，但是这种方法的故障诊断和定位的准确度比较高。后者可以先借助数字信号处理方法（FFT、小波变换等方法）获取电路的故障特征，再利用神经网络等人工智能方法进行故障诊断。这种方法的特点是不需要对象的精确数学模型，容易通过软件实现，灵活度高。这种智能诊断方法的设计核心主要集中在软件算法的设计上。

采用 DSP 进行三相逆变器故障诊断，可以充分发挥 DSP 在信号处理以及运算效率等方面的性能优势。在逆变器故障诊断研究中，目前主要通过采集逆变器的三相电流或电压信号进行诊断分析。采集的电流或电压信号一般包含噪声，因此，需要考虑去噪等预处理。在研究中，可以考虑采用小波变换作为信号预处理方法。基于 DSP 和小波变换等信号处理方法的逆变器故障诊断系统示意如图 7.36 所示。

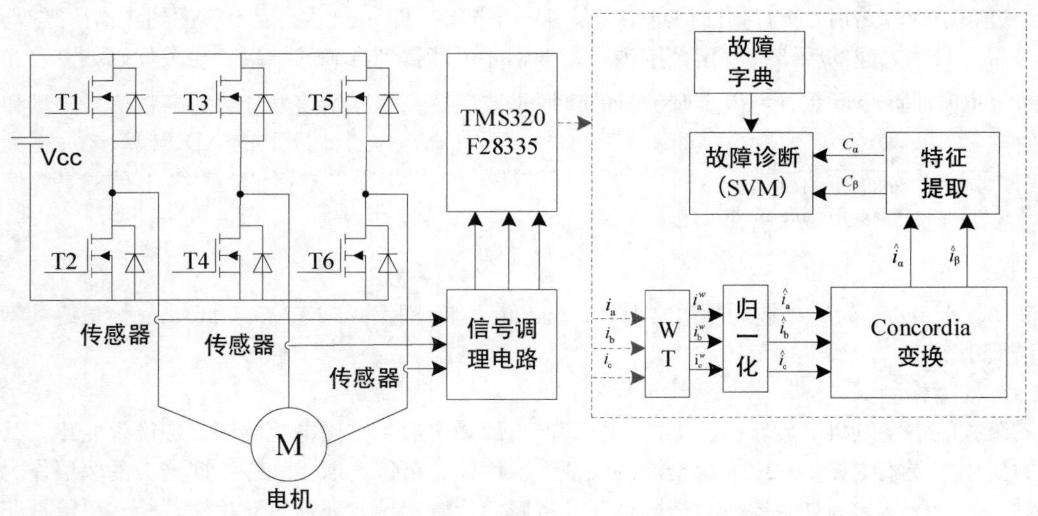

图 7.36 基于 DSP 和小波变换等信号处理方法的逆变器故障诊断系统示意

图 7.36 中，先采用霍尔传感器采集负载（电机）的三相电流(i_a,i_b,i_c)信号，将其转换为电压信号并调理至 0～3V 后，再通过 DSP 内带的 ADC 模块进行数据采集，之后即可进行数据分析（小波变换、归一化和 Concordia 变换等）和诊断（包括特征提取与故障诊断）。诊断采用了基于支持向量机（Support Vector Machine，SVM）的模式识别方法。

算法可分为 5 部分：数据采集、小波变换（Wavelet Transform，WT）与归一化、Concordia 变换、特征提取与故障诊断等。

1．**算法基本原理**

（1）小波变换

现设某信号为$\psi(t)$，满足平方可积的条件，同时$\psi(t)\in L^2(R)$，对$\Psi(t)$进行傅里叶变换获取傅里叶变换结果$\Psi(\omega)$，若$\Psi(\omega)$满足如下所示的允许性条件：

$$\int_{-\infty}^{+\infty}\frac{\left|\psi(\omega)\right|}{\omega}\mathrm{d}\omega<\infty \tag{7.31}$$

则将$\psi(t)$称为小波母函数，并称式（7.31）为小波容许性条件，且可利用$\Psi(t)$对信号$x(t)$进行连续小波变换：

$$W_x(a,b)=\int_{-\infty}^{+\infty}x(t)\psi(a,b)(t)\mathrm{d}t=\frac{1}{\sqrt{|a|}}\int_{-\infty}^{+\infty}x(t)\Psi\left(\frac{t-b}{a}\right)\mathrm{d}t \tag{7.32}$$

式（7.32）中，参数 b 代表信号分析的中点，而参数 a 表示以 t=b 为中心的范围尺度，一般将 a 称为伸缩参数，b 为平移参数。同时，$1/\sqrt{|a|}$ 称为归一化因子，可使得在 a 取值不同的情况下，函数能量能够保持不变。

若要实现离散小波变换，则需先离散化伸缩参数 a 和平移参数 b。若存在常数 A 和 B，且满足如下关系：

$$A\leqslant\sum_{k\in Z}\left|\Psi(2^k\omega)\right|^2\leqslant B \tag{7.33}$$

则将$\psi(.)$称为二进小波母函数，且对于任意的整数j，离散小波母函数的表达式为：

$$\Psi_{(2^{-j},b)}=2^{\frac{j}{2}}\Psi(2^j(x-b)) \tag{7.34}$$

结合离散小波母函数，可以实现信号的离散小波变换，将原始信号分解为高频信号分量和低频信号分量。两层离散小波变换示意如图 7.37 所示，其中 $x(n)$ 为经过 DSP 的 ADC 模块之后得到的数据序列；$Hp(n)$ 为高通滤波器，$Lp(n)$ 为低通滤波器，↓2 代表降采样，$cD1$ 为第 1 层的高频信号分量，$cD2$ 为第 2 层高频信号分量，$cA2$ 为第 2 层的低频信号分量。采集的信号的有用信息主要集中在低频分量上，高频分量一般可以舍去不用。

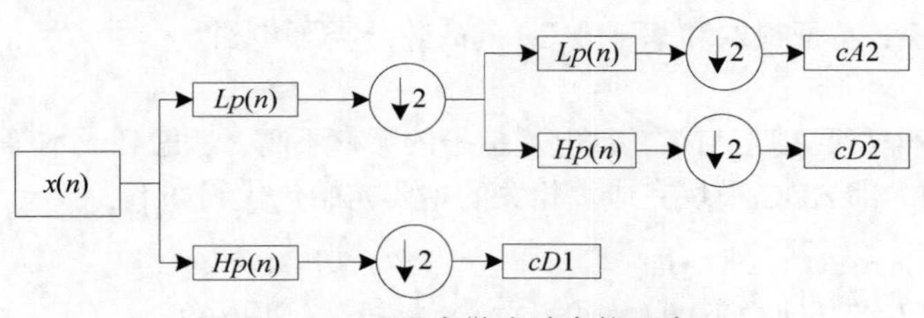

图 7.37　两层离散小波变换示意

（2）Concordia 变换

该变换其实是一种信息压缩方法，把三相电流信息（此处为小波变换之后的归一化系数 $\hat{i}_a$、$\hat{i}_b$、$\hat{i}_c$）变换至 α-β 坐标系下的二维信息 $\hat{i}_\alpha$、$\hat{i}_\beta$，即电流轨迹：

$$\begin{cases}\hat{i}_\alpha = (2\hat{i}_a - \hat{i}_b - \hat{i}_c)/\sqrt{6}\\ \hat{i}_\beta = (\hat{i}_b - \hat{i}_c)/\sqrt{2}\end{cases} \tag{7.35}$$

（3）基于 SVM 的模式分类方法

基本的 SVM 可以实现二元分类，即采用二元支持向量机（BSVM），能够实现对带正、负标签的数据进行分类。BSVM 可以分为两种即线性 BSVM 和非线性 BSVM，前者可以实现对线性可分数据的分类；后者可以实现对非线性可分数据的分类，该类型的 BSVM 在实际的故障诊断和测试领域内的应用价值较高。

BSVM 的基本思想是在两类之间建立一个最优分类面，即设计如下的二次凸优化模型：

$$\frac{\|\boldsymbol{W}\|^2}{2} + C\left(\sum_{i=1}^{Q}\xi_i\right)^2 \tag{7.36}$$

其中，$\boldsymbol{W}$ 为分类面的法向量，C 为惩罚因子，ξ_i 为松弛因子，Q 为松弛因子个数。

通过求解该二次优化问题，可以得到 BSVM 的最终决策函数：

$$d(\mathbf{x}) = \mathrm{sign}\left(\sum_{i=1}^{n_s}\lambda_i y_i K(\boldsymbol{x}_i, \boldsymbol{x}) + b\right) \tag{7.37}$$

其中，$\boldsymbol{x}$ 为待测的未知样本，$\boldsymbol{x}_i$ 为支持向量，λ_i 为拉格朗日乘子，y_i 为对应支持向量的样本标签，n_s 为支持向量的总个数，b 为偏差，$K(.)$为采用的核函数，sign(.)为符号函数，根据输入样本的标签性质，输出一般为−1 或+1。

在 SVM 的应用中，核函数的选择非常重要。在一般采用中，采用径向基核函数往往会取得较好的诊断效果。径向基核函数的形式为：

$$K(\boldsymbol{x}, \boldsymbol{y}) = \exp(-|\boldsymbol{x} - \boldsymbol{y}|^2/\sigma^2) \tag{7.38}$$

核函数的参数 σ 可以通过实验的效果，或者交叉验证等方法加以确定。

采用 BSVM 可以进行多类分类，其基本原理是通过组合多个 BSVM 进行多类分类。较简单的一种组合就是“one-against-rest”的形式。这种形式是把其中某一类样本作为正标签，剩余其他所有类别的样本作为负标签，并进行 SVM 训练。对于 N 类故障模式而言，至少需要训练$(N-1)$个 BSVM。在决策阶段，至少需要进行$(N-1)$次的判别分析。

2．软件设计

软件的主程序流程如图 7.38 所示。主要包括系统初始化、ADC 初始化、数据采集、小波变换、归一化 Concordia 变换、特征提取和基于 SVM 的故障分类等步骤。

（1）数据采集

在本应用中，至少需要 3 路 ADC，且电流信号的频率不高，考虑到成本等因素，决定数据采集由 TMS320F28335 的内部 ADC 模块完成。相关的主要初始化代码如下：

```
AdcRegs.ADCTRL1.bit.SEQ_CASC = 0;                //不采用级联模式
AdcRegs.ADCCHSELSEQ1.bit.CONV00 = 0x00;          //转换 ADCINA0
AdcRegs.ADCCHSELSEQ1.bit.CONV01 = 0x01;          //转换 ADCINA1
```

```
AdcRegs.ADCCHSELSEQ1.bit.CONV02 = 0x02;            //转换 ADCINA2
AdcRegs.ADCMAXCONV.bit.MAX_CONV1 = 0x2;            //转换 3 路 ADC
AdcRegs.ADCTRL2.bit.INT_ENA_SEQ1 = 0x1;            //ADC 中断使能
AdcRegs.ADCTRL2.bit.SOC_SEQ1 = 0x1 ;               //启动 ADC
```

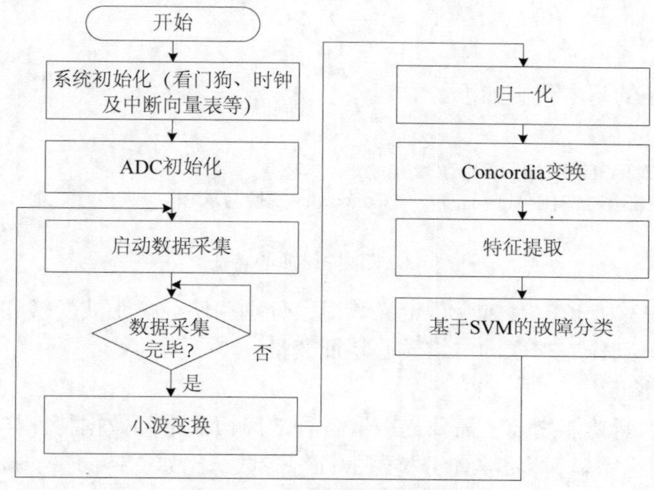

图 7.38　软件的主程序流程

（2）小波变换与归一化

根据 Mallat（马勒特）的小波变换理论，可将小波变换理解为一个信号经过小波滤波器之后的输出再经过下采样处理的过程，而信号和小波滤波器进行卷积可以实现这种滤波功能。如果小波滤波器的系数矩阵较大，则卷积所需的运算量则较大，因而，此处采用了 Haar（哈尔）小波滤波器。Haar 小波是一种常用的小波函数，具有形式简单和正交性好等优点，其滤波器矩阵形式简洁，易用 DSP 等嵌入式系统实现，在故障诊断系统中取得了很好的效果。考虑到小波变换之后的细节系数反映了信号的高频成分，而这些高频成分往往和噪声联系在一起，因而，在本研究中，这些细节摒弃不用，仅进行粗系数的分解和保存，这样也进一步降低了信号处理的存储和计算复杂度。

小波变换的主要算法代码如下：

```
for (i=0; i<(L/2); i++)
   { R=0;
     for (j=(2*i+0); j<=(2*i+1); j++)
         { R=R+*(ptr_input+j);}                 //卷积运算
     *(ptr_output+i)=R*0.70711;                 //存储运算结果
   }
```

在上述代码中，L 为输入的信号数据点个数，*ptr_input 和*ptr_output 为两个指针变量，分别指向信号变换前的数据存储区与信号变换之后的数据存储区。

经过小波变换之后的信号去除了噪声的干扰，能够保留原先信号的形状和轮廓，但是幅值会随着负载的波动有所变化。为了去除负载的影响，此处对经过小波变换之后的信号实施了归一化操作，把小波信号的幅值缩放到区间[−1, 1]。

（3）Concordia 变换与特征提取

根据 Concordia（康考迪亚）变换得到的信号，在二维平面呈现出电流的运行轨迹。逆变器电流轨迹的形状、大小一般与逆变器的功率管驱动方式（方波或正弦波）紧密有关。当采样点数达到或超过一个完整周期时，可以将其看作一个封闭结构。针对此特点，提取了电流轨迹的二维质心特征

$x=(C_\alpha, C_\beta)$：

$$\begin{cases} C_\alpha = \dfrac{1}{M}\sum_{k=1}^{M}\hat{i}_\alpha(k) \\ C_\beta = \dfrac{1}{M}\sum_{k=1}^{M}\hat{i}_\beta(k) \end{cases} \tag{7.39}$$

提取二维质心特征的基本代码如下：

```
for (i=0; i<M; i++)
    {tmp_d=tmp_d+(2*IA3[i]-IB3[i]-IC3[i])/3;
     tmp_q=tmp_q+(IB3[i]-IC3[i])/sqrt(3); }      //Concordia 变换与求和
     C_a=tmp_d/M;
     C_b=tmp_q/M;                                //求取二维质心特征
```

代码中的 IA3、IB3 和 IC3 为 3 个预定义数组，分别存储经过小波变换和归一化之后的三相电流数据。C_a 和 C_b 分别代表求取的二维质心特征变量。

（4）SVM 分类与诊断

实现系统的故障诊断功能之前，需要先获取各种故障模式下的数据特征样本。并对这些数据样本进行 SVM 训练，训练完毕，将 SVM 分类器的训练参数，比如支持向量、拉格朗日乘子、偏差等信息存储成一部故障字典，该字典在 DSP 进行在线故障分类的时候提供必要的分类器信息。分类器的训练一般需要借助其他软件离线进行，比如 MATLAB 等仿真软件。在训练的时候，需要调整核参数和惩罚因子 C 等，以获取最好的诊断效果。此时，将当前的训练参数保存到故障字典中，以便未来进行在线故障诊断和计算用。

下面是 BSVM 的基本分类代码：

```
for (i=0;i<(*(sv_num+order));i++)
  {sub_sum=0;
   for (j=0; j<dim; j++)                        //dim 为特征样本的维数
   {sub_temp=(*(*(p_SV+i)+j)-*(query_x+j));    //query_x 为待测的样本
    sub_sum+=sub_temp*sub_temp;                 //求取样本与各支持向量之间的距离
   }
   dist_temp = -(sub_sum)/RBF_para;             //考虑核函数运算，RBF_para 为核参数
   coeff_temp=*(p_CE+i);
   fx_out=fx_out+coeff_temp*exp(dist_temp);     //考虑拉格朗日乘子运算
   }
   fx_out=fx_out+(*(p_BIAS+order));             //加入偏差
   return fx_out;                               //返回结果 fx_out
```

对于多分类的逆变器功率管故障诊断而言，采用“one-against-rest”SVM 时需要设计多个 BSVM 进行分析。最终决策时，对每种故障模式的得票数进行表决，得到最多投票数所对应的模式，将其判定为实际发生的故障模式。

习题与思考题

7.1 什么是 DSP 最小硬件系统？要构建一个 DSP 最小硬件系统，除了 DSP 芯片之外还需要哪些基本硬件？试选择相关元器件设计 TMS320F28335 的最小硬件系统，并画出原理图。

7.2　为什么要进行 3.3V 和 5V 混合逻辑系统接口设计？如何实现电平转换？

7.3　任选一款闪存芯片为 TMS320F28335 外扩存储器，将其映射至 Zone7 区域，画出接口电路的原理图。

7.4　外扩并行 ADC 模块或 DAC 模块的基本方法是什么？自选一款并行 ADC 或 DAC 芯片，设计它与 TMS320F28335 的接口电路，并画出电路原理图。

7.5　试编程从图 7.8（b）中 AD5725 的通道 A 输出方波、三角波、锯齿波和正弦波。要求输出波形可控，且各种波形的幅值和频率均可调。

7.6　请自选一款符合 RS-232 电平标准的驱动芯片，实现 TMS320F28335 SCI-C 与个人计算机通信，画出硬件电路接口图。

7.7　请自选一款具有 SPI 的串行 DAC 芯片，使用 TMS320F28335 DSP 控制器的 SPI-A 工作于主模式实现与其通信，画出硬件电路接口图。

7.8　SN65HVD230 是采用 3.3V 供电的 CAN 收发器，若使用 5V 供电的 CAN 收发器实现电平转换，能否与 TMS320F28335 直接相连？

7.9　利用 TMS320F28335 的 I^2C 总线接口与日历时钟芯片 X1226 接口，制作一个能显示时、分、秒的时钟，每隔 30s 通过 SCI 将当前时钟数据发送给个人计算机。

7.10　试编程从图 7.14 中的键盘读取按键值，并将其显示在图 7.16 中 MAX7219 驱动的数码管的第一个数码管上。

7.11　试编程将例 5.5 中采集到的 ADCINA3 的波形实时显示在图 7.18 中 MGLS240128T 的显示屏上。

7.12　在 SVPWM 方法中，如何根据两相静止 α-β 坐标系上的两个正交电压向量 U_α 和 U_β 来确定扇区号？

7.13　在 SVPWM 方法中，当参考矢量处于第四扇区时，请给出 $\boldsymbol{U}_0$、$\boldsymbol{U}_{60}$ 和零矢量各自的作用时间。

7.14　试利用 DSP 进行三层小波变换，并把各小波系数存储到不同的数组中，利用 CCS 的图形观察功能进行对各部分形状的观察。

7.15　试利用 DSP 对一个标准的 100Hz 正弦波信号进行数据采集，并进行 FFT，观察频谱位置和对应采样率之间的关系。

第 8 章

基于建模仿真的 DSP 应用系统设计

学习要求

（1）熟悉 Proteus 开发环境，掌握基于 Proteus 的 DSP 系统设计仿真方法。

（2）熟悉 Simulink 建模环境、TMS320C2000 嵌入式代码产生支持库，掌握基于 Simulink 的系统建模与代码快速自动生成方法。

（3）掌握 Simulink 和 Proteus 联合仿真方法。

建模仿真能够模拟和分析工程系统的性能、行为和效果，优化设计过程，提高设计效率，对工程设计极为重要。本章讲述了基于 Proteus 的 DSP 系统设计与仿真技术、基于 Simulink 的 DSP 系统建模与代码自动生成技术，以及 Simulink 和 Proteus 联合仿真方法。

8.1 基于 Proteus 的系统设计与仿真

8.1.1 Proteus 开发环境简介

1．Proteus 的软件组成

（1）特点

Proteus 软件是英国 Labcenter Electronics 公司开发的 EDA（电子设计自动化）工具软件。它不仅具有其他 EDA 工具软件的仿真功能，而且可以仿真单片机、ARM 及 DSP 等微处理器系统及常见外围器件。它可以实现从原理图布图、代码调试到微处理器与外围电路协同仿真，并可一键切换到 PCB 设计，真正实现从概念到产品的完整设计。

Proteus 主要的特点是电路仿真的交互化和可视化。它不仅可以仿真 51 系列、AVR、PIC、ARM 等常用主流单片机及 DSP，而且还可以仿真 RAM、ROM、键盘、电动机、LED、LCD、ADC/DAC 器件，以及部分 SPI 和 I^2C 器件等外围设备。它直接在基于原理图的虚拟原型上编程，再配合显示及输出，可观察运行后输入输出的效果。配合系统配置的虚拟逻辑分析仪、示波器等，构建了完备的电子设计开发环境。

（2）软件系统组成

Proteus 将电路仿真软件、PCB 设计软件和虚拟模型仿真软件等集成在一起，其构成如图 8.1 所示。其中原理图输入系统（ISIS）、PCB 布线编辑软件（ARES）、虚拟系统模型（VSM）3 部分是基

础。ISIS 是 Proteus 系统的核心，是一个可配置原理图外观的超强设计环境，可快速实现复杂设计的仿真以及 PCB 设计。ARES 是一款高级 PCB 布线编辑软件。虚拟系统模型是一个组合了 SPICE3F5 模拟仿真器核和基于快速事件驱动的数字仿真器的混合仿真系统。其主要的特点是能将软件作用在处理器上，并和连接该微处理器的任何模拟和数字器件协同仿真。

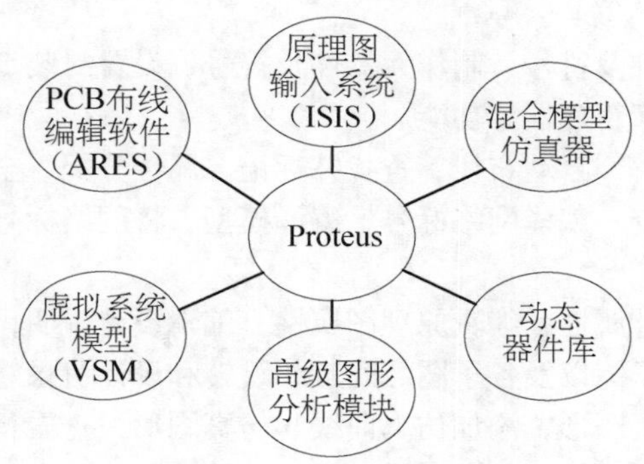

图 8.1　Proteus 的构成

2．Proteus ISIS 基本操作

Proteus ISIS 的工作界面是一种标准的 Windows 界面，如图 8.2 所示。该界面包括标题栏、主菜单栏、标准工具栏、绘图工具栏、状态栏、对象选择按钮、预览对象方位控制按钮、仿真进程控制按钮、预览窗格、对象选择窗格、图形编辑窗格等。

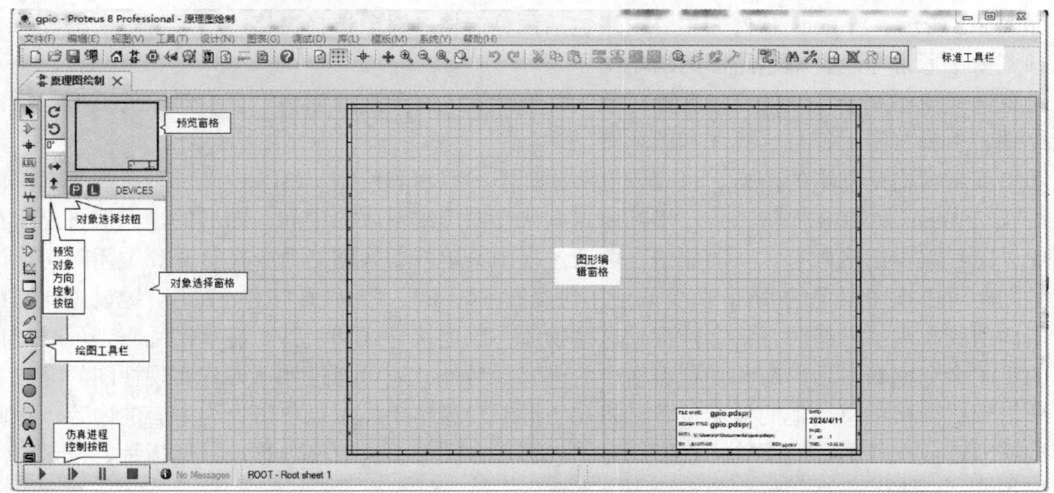

图 8.2　Proteus ISIS 的工作界面

（1）主菜单栏

Proteus ISIS 的主菜单栏包括文件、编辑、视图、工具、设计、图表、调试、库、模板、系统、帮助，如图 8.3 所示。

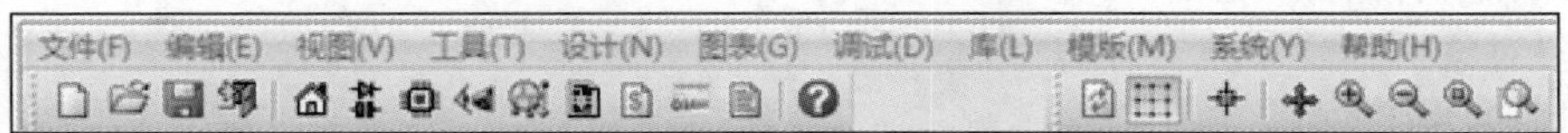

图 8.3　主菜单栏和主要工具栏

文件菜单：具有常用的文件功能，如新建、打开与保存设计、导入/导出文件，也可打印、显示设计文档，以及退出 Proteus ISIS 等。

视图菜单：功能包括是否显示网格、设置格点间距、缩放电路图及显示与隐藏各种工具栏等。

编辑菜单：功能包括撤销/恢复操作、查找与编辑元器件、剪切、复制、粘贴对象，以及设置多个对象的层叠关系等。

库菜单：具有选择元器件及符号、制作元器件及符号、设置封装工具、分解元件、编译库、自动放置库、校验封装和调用库管理器等功能。

工具菜单：具有实时注解、自动布线、查找并标记、属性分配、全局注解、导入文本数据、显示元器件清单、电气规则检查、编译网络标号、编译模型、将网络标号导入 PCB 以及从 PCB 返回原理设计等功能。

设计菜单：具有编辑设计属性，编辑原理图属性，编辑设计说明，配置电源，新建、删除原理图，在层次原理图中总图与子图以及各子图之间互相跳转和设计目录管理等功能。

图表菜单：具有编辑仿真图形，添加仿真曲线、仿真图形，查看日志，导出数据，清除数据和一致性分析等功能。

调试菜单：功能包括启动调试、执行仿真、单步运行、设置断点和重新排布弹出窗口等。

模板菜单：功能包括设置图形格式、文本格式、设计颜色及连接点和图形等。

系统菜单：功能包括设置系统环境、路径、图纸尺寸、标注字体、快捷键以及仿真参数和模式等。

帮助菜单：可提供版权信息、Proteus ISIS 学习教程和示例等。

（2）各种窗口

如图 8.2 所示，Proteus 软件的主要窗格包括预览窗格、对象选择窗格、图形编辑窗格等。

预览窗格通常显示整幅电路图的缩略图。

对象选择窗格用于从元件库中选择对象，并将其置入对象选择窗格。显示对象的类型包括：设备、终端、引脚、图形符号、标注和图形等。

图形编辑窗格是基本的窗格，可完成电路原理图的编辑和绘制。ISIS 中坐标系统的基本单位为 10nm，与 Proteus ARES 保持一致。坐标原点默认在图形编辑区的中间，图形的坐标值可显示在状态栏中。图形编辑窗格内有点状的栅格，可通过视图菜单的切换网络命令在打开和关闭间切换。点与点的间距可由视图菜单的 Snap 命令或使用快捷键 F4、F3、F2 和 CTRL+F1 组合键设置。当鼠标指针指向引脚末端或导线时，将会捕捉到这些物体，以连接导线和引脚。显示错乱时，可通过视图菜单的重画命令刷新显示内容和预览窗格中的内容。另外，还可通过如下方式实现视图的缩放与移动：单击预览窗格中感兴趣的显示位置，将在图形编辑窗格中显示以单击处为中心的内容；在此基础上按缩放键或操作鼠标的滚轮，将刷新显示内容。在图形编辑窗格内移动鼠标指针，按 Shift 键，用鼠标指针“撞击”边框，将会使显示内容平移。

（3）图形编辑的基本操作

在编辑图形之前，通常要设置编辑环境。主要包括模板的选择、图纸的选型与光标的设置等。绘制电路图首先要选择模板，以控制电路图外观的信息，如图形格式、文本格式、颜色、线条连接点大小和图形等；然后设置图纸的相关内容，如纸张的型号、标注的字体等。

常用的图形编辑的基本操作如下。

① 放置对象

放置对象的步骤如下。

a. 根据对象的类别在工具栏选择相应模式的图标。

b. 根据对象的具体类型选择子模式图标。

c. 若对象类型为元件、端点、引脚、图形、符号或标记，从对象选择窗格中选择其名称。对于元件、端点、引脚和符号，则首先需要从库中将其调出。

d. 若对象有方向，将会显示于预览窗口中，可通过预览对象方位控制按钮对其进行调整。

e. 指向图形编辑窗口并单击以放置对象。

② 编辑对象

右击可选中对象，并使其高亮显示，然后可对其进行复制、删除、移动、调整大小和朝向等编辑操作，还可以对对象的属性进行编辑。 在空白处点击鼠标右键可取消所有对象的选择。

子电路、图表、线、框和圆可调整大小。选中这些对象时，通过拖动对象周围的黑色“手柄”，可调整其大小。许多类型的对象可以调整朝向为 0°、90°、270°、360°，或通过 x 轴、y 轴进行镜像。许多对象具有图形或文本属性，可通过一个对话框进行编辑。

③ 画线

Proteus ISIS 无画线的图标按钮。需要在两个对象间连线时，首先单击第一个对象连接点，然后单击另一个连接点确定走线路径，只需在拐点处单击即可。

8.1.2 Proteus ISIS 原理图设计

1．原理图输入流程

采用 Proteus ISIS 设计原理图是进行 Proteus 仿真的基础。原理图的设计流程如图 8.4 所示。绘制电路原理图主要通过电路图绘制工具来完成，因此，熟练使用电路图绘制工具是快速、准确绘制电路原理图的前提。

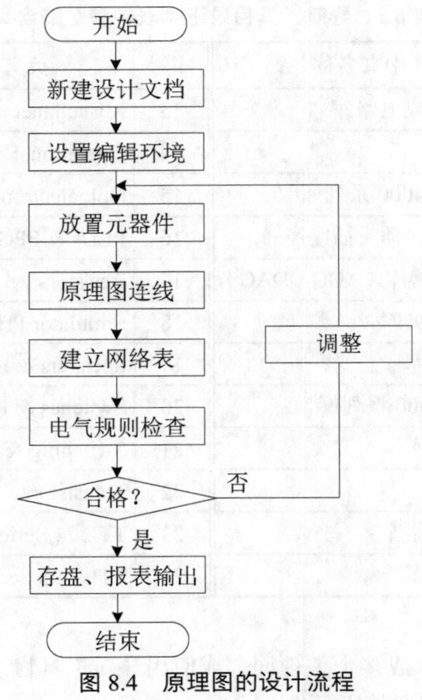

图 8.4　原理图的设计流程

2．绘制原理图的常用工具

绘制原理图的首要任务是从元件库中选取绘制电路所需的元件。当启动 ISIS 的一个空白页面时，对象选择窗格是空的。因此，首先需要使用元件模式工具栏调出器件到对象选择窗格。下面简要介绍常用的工具。

（1）元件模式工具

从元件模式工具栏中选择元件模式图标▷，点选对象选择窗格左上角的 P 按钮，将弹出图 8.5 所示 Pick Devices 对话框。图中导航工具目录（Category）下列表中参数的含义如表 8.1 所示。

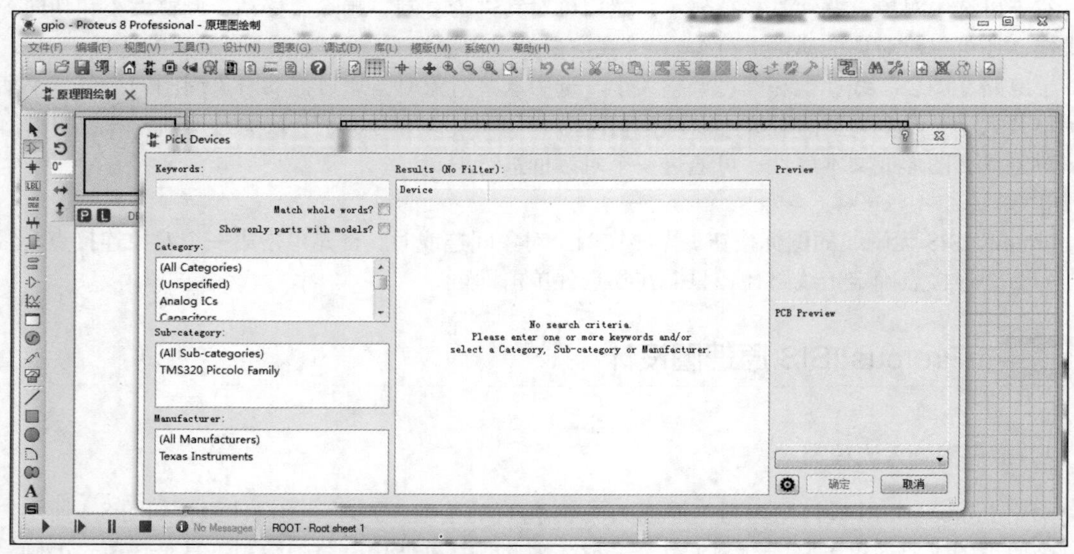

图 8.5 Pack Device 窗口

表 8.1 导航工具目录下列表中参数的含义

序号	英文名称	中文名称	序号	英文名称	中文名称
1	Analog ICs	模拟集成电路库	13	Miscellaneous	其他混合类库
2	Capacitors	电容库	14	Operational Amplifiers	运算放大器库
3	CMOS 4000 Series	COMS 4000 系列库	15	Optoelectronics	光器件库
4	Connectors	连接器、插头插座库	16	PLDs & FPGAs	可编程逻辑器件
5	Data Converters	数据转换库（ADC、DAC）	17	Resistors	电阻
6	Debugging Tools	调试工具库	18	Simulator Primitives	简单模拟器件库
7	Diodes	二极管库	19	Speakers & Sounders	扬声器和音像器件
8	ECL 10000 Series	ECL10000 系列库	20	Switches & Relays	开关和继电器
9	Electromechanical	电动机库	21	Switching & Device	开关器件（可控硅）
10	Inductors	电感库	22	Transistors	晶体管
11	Microprocessor ICs	微处理器库	23	TTL 74 Series	TTL 74 系列器件
12	Memory ICs	存储器库	24	TTL 74ls Series	TTL 74LS 系列器件

选取器件的步骤如下。

① 在 Keyword 中输入一个或多个关键词，或使用导航工具目录和子目录（Sub-category），滤掉不需出现的元件的同时定位需要的库元件。

② 在结果列表中双击元件，即可将该元件添加到设计中。

③ 完成元件的提取后，单击确定按钮关闭对话框，并返回 ISIS。

（2）结点模式工具

结点模式用于实现线之间的互连。通常，ISIS 将根据具体情形自动添加或删除连接点。但在某些情形下，可先放置连接点，再将连线连到已放置的连接点或从这一连接点引线。放置连接点时，只需从模式选择工具栏选择结点图标✚，然后在图形编辑窗口需放置连接点的位置单击即可。

（3）连线标号模式工具

线标签（连线标号模式）用于为一组线或一组引脚编辑网络名称，以及为特定的网络指定网络属性。连线标号模式使用步骤如下：

① 从模式选择工具栏中选择连线标号模式图标LBL。

② 若需在已有的线上放置新的标签，则可在所需放置标签的沿线的任一点单击，或在已存在的标签上单击，将出现图 8.6 所示的编辑连线标号对话框。

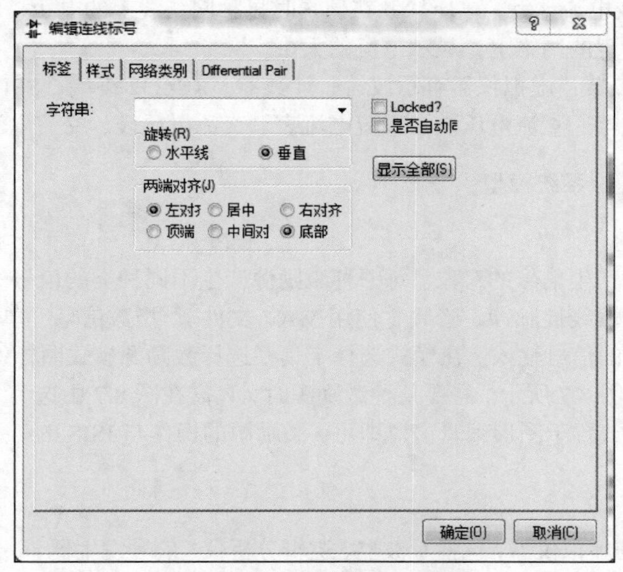

图 8.6　编辑连线标号对话框

③ 在对话框的文本框中输入相应的文本。

④ 单击 OK 或按 Enter 键关闭对话框，完成线标签的放置和编辑。

（4）总线模式工具

ISIS 支持在层次模块间运行总线，同时支持定义库元件为总线型引脚的功能。总线模式工具的使用步骤如下。

① 在模式选择工具栏中选择总线模式图标。

② 在所需总线起始端（可为总线引脚、一条已存在的总线或空白处等）的位置单击。

③ 拖动鼠标指针到所需总线路径拐角处单击。

④ 在总线的终点（可为总线引脚、一条已存在的总线或空白处等）单击结束总线的放置。

（5）对象类型选择图标与调试对象选择图标

对象类型选择图标用于放置相关电路元件，而调试对象选择图标用于调试对象的放置。

① 对象类型选择图标。

用于放置器件：在工具栏选中器件，在图形编辑窗口移动鼠标指针，单击以放置器件。

✚用于放置节点：当两连线交叉时，放置一个节点表示连通。

用于放置网络标号：电路连线可用网络标号替换，具有相同标号的线是连通的。

用于放置文本说明：此文本说明是对电路的说明，与电路的仿真无关。

用于放置总线：当多线并行时为了简化连线可用总线表示。

用于放置子电路：当图纸较小时，可将部分电路以子电路形式画在另一张图上。

用于移动鼠标指针：单击此图标后，取消单击时的放置功能，但仍可以编辑对象。

② 调试对象选择图标

用于放置图纸内部终端：终端有普通、输入、输出、双向、电源、接地、总线等。

用于放置器件引脚：引脚有普通、反相、正时钟、负时钟、短引脚、总线等。

用于放置分析图：分析图有模拟分析图、数字分析图、混合分析图、频率特性分析图、传输特性分析图、噪声分析图等。

用于放置电源、信号源：电源、信号源有直流电源、正弦信号源、脉冲信号源、数据文件等。

用于放置电压或电流探针：电压探针在仿真时显示网络线上的电压，是图形分析的信号输入点；电流探针串联在指定的网络上，显示电流的大小。

用于放置虚拟仪器：虚拟仪器有示波器、计数器、RS-232 终端、SPI 调试器、I^{2}C 调试器、信号发生器、图形发生器、直流电压表、直流电流表、交流电压表、交流电流表等。

3．Proteus VSM 虚拟系统模型

（1）激励源

激励源是一种用来产生信号的对象。每一种激励源产生不同种类的信号。Proteus 的激励源包括直流、正弦、脉冲、分段线性脉冲、音频（使用 WAV 文件）、指数信号、单频 FM、数字时钟和码流等，且支持文件形式的信号输入。在模式选择工具栏选择激励源模式图标，对象选择窗格中会列出支持的激励源，如图 8.7 所示。需要某种激励源时，只需在图 8.7 中选择相应选项，然后将其放置于图形编辑窗口即可。激励源的操作与 ISIS 的元件操作类似。

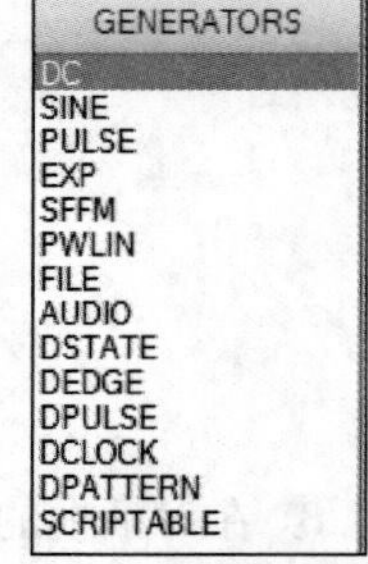

图 8.7 激励源的选取

（2）虚拟仪器

Proteus 具有丰富的虚拟仪器，包括示波器、逻辑分析仪、信号发生器、直流电压/电流表、交流电压/电流表、数字图案发生器、频率计/计数器、逻辑探头、虚拟终端、SPI 调试器、I^{2}C 调试器等。例如，I^{2}C 调试器提供了监视 I^{2}C 接口及与其交互通信的功能。该调试器支持用户查看 I^{2}C 总线发送的数据，并可作为主器件或从器件向总线发送数据。在编写 I^{2}C 程序时，I^{2}C 调试器既可作为调试工具，又可作为开发和测试的辅助工具。I^{2}C 调试器的界面非常简单，如图 8.8 所示。其中 SCL 和 SDA 分别为用于连接 I^{2}C 总线的时钟线和数据线；TRIG 为输入引脚，用于触发一系列连续的储存数据到输出队列。

（3）图表仿真

Proteus VSM 有交互式仿真和基于图表仿真两种仿真方式。前者主要用于验证设计电路是否正常工作。后者主要用来测试一些电路细节。设计过程中，可同时使用两种仿真方式。

图表在仿真中具有非常重要的作用。它不仅作为显示媒介，而且可对仿真进行约束。不同类型的图表（电压、数字、阻抗等）可提供不同的测试图形，对电路进行各方面（如瞬态，稳态等）的分析。单击布标模式按钮，对象选择窗格中会列出 Proteus 支持的 13 种分析图表，如图 8.9 所示。例如，模拟图表 ANALOGUE 可以进行瞬态分析。数字分析图表用于绘制逻辑电平值随时间变化的曲线。混合模式图表可以同时做模拟和数字的分析。

图 8.8　I^2C 调试器的界面

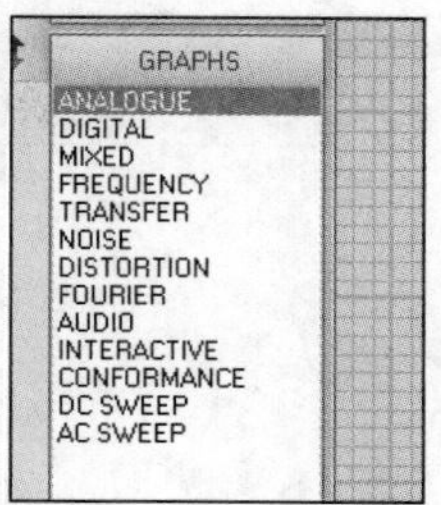

图 8.9　图表的选取

8.1.3　DSP 系统设计与仿真

Proteus ISIS 支持对 Piccolo 子系列 DSP 控制器的仿真。通过在计算机上以仿真方式执行 DSP 指令，并与所连接的接口电路同时仿真，实现对电路的快速调试。基于 Proteus 的 DSP 系统设计与仿真属于 Proteus VSM 交互式仿真。仿真重点是动态器件的使用及 ISIS 编辑器源码调试，由绘制原理图、编写处理器代码和仿真调试 3 个步骤组成。

基于 Proteus 的 DSP 系统设计与仿真

创建 Proteus 工程时，可以创建带源代码联调的工程（创建固件项目），或者不带源代码的独立工程（创建没有固件的项目）。后者的控制器源代码可以直接在 TI 公司提供的驱动程序工程的基础上编辑、修改，相对工作量比较小。因此这里采用后一种方法，即仅在 Proteus 中绘制原理图搭建系统模型，控制器执行代码利用 CCS 编辑和产生。

在 TI C2000 系列 DSP 中，Proteus 仅支持 Piccolo 子系列 DSP 控制器的仿真。下面以 Piccolo 子系列中 TMS320F28027 的 GPIO0 输出控制 LED 闪烁为例，介绍基于 Proteus 8.12 和 CCS12.6.0 的 DSP 系统设计与仿真的过程。

1．绘制原理图

（1）新建工程

单击文件菜单下的新建工程选项，在图 8.10 所示新建工程向导中，输入拟创建工程名称 gpio，扩展名为.pdsprj。同时设置工程存放路径设置为 G:\Myproteus\proteus。然后单击 Next 按钮，将弹出图 8.11（a）所示的原理图图纸尺寸选取向导，这里选取 A4 版面。

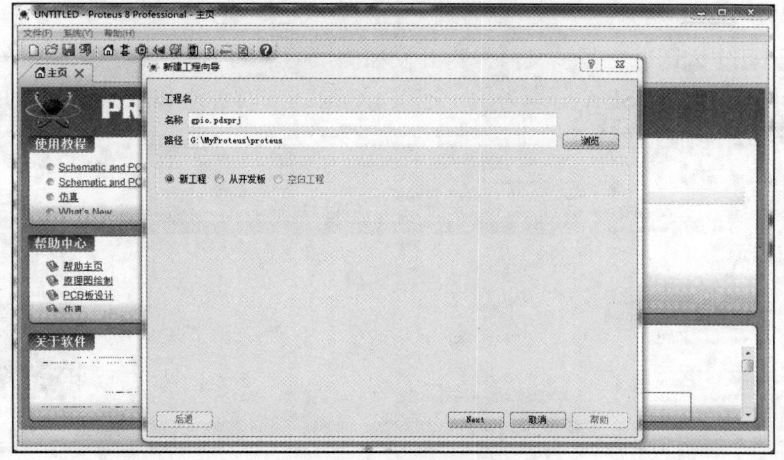

图 8.10　新建工程向导

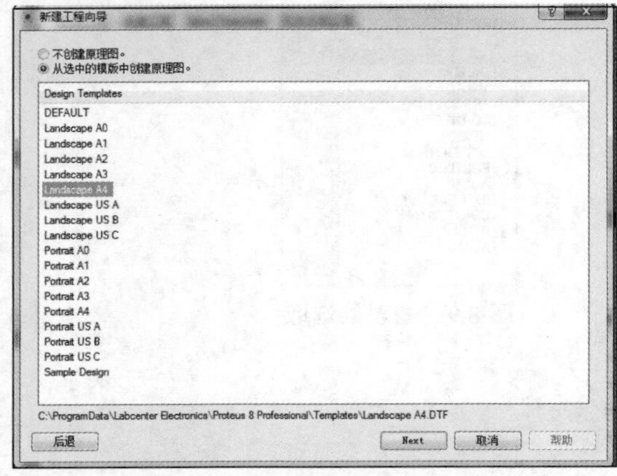

（a）原理图图纸选取向导

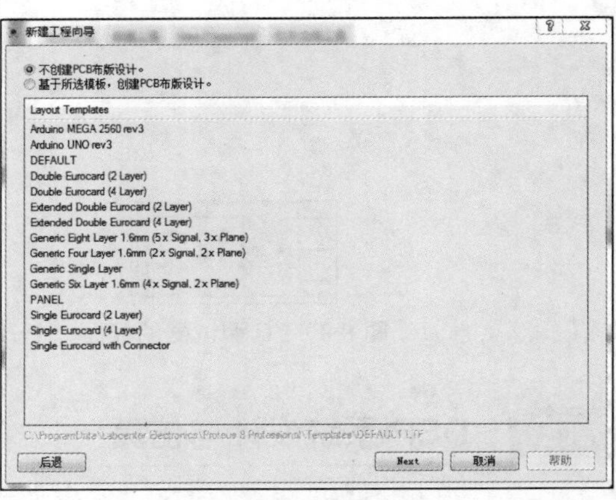

（b）选取 PCB 的模板界面

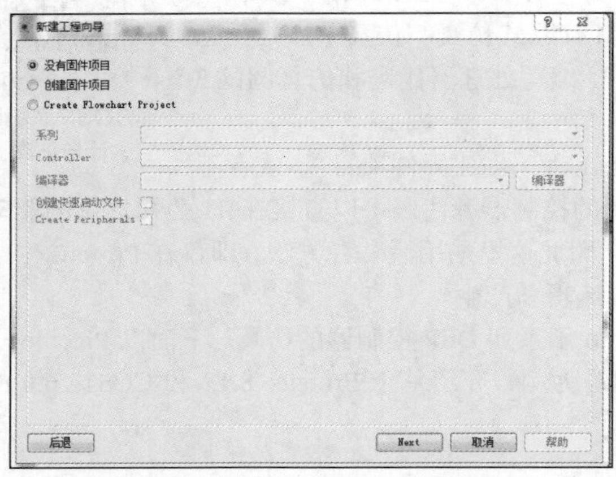

（c）选取工程类型

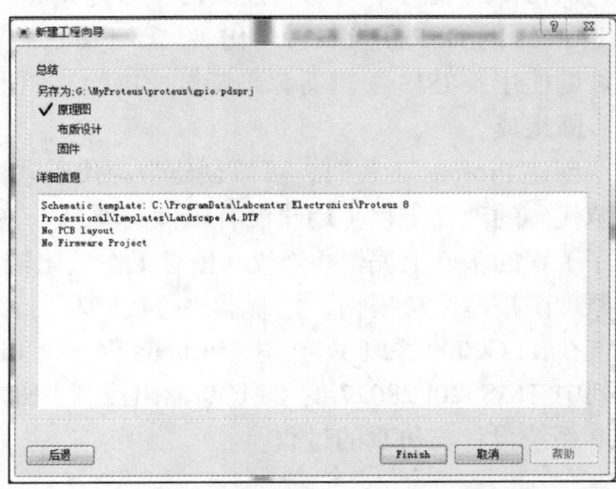

（d）单击 Next 按钮，完成工程的创建

图 8.11 工程的配置与确认

在图 8.11（a）中单击 Next，会出现图 8.11（b）所示创建 PCB 布版设置界面，单击 Next 跳过该步骤。下一步是选择工程类型，如图 8.11（c）所示，这里选择没有固件项目。单击 Next 按钮，如图 8.11（d）所示，完成工程的创建。单击图 8.11（d）中的 Finish 按钮后，会进入创建原理图的界面，如图 8.12 所示。

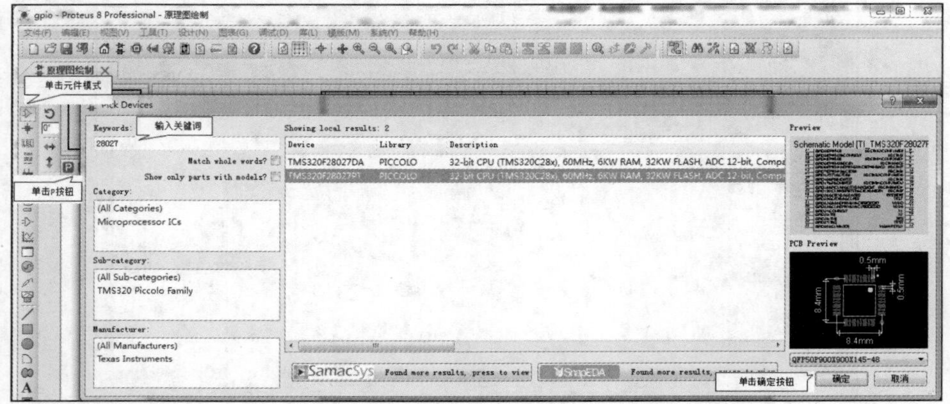

图 8.12 创建原理图的界面

（2）绘制原理图

原理图的绘制包括放置元件、移动和旋转及连线 3 个步骤。

① 放置元件

在图 8.12 中，选择元件模式图标，再单击对象选择窗口中的 P 按钮进入元件库中。在弹出的 Keywords 文本框中输入关键词，如输入 28027 在结果界面中就会显示查找的结果。双击查询结果，就会将对应元件添加到对象选择器当中。用同样的方法添加 LED、电阻、电源等。需要说明的是，本书使用 Proteus 生成的原理图中，电阻阻值均未显示其单位“Ω”。

原理图的所有元件均添加完毕后，将元件摆放到图形编辑窗口中（选中元件，使其呈高亮状态，在预览窗口可预览元件）。

② 元件移动和旋转

若需移动某元件，首先将鼠标指针移到该元件上，右击（使元件呈高亮状态），然后按住鼠标左键并拖曳，到达指定位置后松开鼠标左键。注意此时元件还处于选取状态，再单击，元件再次放置。若需旋转某元件，右击选中元件，使元件呈高亮状态，再在旋转按钮框中单击旋转方式，使元件以 90°进行旋转。

③ 连线

导线绘制过程如下：首先选中连线模式，并确定选择导线还是总线；接着单击起点及终点，系统自动拉出导线。另外，还可以对导线进行复制和拖曳。

根据上述步骤，画出图 8.13 所示的 TMS320F28027 GPIO0 控制 LED 的原理图。为了更直接地观察 GPIO0 的输出，又添加了虚拟仪器示波器。

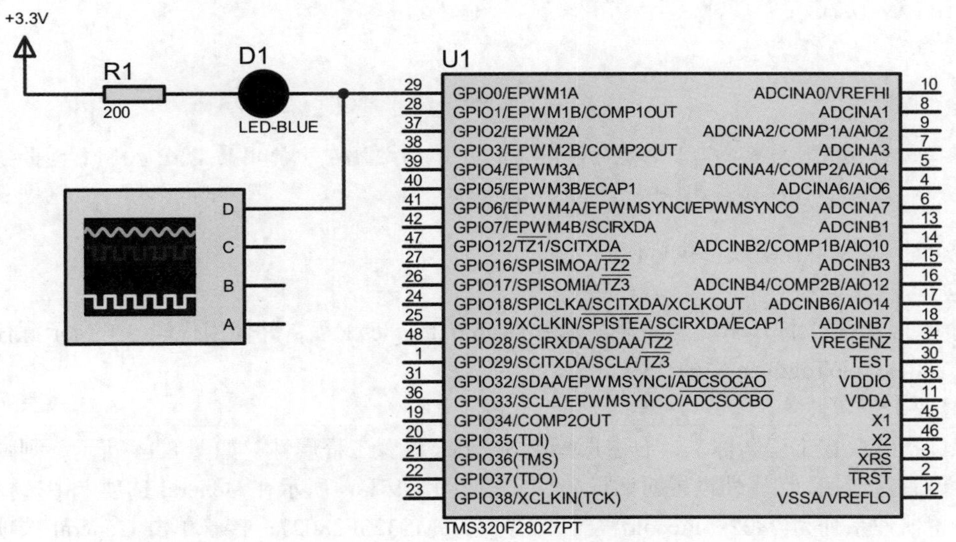

图 8.13　TMS320F28027 LED 灯闪烁系统

2．编写处理器程序并生成.cof 可执行程序

处理器源程序的编写、可执行代码的生成使用 CCS 12.6.0 实现。

（1）编辑源代码

主程序源代码如代码 8.1 所示。

代码 8.1 GPIO0 输出控制 LED 闪烁的源代码。

```
#include "DSP28x_Project.h"                       //包含头文件
void main(void)
{//步骤 1：初始化时钟源模块
  InitSysCtrl();
//步骤 2：初始化 GPIO，跳过
//步骤 3：禁止中断
  DINT;
//步骤 4：初始化本例中使用的外设模块，跳过
//步骤 5：用户特定代码
  EALLOW;  //宏指令，允许访问受保护寄存器（GPIO 寄存器受 EALLOW 保护）
  GpioCtrlRegs.GPAMUX1.bit.GPIO0=0x0;           //GPIO0 作为 GPIO 引脚
  GpioCtrlRegs.GPADIR.bit.GPIO0=0x1;            //GPIO0 作为输出引脚
  GpioDataRegs.GPADAT.bit.GPIO0=0x0;            //GPIO0 输出低电平，点亮 LED
  EDIS;                                         //宏指令，恢复寄存器的保护状态
//步骤 6：主程序循环
  for(;;)
   { EALLOW;                                    //宏指令，允许访问受保护寄存器
     GpioDataRegs.GPATOGGLE.bit.GPIO0=0x1;      //使 GPIO0 输出电平发生翻转
     EDIS;                                      //宏指令，恢复寄存器的保护状态
     DELAY_US(100);                             //延时 0.1ms
   }
}
```

思考：代码 8.1 与代码 4.1 实现的功能类似，不同之处在于使用的 DSP 控制器型号不同，比较其代码的异同。

（2）创建 CCS 工程生成可执行代码

① 创建 CCS 工程

使用 CCS 12.6.0 打开驱动程序开发包中的 gpio_toggle 工程，并使用代码 8.1 所示源代码覆盖 Example_2802xGpioToggle.c 中的代码。

② 修改工程属性

把鼠标指针放在工程名称上，右击选择 Properties 设置工程属性，如图 8.14 所示，则弹出 8.15 所示属性设置对话框。在属性设置对话框中，首先按图 8.15（a）所示在 General 选项卡中选择 Project 标签，设置器件系列为 2802x Piccolo，器件型号为 TMS320F28027；接着单击 General 选项卡中的 Products 标签，在弹出的标签中，按图 8.15（b）所示方法和步骤，添加 XDCtools 作为代码产生工具；最后单击 C2000 Linker 下的 Basic Options 选项卡，将输出文件扩展名由.out 改为.cof，如图 8.15（c）所示。

③ 生成可执行代码

设置好工程属性后，单击 Project 菜单，选择 Build Project 选项，若程序无错，系统会生成.cof 可执行文件。

图 8.14 右击设置工程属性

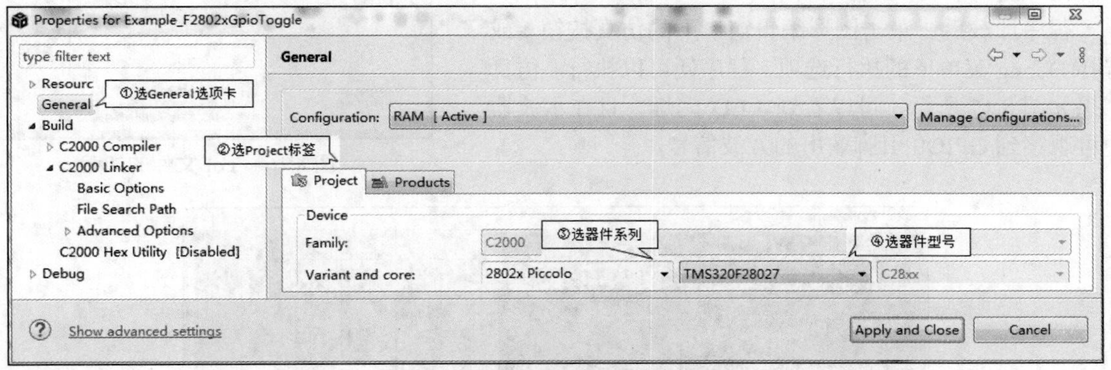

（a）设置器件系列和型号

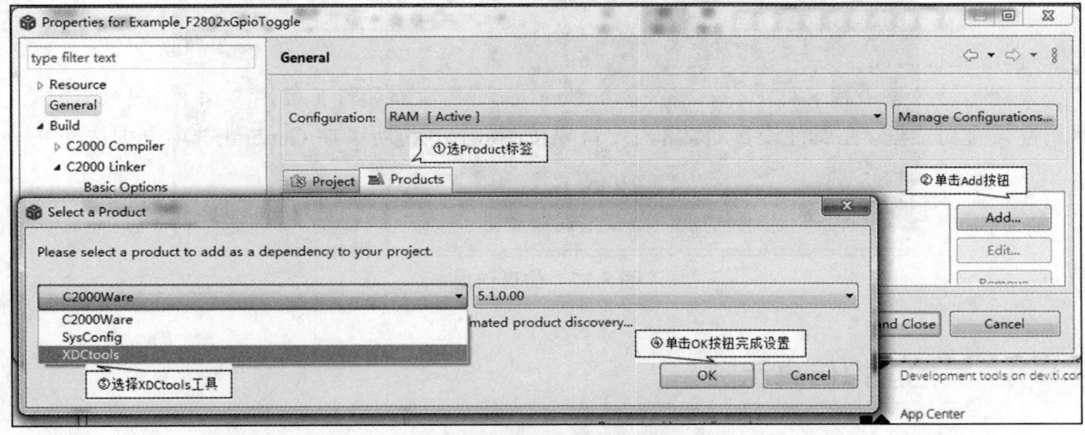

（b）添加代码产生工具

图 8.15 属性设置对话框

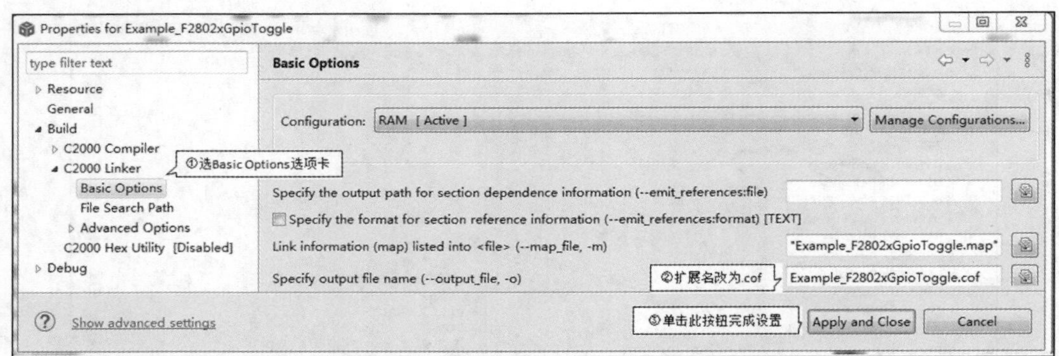

（c）修改可执行文件扩展名

图 8.15 属性设置对话框（续）

3. 仿真调试

（1）加载.cof 文件

在图 8.13 所示界面中，双击处理器模型，添加.cof 文件，如图 8.16 所示。

（2）进行仿真调试

程序加载后，单击图形编辑窗口下的仿真按钮▶或选择 Debug 菜单下的执行选项，程序便可以执行。仿真结果如图 8.17 所示，可以看到 LED 闪烁，且在示波器中可观察到 GPIO0 引脚输出的方波信号。

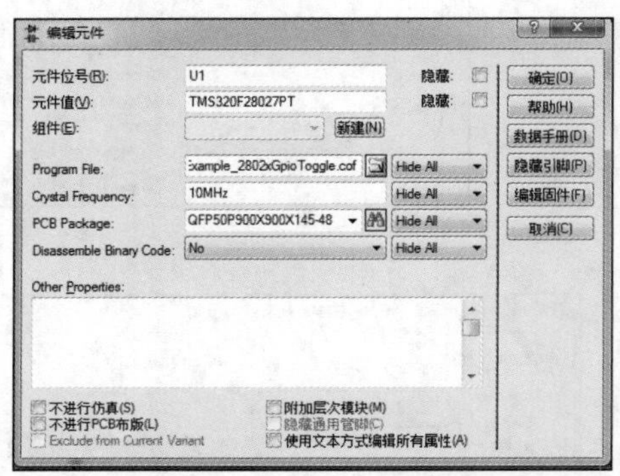

图 8.16 .cof 文件的加载

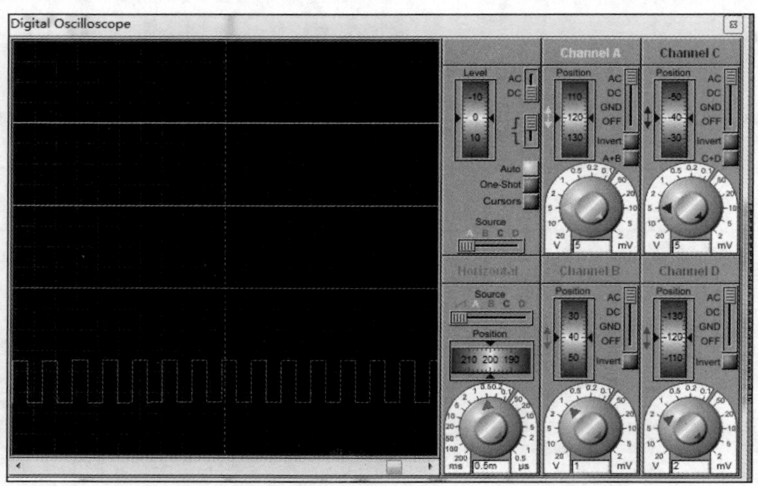

图 8.17 仿真结果

8.1.4 其他虚拟仿真示例

为方便读者进一步掌握基于 Proteus 的系统设计与开发流程，下面给出 GPIO 与 CPU 定时器中断控制、ePWM 触发 ADC 电压采集与显示、GPIO 及 I²C 通信与显示等虚拟实验的功能说明、Proteus

原理图和源程序等。

1. GPIO 与定时器中断控制

（1）系统功能描述

GPIO32～GPIO35 作为输入引脚，采集 4 个开关量的输入状态；GPIO0～GPIO3 作为输出引脚，控制 8421BCD 数码管；GPIO4～GPIO7 作为输出引脚，控制 4 个 LED 的亮灭；利用 CPU 定时器 0，每 1ms 中断一次；每次进一次中断，将中断次数显示于 8421BCD 数码管上，并根据 GPIO32～GPIO35 输入的状态实时改变 GPIO4～GPIO 7 的输出。

GPIO 与定时器中断控制

（2）原理图

原理图如图 8.18 所示。DSP 的 GPIO0～GPIO3 驱动 8421BCD 数码管；GPIO4～GPIO7 驱动 4 个 LED 阴极，LED 阳极通过限流电阻连接到+3.3V 电源。GPIO32～GPIO35 分别连接 4 个拨码开关电路。

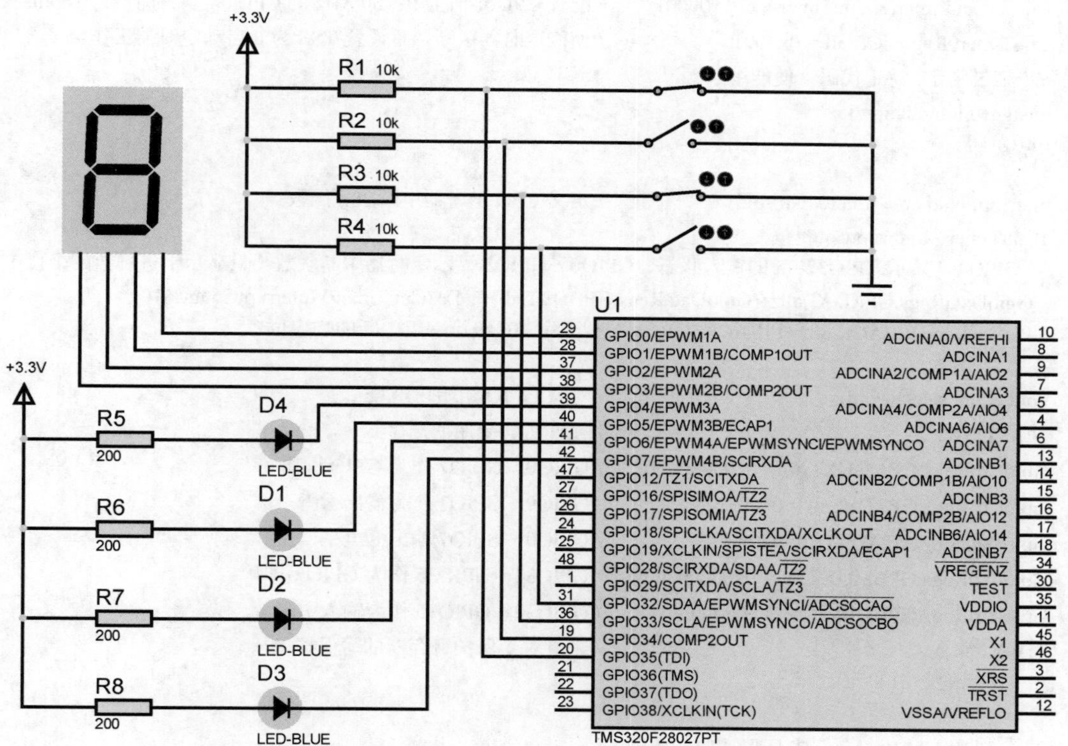

图 8.18 GPIO 输入输出与 CPU 定时器中断控制原理图

（3）源代码

参考源代码如代码 8.2 所示。

代码 8.2 GPIO 与定时器中断控制的参考源代码。

```
#include "DSP28x_Project.h"           //包含头文件
interrupt void cpu_timer0_isr(void); //声明定时器中断服务函数
void Gpio_select(void);               //声明 GPIO 初始化函数
void main(void)
```

```
{//步骤 1：初始化时钟源模块
InitSysCtrl();
//步骤 2：初始化 GPIO
Gpio_select();
//步骤 3：清除所有中断，初始化 PIE 向量表
DINT;                                      //可屏蔽中断屏蔽位 INTM 置位，禁止可屏蔽中断
InitPieCtrl();                             //初始化 PIE 控制寄存器（禁止所有中断，清除所有中断标志）
IER = 0x0000;                              //禁止 CPU 中断
IFR = 0x0000;                              //清除所有 CPU 中断标志
InitPieVectTable();                        //初始化 PIE 向量表，使其指向默认中断服务程序
EALLOW;                                    //允许访问受保护寄存器
PieVectTable.TINT0 = &cpu_timer0_isr;      //重新映射使用的中断向量，使其指向中断服务程序
EDIS;                                      //恢复对受保护寄存器的写保护
//步骤 4：初始化本例中使用的外设模块
InitCpuTimers();                           //本例中仅初始化 CPU 定时器
ConfigCpuTimer(&CpuTimer0, 60, 10000);     //配置 CPU 定时器 0：60MHz 的 CPU 频率，周期为 100ms
CpuTimer0Regs.TCR.all = 0x4001;            //使能定时器中断，且设置 TSS 为 0 启动定时器工作
//步骤 5：用户特定代码，使能中断
unsigned long temp=0;
for(;;) { }
}
interrupt void cpu_timer0_isr(void)        //定义 CPU 定时器中断服务函数
{CpuTimer0.InterruptCount++;
  //GPIO4-7 显示 GPIO32-35 的输入状态，GPIO0～GPIO3 显示定时器中断次数（只显示十进制数的个位）
  GpioDataRegs.GPADAT.all=((GpioDataRegs.GPBDAT.all)<<4)+(CpuTimer0.InterruptCount%10);
  PieCtrlRegs.PIEACK.all = PIEACK_GROUP1;//清除 PIE 级第一组中断的响应位
}
void Gpio_select(void)                     //定义 GPIO 初始化函数
{EALLOW;                                   //允许访问受保护寄存器
GpioCtrlRegs.GPAMUX1.all = 0x00000000;     //GPIO0～GPIO7 作为 GPIO 引脚
GpioCtrlRegs.GPADIR.all = 0x00FF;          //GPIO0～GPIO7 作为输出引脚
GpioDataRegs.GPADAT.all=0x0;               //GPIO0～GPIO7 输出低电平
GpioCtrlRegs.GPBMUX1.all = 0x00000000;     //GPIO32～GPIO35 作为 GPIO 引脚
GpioCtrlRegs.GPBDIR.all = 0x00000000;      //GPIO32～GPIO35 作为输入引脚
EDIS;                                      //恢复对受保护寄存器的写保护
}
```

2．ePWM 触发 ADC 电压采集与显示

ePWM 触发 ADC 电压采集与显示

（1）系统功能描述

利用 ADC 模块的通道 A4，采集扩展板上模拟电位计输出的 0～3.3V 电压，并将采集结果转换为电压信号，在用 MAX7219 驱动的数码管上显示出来。

（2）原理图

原理图如图 8.19 所示。DSP 的 GPIO16、GPIO17 和 GPIO18 分别与显示驱动芯片 MAX7219 的 CLK、LOAD 和 DIN 相连，模拟 SPI 通信时序实现 MAX7219 工作模式的设置和显示数据的传输。MAX7219 根据接收到的 ADC 结果数据，将其送给数码管显示。

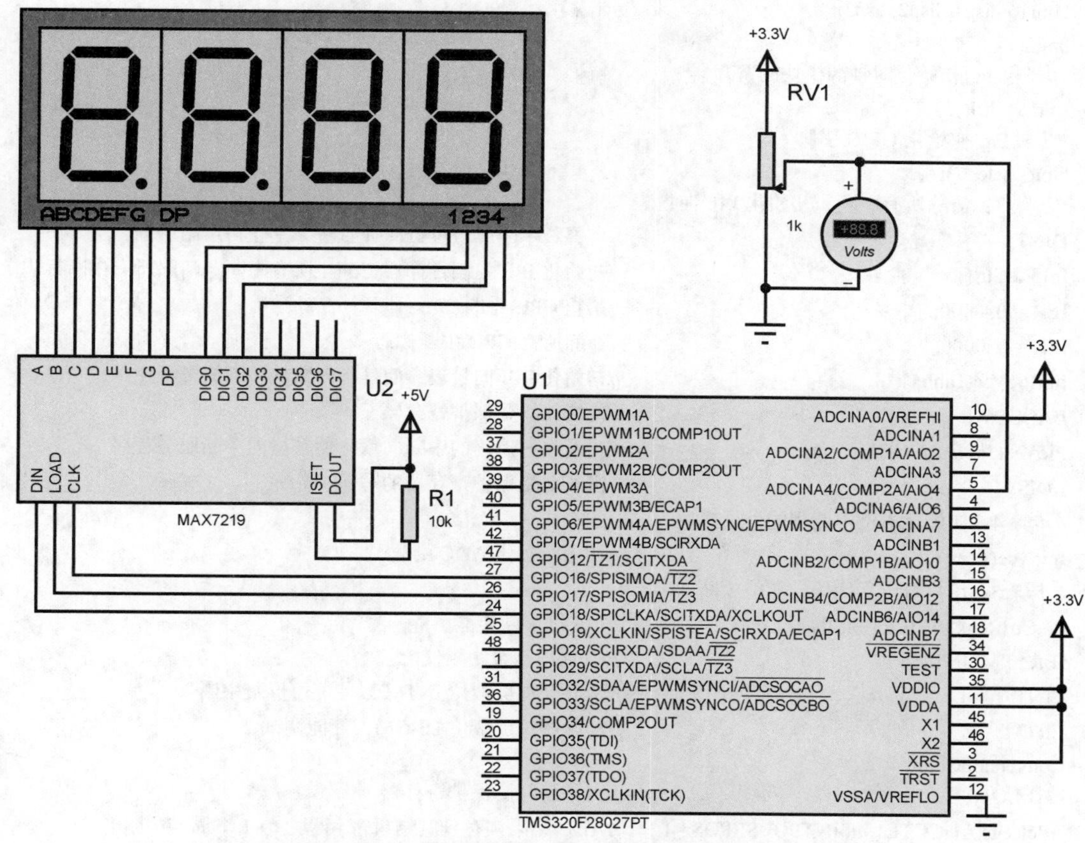

图 8.19　MAX7219 驱动数码管显示 ADC 采集电压原理图

（3）源代码

参考源代码如代码 8.3 所示。

代码 8.3　ePWM 触发 ADC 电压采集与显示的参考源代码。

```
#include "DSP28x_Project.h"                //包含头文件
//MAX7219 与 DSP 通信引脚及时序模拟宏定义
#define CLK_H      GpioDataRegs.GPASET.bit.GPIO16=1
#define CLK_L          GpioDataRegs.GPACLEAR.bit.GPIO16=1
#define LOAD_H   GpioDataRegs.GPASET.bit.GPIO17=1
#define LOAD_L         GpioDataRegs.GPACLEAR.bit.GPIO17=1
#define DIN            GpioDataRegs.GPADAT.bit.GPIO18
interrupt void adc_isr(void);              //声明 ADC 中断服务函数
void Adc_Config(void);                     //声明 ADC 配置函数
void Gpio_select(void);                    //声明 MAX7219 时序模拟 GPIO 引脚设置
void max7219_data_send(Uint16 data_send);     //声明 MAX7219 发送 16 位数据函数
void delay_loop();                            //声明延时函数
//全局变量声明
Uint16 ConversionCount;                       //数组下标
Uint16 Voltage1[10];                          //转换结果暂存数组
Uint32 SUM;                                   //转换结果的和
Uint16 Voltage;                               //转换结果电压
```

```
Uint16 disp1,disp2,disp3;                          //采集电压显示变量
main()
{//步骤 1：初始化时钟源模块的寄存器
InitSysCtrl();
//步骤 2：初始化 GPIO 引脚
Gpio_select();
//步骤 3：清除所有中断，初始化 PIE 向量表
DINT;                                              //可屏蔽中断屏蔽位 INTM 置位，禁止可屏蔽中断
InitPieCtrl();                                     //初始化 PIE 控制寄存器（禁止所有中断，清除所有中断标志）
IER = 0x0000;                                      //禁止 CPU 中断
IFR = 0x0000;                                      //清除所有 CPU 中断标志
InitPieVectTable();                                //初始化 PIE 向量表，使其指向默认中断服务程序
EALLOW;                                            //使能访问受保护寄存器
PieVectTable.ADCINT1 = &adc_isr;                   //重新映射使用的中断向量，使其指向中断服务程序
EDIS;                                              //恢复对受保护寄存器的写保护
//步骤 4：初始化本例中使用的外设模块
InitAdc();                                         //调用初始化 ADC 函数
//步骤 5：用户自定义代码，使能中断
PieCtrlRegs.PIEIER1.bit.INTx1 = 1;                 //PIE 级中断使能
IER |= M_INT1;                                     //CPU 内核级中断使能
EINT;                                              //清除全局屏蔽位 INTM 以使能可屏蔽中断
ERTM;                                              //清除调试屏蔽位 DBGM，使能调试
ConversionCount = 0;
EALLOW;                                            //允许访问受保护寄存器
AdcRegs.ADCCTL1.bit.INTPULSEPOS= 1;                //ADC 结果锁存到其结果寄存器之前 1 个周期中断
AdcRegs.INTSEL1N2.bit.INT1E = 1;                   //使能 ADCINT1 中断
AdcRegs.INTSEL1N2.bit.INT1CONT = 0;                //中断标志由用户清除之前，不会进一步产生中断
AdcRegs.INTSEL1N2.bit.INT1SEL= 1;                  //选择 EOC1 触发 ADCINT1 中断
AdcRegs.ADCSOC0CTL.bit.CHSEL = 4;                  //SOC0 选择通道 ADCINA4
AdcRegs.ADCSOC0CTL.bit.TRIGSEL= 5;                 //SOC0 由 EPWM1A 触发
AdcRegs.ADCSOC0CTL.bit.ACQPS= 6;                   //SOC0 采样保持窗口为 7 个 ADC 时钟周期
EDIS;                                              //恢复对受保护寄存器的写保护
EPwm1Regs.ETSEL.bit.SOCAEN= 1;                     //允许产生 A 组触发信号
EPwm1Regs.ETSEL.bit.SOCASEL= 4;                    //增计数过程中比较匹配 CMPA 产生触发信号
EPwm1Regs.ETPS.bit.SOCAPRD= 1;                     //第一个事件产生触发信号
EPwm1Regs.CMPA.half.CMPA= 0x0080;                  //CMPA 赋初值
EPwm1Regs.TBPRD= 0xFFFF;                           //ePWM1 周期寄存器赋初值
EPwm1Regs.TBCTL.bit.CTRMODE        = 0;            //ePWM1 时基计数器工作于连续增模式
//MAX7219 初始化
max7219_data_send(0x090f);                         //设置译码方式控制寄存器
max7219_data_send(0x0a01);                         //设置亮度调整控制寄存器
max7219_data_send(0x0b03);                         //设置扫描位数控制寄存器
max7219_data_send(0x0c01);                         //设置掉电模式控制寄存器
max7219_data_send(0x0f00);
delay_loop();
//等待 ADC 中断
for(;;)   { }
```

```
}
interrupt void   adc_isr(void)
{Voltage1[ConversionCount] = AdcResult.ADCRESULT0;//读取转换结果
if(ConversionCount == 9)
{ConversionCount = 0;
SUM*=33;              //10 次采集结果的和转换为电压形式（扩大 100 倍以便保留两位小数）
Voltage=SUM/4095;                        //10 次采集结果的和转换为电压形式
disp1=Voltage%10;                        //取小数点后第 2 位的值
disp1|=0x0400;                           //控制其显示于第 4 个数码管
max7219_data_send(disp1);
disp2=(Voltage/10)%10;                   //小数点后第 1 位的值
disp2|=0x0300;                           //控制其显示于第 3 个数码管
max7219_data_send(disp2);
disp3=(Voltage/100)%10;                  //取小数点后第二位的值
disp3|=0x0280;         //控制其显示于第 2 个数码管，且点亮小数点（D7 置 1）
max7219_data_send(disp3);
SUM=0;
}
else
{ConversionCount++;
SUM+= Voltage1[ConversionCount];
}
AdcRegs.ADCINTFLGCLR.bit.ADCINT1 = 1;          //清除中断标志
PieCtrlRegs.PIEACK.all = PIEACK_GROUP1;        //清除 PIE 响应位
return;
}
void Gpio_select(void)
{EALLOW;
GpioCtrlRegs.GPAMUX2.all = 0x00000000;         //GPIO16～GPIO18 作为 GPIO 引脚
GpioCtrlRegs.GPADIR.all = 0x000000FF;          //GPIO16～GPIO18 作为输出引脚
EDIS;}
void max7219_data_send(Uint16 data_send)
{   Uint16 data=data_send;
   Uint16 temp=0;
   Uint16 i;
   LOAD_L;
   for(i=0;i<16;i++)
   {   CLK_L;
      delay_loop();
      temp=(data&0x8000);
      if(temp)
         GpioDataRegs.GPASET.bit.GPIO18 =1;
      else
         GpioDataRegs.GPACLEAR.bit.GPIO18 =1;
     CLK_H;
        delay_loop();
     data=data<<1;
   }
   delay_loop();
   LOAD_H;
   delay_loop();
   delay_loop();
}
```

3．GPIO 输入及 I^2C 通信和显示

（1）系统功能描述

TMS320F28027 由 GPIO0～GPIO7 读取 8 位并行数据，并将其写入 I^2C 终端；然后从 I^2C 终端读取数据，并显示于两位数码管上。

GPIO 输入及 I^2C 通信和显示

（2）原理图

原理图如图 8.20 所示。排阻 RP1 与开关 DSW1 连接至 TMS320F28027 的 GPIO0～GPIO7，实现输入状态控制；TMS320F28027 的 I^2C 接口与 I^2C 虚拟终端相连，实现 I^2C 通信；TMS320F28027 的 GPIO12、GPIO16～GPIO18 和 GPIO32～GPIO35 分别与两个数码管相连，实现数据显示控制。

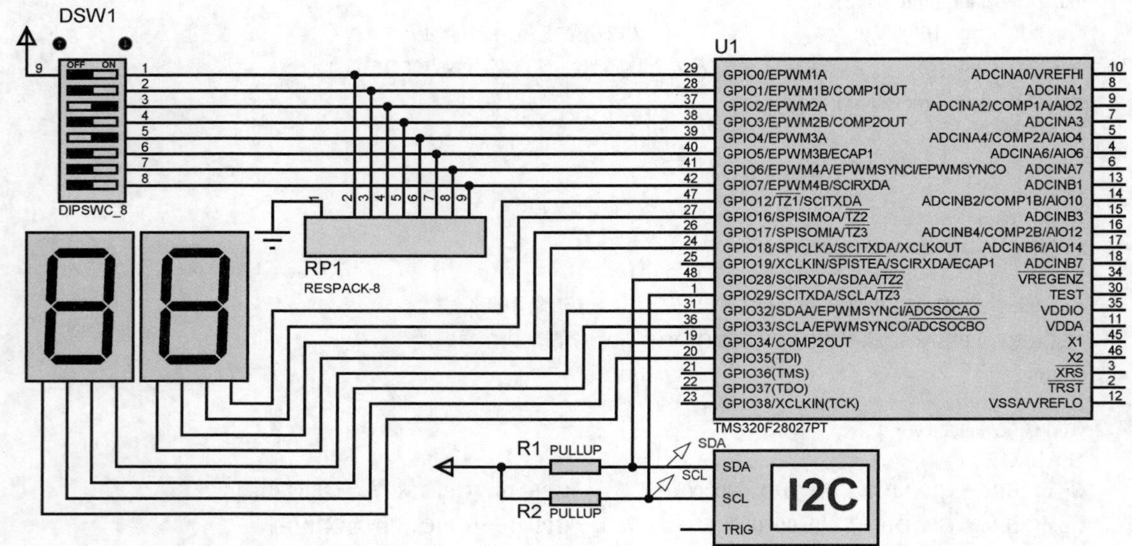

图 8.20 GPIO 输入及 I^2C 通信和显示的原理图

（3）源代码

参考源代码如代码 8.4 所示。

代码 8.4 GPIO 输入及 I^2C 通信和显示的参考源代码。

```
#include "DSP28x_Project.h"                      //包含头文件
//函数声明
void    I2CA_Init(void);                         //声明 I2C 初始化函数
interrupt void i2c_int1a_isr(void);              //声明 I2C 中断服务函数
void InitGpioCtrls(void);                        //声明 I/O 初始化函数
void set_7seg_data(char ch);                     //声明显示数据设置函数
char get_res_data();                             //声明获取数据函数
#define I2C_SLAVE_ADDR           0xC0 >> 1       //定义 I2C 器件从地址
#define I2C_NUMBYTES             2               //定义字节数
#define I2C_EEPROM_HIGH_ADDR     0x00            //定义 EEPROM 高位地址
#define I2C_EEPROM_LOW_ADDR      0x30            //定义 EEPROM 低位地址
char dt_tx;
char dt_rx;
```

```
char dt_rdy;
void main(void)
{//步骤 1：初始化时钟源模块
   InitSysCtrl();
//步骤 2：初始化 GPIO 引脚
    InitI2CGpio();
//步骤 3：清除所有中断，初始化 PIE 向量表
   DINT;
   InitPieCtrl();
   IER = 0x0000;
   IFR = 0x0000;
   InitPieVectTable();
   EALLOW;
   PieVectTable.I2CINT1A = &i2c_int1a_isr;
   EDIS;
//步骤 4：初始化本例中使用的外设模块即 I²C
   I2CA_Init();
//步骤 5：用户特定代码
   PieCtrlRegs.PIEIER8.bit.INTx1 = 1;                    //使能 I²C 中断
   IER |= M_INT8;                                        //使能 CPU INT8 中断
   EINT;
   dt_rdy = 0;
   dt_rx = 0;
   set_7seg_data(0);
//步骤 6：主程序循环
   for(;;)
   { if (dt_rdy)
       { dt_rdy = 0;
         set_7seg_data(dt_rx);
       }
     if (I2caRegs.I2CSTR.bit.XRDY)
       { dt_tx = get_res_data();
         I2caRegs.I2CDXR = dt_tx;
         set_7seg_data(dt_tx);
       }
   }
}
//步骤 7：用户自定义函数
void I2CA_Init(void)                                     //定义 I²C 初始化函数
{  #if (CPU_FRQ_40MHZ||CPU_FRQ_50MHZ)                    //初始化 I²C,I2CCLK = SYSCLK/(I2CPSC+1)
     I2caRegs.I2CPSC.all = 4;                            //时钟的预定标
   #endif
   #if (CPU_FRQ_60MHZ)
     I2caRegs.I2CPSC.all = 6;
   #endif
   I2caRegs.I2CCLKL = 10;
   I2caRegs.I2CCLKH = 5;
   I2caRegs.I2COAR = I2C_SLAVE_ADDR;
   I2caRegs.I2CCNT = 1;
   I2caRegs.I2CIER.all = 0x18;                           //清除中断
   I2caRegs.I2CSTR.bit.RRDY = 1;
   I2caRegs.I2CIER.bit.RRDY = 1;                         //使能中断
   I2caRegs.I2CMDR.all = 0x0020;
   return;
```

```
}
interrupt void i2c_int1a_isr(void)                    //定义 I²C 中断服务子程序
{  Uint16 IntSource;
   IntSource = I2caRegs.I2CISRC.all;
   if(IntSource == I2C_RX_ISRC)                       //收到数据
   {  dt_rdy = 1;
      dt_rx = I2caRegs.I2CDRR;
   }
   PieCtrlRegs.PIEACK.all = PIEACK_GROUP8;            //使能 I²C 中断
}
void InitGpioCtrls(void)                              //定义 I/O 初始化函数
 {  EALLOW;
   GpioCtrlRegs.GPAMUX1.all = 0x0000;
   GpioCtrlRegs.GPAMUX2.all = 0x0000;
   GpioCtrlRegs.GPBMUX1.all = 0x0000;
   GpioCtrlRegs.AIOMUX1.all = 0x0000;
   GpioCtrlRegs.GPADIR.all = 0xFFFFFFF0;
   GpioCtrlRegs.GPBDIR.all = 0xFFFFFFFF;
   GpioCtrlRegs.AIODIR.all = 0x00000000;
   GpioCtrlRegs.GPAQSEL1.all = 0x0000;
   GpioCtrlRegs.GPAQSEL2.all = 0x0000;
   GpioCtrlRegs.GPBQSEL1.all = 0x0000;
   GpioCtrlRegs.GPAPUD.all = 0xFFFFFFFF;
   GpioCtrlRegs.GPBPUD.all = 0xFFFFFFFF;
   EDIS;
}
void set_7seg_data(char ch)    //定义显示数据设置函数
 { if (ch & 0x01)              GpioDataRegs.GPASET.bit.GPIO12 = 1;
   else                        GpioDataRegs.GPACLEAR.bit.GPIO12 = 1;
   if (ch & 0x02)              GpioDataRegs.GPASET.bit.GPIO16 = 1;
   else                        GpioDataRegs.GPACLEAR.bit.GPIO16 = 1;
   if (ch & 0x04)              GpioDataRegs.GPASET.bit.GPIO17 = 1;
   else                        GpioDataRegs.GPACLEAR.bit.GPIO17 = 1;
   if (ch & 0x08)              GpioDataRegs.GPASET.bit.GPIO18 = 1;
   else                        GpioDataRegs.GPACLEAR.bit.GPIO18 = 1;
   if (ch & 0x10)              GpioDataRegs.GPBSET.bit.GPIO32 = 1;
   else                        GpioDataRegs.GPBCLEAR.bit.GPIO32 = 1;
   if (ch & 0x20)              GpioDataRegs.GPBSET.bit.GPIO33 = 1;
   else                        GpioDataRegs.GPBCLEAR.bit.GPIO33 = 1;
   if (ch & 0x40)              GpioDataRegs.GPBSET.bit.GPIO34 = 1;
   else                        GpioDataRegs.GPBCLEAR.bit.GPIO34 = 1;
   if (ch & 0x80)              GpioDataRegs.GPBSET.bit.GPIO35 = 1;
   else                        GpioDataRegs.GPBCLEAR.bit.GPIO35 = 1;
 }
char get_res_data()            //定义获取数据函数
 { return GpioDataRegs.GPADAT.all & 0x000000FF;
 }
```

8.2 基于 Simulink 的系统建模与代码自动生成

使用 MATLAB Simulink 基于模型设计进行 DSP 应用系统设计，可以大大降低 TMS320C2000

DSP 软件开发人员的入门门槛，让开发人员把主要精力投入产品构思和算法设计上，把编写软件控制代码的任务留给计算机自动生成，以提高工作效率，降低开发成本。

8.2.1　Simulink 建模环境简介

1．代码自动生成环境配置

Simulink 是用于动态系统和嵌入式系统的多领域仿真和基于模型的设计工具。它提供了种类繁多、功能强大的模块库。Simulink 使用基于模型设计的开发流程，不仅可以通过仿真进行设计验证，而且可以生成 C/C++代码，直接应用于 MCU、DSP 等平台。

Simulink 建模环境简介

使用 Simulink 进行 TMS320C2000 DSP 代码自动生成时，除 MATLAB Simulink 开发软件（本书使用 MATLAB R2019b），尚需安装 CCS、controlSUITE 和 C2000Ware 等，以及 Embedded Coder Support Package for Texas Instruments C2000 Processors 附加功能包（新版本 MATLAB 中需要安装 C2000 Microcontroller Blockset）。

2．Simulink 基本操作

进行基于模型的设计时，需要使用 Simulink 搭建系统。Simulink 中的基本操作包括打开 Simulink 起始页、打开模型编辑窗口、浏览 Simulink 模型库和添加模块等。

（1）打开 Simulink 起始页

如图 8.21 所示，打开 MATLAB R2019b，在主页菜单栏中单击启动 Simulink，则弹出图 8.22 所示的 Simulink 起始页。

图 8.21　启动 Simulink 向导

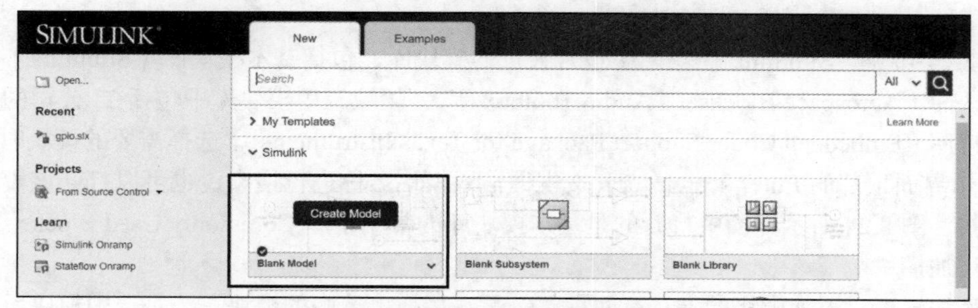

图 8.22　Simulink 起始页

（2）打开模型编辑窗口

在图 8.22 所示 Simulink 起始页中，单击 Blank Model（空白模型），则打开模型编辑窗口，如图 8.23 所示。

（3）浏览 Simulink 模型库

单击图 8.23 中 SIMULATION 菜单栏的 Library Browser 图标，可进入图 8.24 所示的库浏览器界面。

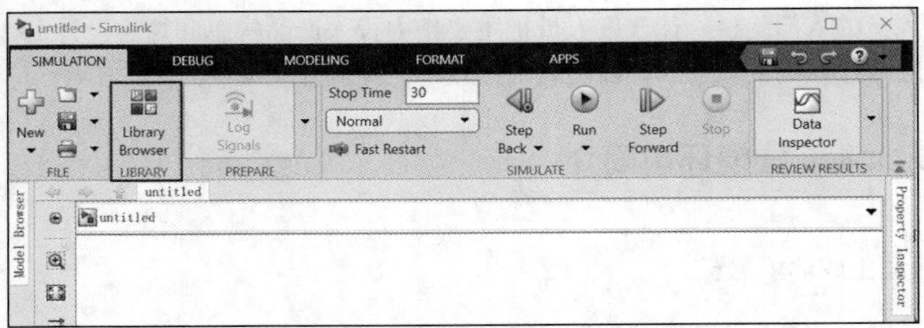

图 8.23 模型编辑窗口

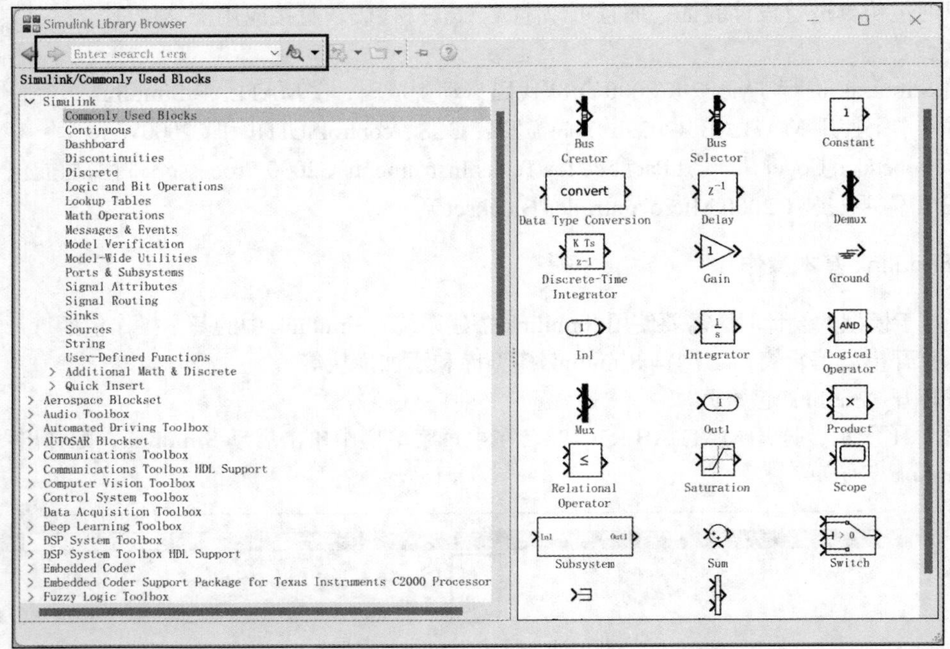

图 8.24 库浏览器界面

由图 8.24 可见，Simulink 模块库中包含大量的模块库，包括基本模块库（Simulink）和各种领域专用模块库（Aerospace Blockset、Audio Toolbox 等）。领域专用模块库中包括 TI 公司的嵌入式代码产生支持库（Embedded Coder Support Package for Texas Instruments）。选择需要的模块时，可以在图 8.24 所示界面顶部的 Enter search term 文本框输入模块名称进行搜索，也可以打开该模块所在子库进行查找。图 8.24 所示界面中打开的是基本模块库的常用子库 Commonly Used Blocks。

（4）添加模块

向模型编辑窗口添加模块的方法有两种，一是直接拖曳选中的模块，二是选中模块后右击选择 Add Block to Model untitled。将模块添加到模型编辑窗口后，双击该模块，即可编辑其属性。

8.2.2 TMS320C2000 嵌入式代码产生支持库

1．TMS320C2000 嵌入式代码产生支持库简介

TMS320C2000 嵌入式代码产生支持库支持当前 TI 公司所有 TMS320C2000 系列 DSP 产品，

包括 TMS320C2802x、TMS320C2803x、TMS320C2805x、TMS320C2806x、TMS320C2807x、TMS320C280x、TMS320C281x、TMS320C2833x、TMS320C2834x、TMS320C28004x、TMS320C2807x、TMS320C2837xD、TMS320C2837xS、TMS320C2838x 等。以 TMS320C2833x 为例，包含的模块如图 8.25 所示。

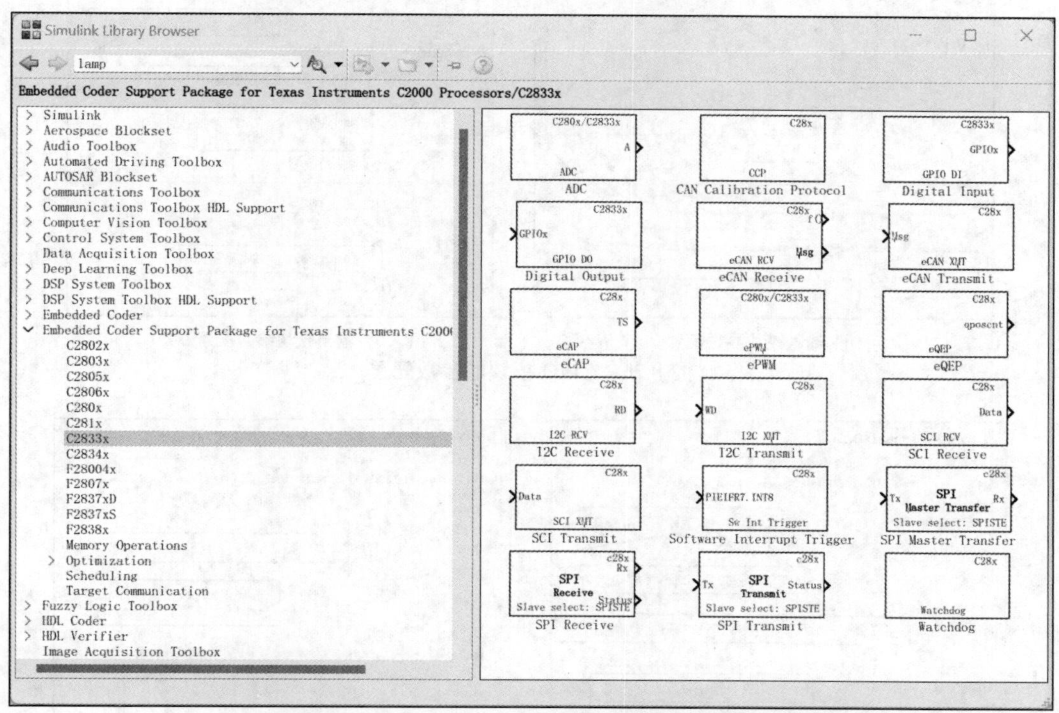

图 8.25　TMS320C2000 嵌入式代码产生支持库包含的模块

由图 8.25 可见，TMS320C2833x 嵌入式代码产生支持库中包含其常用片内外设模块，如 GPIO 模块、ADC 模块、ePWM 模块、eCAP 模块、eQEP 模块、SCI 模块、SPI 模块、I^2C 模块、eCAN 模块、软件中断模块和看门狗模块等。

2．C2833x 外设的 Simulink 模型简介

使用 Simulink 基于模型设计自动生成 TMS320C2000 DSP 的代码，必须熟练使用 TMS320C2000 DSP 片内外设的 Simulink 模型。下面以 TMS320C2833x 片内外设的 Simulink 模型为例，说明如何通过配置模型参数对其进行编程。

（1）GPIO 模块的 Simulink 模型

由图 8.25 可见，GPIO 模块的 Simulink 模型包括 Digital Input（数字输入模块）和 Digital Output（数字输出模块），其参数配置界面及配置方法和步骤如图 8.26 所示。

（2）ADC 模块的 Simulink 模型

由图 8.25 可见，ADC 模块的 Simulink 模型名称为 ADC，其参数配置界面及配置方法和步骤如图 8.27 所示。

（3）ePWM 模块的 Simulink 模型

由图 8.25 可见，ePWM 模块的 Simulink 模型名称为 ePWM，其参数配置界面及配置方法和步骤如图 8.28 所示。

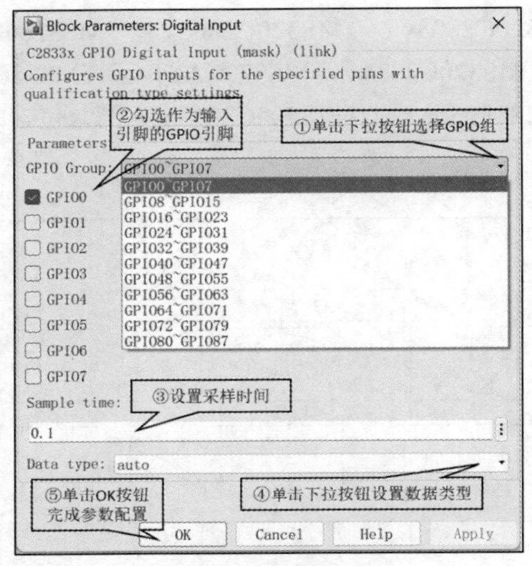

（a）输入模块参数配置

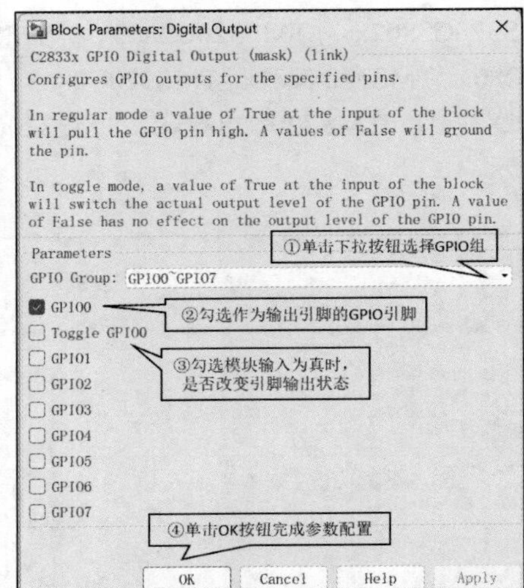

（b）输出模块参数配置

图 8.26　GPIO 模块的参数配置

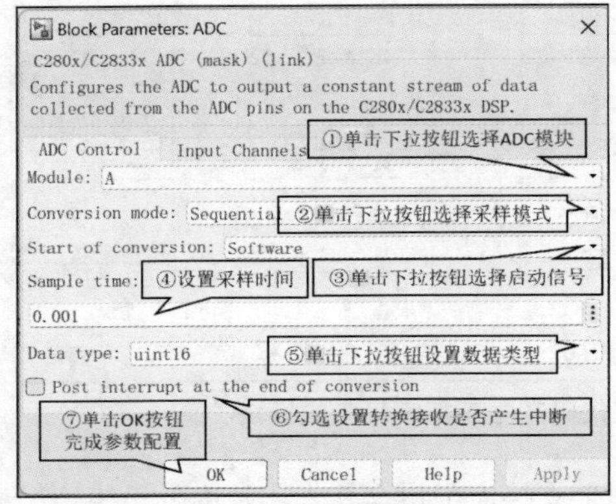

（a）ADC 控制参数配置

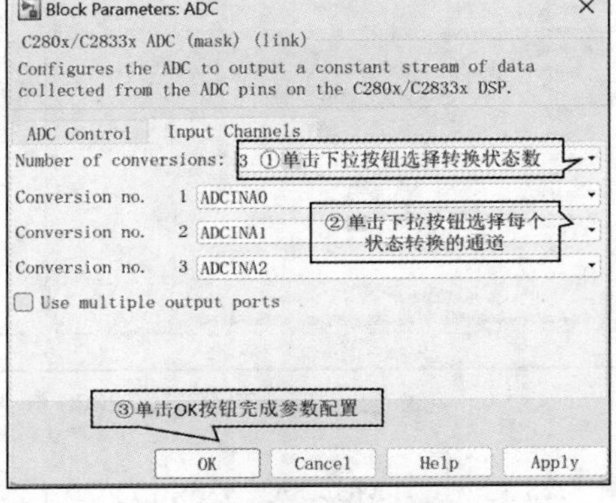

（b）ADC 输入通道参数配置

图 8.27　ADC 模块的参数配置

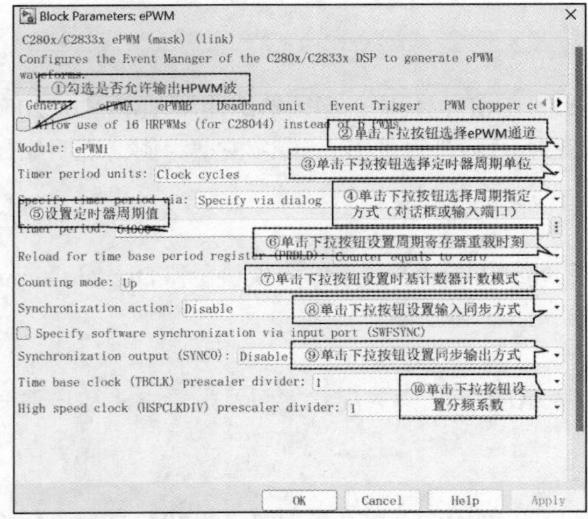

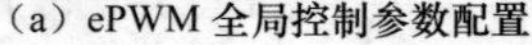

（a）ePWM 全局控制参数配置

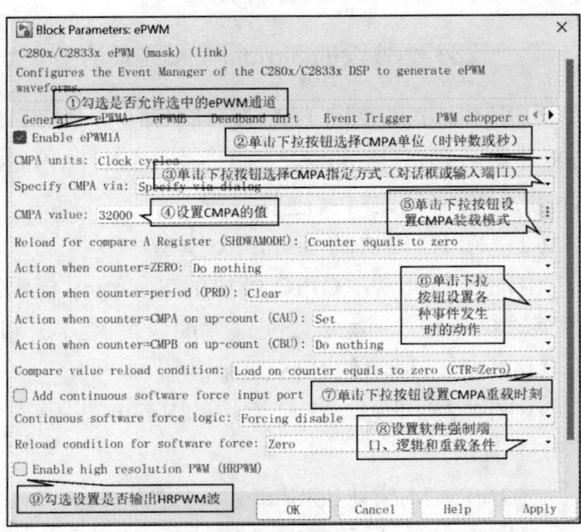

（b）ePWMA 参数配置

图 8.28　ePWM 模块的参数配置

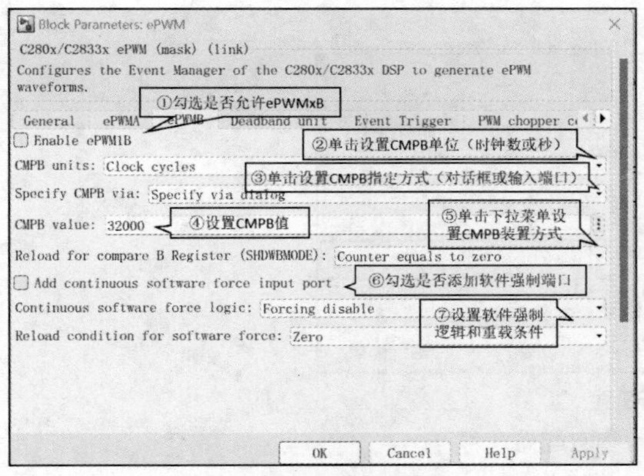

（c）ePWMB 参数配置

（d）死区和事件触发参数配置

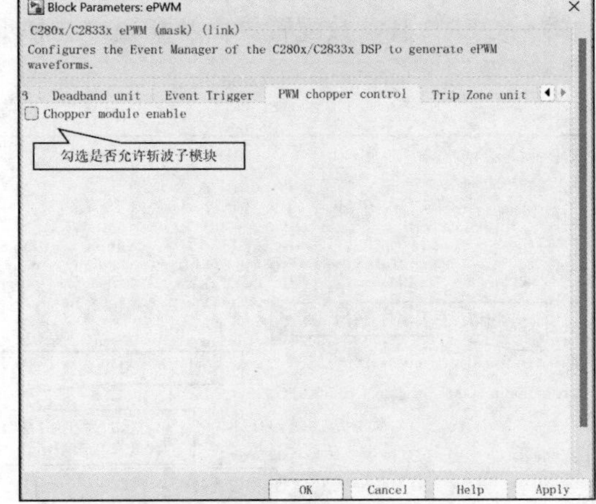

（e）PWM 斩波参数配置

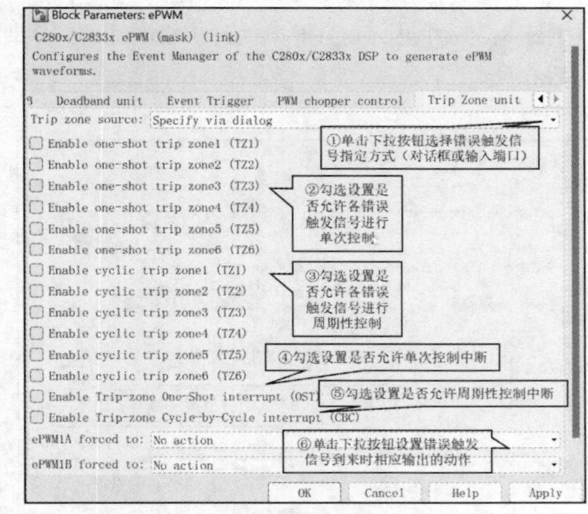

（f）错误处理参数配置

图 8.28　ePWM 模块的参数配置（续）

（4）eCAP 模块的 Simulink 模型

由图 8.25 可见，eCAP 模块的 Simulink 模型名称为 eCAP，其参数配置界面及配置方法和步骤如图 8.29 所示。

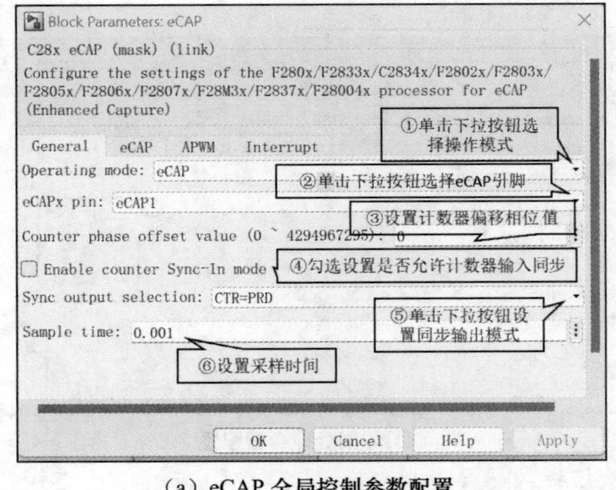

（a）eCAP 全局控制参数配置

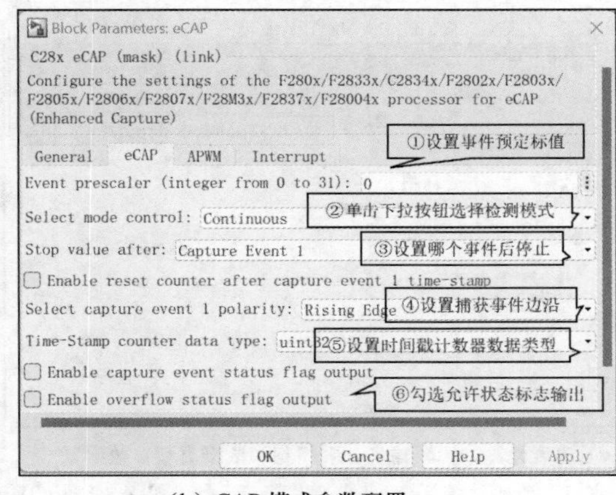

（b）CAP 模式参数配置

图 8.29　eCAP 模块的参数配置

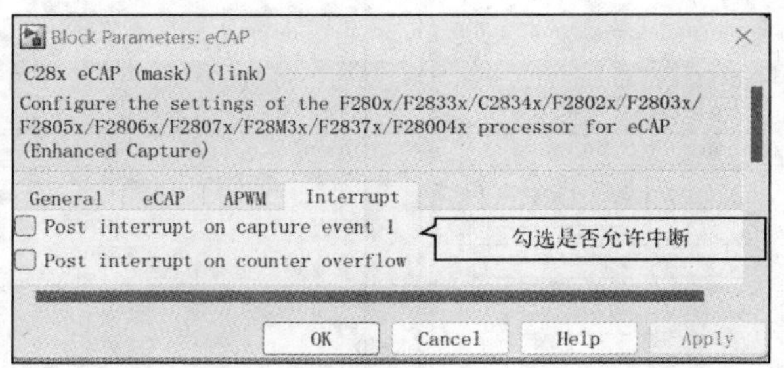

（c）中断配置

图 8.29　eCAP 模块的参数配置（续）

（5）eQEP 模块的 Simulink 模型

由图 8.25 可见，eQEP 模块的 Simulink 模型名称为 eQEP，其参数配置界面及配置方法和步骤如图 8.30 所示。

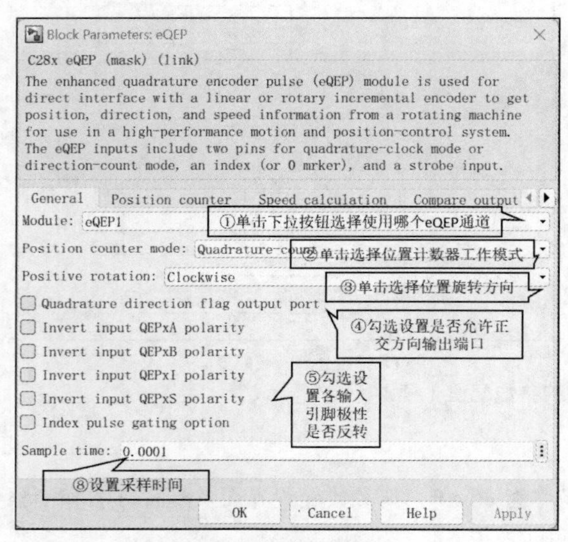

（a）eQEP 全局控制参数配置

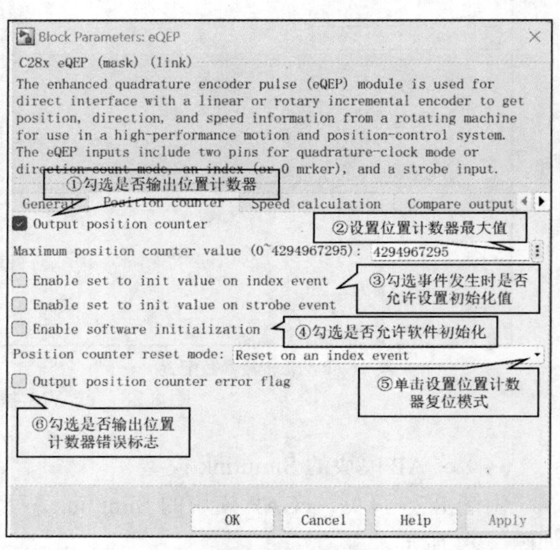

（b）位置计数器参数配置

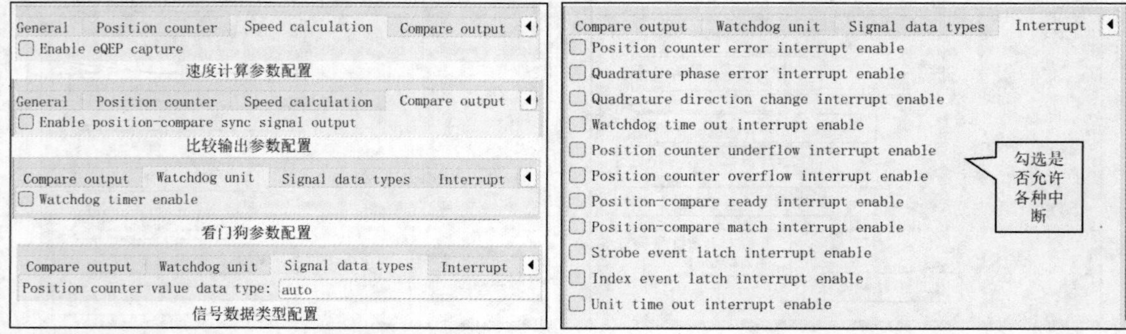

（c）速度计算、比较输出、看门狗和数据类型参数配置　　（d）中断处理参数配置

图 8.30　eQEP 模块参数配置

（6）SCI 模块的 Simulink 模型

由图 8.25 可见，SCI 模块的 Simulink 模型包括 SCI Receive（SCI 接收模块）和 SCI Transmit（SCI 发送模块），其参数配置界面及配置方法和步骤如图 8.31 所示。

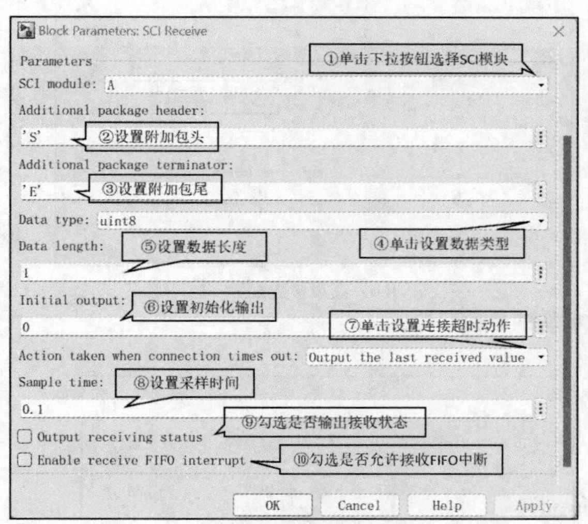

（a）SCI 接收模块参数配置

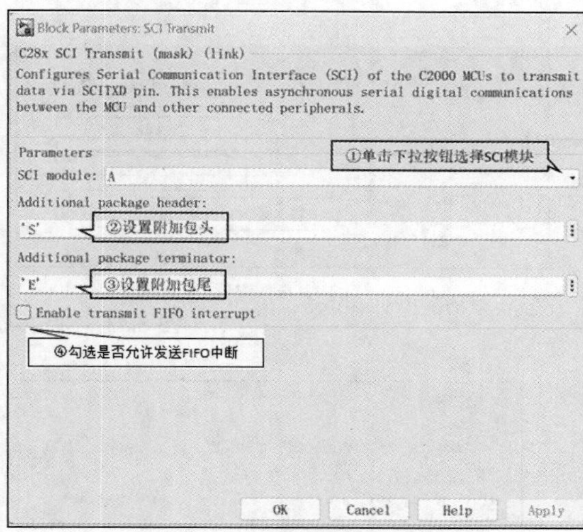

（b）SCI 发送模块参数配置

图 8.31　SCI 模块的参数配置

（7）SPI 模块的 Simulink 模型

由图 8.25 可见，SPI 模块的 Simulink 模型包括 SPI Receive（SPI 接收模块）、SPI Transmit（SPI 发送模块）和 SPI Master Transfer（SPI 主传输模块），其参数配置界面及配置方法和步骤如图 8.32～图 8.34 所示。

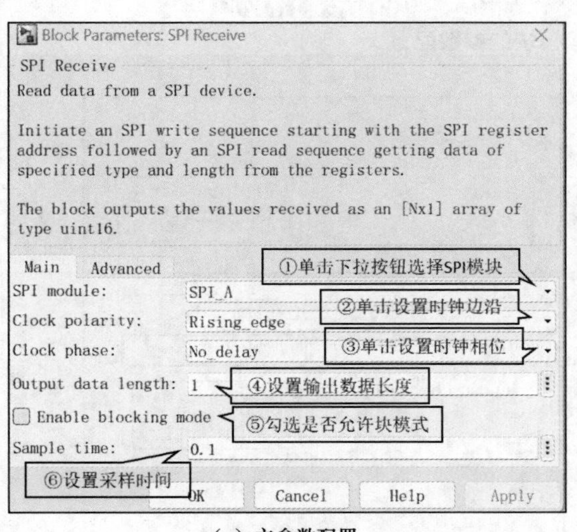

（a）主参数配置

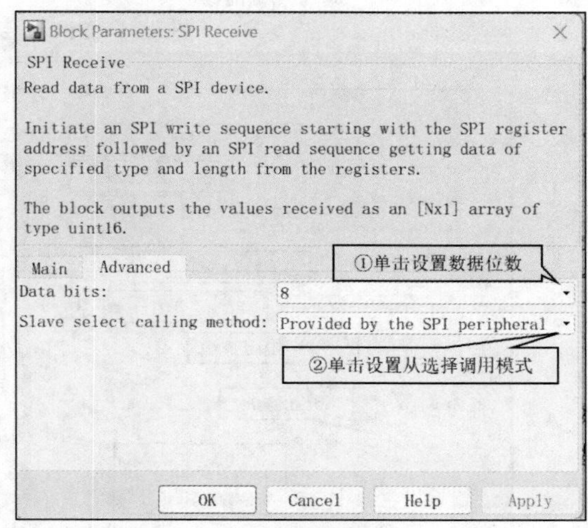

（b）高级参数配置

图 8.32　SPI 接收模块的参数配置

（8）I^2C 模块的 Simulink 模型

由图 8.25 可见，I^2C 模块的 Simulink 模型包括 I2C Receive（I^2C 接收模块）和 I2C Transmit（I^2C 发送模块），其参数配置界面及配置方法和步骤如图 8.35 所示。

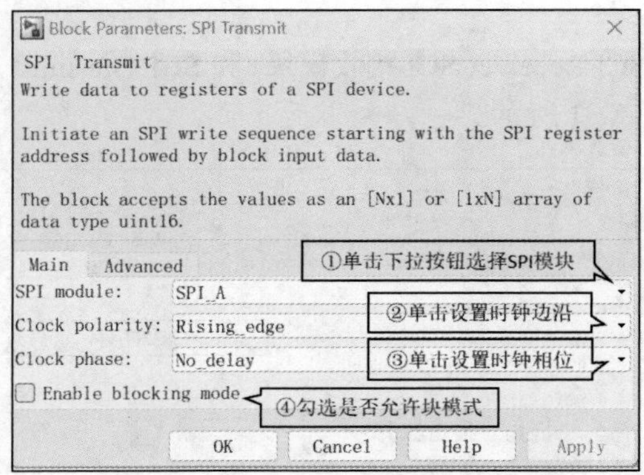

（a）主参数配置

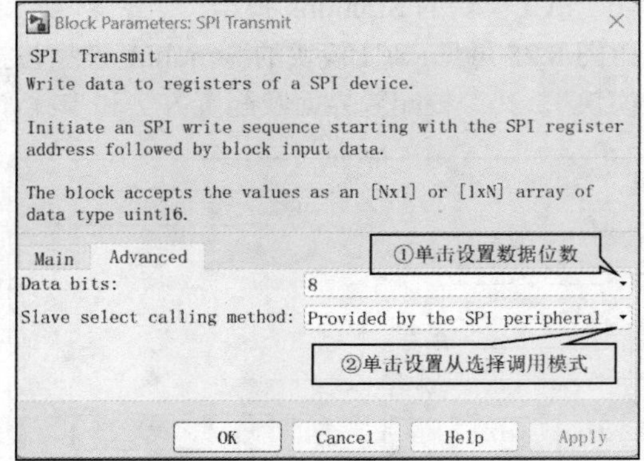

（b）高级参数配置

图 8.33 SPI 发送模块的参数配置

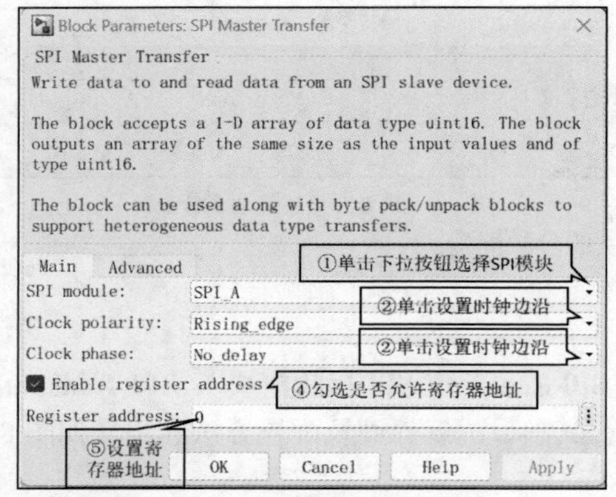

（a）主参数配置

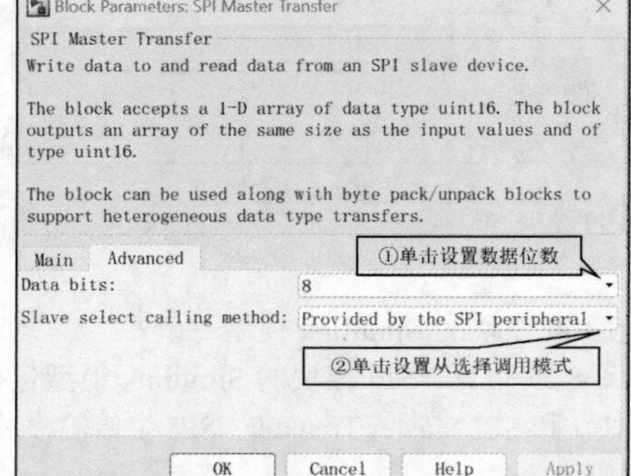

（b）高级参数配置

图 8.34 SPI 主传输模块的参数配置

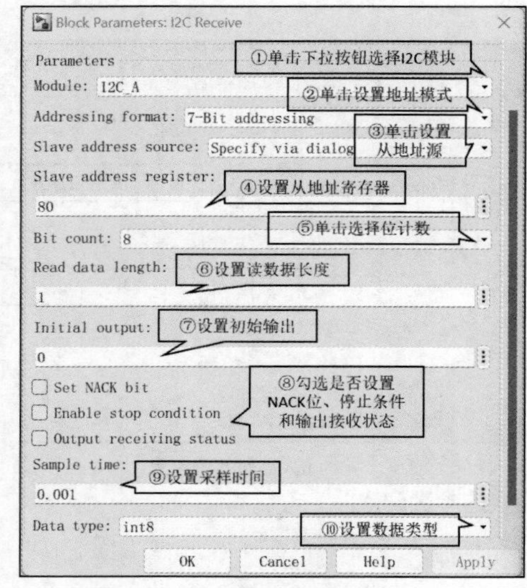

（a）接收模块参数配置

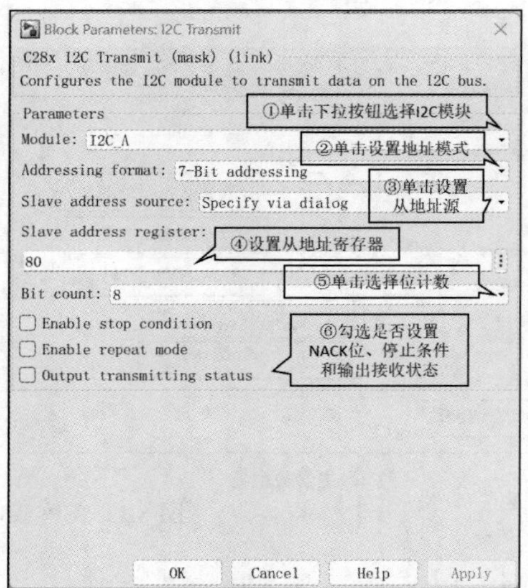

（b）发送模块参数配置

图 8.35 I^2C 模块的参数配置

（9）eCAN 模块的 Simulink 模型

由图 8.25 可见，eCAN 模块的 Simulink 模型包括 eCAN Receive（eCAN 接收模块）、eCAN Transmit（eCAN 发送模块）和 eCAN Calibration Protocal（eCAN 标定协议模块），其参数配置界面及配置方法和步骤如图 8.36 所示。

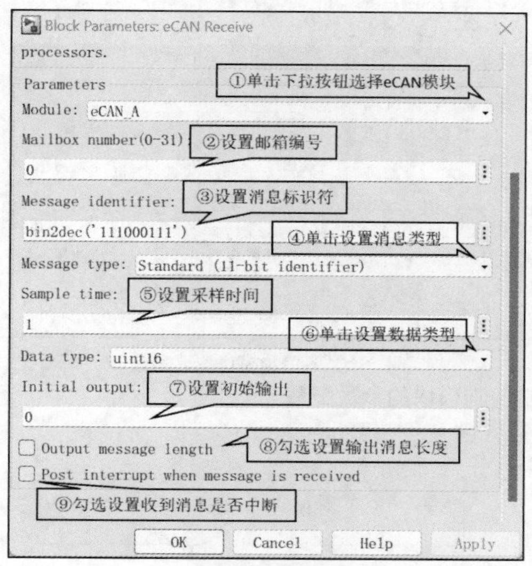

（a）接收模块参数配置

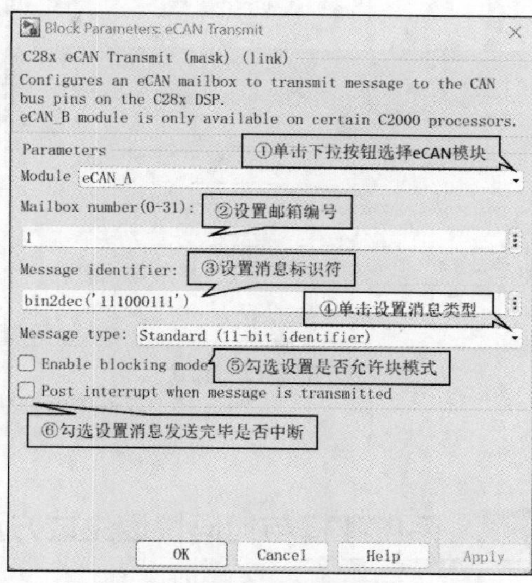

（b）发送模块参数配置

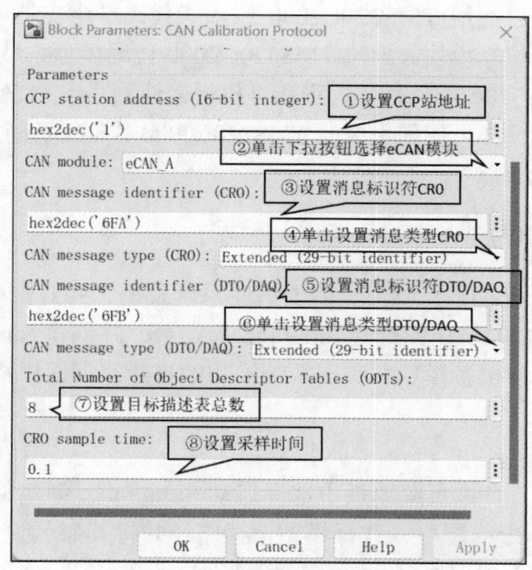

（c）标定协议模块参数配置

图 8.36　eCAN 模块的参数配置

（10）软件中断模块和看门狗模块的 Simulink 模型

由图 8.25 可见，软件中断模块的 Simulink 模型为 Software Interrupt Trigger，看门狗模块的 Simulink 模型为 Watchdog，其参数配置界面及配置方法和步骤如图 8.37 所示。

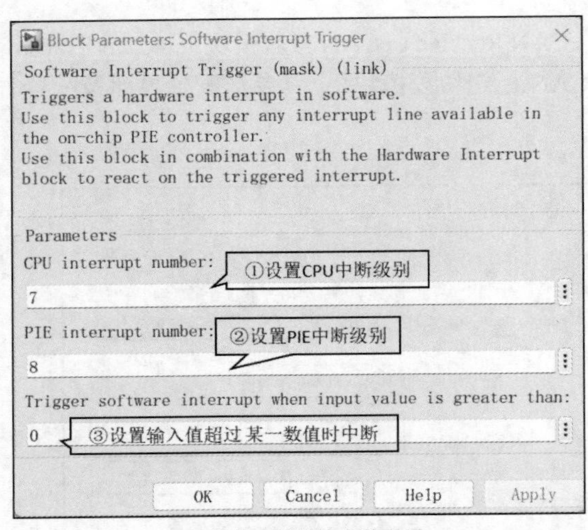

（a）软件中断模块参数配置

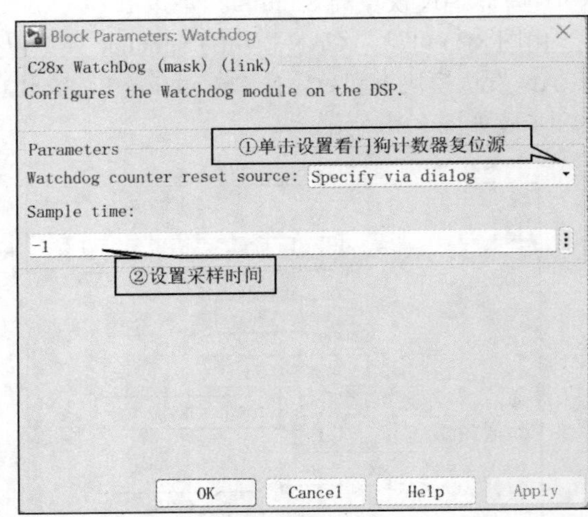

（b）看门狗模块参数配置

图 8.37　软件中断模块和看门狗模块的参数配置

8.2.3 系统建模与代码快速生成方法

系统建模与代码快速生成方法

使用 Simulink 进行基于模型的设计时，首先需要搭建系统仿真模型，并进行仿真测试；然后使用 TMS320C2000 嵌入式代码产生支持库中的模型取代系统仿真模型中的部分仿真模块，创建 TMS320C2000 代码模型；最后设置代码模型硬件属性，并生成 TMS320C2000 代码工程和可执行文件。另外，代码模型的目标器件为 Piccolo 系列器件时，亦可使用生成的 TMS320C2000 代码工程进一步生成.cof 文件，并将其加载到 Proteus 中进行联合仿真。

1．Simulink 建模与仿真方法

使用 Simulink 进行基于模型的设计时，需要搭建系统模型，并对模型进行仿真测试。系统模型的搭建过程如下：首先在 MATLAB 中打开 Simulink 起始页，并创建 Simulink 模型；然后打开模块库，添加需要的模块；最后连接各模块，实现系统模型的搭建。下面以搭建例 4.1 的闪烁 LED 模型为例，说明建模和仿真方法。

（1）创建 Simulink 模型

打开 MATLAB R2019b，在主页菜单栏中选择启动 Simulink，创建图 8.23 所示空白模型，并单击 SIMULATION 菜单栏的 Save 图标，选择模型保存路径并将其命名为 ledblk。这里将模型存放路径设置为 D:/Code/Matlab/LEDBLINK。

（2）添加功能模块

单击图 8.23 所示界面中 SIMULATION 菜单栏的 Library Browser 图标，进入图 8.24 所示的库浏览器界面。在图 8.24 所示界面中，将 Constant、Delay、Logical Operator 和 Scope 等模块添加至模型中；再搜索添加一个 Lamp 模块和一个 for Iterator Subsystem 模块。添加方法有两种，一是直接拖曳选中的模块，二是右击选择 Add Block to Model ledblk。结果如图 8.38（a）所示。

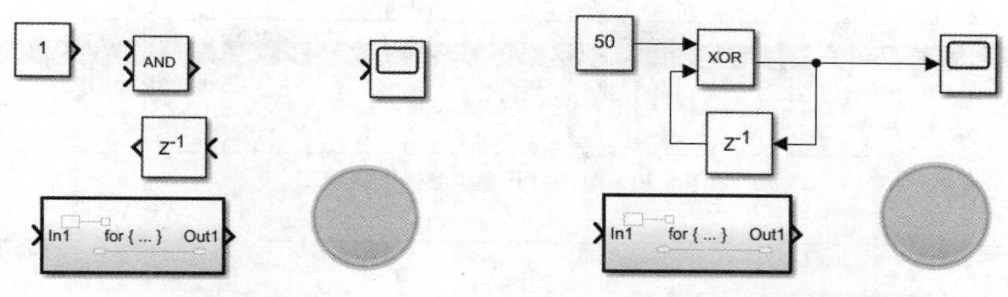

（a）添加的模块　　（b）模块属性修改和连接后的模型

图 8.38　LED 闪烁模块添加、属性修改和连接

（3）修改模块属性，完成模型搭建

将图 8.38（a）所示 Constant 模块的值修改为 50，Logical Operator 模块的功能改为 XOR（异或），并按照图 8.38（b）所示完成模块的连接；然后把 Lamp 模块的颜色改为红色，连接到 Logical Operator 模块的输出。Constant、Logical Operator 和 Delay 组成了方波发生器，可以控制 LED 的闪烁。另外，修改 for Iterator Subsystem 模块的迭代上限 *N* 的大小，可以控制 LED 的闪烁延迟时间。

（4）对模型进行仿真验证

单击图 8.23 所示界面中 SIMULATION 菜单栏的 Run 图标，运行闪烁 LED 模型 ledblk，则 Lamp 闪烁，Scope 的仿真结果如图 8.39（a）所示。

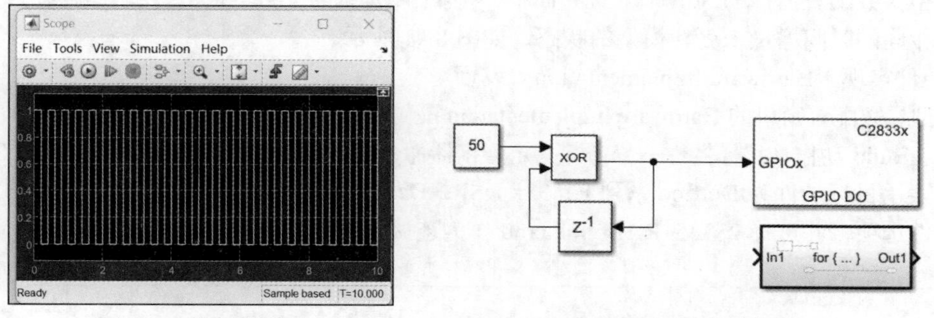

（a）Scope 的仿真结果　　（b）C2833x 代码模型

图 8.39　LED 闪烁仿真结果和代码模型

2. TMS320C2000 代码模型创建与代码快速自动生成

（1）TMS320C2000 代码模型的创建

在图 8.38（b）所示的模型中，使用 C2833x GPIO 输出模块 Digital Output 替换 Scope，即可得到代码模型。具体方法如下。

① 删除 Scope、Lamp 和 for Iterator Subsystem 模块。

② 添加 Digital Output 模块，将 GPIO0 作为输出引脚。按照图 8.26（b）中步骤①～③所示勾选 GPIO0 和 Toggle GPIO0，使 GPIO0 在输入为真时翻转。

③ 将 XOR 的输出连接至 GPIO0。这样 XOR 输出高电平时，GPIO0 输出将发生翻转。至此，C2833x 代码模型创建成功，如图 8.39（b）所示。

（2）配置参数

如图 8.40 所示，在 MODELING 菜单栏中选择 Model Setting，进入模型参数配置窗口，如图 8.41 所示。

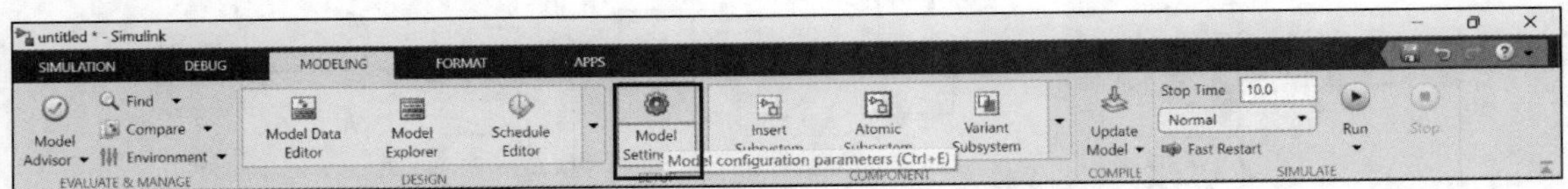

图 8.40　单击打开模型参数配置窗口

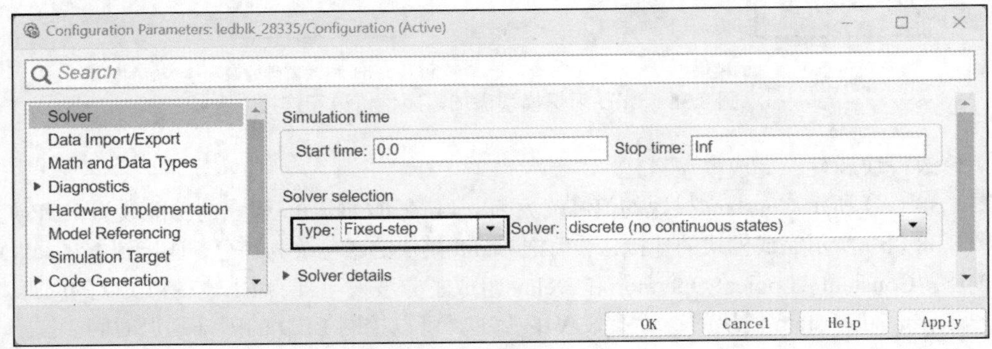

图 8.41　模型参数配置窗口

① 求解器（Solver）设置。

在模型参数配置窗口的 Solver 配置界面中，将 Type 设置为 Fixed-step，使求解器在每个时间步长上使用相同的时间增量来更新模型的状态，如图 8.41 所示。

② 硬件实现（Hardware Implementation）设置。

在模型参数配置窗口的 Hardware Implementation 配置界面中，按图 8.42 所示方法和步骤设置目标硬件系列、Build 动作、目标器件型号，并指定连接器命令文件。其中 Hardware board 选择 TI Delfino F2833x，表示目标硬件为 Delfino 系列 F2833x DSP，Device Name 选择 F28335，勾选用户定制连接器命令文件选项，并选择 28335_RAM_lnk.cmd 作为连接器命令文件。

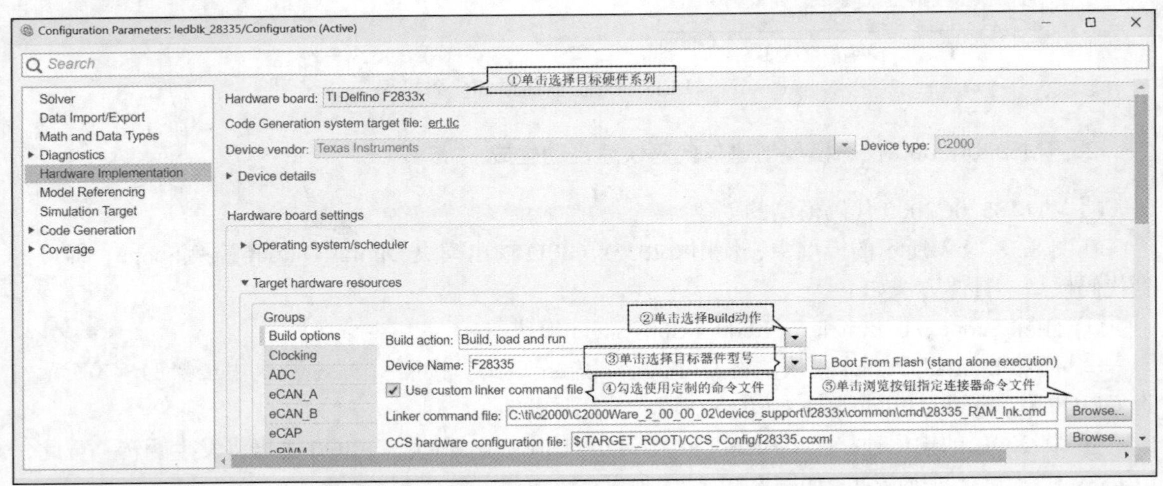

图 8.42　Hardware Implementation 配置界面

③ 代码产生（Code Generation）设置。

在模型参数配置窗口的 Code Generation 界面中，确认工具链与安装的 CCS 版本匹配，其他参数使用默认设置，如图 8.43 所示。

图 8.43　查看工具链

（3）设置 MATLAB 工作区

返回到 MATLAB 主界面，按照图 8.44 所示方法和步骤设置工作区路径，使其与 ledblk.slx 路径保持一致，方便工程管理。

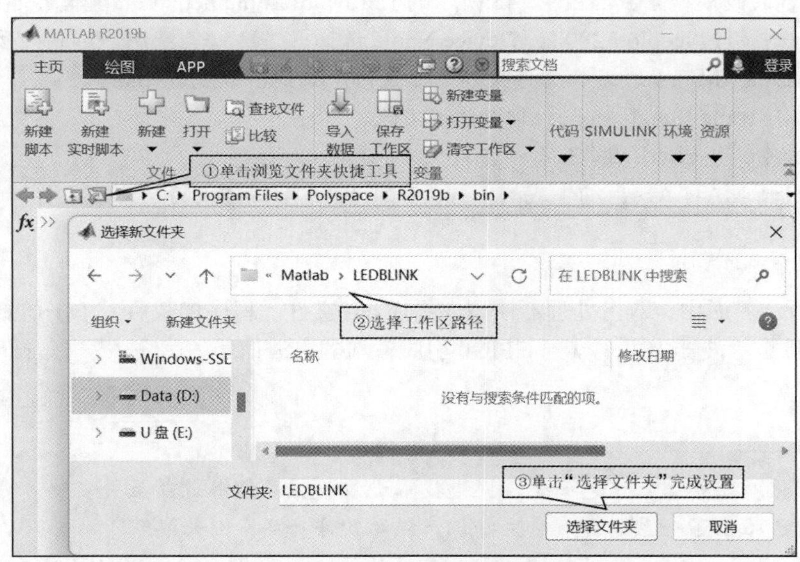

图 8.44　设置 MATLAB 工作区

（4）生成可执行代码

如图 8.45 所示，在 HARDWARE 菜单中选择 Build Stand-Alone，则自动生成 CCS 工程和可执行文件；若选择 Build, Deploy & Start，则自动生成 CCS 工程、可执行文件，并将可执行文件下载到开发板中执行（执行之前连接仿真器和开发板并上电）。

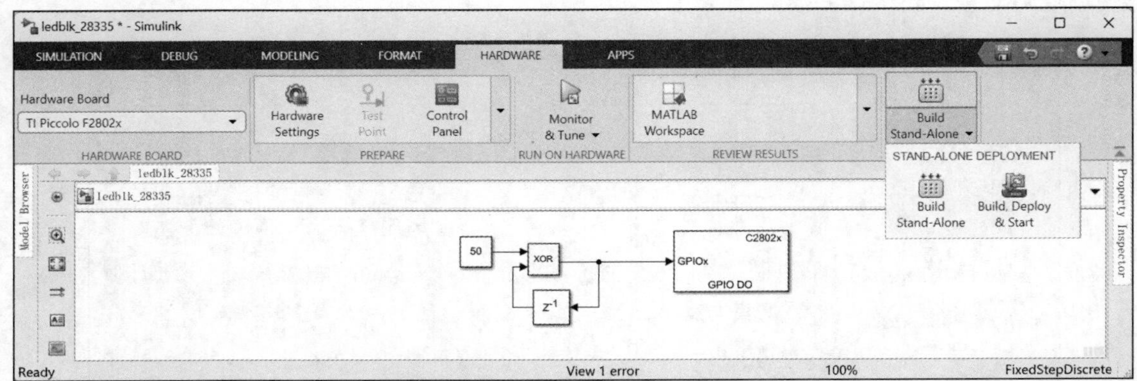

图 8.45 生成可执行代码

3. Simulink 与 Proteus 的联合仿真

Proteus 仅支持 Piccolo 系列器件，这里以 TMS320F28027 为例，说明如何将 MATLAB 产生的代码加载到 Proteus 中进行仿真。

（1）在 Simulink 中搭建 TMS320F28027 的代码模型，并自动生成 CCS 工程文件。

第一步，搭建代码模型。将图 8.39（b）所示代码模型中 C2833x 的 Digital Output 模块替换为 C2802x 的 Digital Output 模块，模块参数配置相同。

第二步，设置代码模型参数。在图 8.42 所示的 Hardware Implementation 配置界面中做以下修改：Hardware board 选择 TI Piccolo F2802x，Device Name 选择 F28027，勾选用户定制连接器命令文件选项，并选择 28027_RAM_lnk.cmd 作为连接器命令文件。其他参数配置相同。

第三步，单击 Build Stand-Alone，自动生成 CCS 工程。

（2）在 CCS 中，生成.cof 文件。

使用 CCS 打开 MATLAB 自动生成的工程，按照 8.1.3 节描述的方法修改工程属性后，Build 生成.cof 文件。

（3）加载.cof 文件并进行仿真验证。

在图 8.13 所示界面中，双击处理器模型，添加.cof 文件。程序加载后，单击仿真按钮，可以看到 LED 闪烁，且在示波器中可观察到 GPIO0 引脚输出的方波信号。

拓展阅读

软件国产化对维护国家信息安全、促进技术进步、提高经济效益至关重要。近年来，我国本土软件企业已推出了一系列具有自主知识产权的软件产品，例如麒麟、鸿蒙、WPS 等操作系统和办公软件，EasyEDA、SkyEye 等 EDA 工具软件，以及 Truffer、MWORKS 等科学计算和系统建模软件。

《习题与思考题》

8.1 简述基于 Proteus 的 DSP 系统设计与仿真的步骤。

8.2 设计基于 Proteus 的 TMS320F28027 的串行通信系统。

8.3　设计基于 TMS320F28027 控制器的直流电机调速系统的 Proteus 仿真系统。

8.4　采用 TMS320F28027 DSP 的 PWM 模块模拟 DAC，实现信号发生器产生 50Hz 的正弦波、三角波，并使用 Proteus 搭建系统模型进行仿真验证。

8.5　基于 TMS320F28027 编程实现例 5.4 中的功能，并使用 Proteus 搭建系统模型进行仿真验证。

8.6　基于 TMS320F28027 编程实现例 5.6 中的功能，并使用 Proteus 搭建系统模型进行仿真验证。

8.7　基于 TMS320F28027 编程实现例 6.2 中的功能，并使用 Proteus 搭建系统模型进行仿真验证。

8.8　基于 TMS320F28027 编程实现例 6.3 中的功能，并使用 Proteus 搭建系统模型进行仿真验证。

8.9　基于 TMS320F28027 编程实现例 6.5 中的功能，并使用 Proteus 搭建系统模型进行仿真验证。

8.10　简述基于 Simulink 的建模与仿真过程，以及代码快速自动生成的步骤。

8.11　简述基于 Simulink 与 Proteus 进行系统建模和联合仿真的步骤。

8.12　基于 Simulink 搭建图 8.18 所示的代码模型，自动生成代码工程，并生成.cof 文件，将其加载至图 8.18 所示的处理器模型进行仿真验证。

8.13　基于 Simulink 搭建图 8.19 所示的代码模型，自动生成代码工程，并生成.cof 文件，将其加载至图 8.19 所示的处理器模型进行仿真验证。

8.14　基于 Simulink 搭建图 8.20 所示的代码模型，自动生成代码工程，并生成.cof 文件，将其加载至图 8.20 所示的处理器模型进行仿真验证。

附录

176 引脚 LQFP TMS320F28335 引脚功能分配和描述

TMS320F28335 的所有数字输入引脚的电平均与 TTL 电平兼容，不能承受 5V 电压；所有引脚的输出均为 3.3V 的 CMOS 电平。176 引脚 LQFP TMS320F28335 各引脚的功能分配和描述如附表所示。

附表　176 引脚 LQFP TMS320F28335 各引脚的功能分配和描述

CPU 与 I/O 电源引脚

名称	编号	功能描述
V_{DD}	4、15、23、29、61、101、109、117、126、139、146、154、177	CPU 与逻辑数字电源
V_{DDIO}	9、71、93、107、121、143、159、170	I/O 数字电源
V_{SS}	3、8、14、22、30、60、70、83、92、103、106、108、118、120、125、140、144、147、155、160、166、171	数字地
V_{DDA2}	34	ADC 模拟电源
V_{SSA2}	33	ADC 模拟地
V_{DDAIO}	45	ADC 模拟 I/O 电源
V_{SSAIO}	44	ADC 模拟 I/O 地
V_{DD1A18}	31	ADC 模拟电源
$V_{DD1AGND}$	32	ADC 模拟地
V_{DD2A18}	59	ADC 模拟电源
$V_{DD2AGND}$	58	ADC 模拟地

时钟引脚

名称	编号	功能描述
XCLKIN	105	外部振荡器输入引脚。可从该引脚输入 3.3V 的外部时钟，此时 X1 引脚接地
X1	104	内部/外部振荡器输入引脚。内部振荡器方案下，在引脚 X1 和 X2 之间外接晶振；外部振荡器方案下，可从 X1 引脚输入 1.9V 的外部时钟，此时 XCLKIN 引脚接地，X2 引脚悬空
X2	102	内部振荡器输入引脚。在引脚 X1 和 X2 之间外接晶振，未使用时必须悬空
XCLKOUT	138	由 SYSCLKOUT 分频得到的输出时钟，频率可与 SYSCLKOUT 的相等，或者为其 1/2 或 1/4

续表

JTAG 接口引脚		
名称	编号	功能描述
$\overline{\text{TRST}}$	78	高电平有效的 JTAG 测试复位引脚，带内部下拉功能。该引脚为高电平时，可对器件进行扫描控制；为低电平或未连接时，器件处于正常工作模式，忽略测试复位信号。在高噪声环境中，该引脚可外接 2.2kΩ 的下拉电阻，以提供保护
TCK	87	JTAG 测试时钟，带内部上拉功能
TSM	79	JTAG 测试模式选择引脚，带内部上拉功能。在 TCK 上升沿，将串行数据锁存至 TAP 控制器
TDI	76	JTAG 测试数据输入，带内部上拉功能。在 TCK 上升沿，将 TDI 锁存至选定的寄存器（指令或数据）
TDO	77	JTAG 扫描输出、测试数据输出。在 TCK 下降沿，选定寄存器（指令或数据）内容从 TDO 移出
EMU0	85	仿真引脚 0。当 $\overline{\text{TRST}}$ 为高时，该引脚用于去向/来自仿真系统的中断，并通过 JTAG 扫描定义为输入或输出。EMU0 为高电平，EMU1 为低电平时，在 $\overline{\text{TRST}}$ 的上升沿将器件锁存为边界扫描状态。（正文中该引脚接 2.2～4.7kΩ 的上拉电阻）
EMU1	86	仿真引脚 1。作用和用法同 EMU0

闪存引脚		
名称	编号	功能描述
V_{DD3VFL}	84	3.3V 闪存内核电源引脚，接 3.3V 电源
TEST1	81	测试引脚。为 TI 公司保留，悬空
TEST2	82	测试引脚。为 TI 公司保留，悬空

复位引脚		
名称	编号	功能描述
$\overline{\text{XRS}}$	80	器件复位（输入）和看门狗复位（输出）。器件复位时 $\overline{\text{XRS}}$ 为低电平，器件终止运行，PC 指向 0x3FFFC0。$\overline{\text{XRS}}$ 变高后，从 PC 指向的地址开始执行。发生看门狗复位以及看门狗复位过程中，DSP 控制器将该引脚的电平拉低。该引脚的输出缓冲器为带内部上拉功能的漏极开路输出缓冲器，建议该引脚由漏极开路器件驱动

ADC 信号					
名称	编号	功能描述	名称	编号	功能描述
ADCINA7	35	ADC A 组通道 7 输入	ADCINB7	53	ADC B 组通道 7 输入
ADCINA6	36	ADC A 组通道 6 输入	ADCINB6	52	ADC B 组通道 6 输入
ADCINA5	37	ADC A 组通道 5 输入	ADCINB5	51	ADC B 组通道 5 输入
ADCINA4	38	ADC A 组通道 4 输入	ADCINB4	50	ADC B 组通道 4 输入
ADCINA3	39	ADC A 组通道 3 输入	ADCINB3	49	ADC B 组通道 3 输入
ADCINA2	40	ADC A 组通道 2 输入	ADCINB2	48	ADC B 组通道 2 输入
ADCINA1	41	ADC A 组通道 1 输入	ADCINB1	47	ADC B 组通道 1 输入
ADCINA0	42	ADC A 组通道 0 输入	ADCINB0	46	ADC B 组通道 0 输入

续表

ADC 信号

名称	编号	功能描述	名称	编号	功能描述
ADCLO	43	低参考（模拟输入公共地），接模拟地	ADCREFIN	54	外部参考输入
ADCREFP	56	内部参考正输出。接低 ESR（50mΩ～1.5Ω）的 2.2μF 陶瓷旁路电容到模拟地	ADCREFM	55	内部参考中间输出。外接电阻要求同 ADCREFP
ADCRESEXT	57	ADC 外部偏置电阻，接 22kΩ 电阻到模拟地			

GPIO 和外设引脚

名称	编号	功能描述	名称	编号	功能描述
GPIO0 EPWM1A	5	GPIO 引脚 0（I/O/Z） ePWM1 输出 A 和 HRPWM 通道（O）	GPIO44 XA4	157	GPIO 引脚 44（I/O/Z） XINTF 地址线 4（O）
GPIO1 EPWM1B ECAP6 MFSRB	6	GPIO 引脚 1（I/O/Z） ePWM1 输出 B（O） eCAP6 输入输出（I/O） McBSP-B 的接收帧同步（I/O）	GPIO45 XA5	158	GPIO 引脚 45（I/O/Z） XINTF 地址线 5（O）
GPIO2 EPWM2A	7	GPIO 引脚 2（I/O/Z） ePWM2 输出 A 和 HRPWM 通道（O）	GPIO46 XA6	161	GPIO 引脚 46（I/O/Z） XINTF 地址线 6（O）
GPIO3 EPWM2B ECAP5 MCLKRB	10	GPIO 引脚 3（I/O/Z） ePWM2 输出 B（O） eCAP5 输入输出（I/O） McBSP-B 的接收时钟（I/O）	GPIO47 XA7	162	GPIO 引脚 47（I/O/Z） XINTF 地址线 7（O）
GPIO4 EPWM3A	11	GPIO 引脚 4（I/O/Z） ePWM3 输出 A 和 HRPWM 通道（O）	GPIO48 ECAP5 XD31	88	GPIO 引脚 48（I/O/Z） eCAP5 输入/输出（I/O） XINTF 数据线 31（O）
GPIO5 EPWM3B MFSRA ECAP1	12	GPIO 引脚 5（I/O/Z） ePWM3 输出 B（O） McBSP-A 接收帧同步（I/O） eCAP1 输入输出（I/O）	GPIO49 ECAP6 XD30	89	GPIO 引脚 49（I/O/Z） eCAP6 输入输出（I/O） XINTF 数据线 30（O）
GPIO6 EPWM4A EPWMSYNCI EPWMSYNCO	13	GPIO 引脚 6（I/O/Z） ePWM4 输出 A 和 HRPWM 通道（O） 外部 ePWM 同步脉冲输入（I） 外部 ePWM 同步脉冲输出（O）	GPIO50 EQEP1A XD29	90	GPIO 引脚 50（I/O/Z） eQEP1 输入 A 通道（I） XINTF 数据线 29（O）
GPIO7 EPWM4B MCLKRA ECAP2	16	GPIO 引脚 7（I/O/Z） ePWM4 输出 B（O） McBSP-A 的接收时钟（I/O） eCAP2 输入输出（I/O）	GPIO51 EQEP1B XD28	91	GPIO 引脚 51（I/O/Z） eQEP1 输入 B 通道（I） XINTF 数据线 28（O）
GPIO8 EPWM5A CANTXB $\overline{\text{ADCSOCAO}}$	17	GPIO 引脚 8（I/O/Z） ePWM5 输出 A 和 HRPWM 通道（O） eCAN-B 发送（O） ADC 启动信号 A（O）	GPIO52 EQEP1S XD27	94	GPIO 引脚 52（I/O/Z） eQEP1 选通（I/O） XINTF 数据线 27（O）

续表

GPIO 和外设引脚

名称	编号	功能描述	名称	编号	功能描述
GPIO9 EPWM5B SCITXDB ECAP3	18	GPIO 引脚 9（I/O/Z） ePWM5 输出 B（O） 增强 SCI-B 数据发送（O） eCAP3 输入输出（I/O）	GPIO53 EQEP1I XD26	95	GPIO 引脚 53（I/O/Z） eQEP1 索引（I/O） XINTF 数据线 26（O）
GPIO10 EPWM6A CANRXB ADCSOCBO	19	GPIO 引脚 10（I/O/Z） ePWM6 输出 A 和 HRPWM 通道（O） eCAN-B 接收（I） ADC 启动信号 B（O）	GPIO54 SPISIMOA XD25	96	GPIO 引脚 54（I/O/Z） SPI-A 从动接收/主动发送（I/O） XINTF 数据线 25（O）
GPIO11 EPWM6B SCIRXDB ECAP4	20	GPIO 引脚 11（I/O/Z） ePWM6 输出 B（O） 增强 SCI-B 数据接收（I） eCAP4 输入输出（I/O）	GPIO55 SPISOMIA XD24	97	GPIO 引脚 55（I/O/Z） SPI-A 从动发送/主动接收（I/O） XINTF 数据线 24（O）
GPIO12 $\overline{TZ1}$ CANTXB MDXB	21	GPIO 引脚 12（I/O/Z） 错误输入 1（I） eCAN-B 发送（O） McBSP-B 数据发送（O）	GPIO56 SPICLKA XD23	98	GPIO 引脚 56（I/O/Z） SPI-A 时钟输入输出（I/O） XINTF 数据线 23（O）
GPIO13 $\overline{TZ2}$ CANRXB MDRB	24	GPIO 引脚 13（I/O/Z） 错误输入 2（I） eCAN-B 接收（I） McBSP-B 数据接收（I）	GPIO57 $\overline{SPISTEA}$ XD22	99	GPIO 引脚 57（I/O/Z） SPI-A 从动发送使能（I/O） XINTF 数据线 22（O）
GPIO14 $\overline{TZ3}$/$\overline{XHOLD}$ SCITXDB MCLKXB	25	GPIO 引脚 14（I/O/Z） 错误输入 3 或外部保持请求（I） 增强 SCI-B 数据发送（O） McBSP-B 发送时钟（I/O）	GPIO58 MCLKRA XD21	100	GPIO 引脚 58（I/O/Z） McBSP-A 接收时钟（I/O） XINTF 数据线 21（O）
GPIO15 $\overline{TZ4}$/$\overline{XHOLDA}$ SCIRXDB MFSXB	26	GPIO 引脚 15（I/O/Z） 错误输入 4 或外部保持响应（I） 增强 SCI-B 数据接收（I） McBSP-B 接收帧同步（I/O）	GPIO59 MFSRA XD20	110	GPIO 引脚 59（I/O/Z） McBSP-A 接收帧同步（I/O） XINTF 数据线 20（O）
GPIO16 SPISIMOA CANTXB $\overline{TZ5}$	27	GPIO 引脚 16（I/O/Z） SPI-A 从动接收/主动发送（I/O） eCAN-B 数据发送（O） 错误输入 5（I）	GPIO60 MCLKRB XD19	111	GPIO 引脚 60（I/O/Z） McBSP-B 接收时钟（I/O） XINTF 数据线 19（O）
GPIO17 SPISOMIA CANRXB $\overline{TZ6}$	28	GPIO 引脚 17（I/O/Z） SPI-A 从动发送/主动接收（I/O） eCAN-B 数据接收（I） 错误输入 6（I）	GPIO61 MFSRB XD18	112	GPIO 引脚 61（I/O/Z） McBSP-B 接收帧同步（I/O） XINTF 数据线 18（O）

续表

GPIO 和外设引脚

名称	编号	功能描述	名称	编号	功能描述
GPIO18 SPICLKA SCITXDB CANRXA	62	GPIO 引脚 18（I/O/Z） SPI-A 时钟输入输出（I/O） 增强 SCI-B 数据发送（O） eCAN-A 数据接收（I）	GPIO62 SCIRXDC XD17	113	GPIO 引脚 62（I/O/Z） 增强 SCI-C 数据接收（I） XINTF 数据线 17（O）
GPIO19 $\overline{\text{SPISTEA}}$ SCIRXDB CANTXA	63	GPIO 引脚 19（I/O/Z） SPI-A 从动发送使能（I/O） 增强 SCI-B 数据接收（I） eCAN-A 数据发送（O）	GPIO63 SCITXDC XD16	114	GPIO 引脚 63（I/O/Z） 增强 SCI-C 数据发送（O） XINTF 数据线 16（O）
GPIO20 EQEP1A MDXA CANTXB	64	GPIO 引脚 20（I/O/Z） eQEP1 输入 A 通道（I） McBSP-A 数据发送（O） eCAN-B 数据发送（O）	GPIO64 XD15	115	GPIO 引脚 64（I/O/Z） XINTF 数据线 15（O）
GPIO21 EQEP1B MDRA CANRXB	65	GPIO 引脚 21（I/O/Z） eQEP1 输入 B 通道（I） McBSP-A 数据接收（I） eCAN-B 数据接收（I）	GPIO65 XD14	116	GPIO 引脚 65（I/O/Z） XINTF 数据线 14（O）
GPIO22 EQEP1S MCLKXA SCITXDB	66	GPIO 引脚 22（I/O/Z） eQEP1 选通（I/O） McBSP-A 数据发送时钟（I/O） 增强 SCI-B 数据发送（O）	GPIO66 XD13	119	GPIO 引脚 66（I/O/Z） XINTF 数据线 13（O）
GPIO23 EQEP1I MFSXA SCIRXDB	67	GPIO 引脚 23（I/O/Z） eQEP1 索引（I/O） McBSP-A 发送帧同步（I/O） 增强 SCI-B 数据接收（I）	GPIO67 XD12	122	GPIO 引脚 67（I/O/Z） XINTF 数据线 12（O）
GPIO24 ECAP1 EQEP2A MDXB	68	GPIO 引脚 24（I/O/Z） eCAP1 输入输出（I/O） eQEP2 输入 A 通道（I） McBSP-B 数据发送（O）	GPIO68 XD11	123	GPIO 引脚 68（I/O/Z） XINTF 数据线 11（O）
GPIO25 ECAP2 EQEP2B MDRB	69	GPIO 引脚 25（I/O/Z） eCAP2 输入输出（I/O） eQEP2 输入 B 通道（I） McBSP-B 数据接收（I）	GPIO69 XD10	124	GPIO 引脚 69（I/O/Z） XINTF 数据线 10（O）
GPIO26 ECAP3 EQEP2I MCLKXB	72	GPIO 引脚 26（I/O/Z） eCAP3 输入输出（I/O） eQEP2 索引（I/O） McBSP-B 数据发送时钟（I/O）	GPIO70 XD9	127	GPIO 引脚 70（I/O/Z） XINTF 数据线 9（O）
GPIO27 ECAP4 EQEP2S MFSXB	73	GPIO 引脚 27（I/O/Z） eCAP4 输入输出（I/O） eQEP2 选通（I/O） McBSP-B 发送帧同步（I/O）	GPIO71 XD8	128	GPIO 引脚 71（I/O/Z） XINTF 数据线 8（O）

续表

GPIO 和外设引脚

名称	编号	功能描述	名称	编号	功能描述
GPIO28 SCIRXDA $\overline{\text{XZCS6}}$	141	GPIO 引脚 28（I/O/Z） 增强 SCI-A 数据接收（I） XINTF 区域 6 片选	GPIO72 XD7	129	GPIO 引脚 72（I/O/Z） XINTF 数据线 7（O）
GPIO29 SCITXDA XA19	2	GPIO 引脚 29（I/O/Z） 增强 SCI-A 数据发送（O） XINTF 地址线 19（O）	GPIO73 XD6	130	GPIO 引脚 73（I/O/Z） XINTF 数据线 6（O）
GPIO30 CANRXA XA18	1	GPIO 引脚 30（I/O/Z） eCAN-A 数据接收（I） XINTF 地址线 18（O）	GPIO74 XD5	131	GPIO 引脚 74（I/O/Z） XINTF 数据线 5（O）
GPIO31 CANTXA XA17	176	GPIO 引脚 31（I/O/Z） eCAN-A 数据发送（O） XINTF 地址线 17（O）	GPIO75 XD4	132	GPIO 引脚 75（I/O/Z） XINTF 数据线 4（O）
GPIO32 SDAA EPWMSYNCI $\overline{\text{ADCSOCAO}}$	74	GPIO 引脚 32（I/O/Z） I²C 数据输入输出，漏极开路（I/OD） 外部 ePWM 同步脉冲输入（I） ADC 启动信号 A（O）	GPIO76 XD3	133	GPIO 引脚 76（I/O/Z） XINTF 数据线 3（O）
GPIO33 SCLA EPWMSYNCO $\overline{\text{ADCSOCBO}}$	75	GPIO 引脚 33（I/O/Z） I²C 时钟，漏极开路（I/OD） 外部 ePWM 同步脉冲输出（O） ADC 启动信号 B（O）	GPIO77 XD2	134	GPIO 引脚 77（I/O/Z） XINTF 数据线 2（O）
GPIO34 ECAP1 XREADY	142	GPIO 引脚 34（I/O/Z） eCAP1 输入输出（I/O） XINTF 就绪信号	GPIO78 XD1	135	GPIO 引脚 78（I/O/Z） XINTF 数据线 1（O）
GPIO35 SCITXDA XR/$\overline{\text{W}}$	148	GPIO 引脚 35（I/O/Z） 增强 SCI-A 数据发送（O） XINTF 读/写选通	GPIO79 XD0	136	GPIO 引脚 79（I/O/Z） XINTF 数据线 0（O）
GPIO36 SCIRXDA $\overline{\text{XZCS0}}$	145	GPIO 引脚 36（I/O/Z） 增强 SCI-A 数据接收（I） XINTF 区域 0 片选	GPIO80 XA8	163	GPIO 引脚 80（I/O/Z） XINTF 地址线 8（O）
GPIO37 ECAP2 $\overline{\text{XZCS7}}$	150	GPIO 引脚 37（I/O/Z） eCAP2 输入输出（I/O） XINTF 区域 7 片选	GPIO81 XA9	164	GPIO 引脚 81（I/O/Z） XINTF 地址线 9（O）
GPIO38 $\overline{\text{XWE0}}$	137	GPIO 引脚 38（I/O/Z） XINTF 写使能 0	GPIO82 XA10	165	GPIO 引脚 82（I/O/Z） XINTF 地址线 10（O）
GPIO39 XA16	175	GPIO 引脚 39（I/O/Z） XINTF 地址线 16（O）	GPIO83 XA11	168	GPIO 引脚 83（I/O/Z） XINTF 地址线 11（O）
GPIO40 XA0/$\overline{\text{XWE1}}$	151	GPIO 引脚 40（I/O/Z） XINTF 地址线 0/XINTF 写使能 1（O）	GPIO84 XA12	169	GPIO 引脚 84（I/O/Z） XINTF 地址线 12（O）

续表

GPIO 和外设引脚					
名称	编号	功能描述	名称	编号	功能描述
GPIO41 XA1	152	GPIO 引脚 41（I/O/Z） XINTF 地址线 19（O）	GPIO85 XA13	172	GPIO 引脚 85（I/O/Z） XINTF 地址线 13（O）
GPIO42 XA2	153	GPIO 引脚 42（I/O/Z） XINTF 地址线 19（O）	GPIO86 XA14	173	GPIO 引脚 86（I/O/Z） XINTF 地址线 14（O）
GPIO43 XA3	156	GPIO 引脚 43（I/O/Z） XINTF 地址线 19（O）	GPIO87 XA15	174	GPIO 引脚 87（I/O/Z） XINTF 地址线 15（O）
$\overline{\text{XRD}}$	149	XINTF 读使能			

注：表中 I 表示输入，O 表示输出，Z 表示高阻态，OD 表示漏极开路。

参考文献

REFERENCE

[1] 李全利.DSP 控制器原理与应用教程——基于 TMS320F28335[M].2 版.北京:高等教育出版社,2021.

[2] 许宜申,吕清松,陶智,等.DSP 控制器原理与应用.北京:电子工业出版社,2021.

[3] 马骏杰.轻松玩转 DSP——基于 TMS320F2833x.北京:机械工业出版社,2019.

[4] 李黎,魏伟.DSP 应用系统开发实例——基于 TMS320F281x 和 C 语言.北京:化学工业出版社,2018.

[5] 符晓,朱洪顺.TMS320F28335 DSP 原理、开发及应用.北京:清华大学出版社,2017.

[6] 刘杰.Simulink 建模基础及 C2000 DSP 代码自动生成.北京:科学出版社,2018.

[7] 魏伟.DSP 嵌入式系统综合设计案例精讲.北京:化学工业出版社,2016.

[8] 于天河,兰朝凤,韩玉兰,等.单片机原理及应用技术——基于 C 语言的 51 单片机程序设计.北京:清华大学出版社,2022.

[9] C2000 实时控制 MCU 外设 Reference Guide. Texas Instruments, 2023.

[10] TMS320F28335, TMS320F28334, TMS320F28332 Digital Signal Controllers (DSCs) Data Manual.Texas Instruments, 2007.

[11] TMS320F2837xD Dual-Core Real-Time Microcontrollers Technical Reference Manual. Texas Instruments, 2023.

[12] 带连接管理器的 TMS320F2838x 实时微控制器. Texas Instruments, 2023.

[13] TMS320F28004x Real-Time Microcontrollers. Texas Instruments, 2023.

[14] controlSUITE Getting Started Guide. Texas Instruments, 2015.

[15] C2000Ware Quick Start Guide. Texas Instruments, 2019.

[16] C2833x C2823x C/C++ Header Files and Peripheral Examples. Texas Instruments, 2010.

[17] TMS320C28x CPU and Instruction Set Reference Guide. Texas Instruments, 2009.

[18] TMS320C28x Optimizing C/C++ Compiler v[6]1 User's Guide. Texas Instruments, 2012.

[19] TMS320C28x Floating Point Unit and Instruction Set Reference Guide. Texas Instruments, 2008.

[20] TMS320x2833x System Control and Interrupts Reference Guide. Texas Instruments, 2007.

[21] TMS320x28xx, 28xxx Enhanced Pulse Width Modulator (ePWM) Module Reference Guide. Texas Instruments, 2007.

[22] TMS320x28xx, 28xxx Enhanced Capture (eCAP) Module Reference Guide. Texas Instruments, 2006.

[23] TMS320x28xx, 28xxx Enhanced Quadrature Encoder Pulse (eQEP) Module Reference Guide. Texas Instruments, 2006.

[24] TMS320x2833x Analog-to-Digital Converter (ADC) Module Reference
Instruments, 2007.

[25] TMS320x28xx, 28xxx DSP Serial Communication Interface (SCI) Reference Guide. Texas Instruments, 2004.

[26] TMS320x28xx, 28xxx DSP Serial Peripheral Interface (SPI) Reference Guide. Texas Instruments, 2006.

[27] TMS320x28xx, 28xxx DSP Enhanced Controller Area Network (eCAN) Reference Guide. Texas Instruments, 2006.

[28] TMS320F2833x Multichannel Buffered Serial Port (McBSP) Reference Guide. Texas Instruments, 2007.

[29] TMS320x28xx, 28xxx Inter-Integrated Circuit (I2C) Module Reference Guide. Texas Instruments, 2005.

[30] 2802x C/C++ Header Files and Peripheral Examples.Texas Instruments, 2010.

[31] 刘陵顺,高艳丽,张树团,等.TMS320F28335 DSP 原理及开发编程.北京:北京航空航天大学出版社,2011.

[32] 顾卫钢.手把手教你学 DSP——基于 TMS320X281x.北京:北京航空航天大学出版社,2011.

[33] 赵成.DSP 原理及应用技术——基于 TMS320F2812 的仿真与实例设计.北京:国防工业出版社,2012.

[34] 宁改娣,曾翔君,骆一萍.DSP 控制器原理及应用.北京:科学出版社,2009.

[35] 徐科军,陈志辉,付大丰.TMS320F2812 DSP 应用技术.北京:科学出版社,2010.

[36] 苏奎峰,吕强,常天庆,等.TMS320X281X DSP 原理及 C 程序开发.北京:北京航空航天大学出版社,2008.

[37] 彭伟.单片机 C 语言程序设计实训 100 例:基于 AVR+Proteus 仿真.北京:北京航空航天大学出版社,2011.